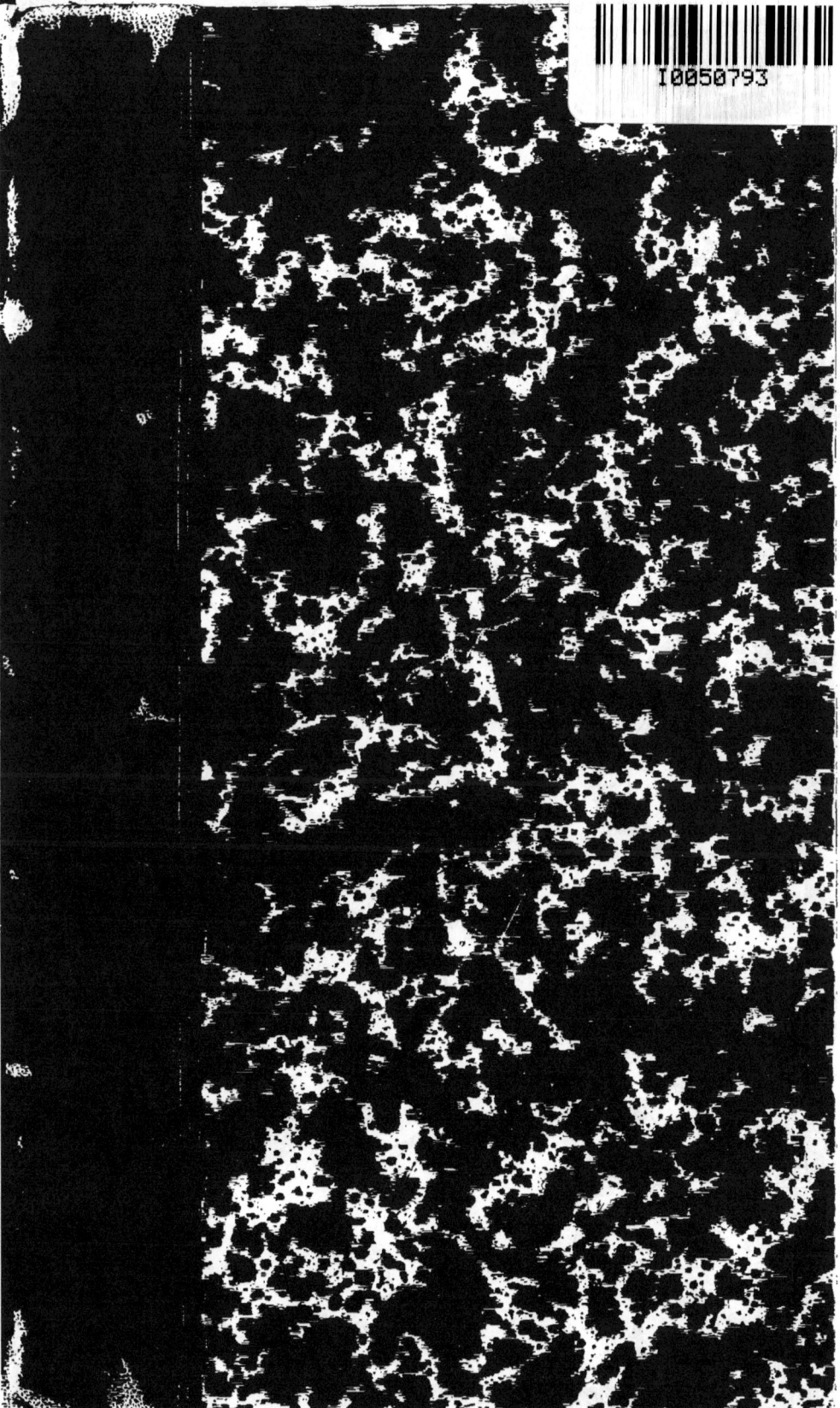

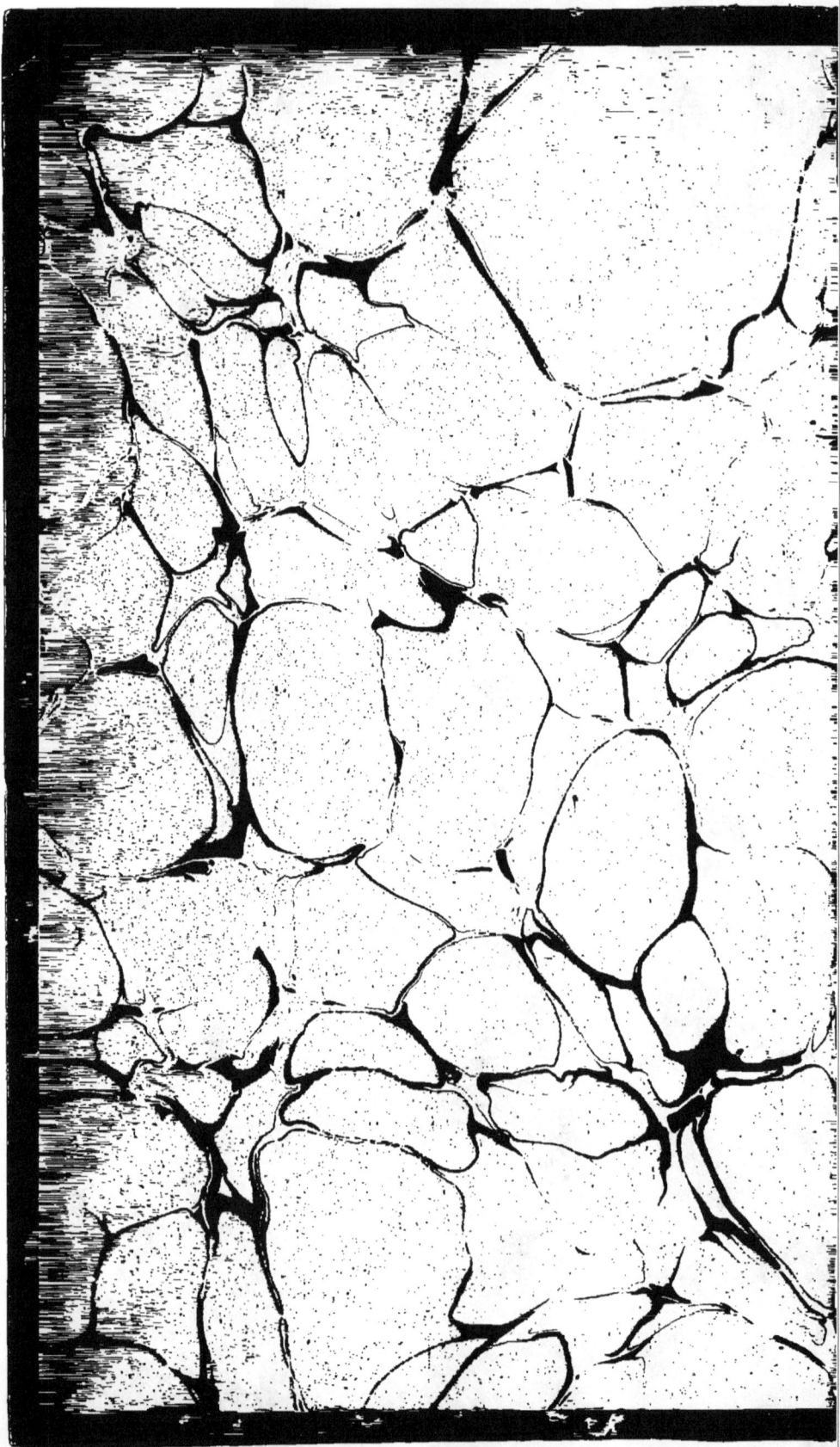

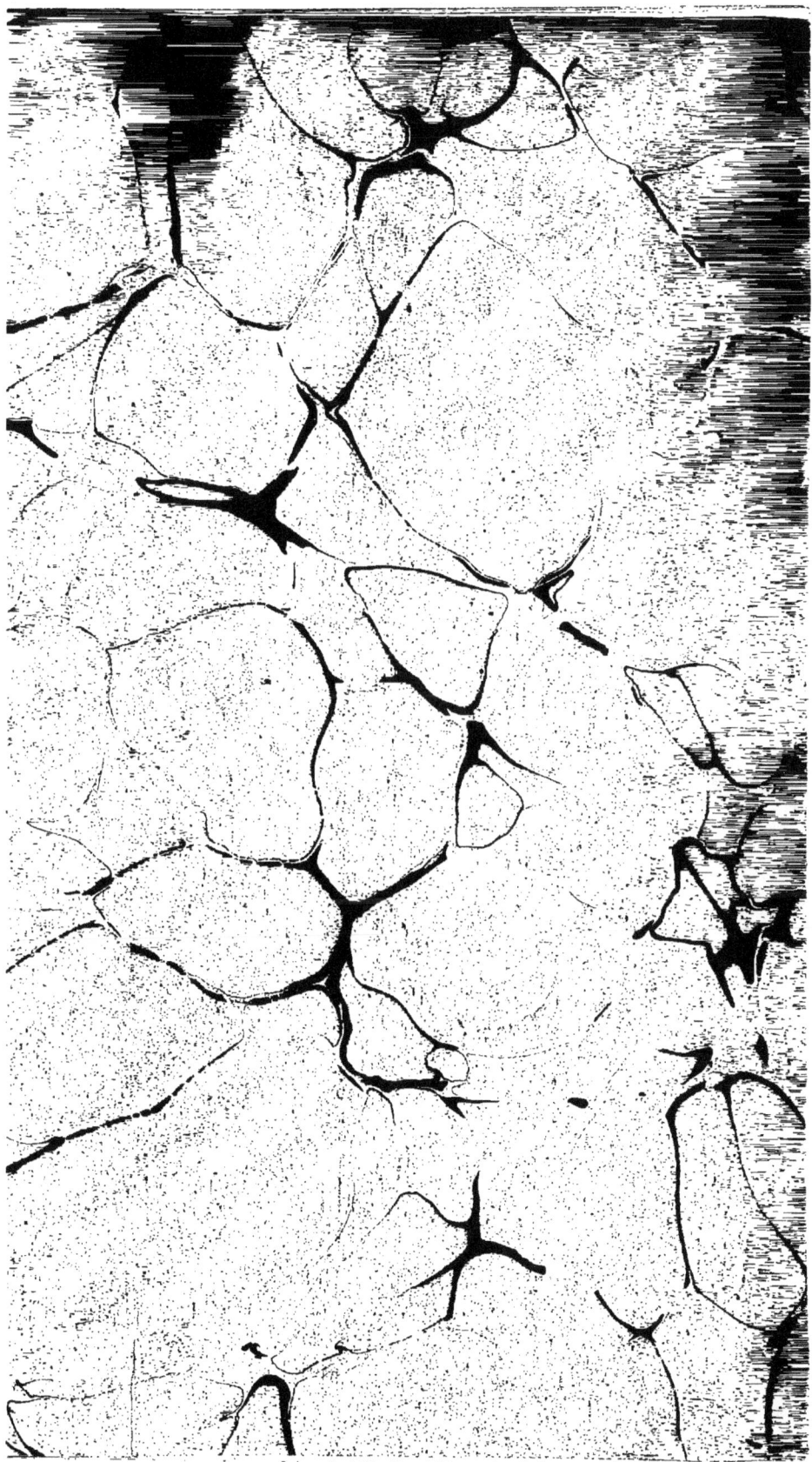

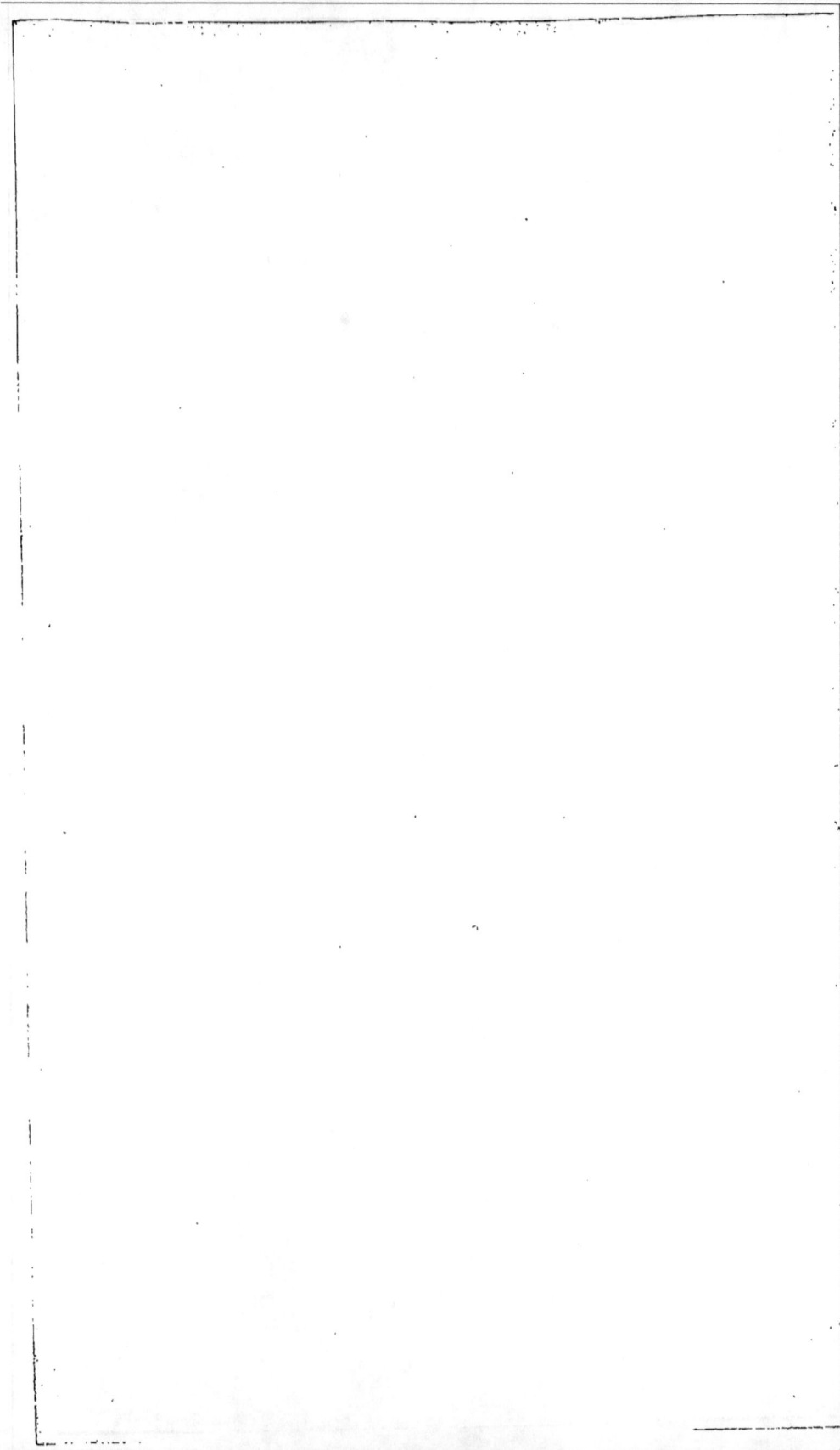

HISTOIRE

NATURELLE

DU DÉPARTEMENT

DES PYRÉNÉES-ORIENTALES,

Par le Docteur LOUIS COMPANYO,

Créateur et Conservateur du Muséum d'Histoire Naturelle de la ville de Perpignan,
Ancien Officier de Santé des Armées, Chirurgien de la première ambulance
légère du grand quartier-général impérial, Membre de la Société
Agricole, Scientifique et Littéraire des Pyrénées-Orientales,
et de plusieurs autres sociétés savantes.

TOME PREMIER.

PERPIGNAN.

IMPRIMERIE DE J.-B. ALZINE,
Rue des Trois-Rois, 1.

1861.

HISTOIRE NATURELLE

DU DÉPARTEMENT

DES PYRÉNÉES-ORIENTALES.

HISTOIRE
NATURELLE

DU DÉPARTEMENT

DES PYRÉNÉES-ORIENTALES,

Par le Docteur LOUIS COMPANYO,

Créateur et Conservateur du Muséum d'Histoire Naturelle de la ville de Perpignan,
Aucien Officier de Santé des Armées, Chirurgien de la première ambulance
légère du grand quartier‑général impérial, Membre de la Société
Agricole, Scientifique et Littéraire des Pyrénées-Orientales,
et de plusieurs autres sociétés savantes.

TOME PREMIER.

PERPIGNAN.

IMPRIMERIE DE J.-B. ALZINE,
Rue des Trois-Rois, 1.

1861.

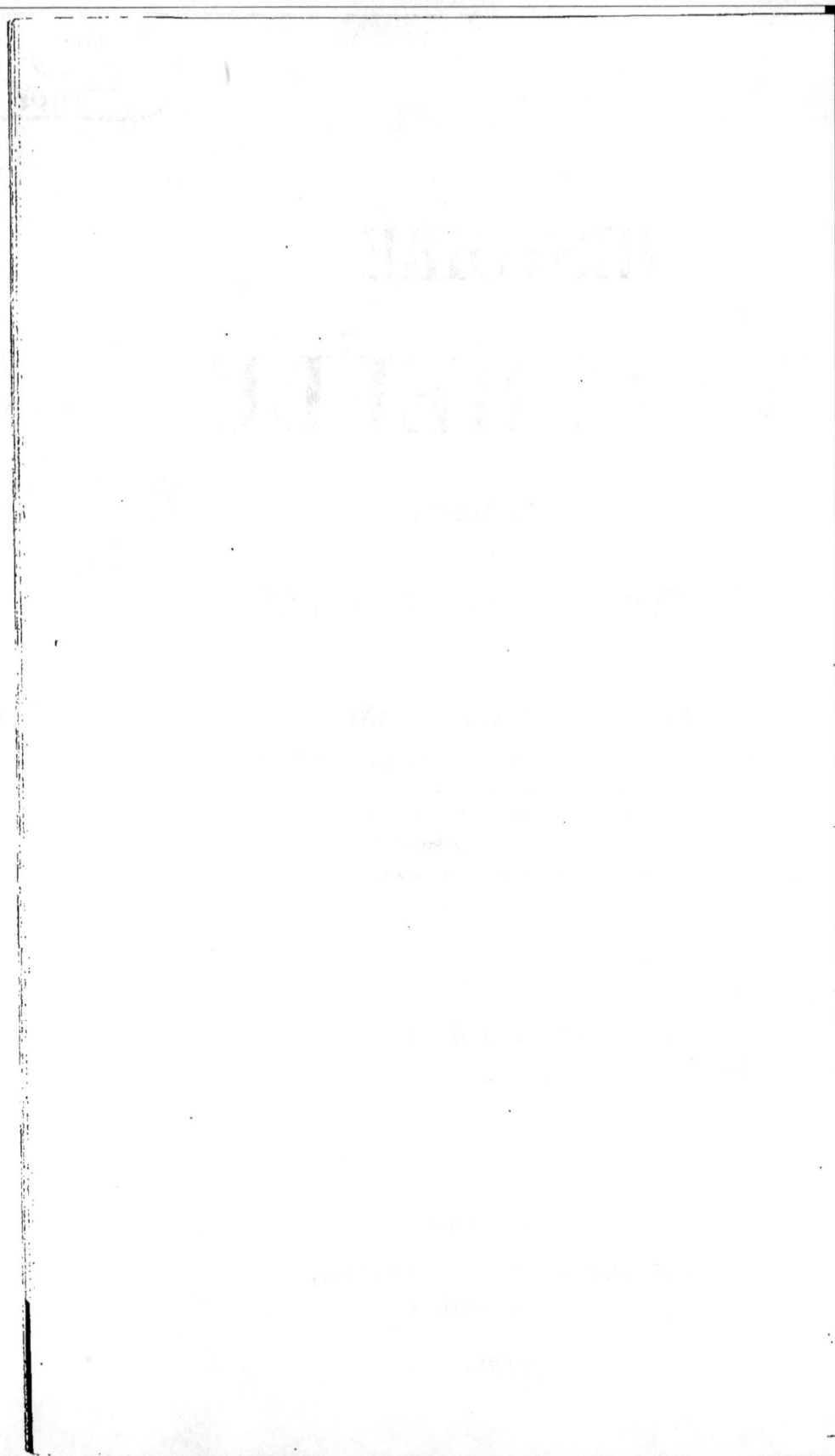

AU CONSEIL GÉNÉRAL

DU DÉPARTEMENT DES PYRÉNÉES-ORIENTALES,

ET

AU CONSEIL MUNICIPAL DE LA VILLE

DE PERPIGNAN,

QUI ONT BIEN VOULU VOTER LES PREMIERS FONDS NÉCESSAIRES
A L'IMPRESSION DE CET OUVRAGE;

A MONSIEUR LE PRÉFET

ET

A MONSIEUR LE MAIRE,

POUR LEUR BIENVEILLANTE INITIATIVE DANS CET ACTE
DE MUNIFICENCE,

*Hommage de profond respect et de
sincère reconnaissance,*

L. COMPANYO,

PRÉFACE.

———

Nous avons publié, à diverses époques, dans des revues scientifiques, plusieurs mémoires sur l'histoire naturelle du département des Pyrénées-Orientales. La bienveillance avec laquelle les naturalistes les ont accueillis, et les conseils de quelques personnes éclairées, nous ont déterminé à compléter ces travaux partiels, à les coordonner avec d'autres, et à composer ainsi, par leur réunion, l'histoire des trois règnes de notre contrée.

Naturellement disposé à ne pas trop présumer de nos forces, et à nous tenir en garde contre les jugements favorables de nos amis, ce n'est pas sans avoir hésité que nous avons mis la main à cette grande œuvre. Mais, après des années de recherches, d'observations et de soins, nous nous sommes trouvé devant un horizon qui semblait s'étendre à mesure que nous avancions : tant il est vrai que l'entreprise où nous nous étions engagé, est complexe, grandiose et difficile à mener à bonne fin ! Toutefois, loin de nous décourager, nous n'avons pas cessé, entraîné par notre goût de l'étude de la nature, d'embrasser un sujet qui n'avait pas encore trouvé d'interprète dans le département.

Maintenant, arrivé au terme de notre carrière, à cette époque de la vie où les facultés physiques et morales se ressentent du poids des années, devions-nous laisser enfouis dans l'oubli les fruits de tant de veilles, de quarante années d'études et de travaux assidus ?... Nous osons espérer qu'on nous saura gré de les avoir fait connaître : heureux, si notre ouvrage peut être utile à ceux qui s'occupent d'histoire naturelle, et offrir une lecture intéressante à nos concitoyens.

Nous avons commencé un édifice départemental ; nous avons recueilli de nombreux matériaux pour sa construction ; d'autres, après nous, y ajouteront successivement de nouvelles assises, et auront ainsi contribué à doter, un jour, notre pays d'un véritable monument scientifique.

L'histoire naturelle, a dit Draparnaud, n'est pas une science que l'on puisse aimer froidement. Elle inspire à ceux qui la cultivent le plus ardent enthousiasme. Jamais ses sectateurs ne lui devinrent infidèles. Elle charme notre vieillesse, comme elle fit les délices de nos premières années; et l'existence n'est rien auprès des vives jouissances qu'elle procure. En effet, cette science aimable attire à elle par un charme invincible, surtout quand on est placé, comme nous, au milieu d'un département que l'on peut classer au nombre des plus riches pays de l'Europe, pour les produits naturels, et que les plus illustres botanistes désignent sous le nom de *Jardin de la France !*

La Flore de notre département, est, sans contredit, une des plus belles; mais elle ne mérite pas seule d'attirer l'attention des savants. Car, si nous passons en revue les divers règnes de la nature, nous reconnaîtrons que nos montagnes renferment un grand nombre de minerais variés, abondants; et, si toutes nos richesses souterraines étaient exploitées avec intelligence et habileté, on verrait des merveilles surgir d'un sol qui semble nous dire : fouillez, prenez et enrichissez-vous.

Voici encore un autre vaste domaine : la Géologie

et la Paléontologie présentent aux investigateurs de
quoi satisfaire leur curiosité. Les nombreux ossements
d'animaux d'un autre âge, et les débris coquilliers
qu'on rencontre enfouis dans l'argile de nos plaines,
dans les flancs de nos collines, dans les profondeurs
de nos cavernes, offrent à leurs méditations, avec les
marques des cataclysmes qui ont bouleversé notre
contrée pour la constituer telle que nous la voyons
aujourd'hui, un spectacle saisissant qui remplit l'âme
d'étonnement et d'admiration. Le puissant intérêt
qu'inspire la Géologie, dit M. Charles d'Orbigny, dans
son excellent traité de *Géologie appliquée aux arts,
aux mines et à l'agriculture,* ne vient plus, comme
autrefois, du besoin de satisfaire une vaine et stérile
curiosité. Grâce à ses progrès récents, cette science
est devenue indispensable à la société actuelle, qui,
chaque jour, demande de nouvelles ressources maté-
rielles pour combler des besoins nouveaux. En effet,
à la seule inspection du sol, la Géologie nous fait
connaître les richesses qu'il recèle à des profondeurs
diverses, richesses qui sont la clef de voûte de l'industrie. La Géologie apprend aussi à l'agriculture, que
le succès de ses opérations ne dépend pas toujours de
la profusion des engrais, de la perfection des labours,

ou des circonstances météorologiques plus ou moins
favorables; mais qu'il peut dépendre aussi de la nature minérale du terrain cultivé, et que ce terrain ne
devient souvent fécond que par des amendements ou
par des mélanges, dont les éléments sont presque
toujours ou à côté ou au-dessous du sol rebelle.

Si nous passons maintenant à l'examen des êtres
organisés, nous verrons, au milieu d'une végétation
luxuriante, une telle profusion de plantes rares et
utiles, que leur nombre étonne ceux-là mêmes qui en
font une étude spéciale. Notre herbier atteste la vérité
de ce que nous avançons: tous les botanistes qui l'ont
feuilleté, l'ont examiné avec le plus vif intérêt, l'ont
admiré, et, nous oserons presque dire, nous l'ont
envié.

Le règne animal, par sa richesse, sa variété, ne le
cède en rien aux deux autres règnes; car sur quatre-
vingts espèces de mammifères qui vivent en Europe,
soixante-sept appartiennent à la France, et notre
département en possède, à lui seul, soixante-trois
espèces et plusieurs variétés.

Sur quinze ordres d'oiseaux (classification de Tem-
mink), divisés en quatre-vingt-dix genres, et quatre
cent trente-huit espèces trouvées en Europe, trois

cent trente-huit espèces et plusieurs variétés ont été recueillies dans notre pays.

On connaît, en Europe, vingt-quatre genres de mollusques terrestres et fluviatiles : vingt-trois genres appartiennent à notre département, et, dans ces genres, on compte cent quinze espèces et plusieurs variétés.

Enfin, les insectes s'y rencontrent par tribus innombrables, et de régions très-opposées. Tous les ans, quelque nouveau sujet, observé dans nos contrées, vient grossir la somme des richesses de la Faune du département. Aussi, quand nous avons dit qu'il était un de ceux qui ont été le plus favorisés par la nature, et le mieux partagés dans la distribution des êtres, objet de l'histoire naturelle, nous croyons n'avoir rien avancé d'exagéré.

Après cet exposé sommaire, et dont nous garantissons l'exactitude, nous allons entrer dans quelques détails, qui prouveront encore mieux la vérité de nos assertions. Nous allons citer quelques individus rares dans les trois règnes.

Nous signalerons d'abord, parmi les mammifères, la *Genette* de Perpignan. Les caractères peu connus de cet animal, fixèrent l'attention de M. Cuvier. Il nous exprima le désir de posséder quelques sujets en vie, pour les comparer à ceux qu'il venait de recevoir du Cap de Bonne-Espérance, de l'Inde, de Sumatra et de Java. Un tel désir équivalait, pour nous, à un ordre; nous nous empressâmes d'y répondre.

Après la *Genette,* nous parlerons de la *Marte* du Capcir, dont on ne soupçonnait pas l'existence dans notre contrée. On la confondait avec des animaux de la même famille, faute de connaître certains caractères distinctifs que nous découvrîmes, et dont nous rendîmes compte à M. Cuvier. Il s'empressa de nous demander la dépouille entière de cet animal, pour vérifier les caractères, qui lui étaient inconnus.

Le *Lynx* vit en Capcir : avant nous, on ne le comptait pas au nombre des hôtes de nos forêts. La présence de cet animal dans nos montagnes, n'échappa point à l'attention de notre grand naturaliste. Les *Loirs* et les *Lérots,* aux mœurs peu connues, furent l'objet d'une correspondance suivie entre M. Cuvier et nous : il n'avait jamais vu ces animaux vivants; il désirait en posséder quelques-uns pour contrôler les descriptions que nous lui en avions faites.

Enfin, le *Desman,* grande espèce de *Musaraigne,* animal très-rare, auquel Geoffroy a donné le nom de

Migale pyrenaïca (Desman des Pyrénées), vit à Saint-Laurent-de-Cerdans.

Passons en revue les familles d'un ordre inférieur. Nous signalerons, parmi les insectes coléoptères : la *Zigia oblonga*, qu'on n'avait trouvée jusqu'ici qu'en Égypte, et qui fut découverte par M. Mouchous, vers 1822, à Perpignan ; nous citerons le *Carabus rutilans*, que nous avons découvert sur nos montagnes, en 1818 ; le *Punctato auratus*, en 1823 ; le *Splendens*, en 1820, au bois de Flagells ; le *Melancholicus* ou *Costatus*, originaire des Asturies, découvert, en 1820, en Cerdagne, seule localité de France où il vit ; enfin, le *Cebrio Xanthomerus :* l'existence de la femelle de cet insecte dans nos climats, resta longtemps à l'état de problème. M. Farines en trouva une, mais morte, dans une flaque d'eau, après un orage. Dès ce moment, les entomologistes conçurent l'espoir de la trouver vivante ; en effet, on en fit bientôt la découverte sur les glacis de la promenade des Platanes de Perpignan. Les infructueuses recherches faites jusque-là tenaient aux mœurs de l'animal, qui reste constamment enfoui dans la terre, tandis que le mâle voltige dans les airs.

Ne passons pas sous silence le parasite des fourmis, *Paussus Favieri*, originaire de l'Orient, découvert en 1860, dans les environs de Collioure, par Messieurs Pouzau (commandant la place) et Delarouzé; ce dernier, jeune naturaliste, du plus grand mérite, dont nous regrettons la perte récente.

En Botanique, les citations seraient nombreuses, et dépasseraient les limites d'une préface, si nous voulions seulement énumérer les plantes rares qui croissent sur le sol du Roussillon. Nous nous contenterons d'appeler l'attention des lecteurs sur les noms de quelques sujets rares. Nous placerons en première ligne : l'*Erinacea pungens*, plante découverte sur la montagne du *Bac del Fau*, près de Costujes, par notre savant et modeste Xatart. Après celle-là, nous citerons le *Lithospermum oleœfolium*, autre plante dont nous devons la découverte au même botaniste : il la trouva sur les rochers de l'ermitage de *Sant-Anyol*. Coder fit connaître l'*Alyssum pyrenaïcum*, dont il ne reste peut-être qu'un seul pied au monde, sur le rocher surplombant de la *Font de Comps*, tant ce végétal a été recherché par tous les botanistes qui ont exploré notre pays. N'oublions pas le *Phragmites gigantea* de Gay, la plus belle graminée d'Europe; elle ne vit que dans la fontaine *Estramer*, dans le territoire de Salses.

Nous sentons qu'il est temps de mettre un terme à nos citations; elles suggèrent naturellement la réflexion suivante : A quoi devons-nous attribuer cette grande richesse naturelle? A l'heureuse position géographique de notre département, qui, entouré et couvert, en partie, de hautes montagnes, sillonné de nombreuses vallées, placé sous les influences du froid, de la chaleur, de l'humidité et du voisinage de la mer, a dû, nécessairement, attirer sur son territoire une multitude d'animaux, et donner naissance à des produits de toutes les latitudes.

Il nous reste maintenant à exposer le plan de l'ouvrage, et à faire connaître les moyens qui ont été à notre portée pour traiter convenablement un aussi vaste sujet. Notre but principal a été de révéler les richesses variées d'un département peu connu, parce qu'il est isolé dans un coin de la France.

Nous avons divisé notre Histoire en quatre parties. La première, composée de sept chapitres, est consacrée à la description des vallées : c'est un voyage pittoresque à travers le département, dans le but de familiariser le naturaliste avec les lieux qu'il devra parcourir. Dans ce voyage, nous faisons connaître les terrains qu'habitent les plantes et les animaux; nous indiquons les localités où gisent les minerais; nous signalons aussi les sites remarquables, les grottes, les eaux minérales, les altitudes des montagnes; nous rappelons les événements historiques et les traditions populaires. Nous nous sommes appliqué surtout à faire des descriptions exactes; et toutes les fois que nous avons trouvé dans un auteur une peinture fidèle, nous l'avons reproduite, à l'exclusion de la nôtre. A quoi bon traiter de nouveau un sujet qui, décrit par une plume habile, ne laissait plus rien à désirer?

Dans la seconde partie, nous nous occupons du règne minéral. Elle est divisée en trois chapitres, comprenant la Géologie, la Minéralogie et la Paléontologie du département. Cette partie de notre ouvrage, nous en faisons l'aveu, est la moins complète. Nous espérions nous munir d'assez de matériaux pour ne pas laisser inachevée cette partie de l'édifice; mais les années impitoyables nous enlèvent et le temps et les forces nécessaires à notre dessein. Nous léguons donc au patriotisme des jeunes gens de talent qui viendront après nous, la tâche de compléter ce travail. C'est une gloire que nous leur abandonnons sans regret. Ils trouveront dans nos trois chapitres, des documents nombreux et inédits, qui fixeront leur attention sur des

matières aussi intéressantes qu'utiles. Le Roussillon
veut être connu; il se recommande au savoir de nos
jeunes générations : elles entendront sa voix.

La troisième partie comprend le règne végétal : elle
est divisée en six chapitres, et traite de la Flore des
Pyrénées-Orientales, du Llaurenti et de l'île Sainte-
Lucie. Nous nous flattons de n'avoir rien négligé pour
rendre cette branche de l'Histoire naturelle aussi complète que possible. Nous avons énuméré fidèlement
toutes les plantes recueillies jusqu'ici dans notre
contrée. Autant qu'il nous a été permis de le faire,
nous avons placé à côté du nom scientifique de la
plante, le nom catalan, idiome du pays. Nous indiquons, enfin, les vertus médicales de ces mêmes
plantes, et leur utilité dans les arts industriels et
agricoles. Nous avons suivi, pour la classification, le
système adopté par MM. Grenier et Godron dans leur
Flore de France.

La quatrième partie est consacrée au règne animal.
Elle se compose de sept chapitres : le premier comprend les mammifères; le deuxième, les vertébrés
ovipares ou oiseaux; le troisième, les reptiles; le
quatrième, les poissons; le cinquième, les mollusques
terrestres et d'eau douce; le sixième, les insectes

coléoptères; enfin, le septième, les lépidoptères ou papillons.

Nous avons suivi, pour les mammifères, la classification de Cuvier; pour les oiseaux, celle de Temminck; pour les reptiles et les poissons, celle de Cuvier; pour les mollusques, celle de Dupuy (l'abbé); pour les coléoptères, celle de Déjean; et, enfin, pour les lépidoptères, celle de Godart.

Pour rassurer le lecteur sur la vérité des observations et les expériences faites sur les divers points que nous avons parcourus, nous lui dirons qu'elles ont été toutes vérifiées et contrôlées par de nombreux naturalistes, qui ont eux-mêmes visité ces lieux. Si l'ouvrage que nous livrons à la publicité, a quelque mérite, il le doit principalement à ce travail consciencieux de sévère vérification que des personnes compétentes ont bien voulu nous communiquer. Nous sommes heureux de leur payer le tribut de notre reconnaissance, en citant leurs noms; nous saisissons cette occasion avec bonheur.

M. Canta, aîné, dont nous regrettons la perte, a visité avec nous la plus grande partie de nos vallées; nous devons beaucoup à ses judicieuses observations.

M. Aleron n'a eu rien de caché pour nous. Cet explorateur infatigable, a fouillé tous les recoins du département, et s'est fait un plaisir de nous communiquer
le résultat des précieuses découvertes qu'il a faites.

Feu Carlier, médecin-militaire, botaniste de mérite,
chargé du service de l'hôpital militaire de Mont-Louis,
a exploré les riches vallées de cette contrée. Il a mis à
notre disposition le fruit de ses investigations. Dans
une excursion qu'il fit, en compagnie de M. Endress,
dans la belle vallée de Llo, il eut le bonheur de découvrir la *Saxifraga luteo-purpurea*, sur le roc escarpé
de Saint-Féliu. La mort l'a trop tôt enlevé à la science
et à notre amitié.

M. le chef de bataillon Colson a droit aussi à nos
plus vifs regrets; c'était un de ces hommes rares qui
aiment la science pour la science. Les exigences du
service l'avaient conduit, à diverses reprises, sur
divers points intéressants de notre département. Rien
n'avait échappé à son regard scrutateur. Il avait fait
d'importantes collections; il nous les communiqua,
avec cette bonté qui lui était naturelle, et que l'on
retrouve toujours dans l'homme de talent.

M. le docteur Reboud, médecin militaire, attaché
à l'hôpital de Mont-Louis, nous a fait part de ses

recherches. La Cerdagne et le Capcir furent explorés avec soin par ce zélé botaniste. Accompagné de M. l'abbé Guinand, il découvrit sur les plateaux du Carlite et dans l'Étang Llarg (étang long), la *Subularia aquatica* de Linnée : cette plante n'était connue encore qu'en Norwége.

M. le docteur Penchinat, nous a communiqué les plantes rares des vallées de Collioure, Port-Vendres et Banyuls-sur-Mer. Ce zélé naturaliste connaît parfaitement la flore de ces contrées que son état l'oblige à parcourir en toute saison : c'est toujours avec bonté, qu'il communique à ses collègues le fruit de ses intéressantes recherches.

M. le capitaine Michel, avait récolté de belles coquilles sur les bancs de nos terrains tertiaires, ainsi que des mollusques terrestres et d'eau douce : il se fit un vrai plaisir de nous faire part, et de ses découvertes et de ses observations.

M. Michaud, auquel la science est redevable de nombreux travaux très-estimés, nous a aussi apporté son tribut.

M. Farines, pharmacien et naturaliste, avait fait de belles collections. Il est à regretter qu'une exploitation agricole le détourne un peu de l'étude des

sciences naturelles ; il s'y était adonné avec ardeur,
et avait publié des travaux fort intéressants que nous
avons mis à profit.

M. le docteur Paul Massot nous a communiqué
d'excellentes observations sur les mollusques terrestres et d'eau douce, ainsi que sur les fossiles des
terrains tertiaires de nos bancs.

M. Mouchous, toujours dévoué, quand il s'agit de
sciences, a porté aussi son tribut à l'œuvre. Il nous
a aidé de ses conseils ; il s'est chargé des recherches
à faire dans les divers ouvrages indispensables à
consulter pour les nombreuses matières que nous
avions à traiter ; et cette tâche pénible, il s'en est
acquitté avec le zèle et le dévouement qu'inspirent
toujours l'intérêt du progrès et la gloire du pays,
quand il est question de faire connaître toutes les
productions qu'il renferme.

M. Alart, notre jeune et savant archéologue, a
droit aussi à nos remerciements ; qu'il les accepte
pour la bonté qu'il a eue de rectifier quelques dates
et de détruire quelques erreurs chronologiques que
nous aurions pu laisser glisser dans notre œuvre.

On voit que le concours des hommes instruits ne
nous a pas fait défaut.

Le Maire de Perpignan, M. Jouy-d'Arnaud, ancien député, chevalier de la Légion-d'Honneur et de Saint-Grégoire-le-Grand, toujours jaloux d'accueillir tout ce qui peut rehausser l'éclat de son administration, s'est empressé de mettre notre ouvrage sous le patronage de la ville.

Dans un rapport remarquable, et très-flatteur pour nous, M. Bach, colonel d'artillerie, a donné une nouvelle preuve de l'intérêt qu'il porte au progrès des sciences dans le département, en recommandant avec chaleur notre Histoire naturelle à la sollicitude éclairée du Conseil Général.

Enfin, les représentants du département et de la cité ont rivalisé dans cette circonstance de patriotisme et de bienveillance, en votant les premiers fonds nécessaires à l'impression de notre ouvrage.

Pourquoi, nous demandera-t-on, ce vif intérêt porté à notre travail? Ne serait-ce pas de la part de tant de personnes éminentes par leur position ou par la science, un effet de complaisance pour l'auteur? Telle n'est pas notre pensée. Il fut un temps où l'Histoire naturelle était regardée comme le passe-temps des hommes oisifs; ce temps est loin de nous; l'utilité de cette science n'est plus mise en question aujourd'hui : elle est le plus puissant auxiliaire des arts industriels et agricoles. La génération présente et les générations futures, peuvent en retirer les plus grands avantages. Voilà la cause, voilà le motif de ce concours que nous avons eu le bonheur de rencontrer dans notre laborieuse entreprise. Puissions-nous avoir dignement répondu à tant de bienveillance !

ALTITUDE DES VALLÉES.

—

CHAPITRE PREMIER.

Vallée de la Tet.

	Mètres.
Sainte-Marie-la-Mer..........................	4
Perpignan (la moyenne).......................	30
Le Vernet (au terme austral) banlieue de Perpignan....	31
Força-Real................................	507
Prades...................................	385
Villefranche...............................	413
Vernet-les-Bains...........................	620
Saint-Martin du Canigou......................	1.055
Mont Canigou (Pic Nord)......................	2.786
Pic Est ou de *Batèra*........................	2.150
Pic Sud ou de *Tretse-Vents*...................	2.160
Pic Ouest ou de la *Comalada*.................	2.176
Pla-Guillem...............................	2.000
Olette....................................	613
Thermes des Graus d'Olette....................	690
Mont-Louis................................	1.514
Col de la Perche...........................	1.577
Cambres-d'Aze.............................	2.750
Marais de la Grande-Bouillouse................	1.988
Puig Péric................................	2.825
Puig Carlite...............................	2.950
Source de la Tet...........................	2.325

	Mètres.
Étang Llarg de Carlite	2.160
Col de la Madone (vallée de Carença)	2.478
Coma dels Gorgs, idem	2.870
Coll del Prat, idem	2.844
Coll del Gegant, idem	2.883
Coll de las Nou-Fonts, idem	2.900

CHAPITRE II.

Vallée du Sègre ou de la Cerdagne.

Saillagouse	1.310
Bourg-Madame	1.051
Puycerda	1.120
Tour-de-Carol	1.264
Village de Porté	1.640
Col de Puig-Morens	1.937
Grand Étang de la Noux	2.194
Sommet de la vallée d'Eyne	2.780
Puig-Mal (de la vallée de Llo)	2.908
Pic de Finestrelles, *idem*	2.790

CHAPITRE III.

Vallée de l'Aude ou Capcir.

Montagne de Madres	2.430
Col d'Ares	1.521

CHAPITRE IV.

Vallée du Tech ou Vallespir.

Avant de parler des altitudes de la vallée du Tech, nous devons signaler celles du littoral jusqu'à la frontière d'Espagne et la chaine des Albères.

	Mètres.
Entrée de Port-Vendres	29
Chemin de Collioure à Port-Vendres	43
Sommet du phare du Cap Biar	216
Banyuls-sur-Mer	29
Cap Cerbère	208
Puig-Joan, près le Cap Cerbère	458
La Tour de Madaloc ou Tour du Diable	669
La Tour de la Massane	811
Notre-Dame-*del-Castell*	571
Le Col Fourcat	959
Sant-Cristau	1.004
Roc dels Tres Termes (des Trois Limites)	1.150
Puig-Neulos (Neigeux)	1.259
Elne	36
Boulou	84
Saint-Martin-de-Fénollar	90
Maurellas	130
L'Écluse-Haute	230
Le Perthus	290
Citadelle de Bellegarde	450
Les Illes	476
Le Boularic, montagne qui domine Céret	1.450
Ras Mouché, *idem*	1.442
Céret	170
Pont de Céret	120
Arles-sur-Tech	277
Cortsavy	552
Tour de Batèra	1.475
Prats-de-Molló	737
La Preste	1.000
Sources du Tech	1.760
Esquerdes de Roja	1.811
Costa-Bona	2.464

CHAPITRE V.

Vallée de l'Agly ou Corbières.

CHAPITRE VI.

Vallée du Réart ou des Aspres.

Mètres.

Bages	30
Saint-Jean-Laseille	65
Canhoès	71
Llupia	110
Ponteilla	115
Banyuls-dels-Aspres	115
Terrats	136
Passa	138
Fourques	140
Sainte-Colombe (Thuir)	168
Vivès (montagne au-dessus)	228
Tordères	253
Llauro	424
Oms	490

CHAPITRE VII.

Llaurenti.

Port de Puig-Morens	1.937
Port de Paillères (vallée de Mijanés)	1.750
Roc Blanc (près l'étang du Llaurenti)	2.604

LISTE DES ABRÉVIATIONS DES AUTEURS

CITÉS DANS CET OUVRAGE.

Allioni............	Alli.	Chaix...........	Cha.
Archiac (d')......	D'Arch.	Charpentier (de)..	De Char.
Barthélemi.......	Bart.	Chmnitz.........	Chm.
Bauhini.........	Bauh.	Cordier.........	Cor.
Bellard..........	Bell.	Creutzer........	Creu.
Bentham........	Bent.	Davidson........	Davi.
Berge...........	Berg.	Decandole.......	Dec.
Beaumont (Élie de)	Beaum.	Déjean..........	Déj.
Beudant.........	Beud.	Delessert........	Deles.
Bieb...........	Bieb.	Deshaies.........	Desh.
Billot..........	Bil.	Desvaux.........	Desv.
Blainville........	Blai.	Desmaretz.......	Desm.
Bluff............	Blu.	Deslongchamps...	Deslo.
Bonelli..........	Bon.	Dilwyng.........	Dilw.
Born............	Born.	Dufour..........	Dufo.
Boreau.........	Bor.	Dufrénoy........	Duf.
Bossi..........	Bos.	Dubois..........	Dub.
Bouis..........	Bouis.	Dumortier.......	Dum.
Bousingault.....	Bous.	Durocher........	Dur.
Brocchi........	Brocc.	Durieu.........	Duri.
Brongniart......	Brong.	Dubi...........	Dubi.
Brown.........	Brow.	Dupuy..........	Dup.
Bristhool.......	Bris.	Endress.........	End.
Brugvère.......	Brug.	Edwards (Mil.)....	Edw.
Buffon..........	Buf.	Fabricius........	Fab.
Bung..........	Bung.	Farines.........	Fari.
Carrère........	Car.	Fries..........	Frie.

Fuchs	Fuc.	Paykul	Payk.
Gay	Gay.	Palassou	Pal.
Gaudichou	Gau.	Panzer	Panz.
Gaubill	Gaub.	Petivier	Peti.
Gœrtn	Gœr.	Pourret	Pour.
Grenier et Godron	Gre. God.	Rang	Ran.
Haller	Hal.	Rambure	Ram.
Hœnk	Hœn.	Rehb	Reh.
Hœning	Hœni.	Roemer	Roem.
Hoppe	Hop.	Scherrer	Sche.
Illiger	Illi.	Schloths	Schlo.
Jacq	Jacq.	Schultz	Schul.
Jussieu	Jus.	Schranck	Schr.
Koch	Koch.	Schubl	Schu.
Kirschl	Kir.	Schrad	Sch.
Lamarck	Lamk.	Sprengel	Spre.
Lantivi	Lan.	Spanzer	Span.
Latreille	Lat.	Spach	Spac.
Leymerie	Leym.	Sibth	Sib.
Lesueur	Les.	Sowerbi	Sow.
Linné	Lin.	Stahl	Sta.
Loiseleur	Lois.	Tauchi	Tau.
Marcel de Serres	M. de Ser.	Tenore	Ten.
Megerle	Meg.	Thuilier	Thui.
Morisson	Mori.	Timeroy	Tim.
Mulzan	Mulz.	Tournal	Tour.
Münster	Müns.	Valenciennes	Val.
Mutel	Mut.	Villars	Vil.
Noguès	Nog.	Wahlenb	Wah.
Noulet	Noul.	Wallr	Wal.
Orbigny (Achille d')	D'Orb.	Willd	Will.
Omalius Daloy	Oma.	Wulff	Wul.
Paillette	Pail.	Young	You.

HISTOIRE NATURELLE

DU DÉPARTEMENT

DES PYRÉNÉES-ORIENTALES.

PREMIÈRE PARTIE.

DESCRIPTION DES VALLÉES.

CHAPITRE PREMIER.

NOTIONS PRÉLIMINAIRES.

Le département des Pyrénées-Orientales, s'étend du 42° 20' au 42° 55' latitude Nord, coupé de Mosset, à peu près vers le pic de Costa-Bonne, par le méridien de Paris, qu'il dépasse de 37' à l'ouest et de 50' à l'est.

Sa plus grande longueur de l'est à l'ouest est de 120.000 mètres; sa plus grande largeur du sud au nord est de 65.000 mètres.

Cerné au nord par les départements de l'Ariége et de l'Aude, au couchant par l'Andorre, au midi par la Catalogne et au levant par la Méditerranée, il est traversé par six cours d'eau, qui forment autant de vallées principales, la Tet ou Conflent et Roussillon, le Tech ou

Vallespir, l'Agly ou Fenouillet, le Sègre ou Cerdagne, l'Aude ou Capcir et le Réart ou *les Aspres.*

Dans les 65 kilomètres de côtes qui s'étendent du Cap Cervera au Cap Leucate, le littoral est coupé par un grand nombre d'étangs, de marais, de lagunes, de flaques, de prairies inondées, dont les principaux sont les étangs d'Argelès, de Saint-Nazaire, le Bordigol et le vaste lac de Salses, qui touche au promontoire de Leucate, formé par une roche calcaire immense.

VALLÉE DE LA TET.

La vallée de la Tet a une étendue de 112 kilomètres. Elle prend son origine dans les gorges de la *Coma-de-Vall-Marans,* au pied des montagnes de Puig-Péric, à 2.825 mètres au-dessus du niveau de la mer, et finit à Canet. Très-resserrée dans son origine, elle prend les plus larges proportions au débouché du Col de Ternère; et aux environs de Perpignan, elle se développe en une plaine immense, qui se confond avec les vallées parallèles de l'Agly, du Tech et du Réart, dont l'ensemble forme la plaine du Roussillon.

La plaine du Roussillon est un terrain d'alluvion formé d'un dépôt de matières calcaires et granitiques, enlevées par les eaux pluviales aux montagnes qui l'entourent. Ces dépôts, poussés plus ou moins loin dans ce golfe méditerranéen, déterminèrent des atterrissements successifs, et produisirent divers bancs placés dans des directions parallèles, qui s'allongent suivant la force du courant qui les entraînait.

C'est probablement ainsi que le relief de notre plaine a surgi par alluvion du sein des mers, et peut-être aussi à l'époque géologique du grand soulèvement des Pyrénées. Les couches puissantes de coquilles marines qu'on découvre entre Millas et Néfiach, et les dépôts semblables qu'on a reconnus entre la rivière du Tech et Banyuls-dels-Aspres, donnent une grande valeur à cette opinion.

Le département des Pyrénées-Orientales a été visité de tout temps par les plus illustres naturalistes, Tournefort, Gouan, Decandolle, Lapeyrouse, Broussonnet, Montagne, Leclerc-Thouin, le comte Déjean, Audouin, de Jenisson, etc., etc. Ces maîtres de la science ont reconnu dans ses vallées les animaux, les plantes et les insectes les plus rares des zônes chaudes, tempérées et glaciales : c'est qu'en effet les altitudes différentes de chaque station en font autant de régions distinctes.

Dans la plaine, le ciel, presque toujours clair et pur, voit trop rarement les vapeurs atmosphériques se condenser en pluie : des sécheresses opiniâtres se soutiennent pendant six à sept mois et plus, sauf quelques ondées d'orage, qui donnent à peine quelques millimètres d'eau ; d'autres fois la pluie arrive tout à coup par torrents, et jette, en peu de jours, sur la terre, la masse d'eau qui tombe annuellement à Paris.

Dans la plaine, l'hiver est généralement doux et la neige très-rare, le thermomètre y descend à peine à zéro ; en été, au contraire, il se soutient à 30 et 35° centigrades. La vigne et l'olivier couvrent le sol de leurs riches produits ; l'oranger, l'acacia de Constantinople ou *julibrisin* y croissent sans effort ; le grenadier, l'agavé, les *opuntia* y forment des clôtures naturelles, et le palmier-dattier y vit en plein vent.

Cette vaste et magnifique plaine, couverte de moissons variées, embellie de nombreux jardins potagers, ombragée d'une forêt d'arbres à fruits, est très-facile à explorer : des chemins parfaitement entretenus la sillonnent dans tous les sens, et permettent au naturaliste de la parcourir sans trop de fatigue. Un ressaut de terrain, qui se fait d'une manière brusque, la divise en deux plans, dont l'un plus élevé que l'autre de 20 mètres environ, forme une espèce de falaise, qui s'étend de Perpignan jusqu'auprès de Canet; on le désigne sous les noms de côte Saint-Sauveur et côte de Château-Roussillon : c'est vers le milieu de ce promontoire que se trouvait l'antique Ruscino, et où se dresse encore une tour ronde qui domine le pays. La partie basse de la plaine qui se déroule au pied de cette falaise jusqu'à l'Agly, est appelée *Salanque* ou *terres de salanque;* la partie haute, qui s'étend jusqu'au Réart, est appelée *Aspre* ou *terres d'aspre.*

C'est à Canet, petit village situé sur les bords de la mer, à 10 kilomètres de Perpignan, que le naturaliste doit établir sa première station. Les parties basses de cette localité lui fourniront une immense quantité de plantes qui se plaisent au bord des mares, sur les dunes et dans les prairies maritimes; les légumineuses et les graminées pullulent dans les environs; les coteaux supérieurs ou *Aspres,* produisent aussi un bon contingent d'objets naturels.

Le territoire de Canet fournit en outre une grande variété d'insectes rares; les crues de la Tet y amènent les espèces qui vivent dans les montagnes. En 1844,

M. Godart, capitaine au 67e régiment de Ligne, y découvrit un coléoptère de la famille des *Carabiques*, genre *Stenolophus*, qu'il décrivit sous le nom de *Stenolophus Rufus*. Nous y découvrîmes, vers la même époque, un *Polistichus*, nouvelle espèce; un *Cimindis* non décrit; trois nouvelles espèces d'*Harpalus*, et trois *Cantharis* inconnus. Il faut donc tout fouiller avec soin ; car, au commencement du printemps, les insectes sont encore blottis dans les broussailles, sous les buissons, au pied des arbres, etc. Ces gîtes recèlent beaucoup de carabiques. et particulièrement des *Buprestes* et des *Curculionites*, qu'on se procurerait difficilement ailleurs. Nous nous sommes bien trouvé de recueillir sur une toile la terre que retiennent les buissons, de la transporter ensuite en un lieu découvert, où nous avons facilement fait choix des espèces le plus à notre convenance.

En retournant à Perpignan, le naturaliste ne doit pas négliger de visiter les berges de Castell-Rossello et de Saint-Sauveur. Ces deux grandes falaises recèlent une nombreuse variété de plantes et d'insectes assez rares.

Ce que nous avons dit de la flore de Canet s'applique à toute la région inférieure ou littorale de la vallée de la Tet, qui produit les mêmes espèces naturelles. On y trouve aussi un grand nombre de mammifères, parmi lesquels se distinguent plusieurs espèces de cheiroptères, le *Hérisson*, la *Taupe citrine* d'Alais, le *Putois*, la *Loutre*, le *Campagnol* des prés, la *Genette*, etc., etc.

Voici ce que, à la date du 22 février 1821, nous écrivait M. Cuvier, à l'occasion d'une *Genette* morte que nous lui avions envoyée, et qui faisait partie d'une nichée de

sept individus, trouvés dans un galetas de l'ancien local
de la Poudrière de Perpignan :

« Je ne saurais trop vous remercier des soins que vous
« voulez bien prendre pour nous procurer la *Genette*
« de France. Je sens plus que jamais le besoin d'en
« posséder un individu dont l'origine ne soit point dou-
« teuse. Depuis quelques mois nous avons reçu du Cap-de-
« Bonne-Espérance, de l'Inde, de Sumatra, de Java, des
« *Genettes* qui diffèrent très-peu les unes des autres, et qui
« ont beaucoup de rapport avec la nôtre; mais appartient-
« elle à son espèce? C'est ce qui ne pourra être décidé
« que lorsqu'on la possédera de manière à bien l'étudier,
« ce qui ne peut jamais être sur des individus empaillés.
« Les renseignements que vous me donnez sur cette *Ge-*
« *nette* des Pyrénées et sur le *Lynx* ont beaucoup d'in-
« térêt. Nous étions loin de nous douter que les premiers
« de ces animaux fussent en assez grande abondance
« pour fournir à un commerce de pelleterie. C'est que
« les naturalistes travaillent trop dans leurs cabinets!
« Aussi, comment concilier l'érudition que la science
« exige et les observations qui lui seraient également
« nécessaires? C'est ce que j'ignore, etc. »

Nous fûmes bientôt en mesure de satisfaire les désirs
de M. Cuvier, en lui envoyant une *Genette* vivante.

La vallée inférieure de la Tet compte, en ornithologie,
parmi les oiseaux de proie : le *Cutartes Percnopterus*,
l'*Aigle orfraie*, la *Buse bondrée;* au moment de son passage, le moyen *Duc*, etc., etc.

Dans la famille des passereaux, un bon nombre d'espèces variées.

Dans celle des coureurs : la grande *Outarde* et la *Cane petière*.

Dans les échassiers : l'*Échasse*, l'*Avocette*, divers *Hérons*, le *Flammant* ou *Phénicoptère*.

Dans les palmipèdes : divers goëllands et des canards en grande quantité.

Parmi les reptiles sauriens, on remarque les lézards du Midi.

Parmi les ophidiens, diverses couleuvres.

Dans les batraciens : les grenouilles, les crapauds, les salamandres palmées et crêtées.

Au nombre des mollusques fluviatiles et terrestres, plusieurs hélices, dont le *Conica* et *Lactœa* ou *Punctatissima;* divers bulimes; des planorbes, des lymnées; des cyclades; des anodontes, dont le *Signca*, qui prend des proportions gigantesques, les *Unio pictorum* et *littoralis*.

Enfin, les lépidoptères et les coléoptères du Midi de la France y sont très-nombreux.

Ce fut en 1818 que, à la suite d'une pluie d'orage, nous découvrîmes le premier *Cebrio xanthomerus* mâle dans le pays : on le croyait originaire du Portugal. Pendant longtemps la femelle de cet insecte échappa à toutes les recherches, et l'on désespérait de jamais la trouver en Roussillon, lorsque, en 1830, M. Farines, pharmacien et naturaliste, trouva le premier individu noyé dans une flaque d'eau. Enfin, l'on doit à M. Aleron l'étude complète de cet insecte et le moyen de se procurer des femelles vivantes, qui sont aptères.

Après avoir parcouru les belles plaines de la Salanque, toutes les lagunes du littoral et les berges de Château-

Roussillon, pour revenir à Perpignan, le naturaliste devra consacrer une journée à visiter les environs de la ville, et particulièrement les glacis et les fossés des fortifications.

Le naturaliste se rendra ensuite à Baixas pour explorer les environs de cette commune, qui est à 6 kilomètres de Perpignan. Une voiture le conduira jusqu'au village ; mais il vaudrait mieux faire cette excursion à pied, parce qu'il trouverait sur sa route beaucoup d'objets à récolter. Arrivé au village, on doit se diriger droit au vallon de Sainte-Catherine, qui est au couchant. Toute cette contrée est d'une fertilité étonnante ; et l'on ne saurait s'imaginer la quantité de bonnes plantes qui vivent sur les roches calcaires et dans les vignes qui couvrent les plateaux voisins. Les plus intéressantes sont : *Ranunculus ololucos*, Lin.; — *Delphinium pubescens*, Decand.; — *Glaucium luteum*, Hop.; — *Draba aizoïdes*, Lin.; — *Drap. cuspidata*, Sib.; — *Bufonia perennis*, Pour.; — *Buf. tenuifolia*, Lin.; — *Helianthemum pilosum*, Pers.; — *Hel. guttatum*, Mil.; — *Silene conica*, Lin.; — *Sil. saxifraga*, Lin.; — *Sil. nocturna*, Lin.; — *Aristolochia rotunda*, Lin.; — *Telephium imperati*, Lin.; — *Elæagnus angustifolius*, Lin., plante dont la venue spontanée a été mise en doute jusqu'ici ; mais il est certain aujourd'hui qu'elle se propage de ses propres graines dans les garrigues de Baixas, où elle croit abondamment.

On trouve parmi les rochers le *Pupa cinerea*, *Pup. fragilis*, *Pup. ringens*, etc., et quelques insectes coléoptères. Sur l'*Aristolochia rotunda*, qui croit dans les vignes, on rencontre la chenille du beau papillon *Médésicaste*, qui se nourrit de cette plante. Vers la fin de mai on peut faire une ample moisson de ce précieux lépidoptère. Enfin,

quelques bonnes phalènes peuvent être recueillies dans
ce canton.

C'est sur les montagnes de Baixas qu'on exploite
diverses carrières de beaux marbres. Le pays doit de la reconnaissance à M. Fraisse, aîné, qui, le premier, a
ouvert de nouveau les veines de ces carrières, où l'on
a trouvé d'anciens travaux, des outils, etc., constatant
l'existence d'une exploitation très-reculée : les échantillons qu'il présenta à l'exposition de 1839, lui valurent
la médaille d'argent. Les principaux marbres de Baixas,
sont : le *Noir uni;* le *Blanc oriental,* fond blanc mêlé
de jaune rougeâtre; le *Blanc amarillo,* veiné de rouge;
le *Bleu veiné,* imitant le bleu turquin; le *Bleu oriental,*
imitant le Saint-Anne; le *Portor,* bleu foncé veiné de
jaune d'or; le *Bleu* veiné de blanc, de jaune et de vert;
la *Brèche tricolor;* la *Brèche d'or;* la *Brèche orientale.*
Tous ces échantillons existent au musée de la ville.

De Perpignan, où le naturaliste est rentré après son
excursion de Baixas, nous remonterons avec lui la rive
droite de la Tet, pour explorer Le Soler, Saint-Féliu-
d'Avall, Saint-Féliu-d'Amont et Millas. Nous négligerons
la rive gauche de cette rivière, parce que les produits
naturels de Saint-Estève, Baho, Vilanova, Pézilla et
Cornella sont similaires à ceux de la plaine de Perpignan.

De Perpignan à Millas on marche sur un terrain de
prédilection. La plaine se continue belle, productive et
toute couverte des moissons les plus variées; des jardins
nombreux bordent la route et donnent à la campagne le
plus riant aspect; la terre inépuisable y prodigue ses
faveurs et donne deux ou trois récoltes annuelles. Cette

fécondité a sa loi dans les nombreux canaux d'arrosage
qui entourent presque toutes les propriétés[1].

En face de Millas et sur la rive gauche de la rivière,
se dresse la montagne de Força-Real, dont le pic, en
pain de sucre, est à 507 mètres au-dessus du niveau de
la mer. A ses pieds se prolonge un rideau de collines,
où s'arrête la plaine du Roussillon, et qui, avec la montagne opposée de Corbère, encaissent de plus en plus
la vallée de la Tet.

Sur le pic de Força-Real se trouve un ermitage dédié
à la Vierge; il est en grande vénération dans le pays,
et les habitants de toutes les communes environnantes y
montent processionnellement le lundi de la Pentecôte.
« D'après une tradition constante, » dit M. l'abbé Tolra,
dans sa notice sur cet ermitage, « la procession fut ins-
« tituée pour conjurer les orages désastreux qui, formés
« sur la montagne de Bougaraix et poussés par le vent
« du nord, se dirigent vers la montagne de Força-Real
« et se déchargent vers la plaine.

« L'heureuse position de ce plateau en fait un des plus

---

(1) Une note explicative fera mieux comprendre la rotation des récoltes
de cette contrée. On sème du blé en novembre, il est récolté en juin ;
aussitôt qu'il est coupé et placé en gerbes dans un coin de la propriété,
on donne un labour et l'on sème immédiatement des haricots et du gros
millet. Les haricots sont récoltés fin août; le maïs reste sur pied. On sème
de suite du trèfle rouge, mêlé de lupin : on arrose sans avoir besoin de
bécher, le fourrage se développe. Au commencement d'octobre on récolte le
gros millet ; le fourrage reste sur pied, et est mangé sur place en novembre,
décembre et janvier. Alors les terres sont fumées et préparées pour recevoir
des pommes de terre, des haricots ou du chanvre : ces récoltes sont enlevées
fin août ou septembre. Les terres sont appropriées de suite pour être ense-
mencées de blé en octobre ou novembre, et ainsi de suite.

« beaux belvédères du Roussillon. Adossé contre la partie
« méridionale des bâtiments, le touriste embrasse d'un
« coup-d'œil un panorama immense et des plus variés,
« où tout est d'admiration. La vaste plaine qui se déroule
« aux regards s'étend surtout en longueur de l'est à
« l'ouest, et n'est limitée en face, c'est-à-dire au midi,
« que par la croupe imposante et massive du Canigou,
« qui ferme à l'ouest la plaine du Roussillon proprement
« dite, et à laquelle se rattache, comme à un appui
« protecteur, la chaîne secondaire et plus modeste des
« Albères, dont les dernières ondulations vont expirer
« sur la plage de la Méditerranée. Le Canigou, avec ses
« cimes sourcilleuses, apparaît comme un géant dont la
« tête éclatante et pleine de majesté se dresse fièrement
« entre les Albères et les Corbières, esclaves enchaînés
« couchés à ses pieds. Entre le Canigou et les Albères
« d'une part, et notre bande découpée des Corbières de
« l'autre, s'étend le splendide bassin de la Tet, qui tra-
« verse, dans toute sa longueur, une plaine découpée en
« tout sens par une multitude de canaux, dont l'œil peut
« saisir les contours à l'aspect éblouissant de leurs eaux,
« réfléchissant, par un beau jour, les rayons d'un soleil
« enflammé, et aussi à la richesse de la végétation qui
« les accompagne.

    « A droite, Ille avec ses jardins enchanteurs, Néfiach
« avec ses âpres garrigues et ses curieux bancs de fos-
« siles, se découvrent et semblent se rapprocher du
« spectateur. En face, Millas, son pont-suspendu et ses
« promenades; et, à peu de distance, presque au pied
« de la colline de Força-Real, les restes de l'ancien
« ermitage de Notre-Dame-du-Remède; à l'est, les deux

« Saint-Féliu sur la rive droite de la Tet, Cornella et
« Pézilla sur la rive gauche, tels sont les principaux
« points de cette belle plaine, qui se déploie surtout sur la
« rive droite; encore ne nommons-nous pas tous les villages
« que l'œil peut embrasser depuis Joch et Rigarda jusqu'à la
« banlieue de Perpignan, dont la citadelle et les clochers
« se dessinent sur le double azur du ciel et de la mer...
    « Du côté opposé à la plate-forme dont nous venons
« de parler, le pèlerin, tourné vers le nord et adossé
« contre l'ermitage, est sollicité par un spectacle non
« moins imposant : c'est une campagne entièrement ou-
« verte, produisant de belles forêts d'oliviers, parsemée de
« petites villes, de bourgs, de villages riches et populeux ;
« en face et sur le premier plan, Montner ; un peu plus loin,
« Latour-de-France et Estagel ; puis les montagnes de
« Notre-Dame-de-Pène ; vers la droite, Baixas ; Peyres-
« tortes, Rivesaltes, etc.; et, enfin, une vaste plage
« s'étend unie comme la mer et va se confondre avec
« elle : c'est la côte de la *Salanque,* qui réunit cette
« seconde perspective à la précédente du côté de la
« Méditerranée ; de sorte que l'on peut embrasser ainsi,
« du haut de la *Mirande* de Força-Real, les trois parties
« du Roussillon auxquelles la nature et la situation du
« terrain ont fait donner des dénominations particulières :
« la vaste plaine des *Aspres,* comprenant surtout les con-
« trées de Thuir, Elne, Argelès-sur-Mer, etc.; le *Riveral,*
« ou terres arrosables, longeant les rivières ; enfin, la
« terre basse de la *Salanque,* qui touche à la plage de
« Salses, Saint-Laurent, Villelongue et Sainte-Marie [1]. »

(1) *Pèlerinage à Notre-Dame de-Força-Real,* par M. l'abbé J. Tolra de Bordas.

Au pied de la chapelle, le terrain descend et monte ensuite pour reprendre le même niveau. Sur ce promontoire, se trouvent les ruines de solides et vieilles murailles, restes d'un château fort dont on faisait remonter l'origine aux Romains. Les études récentes de M. Victor Aragon, président de chambre à la Cour Impériale de Montpellier, ont fait justice de cette erreur et démontrent que ces constructions ne datent, tout au plus, que du douzième siècle, époque de la domination aragonaise dans le pays. Tout près de ces ruines se trouve une citerne très-vaste qui peut contenir 81.785 litres d'eau.

La montagne de Força-Real est formée d'un schiste ardoisé, grossier, parsemé de veines de quartz; le granit s'y est fait jour et tient empâté dans sa masse une quantité de grenats dont quelques-uns sont d'une transparence parfaite. La montagne est riche en eaux minérales ferrugineuses; on en trouve à Cuchous, ainsi que dans les territoires de Montner et de Cornella; mais il en est une plus spécialement désignée de *Source de Força-Real*, qui coule au pied de la montagne, au sud-ouest de l'ermitage, dans les dépendances de la métairie de la *Garrigue*[1].

Mais ce qui doit attirer particulièrement l'attention du naturaliste, ce sont les puissants dépôts de coquilles fossiles marines qu'on découvre dans les bancs de sable vert, alternant avec des couches d'argile compacte, situés au pied de Força-Real, sur la rive gauche de la Tet. Ces bancs constituent des coteaux de 40 à 50 mètres de hau-

---

(1) Voir pour les sources minérales du département des Pyrénées-Orientales, l'excellent ouvrage du professeur Anglada.

teur, et se prolongent de Millas à Néfiach sur une étendue
de 5 à 6 kilomètres. Chaque inondation de la rivière met
à découvert un nombre considérable de corps organisés,
parmi lesquels on rencontre les débris de grands animaux
antédiluviens.

En 1846, après des pluies torrentielles, nous visitâmes
les ravins et les escarpements au midi de la montagne
de Força-Real. Le hasard nous conduisit sur une route
vicinale qu'on venait d'ouvrir; et comme le pays est très-
accidenté, on devait opérer sur ce terrain des déblais et
des remblais considérables. Parmi les déblais on découvrit
des ossements fossiles que des ouvriers ignorants détruisirent. Cependant nous eûmes le bonheur de recueillir
un débris assez volumineux. Cet os était entouré d'une
gangue qui avait acquis une telle dureté, qu'il nous fut
impossible de la détacher sans briser quelques morceaux
d'os. Ayant examiné attentivement la forme de cet os,
sa dimension et sa texture, nous acquîmes la conviction
qu'il appartenait à un hippopotame, et qu'il faisait partie
de l'extrémité antérieure de l'avant-bras de l'animal; nous
reconnûmes le radius du côté droit, auquel manquait une
partie de la tête et surtout l'apophyse qui l'articulait avec
le cubitus. Cet os figure dans les collections du Cabinet
d'Histoire naturelle de Perpignan [1]. Nous avons réuni
dans ce cabinet toutes les espèces fossiles du banc coquillier de Néfiach, parmi lesquelles on remarque le *Pecten
laticostatus*, entier, dans des proportions énormes : il
mesure 28 centimètres de longueur et 30 de largeur.

Quand on construisit le pont-suspendu de Millas, on

_____

[1] Voir la planche du chapitre *Paléontologie*.

découvrit en creusant les fondements des piles, et à une grande profondeur, beaucoup de coquilles fossiles, parmi lesquelles se distinguait un *Jambonneau* colossal, dont les deux valves étaient parfaitement conservées : cette pinne marine, *Pinna flabellum*, Lam., mesure 40 centimètres de longueur et 25 de largeur.

L'excursion de Força-Real nous a un peu éloigné de la route que nous avons parcourue de Perpignan à Millas; revenons-y pour signaler quelques produits naturels que l'on rencontre dans cette belle campagne. En botanique : *Delphinium pubescens*, Dec.;—*Fumaria densiflora*, Dec.; —*Cucubalus baxiferus*, Lin.;—*Spergula arvensis*, Lin.;— *Medicago scutellata*, Alli.;—*Herniaria incana*, Lam.;— *Ammi majus*, Lin.;—*Conisa ambigua*, Dec.;—*Heliotropium supinum*, Lin.;—*Sparganium simplex*, Hop.;— *Carex lepolina*, Lin.;—*Panicum miliaceum*, Lin.;—*P. sanguinola*, Lin.;—*Andropogon distachion*, Lin.;—*Sorgum alepense*, Pers. Enfin, quantité d'insectes qu'on prend au filet sur les plantes, sur les arbres et dans les fossés.

Sur la montagne de Força-Real on rencontre le *Pæonia officinalis*, Retz.; — *Diplotaxis viminea*, Dec.; — *Cistus umbellatus*, Lin.;—*C. laurifolius*, Lin.;—*C. crispus*, Lin.; — *C. populifolius*, Lin.;—*Agrostemma githago*, Lin.;— *Arenaria serpyllifolia*, Lin.;—*Geranium palustre*, Lin.; —*G. petrœum*, Will.;—*Cytisus-Laburnum*, Lin.;—*Lupinus angustifolius*, Lin.;—*Trigonella hibrida*, Pour.;—*Latirus ciliatus*, Gus.; — *Myricaria germanica*, Desv.; — *Filago minima*, Fri.; — *Bellevalia romana*, Retz.;—*Asphodelus ramosus*, Lin., qui couvre les penchants septentrionaux de la montagne; enfin, grand nombre de cryptogames, parmi lesquels M. Montagne a trouvé beaucoup d'espèces

inédites. Nous avons ramassé derrière la chapelle, dans
la partie la plus aride, une belle salamandre terrestre;
nous avons aussi recueilli dans la famille des insectes
hydrocanthares, le *Scutopterus coriaceus*, Hoff., etc.

C'est à Millas que le Boulès se jette dans la Tet. Ce
torrent, presque à sec pendant une grande partie de
l'année, devient furieux et terrible à l'époque des grandes
pluies d'automne; il prend sa source sur les contreforts
du Canigou, au pied de la tour de Batère, et donne son
nom à une étroite vallée de 30 kilomètres d'étendue; il
coule d'abord du sud au nord, se détourne à Boule-
Ternère vers l'est, et roule ses eaux parallèlement à la
Tet jusques auprès de Millas, où il se détourne de nouveau
vers le nord pour tomber dans la rivière. Cette longue
gorge n'est pas très-riche en produits naturels; on n'y
rencontre que des ellébores, des cytises épineux, des
genêts, des bruyères, des thyms, des romarins et des
ajoncs, qui couvrent de grandes étendues de terres
incultes et de pâture.

Nous voici parvenus à Ille, terrain aussi privilégié que
celui de Millas, où finit, au confin de sa plaine, la partie
basse de la vallée de la Tet. Cette petite ville, agréable-
ment située sur les bords de la rivière, est remarquable
par ses jardins, ses orangers, ses fleurs et par ses belles
et délicieuses pêches, que l'on cultive sur une grande
échelle. Pour le naturaliste, c'est un pays très-curieux à
explorer. La botanique surtout y est représentée par une
grande quantité de plantes rares et par certaines espèces
cantonnées dans sa banlieue. Nous avons découvert, en
1845, sur la butte de Régleille, un genêt de la section
des *Sarothamnus,* que nous avons décrit dans le septième

volume de la Société Agricole des Pyrénées-Orientales. Notre espèce se rapproche de deux plantes de la même famille décrites par Wil, mais elle en diffère par ses fleurs plus grandes, ses légumes plus allongés et la disposition de ses feuilles ; au reste, l'aspect de cet arbuste est bien différent des deux décrits par Wil. Notre plante pourrait encore être confondue avec le *Spartium arboreum* de Desfontaine; mais elle en diffère par ses légumes glabres, qui sont velus dans le *Spartium arboreum*. Notre plante n'est ni alpine ni pyrénéenne, puisqu'elle croît sur des plateaux peu élevés. Nous l'avons dédiée à feu notre ami Carlier, ex-chirurgien-major du 4me Dragons, et nous l'avons indiquée dans notre botanique du département sous le nom de *Sarothamnus carlierus, nobis*. Le zèle de ce botaniste distingué ne s'est démenti en aucune circonstance pendant sa longue carrière médicale militaire: chargé du service de l'hôpital de Mont-Louis, il étudia la végétation des vallées environnantes; envoyé en Corse, il enrichit son herbier de plantes rares, et en le mettant généreusement à notre disposition, il a augmenté la collection du Cabinet d'Histoire naturelle de la ville.

Ille est la patrie de Coder. C'est là qu'il a commencé ses études botaniques; on a donc lieu de s'étonner que notre arbuste ait pu échapper à ses recherches.

On trouve également sur le territoire de la commune d'Ille, le *Thalictrum tuberosum*, Lin.; — *Diplotaxis viminea*, Dec.; — *Helianthemum pilosum*, Pers.; — *H. guttatum*, Mil.; — *Fumana spachii*, Gren. et God.; — *F. viscida*, Spach.; — *Agrostema gittago*, Lin.; — *Rutta angustifolia*, Pers.; — *Oxitropis allerii*, Bing.; — *Andryala ragusina*, Pour. : cette intéressante plante est amenée par les eaux des plateaux

supérieurs de la vallée, et croît tout le long de la Tet jusqu'au près de Perpignan.

L'entomologiste récoltera à Ille, *Odacantha melanura*, Fab.; — *Drypta cylindricollis*, Fab.;— *Cymindis
punctata*, Bon.;—*C. homagrica*, Duf.;—*C. meridionalis*,
Déj.;— *Calosoma indagátor*, Fab.; — *Licinus agricola*,
Oliv.;—*Dolichus flavicornis*, Fab., etc.

En quittant Ille, et en suivant la route qui conduit à
Vinça, la vallée s'étrangle en une gorge étroite; au village
de Rodès c'est à peine si la Tet peut se frayer un passage
à travers les roches abruptes. Tout auprès coule le Riu-
Fagés, qui s'alimente des eaux réunies des rivières de
Motzanes et de Croses. Cette dernière vallée est intéressante par plusieurs fougères qui croissent dans les fissures
des schistes humides qui laissent suinter l'eau de plusieurs
canaux. Nous désignerons entre autres l'*Ophioglossum
vulgatum*, Lin.;— *Botrychium lunaria*, Sw.;— *Osmunda
regalis*, Lin.;—*Asplenium viride*, Lin.;—*A. lanceolatum*,
Hud.;—*Adianthum capillus veneris*, Lin.;—*Scolopendrium
officinale*, Schmit;—*Cetherac officinale*, Bauh.

Le vallon de Vinça se déroule aux pieds du voyageur
lorsqu'il a gravi le chemin qui serpente sur les flancs de
la colline de Saint-Pierre-de-Belloch. Son regard s'étend
au loin à travers la vallée et découvre Arbussols, Eus et
le commencement de la plaine de Prades. Ce point de vue
est charmant et donne au naturaliste une riche idée de
l'aspect imposant de nos montagnes. Le vallon de Vinça
est très-intéressant à parcourir; il est renommé par l'a-
bondance et la fraîcheur de ses eaux, par ses cultures
variées, par l'air pur qu'on y respire et par ses bains
sulfureux de Nossa : il a trois à quatre kilomètres d'é-

tendue et tout autour de lui se groupent les villages de
Joch, Rigarda, Finestret et Sahorle.

Les richesses naturelles de cet heureux petit coin de
terre sont,

En botanique: *Nigella sativa*, Lin.,—*N. hispanica*, L.;
— *Fumaria capreolata*, Lin.;— *Iberis pinnata*, Gou.; —
Lignis floscuculi, Lin.; — *Cerastium viscosum*, Lin.; —
C. glutinosum, Fries; — *Trifolium stellatum*, Lin.; —
Latirus inconspicuus, Lin.;—*L. setifolius*, Lin., etc.

En entomologie : *Carabus cancellatus*, Illiger;— *Pterostichus parùm punctatus*, Déj.; — *Agrilus biguttatus*, Fab.;
—*A. laticornis*, Illig.;—*Dorcadium meridionale*, Déj.;—
D. italicum, Déj.;—*Agapantia suturalis*, Fab.;—*A. an-
gusticollis*, Scho.

C'est sur les montagnes qui entourent Vinça que
l'on commence à trouver le blaireau, le renard, la
fouine, etc.

Vallée de Nentilla.

A trois quarts de lieue de Vinça et avant d'arriver à
Marquixanes, l'on trouve, à gauche, la rivière de Nentilla,
un des plus forts affluents de la Tet. C'est dans cette vallée
que viennent se dégorger les eaux qui s'échappent des flancs
méridionaux du Canigou, et la petite rivière de Llech, qui
descend aussi du côté nord de la même montagne. Sur
ces deux cours d'eau se baignent les villages de Valmanya, Vallestavia, Finestret, Espira-du-Conflent, dont les
terres forment le fond de la vallée et sont cultivées en
légumes, céréales et fruits de toute espèce. Son aspect
est d'un effet très-pittoresque, auquel viennent ajouter les

vignes et les oliviers qui occupent ses coteaux, et les beaux bois de chênes-blancs, de chênes-verts et de châtaigniers qui ombragent les cimes. Elle se recommande encore par ses eaux ferrugineuses, par ses magnifiques forges de Valmanya et par ses produits naturels. Nous ne désignerons point ici les espèces animales et végétales qui peuplent cette vallée; elles sont si nombreuses qu'elles feraient un double emploi avec l'entomologie et la botanique du département que l'on trouvera plus loin. Bornons-nous à recommander au naturaliste de s'y arrêter quelque peu; il ne sera pas fâché de cette halte.

Vallon de Prades.

Nous voici à Prades, chef-lieu du troisième arrondissement [1]. C'est une jolie petite ville, qu'habite une population aisée. La vallée qui depuis Vinça s'était singulièrement rétrécie, s'élargit de nouveau pour faire place à une petite plaine d'une lieue et demie de large, sur deux lieues de longueur, dominée au sud par le mont Canigou et au nord par les montagnes d'Eus, Arbussols et Marcevol.

Prades est à 385 mètres d'altitude. « Sa plaine est cou- « verte de cultures fécondées par d'inépuisables ruisseaux. « Les vallons affluents de Catllar, Molitg, Codalet, Fullà, « Conat, Cornella, présentent une aussi riante perspective; « et, comme pour vous y attirer par le motif puissant de

(1) Coder, pharmacien et botaniste, dont les nombreuses découvertes ont facilité l'étude de la flore de ces montagnes, s'était fixé à Prades. C'est à lui que l'on doit la découverte de l'*Alissum pyrenaïcum* : il eut la générosité de l'envoyer à Lapeyrouse, qui, dans la description qu'il fait de cette plante *très-rare*, néglige de nommer l'inventeur.

« la santé, la nature y a distribué dans le sein d'un air pur
« les eaux de deux sources célèbres. Mais en remontant
« la route de la Cerdagne, la gorge se resserre tout-
« à-coup à la montagne d'Ambulla; la Tet mugit sous
« l'étroit ponceau de Gorner, et des escarpements aussi
« rapides qu'exhaussés font craindre l'éboulement de ces
« roches [1]. »

Aux alentours de Prades habitent plusieurs familles d'insectes intéressants et un grand nombre de plantes rares,
parmi lesquelles nous signalerons le *Helicrysum serotinum*
de Boisduval, dont on a fait une nouvelle espèce, qui tient
le milieu entre le *Helicrysum stœchas*, Dec. et le *Helicrysum angustifolium*, Dec.

Vallée de Taurinya.

C'est à Prades que le naturaliste doit établir sa principale station pour explorer les vallées de Taurinya, Fillols,
Molitg, Mosset et le Col de Jau. Il visitera d'abord la vallée
de Taurinya, l'une des plus pittoresques de ces montagnes:
elle est à peu de distance de Prades, et touche presque ses
faubourgs. Cette vallée est traversée par une petite rivière
qu'on nomme la Litéra et aussi rivière de Codalet, dont
elle arrose le territoire: on l'appelle, dans le pays, la Ri-
vérète. Taurinya est adossé au fond de la vallée. Au-dessus
de ce petit village coule la fontaine de Flagells ou Frisells,
qui s'échappe du pied même du Canigou. Sa source est
entourée de grands arbres et ses eaux abondantes portent la fertilité dans les champs environnants.

C'est à l'ombre de ces bois que vit le beau *Carabus*

(1) *Annuaire statistique et historique du département des Pyrénées-Orientales,*
pour l'année 1854, à Perpignan, chez J.-B. Alzine, imprimeur-libraire.

splendens, et où croissent aussi beaucoup de plantes rares
dont nous n'indiquerons que quelques espèces : *Ranunculus silvaticus,* Lin.;—*Aquilegia alpina,* Lin.;—*Asphodelus albus,* Wil.;—*Esperis laciniata,* All.;—*Viola hirta,*
Lin.;—*Angelica silvestris,* Lin.;—*Herniaria alpina,* Wil.;
—*Gaya simplex,* Gaud., etc. Du reste, cette vallée, qu'on
pourrait parcourir en une heure, offre tant d'attraits que,
bien certainement, le naturaliste s'y oubliera une journée
entière.

En rentrant à Prades, il visitera les ruines du monastère de Saint-Michel-de-Cuxa, abbaye fondée en 875 par
les moines échappés au désastre qui ensevelit sous les
eaux de la Tet débordée leur monastère de Saint-André-
d'Exalada dans le haut Conflent. Cette abbaye s'était
acquis une si haute réputation de sainteté, que plusieurs
grands personnages vinrent y prendre l'habit monastique.

Vallée de Fillols,

La vallée de Fillols, à peu de distance de Prades, est
parallèle à la vallée de Taurinya, dont elle n'est séparée
que par un rameau de montagne partant du Canigou.
Elle est traversée par un petit torrent qui se jette au-
dessous de Cornella dans la rivière de Vernet.

Ce que nous avons dit de la vallée de Taurinya peut
s'appliquer à la vallée de Fillols : même température,
même sol, mêmes produits, et de plus, les célèbres mines
de fer qu'on exploite dans cette vallée.

Dans les environs des mines on trouve le *Teesdalia
lepidium,* Dec.;—*Stellaria nemorum,* Lin.;—*Ruta montana,* Lin.;—*Sedum atratum,* Lin.;—*S. saxatile,* Lin.;—

Spergula pentandra, Lin.;—*Tragus racemosus*, Desf., et sur les pins voisins le *Viscum album*, Linnée. Çà et là quelques *Carabus rutilans*.

Vallée de Molitg.

La vallée de Molitg commence aux portes de Prades, au-delà de la Tet, qu'on franchit sur un beau pont de pierre. La rivière roule ses eaux mugissantes à travers des blocs immenses de roches primitives, où viennent frétiller tout à l'entour des troupes nombreuses de truites et de barbeaux.

Cette vallée, qui se prolonge jusqu'au Col de Jau, traverse les villages de Catllar, Molitg, Campome et Mosset. Elle est baignée par la rivière de Castellar, qui prend sa source à la Coma de Jau, et qui, après avoir alimenté plusieurs usines, vient se jeter dans la Tet au-dessous de Prades. Elle coule du nord-ouest au sud-est, et parcourt un trajet de 25 kilomètres.

La vallée de Molitg, assez large à son début pour donner place au petit vallon de Catllar, se rétrécit bien vite et finit par ne plus être qu'une large crevasse qui donne à peine passage à la rivière. Une route spacieuse, creusée sur les flancs de la montagne, fait aboutir commodément le voyageur aux sources thermales sulfureuses, dont la réputation s'est étendue au loin. Ces sources salutaires, que plusieurs chimistes ont analysées et qui ont été l'objet d'un grand travail publié par le professeur Anglada, sont dignes de leur réputation et sont ordonnées dans toutes les affections dartreuses.

C'est aux thermes de Molitg et dans les environs que

nous avons cherché, avec le plus grand soin, l'*Aldro-vanda vesiculosa*, que tous les auteurs, et notamment Pourret, avaient signalé dans cette localité; mais nos recherches ont été infructueuses. En effet, cette plante ne vit que dans les mares d'eau, et Molitg est un terrain très-aride. Peut-être qu'autrefois le pays avait un tout autre aspect, et que la rivière de Castellar avait formé des mares qui n'existent plus aujourd'hui.

Ce fait nous rappelle qu'une autre plante, signalée par Tournefort aux Graus d'Olette, la *Clematis integrifolia,* dont un exemplaire existe encore dans l'herbier de la ville, ne se trouve plus dans le pays. J'ai exploré avec le plus grand soin et à diverses époques les Graus d'Olette, je n'ai jamais été assez heureux pour retrouver cette plante de notre illustre maître.

Sur cette route de Prades à Molitg, le naturaliste trouvera à récolter dans le petit vallon de Catllar : le *Cistus laurifolius*, Lin.; — *Fumana viscida*, Spa.; — *Linum angustifolium*, Hud.; — *Centaurea aspera*, Lin.; — *Specularia speculum*, Alph.; — *Campanula cervicaria*, Lin., etc., etc. Auprès de Molitg : *Fumaria procumbens*, Grenier et Godron; — *Silene inaperta*, Lin.; — *Linum suffruticosum*, Li.; — *Cneorum tricoccon*, Lin.; — *Ononis striata*, Gou.; — *Trifolium lagopus*, Pou.; — *Globularia alipum*, Lin., etc.

En remontant la vallée de Molitg on trouve le petit village de Campome, et, un peu plus haut, le bourg de Mosset, placés au milieu de vallons étroits mais agréables. Le paysage est d'abord d'un aspect très-sévère : la Castellar coule sur un sol hérissé de blocs granitiques et forme une infinité de cascades que lui imposent les aspérités du terrain ; aussi la culture s'y renferme en d'étroites limites, et c'est au prix d'abondantes sueurs qu'elle donne ses fruits aux pauvres habitants de ces contrées. Le vallon de Mosset fait une légère exception à cette règle commune; les terres bien cultivées produisent des fruits, des céréales et des légumes excellents : qui ne connaît la réputation méritée des pommes de terre et des haricots de Mosset?

« Le calcaire primitif, à larges lames, se présente avec « une profusion remarquable. Il forme entre autres, non « loin de Mosset, une masse énorme qui, d'une épaisseur « de plus de cent mètres, s'étend à plus d'une lieue dans « l'intérieur de la montagne. C'est dans ce calcaire « qu'existe ce qu'on nomme, dans le pays, la *Cova de* « *las Encantadas*, ou la Grotte des Fées, qui sert de « texte à plus d'un préjugé populaire. Mais ce qui mérite « surtout d'être signalé à l'intérêt des naturalistes pour « les excursions dont Molitg peut devenir le pivot, c'est « non-seulement la richesse de la flore de la montagne de « Mosset, mais encore une belle formation de stéatite que « l'on y découvre dans cette portion du territoire que l'on « connaît sous le nom de *Jasse del Callau*.

« La stéatite de Mosset, » dit Anglada, « se montre à « la surface du sol, près les bords de la Castellar, offrant « un développement de près de cent mètres et une grande « épaisseur. Subordonnée au granit, elle est associée à « la chaux carbonatée et au quartz hyalin prismé. Les « rhomboïdes de la chaux carbonatée de cette localité, « sont fortement striés dans le sens des grandes diago- « nales, circonstance de structure peu commune dans « cette espèce minérale. La texture de cette stéatite, « son onctuosité, la diversité de ses nuances, la gran- « deur des blocs qu'on peut en extraire, la facilité avec

« laquelle on la travaille et le poli dont elle est sus-
« ceptible, paraissent la recommander pour une foule
« d'usages. On en tirerait bon parti, ce me semble, pour
« sculpter des bas-reliefs, exécuter au tour divers ou-
« vrages, tels que vases, montures de pendules, etc.,
« sans parler de son appropriation comme crayons pour
« tracer sur l'ardoise [1]. »

De Mosset au sommet du Col de Jau, il y a quinze
kilomètres : on côtoye presque toujours la rivière. Dans
ce trajet l'on rencontre de riches domaines, dont les
vertes prairies présentent à chaque pas de magnifiques
paysages. La forêt de la Molina couvrait autrefois les
pentes occidentales de la vallée ; mais aujourd'hui il n'en
reste presque plus rien : les besoins de l'industrie métal-
lurgique en ont fait disparaître la plus grande partie.

A mesure qu'on approche des ruines de l'antique monastère de Jau, la vallée est moins riante, le pays n'est
plus qu'une immense pelouse qui, pendant toute la belle
saison, est le domaine de nombreux troupeaux, et le
partage des neiges pendant tout le reste de l'année.

De Molitg au Col de Jau, le naturaliste a trouvé de
nombreuses occasions de remplir ses cartons de plantes
rares, parmi lesquelles nous signalerons : *Anemone hepatica*, Lin.; — *Parnassia palustris*, Lin.; — *Hesperis laciniata*, Alli.; — *Iberis garrexiana*, Alli.; — *I. pinnata*, Lin.;
— *Hutchinsia alpina*, Brow.; — *Hypericum dubium*, Lin.;
— *Heracleum pyrenaïcum*, Lam.; — *Imperatoria austru-
cium*, Lin.; — *Lazerpitium asperum*, Chrantz; — *Hieracium
prunellefolium*, Gou.; — *H. grandiflorum*, Alli.; — *Leonto-*

---

(1) Anglada, ouvrage cité.

don pyrenaïcum, Gou.;—*Melampirum nemorosum*, Lin.;—
Oxitropis uralensis, Dec.; — *Narcissus psudo-narcissus*,
Lin.; — *Orchis ustulata*, Lin.; — *Nardus stricta*, Lin.

En insectes : les plus intéressants sont le *Carabus pyreneus*, près des glaciers, et divers carabiques qu'il serait trop long d'énumérer.

Parmi la tribu des brachelytres : *Emus olens*, Fab.; — *E. morio*, Gil.;—*Staphylinus intermedius*, Déj.;—*Pederus ruficollis*, Fab.;—*Xantholinus ochraceus*, Grav.; —*Bledius armatus*, Déj.

Dans les sternoxes : *Perotis lugubris*, Fab.; — *Lampra compressa*, Gyl.;—*L. festiva*, Fab.;— *Agrilus biguttatus*, Fab., sur les chardons;—*A. linearis*, Fab.;—*A. tauricus*, Déj.;—*A. bifaciatus*, Olivier : ces trois derniers sur les ombellifères ; — *Melasis flabellicornis*, Fab., sur les pins, très-rare.

Dans les malacodermes : *Omalisus suturalis*, Fab.;— *Drilus flavescens*, Fab.;—*D. ater*, Déj.;—*Malachius marginatus*, Déj.;—*M. rufitarsis*, Déj.;—*M. hemipterus*, Déj.

Dans les térédiles : *tricodes alvearius*, Fab.;—*T. lucopsideus*, Ol.;— *T. apiarius*, F.;— *Clerus quadrimaculatus*, Fab.; — *Dorcatoma rubens*, Koch.; — *D. dresdense*, Fab.

Les clavicornes y sont nombreux, ainsi que les lamellicornes.

Vallée de Nohèdes, Conat et Urbanya.

Le naturaliste, rentré à Prades, continuera ses explorations par la vallée de Nohèdes, qui touche à Ria et se termine au pied de la montagne de Madres. Elle est

traversée par une rivière qui prend sa source à l'Étang
Étoilé et qui porte le nom de rivière de La Vall jusqu'à
Nohèdes. En cet endroit, elle reçoit les eaux de la rivière
Espinouse, qui descend de la vallée d'Urbanya, et les
eaux réunies de ces deux rivières prennent alors le nom
de rivière de Nohèdes, qui va se jeter dans la Tet au-
dessous de Ria.

Ria est un petit village à 5 kilomètres de Prades; il
est coupé par la route de Mont-Louis, qui le divise en
partie haute et en partie basse: la partie haute est placée
en amphithéâtre sur les flancs d'un mamelon que cou-
ronnait autrefois le château féodal; à ses pieds, resserrée
dans un étroit passage, bouillonne la Tet, dont on
a utilisé les eaux pour faire marcher plusieurs usines.
S'il faut en croire la tradition, qui se fonde sur une fable
du douzième siècle, les principaux souverains de l'Europe
tireraient leur origine des seigneurs de Ria[1].

La vallée de Nohèdes a 15 kilomètres de longueur.
Au détour de la butte de Ria et jusqu'au confluent des
deux rivières, le terrain est formé de *garrigues* très-
arides où pousse une végétation chétive. On n'y rencontre que des thymélées et des cistes de Montpellier.

Près de Nohèdes, la vallée s'élargit en un joli vallon
bien cultivé; à trois cents pas des habitations, tombent
en cascade, des flancs d'une roche schisteuse, les eaux

---

(1) Voir le tableau de la généalogie de Guifre, natif et seigneur d'Arria,
d'après la tradition, fait comte de Barcelone par Louis-le-Pieux, roi de
France, dans le grand ouvrage, intitulé : *Voyage pittoresque de la France,
— Description de la Province du Roussillon*. Ce volume, in-folio, est à la
Bibliothèque de la ville de Perpignan.

ferrugineuses alcalines d'une source qu'on nomme *Font Robillada* ou de *l'Aram*. Sur les escarpements calcaires très-bizarres qu'on voit sur la rive gauche du ruisseau, entre Vallans et Nohèdes, vit la *Ramondia pyrenaïca*, Rich., ou *Verbascum myconi* de Linnée. Cette intéressante plante, qui croît toujours sur les roches calcaires exposées au nord, est très-commune dans plusieurs localités de la vallée du Tech, tandis que dans la vallée de la Tet nous ne l'avons observée que dans cette unique localité.

En remontant la vallée, à un kilomètre du village, le terrain se relève brusquement pour former un second plateau plus large que le premier, d'environ 4 kilomètres d'étendue. C'est sur ce plateau que viennent pacager dans la belle saison les nombreux troupeaux de la plaine. Sur ce point croissent en abondance plusieurs orchidées, bon nombre d'ombellifères, l'*Achillea chamœmelifolia*, Pour.; — le *Trifolium montanum*, Lin.; — le *T. medium*, Lin., et de nombreuses tribus d'insectes, rapportées dans notre entomologie.

Sur un troisième plateau qui surmonte les deux premiers, les montagnes commencent à se couvrir de bois; elles se rapprochent et resserrent la vallée. C'est au-dessus de ce troisième plateau que l'on trouve les étangs si connus de Nohèdes. Le premier désigné sous le nom d'Étang Étoilé, prend son nom du scintillement des eaux qui semblent animées d'un mouvement vibratoire; de son sein sort la rivière de La Vall. Le second nommé Étang Bleu, à raison de l'azur que reflètent ses ondes, est un peu au-dessus et se déverse dans l'Étang Étoilé par une petite rigole qui les met en communication. Quant au troisième, l'Étang Noir, éloigné des deux autres de quelques centaines de mètres, il doit son nom à la couleur sinistre que reflètent ses eaux, couleur due au creux profond, en forme d'entonnoir, dans lequel il est situé, aux roches noirâtres qui l'entourent et aux pins séculaires qui couvrent la montagne. L'aspect sauvage de ces lieux en a fait un averne pour les habitants de ces montagnes qui le regardent comme fréquenté par les esprits ténébreux. Malheur, dit la tradition, à celui qui jetterait une pierre dans ce gouffre : on verrait sortir aussitôt un brouillard épais, un orage de grêle se formerait à l'instant et ravagerait la contrée. Malgré la vive opposition de notre guide, nous eûmes la fantaisie de jeter plusieurs pierres dans l'étang pour atteindre des poissons qui sautaient hors de l'eau : nous faillîmes nous attirer une mauvaise affaire; heureusement que la journée se passa sans orage, autrement nous aurions été lapidé. La chronique prétend que trois heures après que la pierre a été jetée l'orage éclate. Ces croyances sont si fortement enracinées, que tous les ans, le jour de la seconde fête de la Pentecôte, le curé d'Olette, suivi de tout le peuple des communes voisines, monte en procession sur le plateau des lacs de Nohèdes pour en bénir les eaux. Après la cérémonie, chacun se livre à la joie et dîne sur les fraîches pelouses qui couvrent le voisinage des étangs. Dieu garde qu'un curé indifférent négligeât d'accomplir cette ascension processionnelle de 12 kilomètres; sa personne serait en grand danger, si malheureusement un orage éclatait pendant l'été et qu'il ravageât le pays. Durant la cérémonie les jeunes filles se couronnent de guirlandes formées de narcisses, qui croissent abondamment dans ces lieux, et qu'elles appellent fleurs de mai ou de Marie.

Tandis que les eaux du Lac Bleu et du Lac Étoilé se déversent dans la vallée de Nohèdes, l'Étang Noir jette son trop plein dans la vallée d'Évol.

Au tour des pelouses humides qui entourent les étangs, croissent : *Ranonculus pyreneus,* Lin.;—*A. Gouani,* Wil.; —*A. alpestris,* Lin.;—*Swertia perennis,* Lin., spécimen si rabougri qu'on peut à peine le reconnaître. Dans les environs et à l'ombre des arbres croît le *Senecio doronicum,* Lin. Au midi, sur les roches abruptes, en avant de l'Étang Étoilé, croît l'*Asphodelus albus,* Lin.; au pied des roches les *Carex nigra,* Gaud.;— *C. pyrenaïca,* Wil.; —*C. ovalis,* Good.

En partant de ces étangs et en gagnant le sommet des montagnes toutes couvertes de bois et souvent même de neige au milieu de l'été, on arrive au col d'Urbanya : on descend dans la vallée de ce nom en suivant les bords de la rivière Espinouse, qui offre quelques bonnes plantes et des insectes nombreux. Cette vallée est parallèle à la précédente : c'est pour ne point revenir par le même chemin que nous avons choisi cette route qui ramène au point de jonction des deux vallées, pour retourner à Prades.

Sur la gauche de la route impériale qui conduit de Prades à Mont-Louis, entre le village de Ria et Villefranche, on rencontre une montagne calcaire qui porte le nom de Trencada d'Ambulla. Cette montagne est précieuse pour le naturaliste et doit être visitée de bonne heure; le soleil y darde ses rayons avec force et donne à la végétation une activité extraordinaire. Dès les premiers jours de printemps quelques plantes y fleurissent,

et si l'on retarde de visiter cette riche contrée, on est
privé de certaines bonnes espèces particulières à cette
localité. Toute la montagne, qui se prolonge jusqu'à
Villefranche, est composée de marbre métamorphique à
couleurs variées; on y remarque particulièrement un beau
marbre rouge, flambé de blanc et de bleu, qui a été
pendant longtemps le seul exploité et employé en Roussillon.

Les gorges qui font face à la route impériale sont
difficiles à parcourir; elles doivent être examinées avec
attention; on y trouvera : *Alyssum perusianum*, Gay; —
Achillea chamœmefolia, Pour.;—*Adonis œstivalis*, Lin.;—
Campanula percissifolia, Lin., Var.;—*Calicibus hispidis;*
Campanula speciosa, Po.;—*Limodorum abortivum*, Lin.;
—*Echinaria capitala*, Lin.; —*Allium roscum*, Lin.; —
Althœa irsula, Lin.;—*Androsace maxima*, Lin.;—*Aspho-
delus ramosus*, Lin., etc.

Outre les plantes, quelques mollusques sont cantonnés
à la Trencada d'Ambulla, ce sont : *Helix pyrenaïca, Pupa
ringens, P. farinesi, P. ringicula*, N. S., Michau.

Enfin, l'on rencontre de bons insectes dans les broussailles et sur les plantes.

Villefranche, fondée en 1095 par Guillem Raimond,
comte de Cerdagne, est une petite ville de guerre placée
en travers d'un défilé étroit sur la rive droite de la Tet,
qui baigne ses murailles. Quoique dominée de toute part,
surtout par le mont Saint-Jacques, ses défenses, œuvres
de Vauban, n'en sont pas moins formidables. Un fort,
bâti sur la rive gauche de la rivière, à mi-côte d'une
haute montagne, communique avec la place par un passage souterrain. Plusieurs bastions ont été construits dans

des cavernes naturelles débouchant dans les remparts ou
à côté, et qui s'étendent fort loin dans la montagne.

La principale de ces cavernes est appelée la Cova
Bastèra :

« On y pénètre par une poterne pratiquée dans la contre-
« scarpe du fossé, du côté du midi de la place, et l'on
« monte à la grotte par un bel escalier voûté de 124 mar-
« ches. Dès qu'on ouvre la porte, on ressent l'impression
« d'un vent froid et violent qui se tempère et se modère
« à mesure que l'on monte. Lorsqu'on est parvenu en
« haut de l'escalier, on se trouve dans une grotte de
« moyenne grandeur, dont la forme est circulaire et la
« voûte d'une élévation proportionnée ; le sol en est uni
« et les parties latérales sont toutes tapissées de stalac-
« tites d'une épaisseur considérable. L'on tourne ensuite
« à gauche ; on entre dans une espèce de corridor étroit,
« dont la voûte peu élevée ainsi que les parties latérales
« sont décorées des plus belles stalactites de différentes
« couleurs. Après avoir parcouru ce corridor, on tourne
« à droite et l'on entre dans une grotte bien plus vaste
« que la première, de forme longue et irrégulière, dont le
« sol est inégal et la voûte très-élevée. Toute cette grotte
« est tapissée de concrétions qui tombent, en forme de
« draperies à gros plis, négligemment suspendues, se
« terminant en pointe. Sur le centre est une élévation
« d'environ deux mètres, et à droite, plus bas, une fon-
« taine très-limpide, formée par les eaux qui tombent à
« petites gouttes de la voûte ; elles remplissent un petit
« bassin de la même matière que les autres concrétions. On
« trouve ensuite une roche de 6 mètres de hauteur, sur
« laquelle on place les flambeaux destinés à éclairer ce

« vaste lieu souterrain, qui offre alors au coup d'œil tout
« ce qu'on peut imaginer de beau dans la nature des
« concrétions et des stalactites. Derrière ce roc, on trouve
« une pente qui conduit à une cavité ayant deux mètres
« d'ouverture et se rétrécissant dans son intérieur. On
« assure que cette cavité conduit au village de Fullà,
« situé à une demi-lieue de Villefranche. En revenant sur
« ses pas et du côté opposé, on voit un réduit de forme
« circulaire, garni d'une très-grande quantité de sta-
« lactites. Ce réduit a une ouverture de 2 mètres 3
« décimètres, donnant sur la campagne, fermé par une
« muraille d'environ 2 mètres d'épaisseur, crénelée,
« et d'où l'on découvre deux portes de la ville, celles de
« Prades et de Cornella[1]. »

Cette grotte, qui a 150 mètres de longueur, a été
dans ces derniers temps l'objet de grands travaux de la
part du génie militaire.

Villefranche est à 413 mètres au-dessus du niveau de
la mer. Nous ne quitterons point cette ville sans recommander au naturaliste une plante très-intéressante qui croît
sur ses remparts, c'est le *Corydalis enneaphylla*, Lin.
Nous lui signalerons également un insecte de la famille
des longicornes : *Aronia ambrosiaca*, Stev., qui vit sur
les saules du bord de la rivière.

Vallée de Vernet.

A l'entrée de Villefranche, entre la première enceinte
et le pont-levis, on voit une porte militaire basse et étroite

---

(1) Jalabert, — *Géographie du Département.*

qui ferme la vallée de Vernet, tellement resserrée sur ce point qu'il n'y a place que pour la rivière et la route. Passé ce défilé, la vallée s'élargit et se développe en un riant vallon, le plus beau et le plus pittoresque peut-être de toutes nos montagnes.

A 4 kilomètres de marche, l'on rencontre le petit village de Cornella-du-Conflent, ombragé de figuiers, de pommiers, de pampres verts, entouré de charmantes prairies, résidence bien-aimée des anciens Comtes de Cerdagne et de Conflent. Cette petite commune possède une antique église, remarquable par un beau portail en style roman et par le retable du maître-autel, charmant ouvrage de sculpture en marbre blanc, représentant la vie de Jésus-Christ. Ce travail, au dire de M. Henry, a été exécuté en 1345, par un artiste de Berga nommé Cascall.

Au sortir de Cornella, la route serpente sur les flancs de la montagne et traverse de riantes châtaigneraies qui ombragent le voyageur jusqu'aux abords de Vernet, offrant tout l'agrément d'une riche perspective, que décorent de tous côtés des cultures variées, de nombreux vergers, des bouquets d'arbres disséminés çà et là et des eaux limpides qui vont distribuer de toute part la fraîcheur et la fertilité.

Vernet s'élève en amphithéâtre sur la croupe d'une petite colline couronnée par l'église et par une vieille tour en ruine. Une longue et large rue traverse la partie basse du village et conduit aux établissements thermaux, bâtis dans une belle exposition. Les dispositions heureuses de ces établissements, le confortable qu'on y trouve, l'excellence médicale de leurs eaux, ont puissamment contribué à leur réputation européenne, et leur ont attiré les étrangers de tous les pays, qui viennent, en toute saison, jouir de la douce température de ces lieux privilégiés.

Le fond de la vallée de Vernet est clôturé par le hameau de Castell et par la masse imposante du Canigou, dont le sommet est presque toujours blanchi par les neiges.

Le village de Vernet est à 620 mètres au-dessus du niveau de la mer; c'est une station admirable pour le naturaliste. Le géologue et le minéralogiste, dit Anglada, auront largement à observer et à colliger. Le calcaire primitif, sous des formes variées, des stéatites, des roches serpentineuses ou magnésiennes très-diversifiées, le beau feld-spath bleu du Canigou, etc., abondent dans le voisinage. C'est aux portes mêmes de l'établissement thermal qu'il rencontrera d'énormes blocs d'une baryte-sulfatée, à laquelle sa texture grenue imprime un aspect peu commun dans cette espèce minérale. C'est non loin de Vernet que se présentent les belles mines de fer d'Escaro et de Fillols, le marbre saccharoïde ou statuaire de Py et de Sahorre dont nous parlerons ci-après. Enfin, c'est dans cette riche vallée que le botaniste récoltera abondamment les plantes pyrénéennes, parmi lesquelles nous signalerons : *Adonis autumnalis*, Lin.;—*Æthionema saxatile*, Brow.;—*Caltha palustris*, Lin.;—*Cardamine latifolia*, Vachl.;—*Drosera rotundifolia*, Lin.;—*Chrysanthemum leucanthemum*, Lin.; —*Buplevrum rotundifolium*, Lin.;—*Drepania barbata*, Desf.;—*Anthemis montana*, Lin.;—*Achillea nobilis*, Lin.; —*Anarrhinum bellidifolium*, Desf.;—*Agrostis canina*, Lin.;—*Aira flexuosa*, Lin.;—*Andropogon hirtum*, Lin.; —*A. distachyon*, Lin.;—*Carex gynobasis*, Wil.;—*C. distans*, Lin.

Et aussi bon nombre d'insectes.

L'*Hélix pyrenaïca* est très-commun dans toutes les
haies qui bordent les champs et sur les murs en pierre
sèche qui longent les bords des chemins.

Canigou, ses Vallées et Pla-Guillem.

Le Canigou est une station botanique trop importante,
pour négliger de tracer le chemin exact que le naturaliste
devra suivre pour explorer les plateaux et les vallées de
cette montagne. Notre itinéraire servira aussi de guide
au voyageur hardi qui, avide d'émotions fortes, voudra
s'élever jusqu'aux sommets les plus sourcilleux ou côtoyer
les précipices les plus terribles; ces hautes régions lui
offriront le spectacle de tableaux champêtres, de sites
pittoresques, de paysages austères et de panoramas d'une
étendue immense.

Le Canigou a été considéré pendant longtemps comme
la montagne la plus élevée du département; aujourd'hui
il cède le pas au Puig Carlite, dans la vallée de Cerdagne,
qui le dépasse de 165 mètres; mais comme ce dernier se
trouve confondu au milieu d'une série de monts qui l'entourent, il est loin de paraître avoir la hauteur de 2.950
mètres que lui donnent les nouveaux calculs. Cette grande
élévation semble encore amoindrie par le point élevé où
l'on se trouve déjà lorsqu'on peut en considérer la cime,
tandis que le Canigou, par sa position isolée, par sa cime
presque toujours blanchie de neige, par son faîte qui s'é-
lance d'une manière imposante au-dessus des montagnes
groupées au tour de lui, paraîtra aux yeux de l'observateur
placé dans la plaine le plus élevé des monts pyrénéens.

Pendant plus de la moitié de l'année le Canigou est couvert d'un linceul de neige, dont la zône descend jusqu'à 1.800 mètres environ au-dessous du pic, et rend son abord impraticable; mais à la fin du printemps, on peut atteindre jusqu'aux vallées les plus élevées.

Le naturaliste peut attaquer le Canigou par cinq points différents :

1º Par les Bains de La Preste, le Pla Guillem, le Cap de la Roquette, la Llapoudère et les Jasses de Cady;

2º Par Prats-de-Molló, le Pla des Anyels vers *ca'n Pitot*, la Fajola, le Pla de la Moline, le Pla Guillem et les Jasses de Cady;

3º Par Arles, Corsavy, la tour de Batère, les Clots ou lacs de Cady;

4º Par Finestret, la vallée de Nentilla, qu'on remonte tout entière en passant à Vallestavia, Valmanya, et l'on arrive aux Jasses, situées sur le versant oriental du Canigou, entre les troisième et quatrième pics;

5º Enfin, par la vallée de Vernet, la plus fréquentée des touristes, et celle que nous avons choisie pour notre itinéraire comme la plus facile à gravir. Par cette vallée, on a l'avantage de monter à cheval jusqu'aux Jasses de Cady et de pouvoir atteindre même, à une lieue au-delà, les Clots ou lacs qui donnent naissance à la rivière de Vernet.

En remontant la vallée de Vernet, et à 4 kilomètres environ des établissements thermaux, on trouve le petit hameau de Castell, bâti tout à fait au pied du mont Canigou. C'est à Castell et mieux encore à Vernet que le naturaliste doit se munir de tout ce qui lui sera nécessaire pour parcourir cette montagne; car, après Castell, on ne trouve plus d'habitation et on n'a pour tout gîte que les jasses ou cabanes des gardiens des nombreux troupeaux qui paissent dans ces déserts. Nous lui recommandons surtout de se faire accompagner d'un bon guide, et nous lui désignerons le sieur Olive, dit Garçou, du hameau de Castell, excellent homme, connaissant parfaitement toutes les localités et sur qui on peut se reposer en toute confiance.

De Castell, on peut monter au Canigou par deux vallées différentes. Le touriste, surtout s'il est accompagné de dames, prendra la plus praticable, celle qui conduit à la Collade de Palanes, au vallon du Rendé, aux versants de Py jusqu'au Collet Vert, et il atteindra à cheval la Jasse de Cady où il passera la nuit. Le lendemain, il montera aux Clots de Cady, escaladera non sans danger ni fatigue une mer de pierres éboulées, et atteindra le sommet du pic nord, élevé de 2.785 mètres au-dessus du niveau de la mer.

« Lorsqu'on est parvenu à ce grand observatoire, » dit Anglada, « pourvu que le temps soit propice au voyageur,
« il est difficile de ne point éprouver de ces émotions
« fortes que ne manque guère d'exciter un tableau aussi
« imposant. Tandis que l'explorateur aperçoit à ses pieds
« de noirs abîmes, de redoutables précipices, les éternels
« glaciers de la montagne, des lacs aux eaux glacées et
« limpides, il voit se dérouler de tous côtés, autour de
« lui, un horizon immense où figurent, dans un admira-
« ble panorama dont la Méditerranée forme le second
« plan, les plages du Lampourdan, les champs de la Cata-
« logne, une longue suite de monts pyrénéens, les vastes
« plaines du Roussillon, ces beaux vallons qui se diver-

« sifient de tant de manières au pied même du Canigou,
« et dans le lointain, sur un rayon de plus de cinquante
« lieues, les points les plus découverts de plusieurs dé-
« partements méridionaux [1]. »

La plate-forme qui couronne le plus haut pic du
Canigou n'a que 7 à 8 mètres de circonférence. Le centre
est occupé par un roc de 2 à 3 mètres d'élévation qui a
servi aux géographes à constater le point de triangulation
pour la grande carte de France.

Le sommet du Canigou est formé de quatre pics principaux, orientés plus ou moins bien suivant les quatre
points cardinaux : celui du nord, le plus élevé de tous,
s'appelle pic du Canigou; celui de l'est, pic de Batère;
celui du sud, pic de Tretzevents; et celui de l'ouest, pic
de la Comelada. Entre les pics se trouve un lac dans un
gouffre profond, considéré par bien des personnes comme
le cratère du volcan qui souleva cette grande masse. Ce
lac donne naissance à la petite rivière de la Comelada,
qui, descendant en véritable avalanche de cette hauteur,
mêle ses eaux au torrent d'en Banat, et va se jeter dans
le Tech en traversant le village de ce nom. Une tradition
populaire, qui se perd dans la nuit des temps, affirme
que d'énormes anneaux de fer étaient scellés au bord du
gouffre, et qu'ils servaient, dans l'antiquité, à amarrer
les navires qui abordaient ces côtes escarpées. Sans attacher aucune foi à ce conte de fées, mais pensant que ces
anneaux pouvaient se rattacher aux exploitations métal-
lurgiques établies, dit-on, en si grand nombre dans notre
pays par les Phéniciens, nous avons exploré, avec le plus

(1) Anglada, ouvrage cité

grand soin, toute cette montagne, et nous n'avons trouvé
aucune trace de ces prétendus anneaux.

L'ascension au pic n'est pas intéressante pour le naturaliste. Outre qu'elle est très-pénible et dangereuse, elle
ne le défrayerait point des fatigues qu'il se donnerait
pour ramasser quelques plantes qu'il trouvera partout
ailleurs. Nous lui conseillons donc d'explorer la montagne
par la vallée du monastère Saint-Martin qui le dédom-
magera amplement de ses peines.

A partir de Castell, on commence à gravir la côte qui
mène au monastère par un chemin jadis carrossable,
aujourd'hui très-dégradé. Ce chemin serpente d'abord
au milieu des rochers nus, qu'ombrageait autrefois un
bois épais d'essences variées, et que couvrait un gazon
parsemé de plantes odoriférantes. Cette belle parure a
disparu sous la main de l'homme qui a approprié le
terrain à ses besoins. A droite, coule, au fond d'un précipice affreux, un torrent qui, de chute en chute, brise
ses eaux sur les masses de granit roulé, et se montre
toujours bouillonnant d'écume ; on arrive à une coupure,
puis à la Font-dels-Monjos, fontaine glaciale un peu
écartée du chemin ; on passe devant une chapelle ruinée,
et enfin, après quelques nouveaux zigzags, on se trouve
sur un tournant qui termine la gorge, unit les deux
penchants de la montagne et mène à Saint-Martin.

D'autres, avant nous, ont décrit ces antiques débris,
ont donné la date de leur fondation, ont parlé des âges
qu'ils ont traversés et raconté les causes qui ont amené
leur abandon et leur ruine ; nous nous bornerons à dire
que ce monastère est à 1.055 mètres au-dessus du niveau
de la mer.

En 1818, nous avons découvert à la Font-dels-Monjos (fontaine des Moines) un mollusque du genre testacelle que M. l'abbé Dupuy a décrit et désigné sous le nom de *Testacella Companyonii.* Nous avons également ramassé sur le bord du torrent qui coule au bas du précipice, l'*Helix Desmoulinzii* mêlé à la *pyrenaïca,* qui jusqu'ici n'avait été trouvé qu'aux environs de Notre-Dame-del-Castell, dans les montagnes des Albères; enfin, au pied des ruines et parmi les mousses, on trouve les *Pupa quadridens,* **P.** *variabilis,* et la *Clausilia fragilis.*

La flore de ces lieux est abondante; on y récolte : *Caltha palustris,* Lin.;—*Coridialis bulbosa,* Lin.;—*Arabis brassiceformis,* Wil.;—*Cardamine hirsuta,* Lin.;—*C. latifolia,* Wal.;—*Cistus salviæfolius,* Lin.;—*Silene rupestris,* Lin.;—*Stellaria graminea,* Lin.;—*Dianthus atrorubens,* Serr.;—*Geranium pyrenaïcum,* Lin.;—*Potentilla tormentilla,* Nest.;—*P. hirta,* Lin.;—*Sceleranthus perennis,* Lin.; —*Sedum brevifolium,* Dec.;—*Sempervivum arachnoïdeum,* Lin.;—*Saxifraga aïzoon,* Jacq.;—*S. geranioïdes,* Lin.;— *S. granulata,* Lin.;—*Paronichia serpyllifolia,* Lin.;— *Alchemilla alpina,* Lin.; —*Buplevrum falcatum,* Lin.; — *Heracleum pyrenaïcum,* Lin.; — *Lazerpitium asperum,* Crantz.; — *Ligusticum pyreneum,* Gou.; — *Campanula betonicefolia,* Wil.; — *Melampirum nemorosum,* Lin.; — *Hieracium amplexicaule,* Lin.;—*Digitalis parviflora,* Lam.; — *Convallaria multiflora,* Lam.;— *Luzula nivea,* Dec.; — *Aïra flexuosa,* Lin.; etc., etc.

L'entomologie y est représentée par : *Carabus monticola,* Déj.;—*C. rutilans,* Déj.;—*Cimindis humeralis,* Fab.; —*Nebria lateralis,* Fab.; —*Ditomus fulvipes,* Lat.; — *Leistus, rufomarginatus,* Dufr.;—*L. spinilabris,* Fab.;—

Chlœnius spoliatus, Déj.; — *C. nigricornis*, Fab.; — *C. schrankii*, Dufr.; — *Dinodes rufipes*, Bonel.; — *Licinius casideus*, Fab.; — *Calathus limbatus*, Déj.; — *Calathus luctuosus*, Hoff.; — *Platynus scobriculatus*, Fab.; — *Cephalotes politus*, Déj.; — *Zabrus curtus*, Latr.; — *Amara obsoleta*, Duff.; — *A. fulva*, Déj.; — *Acinopus megacephalus*, Illig.; — *Aucupalpus metallescens*, Déj.; — *Dorcadion pyrenaïcum*, Lin.; etc., etc.

Après avoir traversé les ruines du monastère, on prend la gauche de la gorge et l'on s'achemine vers la forêt dite des Moines qui se prolonge fort loin sur la montagne; on traverse cette forêt en explorant les éclaircies et quelques localités intéressantes, et l'on marche droit vers le col de Las Banas. Ce col franchi, on descend dans un joli vallon au fond duquel est un bois de sapins appelé Bagues ou Vacants de la Jasse d'en Barnet; c'est la première station des bestiaux qui, au printemps, montent au Canigou. Le naturaliste trouvera un abri dans la Jasse et récoltera dans ce lieu d'un aspect sauvage : *Actea spicata*, Lin.; — *Anemone sulfurea*, Lin.; — *A. vernalis*, Lin.; — *Elleborus viridis*, Lin.; — *Trollius europeus*, Lin.; — *Cardamine amara*, Lin.; — *Iberis garrexiana*, Alli.; — *Viola biflora*, Lin.; — *V. alpestris*, Dec.; — *Dianthus monspessulanus*, Lin.; — *Geranium lucidum*, Lin.; — *G. silvaticum*, Lin.; — *Potentilla rupestris*, Lin.; — *Paronichia polygonifolia*, Dec.; — *Sempervivum montanum*, Lin.; — *Astrancia minor*, Lin.; — *Imperatoria osthruthium*, Lin.; — *Sambucus racemosa*, Lin.; — *Valeriana tripteris*, Lin.; — *Hieracium silvaticum*, Gou.; — *Arnica scorpioïdes*, Lin.; — *Phytuma hemispherica*, Lin.; — *P. orbicularis*, Lin.; — *Gentiana lutea*, Lin.; — *G. campestris*,

Lin.;— *Veronica urticefolia*, Lin.;—*Narcissus poeticus*, Lin., etc., etc.

En entomologie : *Aptinus pyreneus*, Déj.;—*Brachinus psophia*, Fab.;—*B. sclopeta*, Fab.;—*Cychrus rostratus*, Fab.;—*Carabus purpurascens*, Fab.;—*Platynus scobriculatus*, Fab.;—*Pœcilus cupreus*, Fab.;—*P. punticollis*, Déj.;—*Omaseus leucophtalma*, Fab.;—*O. meridionalis*, Déj.;—*Acinopus megacephalus*, Illig., etc., etc.

De la Jasse d'en Barnet on gravit un plateau supérieur et on se dirige, par la gorge du ravin, vers les bois qui entourent la Font de la Conque. Cette fontaine, située au milieu d'un paysage agreste, ombragée de pins majestueux, vous invite à faire une halte prolongée pour se reposer des fatigues d'une si longue et si rude ascension. De plus, cette localité recèle des espèces rares de carabiques, et les plantes alpines y sont nombreuses.

Nous signalerons parmi ces dernières : *Aconitum lycoctonum*, Lin.; — *A. napellus*, Lin.; — *Delphinium montanum*, Dec.; — *Anemone hepatica*, Lin.; — *Ranunculus plantagineus*, Dec.; — *R. thora*, Lin.; —*R. villarsii*, Dec.;—*Thalictrum alpinum*, Lin.; —*Cochlearia saxatilis*, Lin.;—*Hutchinsia alpina*, Brow.;—*Arenaria triflora*, Lin.;—*Lychnis alpina*, Lin.;—*Potentilla rupestris*, Lin.;—*Geum rivale*, Lin.; — *Epilobium spicatum*, Lam.;—*Ribes petreum*, Lin.;—*Angelica pyrenea*, Spr.; — *Astrancia minor*, Lin.; — *Molopospermum cicutarium*, D. C..;— *Cacalia albifrons*, Lin.;— *Cirsium monspessulanum*, Alli.;—*Gnafalium fuscum*, Dec.;—*Tussilago alpina*, Lin.;—*Aster alpinus*, Lin.;—*Erigeron alpinum*, Lin.; — *Jasione humilis*, Pers.; — *Scrophularia scopoli*, Stop.;—*Euphrasia alpina*, Lin.;—*Ajuga pyra-*

midalis, Lin.;— *Veronica bellidioïdes*, Lin.;— *V. alpina*, Lin.;—*Primula integrifolia*, Lin.;—*Thesium alpinum*, Lin.;—*Lilium pyrenaïcum*, Lin.;—*Allium victoriale*, Lin.; —*Juncus alpinus*, Wil.;—*Carex atrata*, Lin.;—*C. ovalis*, Good.;—*Aira cespitosa*, Lin.;—*Avena semper virens*, Wil.; —*Lycopodium selago*, Lin.;—*Pteris crispa*, Alli.;—*Polysticum dilatatum*, Dec., etc., etc.

Nous signalerons parmi les insectes : *Carabus pyreneus*, Duf.;—*Pterostichus Xatartii*, Déj.;—*P. Dufourii*, Déj.;— *P. metallica*, Fab.;—*Amara montana*, Déj.;—*A. pyrenea*, Déj., etc., etc.

Sur la crête de la montagne qui domine la Font de la Conque, on remarque une dépression de terrain qu'on nomme Col de la Jasse d'en Barnet. C'est après avoir franchi ce col qu'on descend dans le vallon de la Jasse de Cady, rendez-vous des nombreux troupeaux qui, après avoir quitté les plateaux inférieurs, viennent paître dans ces régions alpestres. Là, sur une vaste surface gazonnée, se répandent les bestiaux, et à la nuit tombante ils regagnent isolément la jasse, point de ralliement de la colonie. On couche à la jasse, où les bergers, très-hospitaliers, vous offrent des jattes de lait, partagent avec vous leur pain noir si vous en êtes dépourvu et se hâtent de couper des genêts pour en accommoder votre lit, seule ressource de cette région comme garniture de paillasse. Enveloppé dans votre manteau, vous dormez d'un profond sommeil, auprès d'un grand feu que les gardiens ont eu soin d'allumer.

Ce vallon, coupé de nombreux ruisseaux qu'alimentent les neiges éternelles qui couvrent la base du grand pic, est peuplé des plantes les plus intéressantes : *Ranunculus pyreneus*, Lin.;—*R. plantagineus*, Dec.;—*R. buplevrifo-*

lius, Dec.; —*R. thora*, Lin.;—*Biscutella saxatilis*, Lin.;—
Draba aizoïdes, Lin.;—*D. stellata*, Jac.;—*Viola palustris*,
Lin.;—*V. alpestris*, Dec.;—*Arenaria laricifolia*, Lin.;—
Dianthus deltoïdes, Lin.;—*Silene acaulis*, Lin.;—*Trifo-*
lium alpinum, Lin.;— *Geum rivale*, Lin.;— *Potentilla*
aurea, Lin.;—*Umbilicus sedoïdes*, Dec.;—*Saxifraga as-*
cendens, Lin.;—*S. aspera*, Lin.;—*S. stellaris*, Lin.;—*S.*
groenlandica, Dec.;—*Gaya pyrenaïca*, Gaud.;—*Prenantes*
purpurea, Lin.;—*Artemisia mutellina*, Lin.;—*Chironia*
pulchella, Dec.;—*Gnaphalium supinum*, Lin.;—*G. dioï-*
cum, Lin.;—*Chrysanthemum maximum*, Dec.;—*Doro-*
nicum austriacum, Jac.;—*Vaccinium uliginosum*, Lin.;—
Gentiana burserii, Lap.;—*G. acaulis*, Lin.;—*Pinguicula*
grandiflora, Lam.;—*Primulla villosa*, Jacq.;—*Plantago*
albicans, Lin.;— *P. monosperma*, Pour.;—*Sparganium*
natans, Lin.;—*Carex pauciflora*, Lin.;—*C. pyrenaïca*,
Will.;—*Scirpus acicularis*, Lin.;—*Agrostis alpina*, Lin.;
—*Avena versicolor*, Vil.;—*A. sempervirens*, Vil.;—*Nar-*
dus stricta, Lin., etc.

Dans cette région on trouve quelques carabiques et
divers bousiers.

En remontant la vallée de Cady, qui est fort longue et
qui s'élargit à mesure que l'on monte, on arrive aux bords
de plusieurs mares d'eau qu'on appelle Clots de Cady
ou Estanyols. Ces tout petits étangs, situés entre le pic
de la Comalade et le pic de Tretzevents, à 2.000 mètres
environ d'altitude, donnent naissance à la rivière qui coule
au fond de la vallée de Vernet. Là commence cette mer de
pierres dont nous avons déjà parlé, mer aussi mobile que
l'élément liquide, et qui conduit au pic principal.

Nous l'avons déjà dit, la montée au pic du Canigou

n'est pas très-intéressante pour le naturaliste; aussi le dispenserons-nous de cette ascension, à moins qu'il ne veuille avoir la satisfaction de rapporter, comme témoignage de végétation à 2.750 mètres d'altitude, la *Potentilla nivalis* de Lapeyrouse et l'*Artemisia mutellina* de Linnée, qu'il ira ramasser dans la cheminée même du grand pic.

Aux étangs dels Clots, la montagne barre le chemin et ne permet pas d'aller en avant; il faut donc revenir sur ses pas jusqu'aux Jasses de Cady pour franchir une gorge étroite qu'on appelle Pas de Cady. De notre temps, il existait sur les bords du torrent une scierie qui nous servit d'abri : on dit qu'elle est détruite.

Dans cette gorge et dans le bassin d'une fontaine, nous prîmes une salamandre. Ce fait, sans importance en lui-même, n'a d'intérêt que par la grande élévation où vivait ce batracien.

Au Pas de Cady l'on trouve : *Saxifraga cœsia*, Lin.;—*Chironia pulchella*, V. B. Dec.;—*Chrysanthemum maximum*, Dec.;—*Doronicum austriacum*, Jac.;—*Vaccinium uliginosum*, Lin.

Du Pas de Cady on descend dans un vallon charmant appelé le Collet Vert; il conduit à la vallée de la Llapoudère, très-étroite et très-resserrée au commencement, mais qui, après demi-heure de marche, s'élargit en une vaste pelouse, où paissent de nombreux bestiaux. Cette vallée, dominée par de hautes montagnes toujours couvertes de neige qui ne fond jamais, est très-froide. Nous avons couché dans la cabane où logent les bergers, et quoique au mois de juillet, il fallut faire du feu toute la nuit.

Non loin de la cabane est une fontaine d'eau glacée. Elle jaillit d'un amas de roches sur lesquelles végètent quelques hièbles, des mousses, des fougères, le *Cochlearia saxatilis* de Linnée, la *Veronica nummularia* de Gouan, le *Chenopodium bonus enricus,* en catalan *Sarrous.* C'est là que nous avons pris la belle variété de l'*Helix arbustorum* (hélice porphyre) que M. Farines a décrite sous le nom d'*Helix Xatartii,* et qui a été confirmée par M. Dupuy. Cet endroit nous a fourni quelques bonnes espèces de carabiques, entre autres le beau *Carabus punctato auratus* qu'on y trouve en quantité.

En gravissant la montagne à gauche qui domine la vallée, on marche sur des masses de roches granitiques couvertes de ronces et on parvient au Col ou Cap de la Roquette. Ce n'est pas sans danger qu'on franchit ce passage : le col est couvert d'une épaisse couche de neige glacée qui vous commande la plus grande attention dans la marche, car un faux pas pourrait amener des accidents déplorables. On arrive bientôt sur une pelouse très-étendue, rase comme un tapis de billard : c'est le Pla Guillem.

Le vaste plateau du Pla Guillem est d'une étendue d'environ 9.000 mètres de longueur sur autant de largeur. Son altitude est de 2.000 mètres ; il offre le tableau le plus frais, le plus ravissant et le plus varié ; on y jouit d'une vue magnifique ; jamais l'aspérité et la nudité du sol n'y vient attrister les yeux ; il est entièrement couvert d'une immense pelouse verte.

« Des bandes de chamois ou isards que l'abondance des « neiges chasse parfois des flancs du Canigou, traversent « avec une rapidité sans égale ces prairies naturelles,

« où ils trouvent une ample et copieuse pâture. Ces jolis
« animaux, dont l'ouïe est aussi fine que la vue est per-
« çante et l'odorat subtil, redressent vivement la tête
« pour appliquer à leur sûreté ces trois sens à la fois ;
« au moindre bruit qui les frappe, un sifflement aigu part
« de leurs narines et se répète par intervalles jusqu'à ce
« que leurs yeux ou leur odorat les aient enfin fixés sur la
« nature du danger qui peut les menacer ; alors ils par-
« tent comme des flêches, gravissant ou descendant des
« pentes effroyables ; s'élançant d'une pointe de rocher
« à l'autre, à des distances considérables, sans qu'on
« puisse deviner comment et où ils peuvent poser leurs
« pieds ; les jambes repliées sous le corps, le cou tendu
« et la tête dressée, dans une attitude aussi gracieuse
« que pittoresque, on les voit, dans le trajet de leur élan,
« traverser les airs comme s'ils avaient des ailes[1]. »

Au pied du Cap de la Roquette, une croix en fer, plantée
dans une grosse pierre, indique le point culminant du
Pla Guillem, et par conséquent le point de partage de
ses deux versants, dont l'un jette ses eaux au sud dans la
vallée du Tech, et l'autre au nord dans la vallée de la Tet.

Le naturaliste ne manquera pas d'explorer toute cette
région. Là se trouve une jasse abandonnée, aux bords
d'une fontaine appelée *Font Freda* (fontaine froide) et
aussi *Font de la Perdiu* (fontaine de la perdrix). Nous
signalons l'existence de cette fontaine, parce que c'est
le seul endroit de cette vaste pelouse où l'on puisse se
désaltérer pendant les grandes chaleurs de la journée.
La *Cibbaldia procumbens* de Linnée, croît sur ses bords.

---

(1) Henry, ouvrage cité.

Au Pla Guillem vit : *Dianthus deltoïdes*, Lin.; — *D. glacialis*, Lin.; — *Oxitropis uralensis*, Dec.; — *Paronichia polygonifolia*, Dec.; — *Buplevrum ranunculoïdes*, Lin.; — *Prenantes purpurea*, Lin., sur les rochers ; — *Gnaphalium dioicum*, Lin.; — *G. supinum*, Lin.; — *Tussilago alpina*, Lin.; — *Aster alpinus*, Lin.; — *Solidago minuta*, Lin.; — *Gentiana acaulis*, Lin., couvre toutes ces régions de ses coroles bleues ; — *G. lutea*, Lin.; — *G. nivalis*, Lin.; — *G. pyrenaïca*, Lin.; — *Veronica saxatilis*, Lin., etc.

En descendant le versant nord du Pla Guillem, on entre dans les gorges du Randé, où diverses prairies, arrosées par un torrent, forment plusieurs beaux sites, très-riches en plantes et en insectes. Là sont établies quelques cabanes, habitées, pendant la belle saison, par des colons nomades, qui viennent cultiver les lambeaux de terre que la neige en se fondant a mis à découvert; on les appelle *Artigayres*.

Ces prairies, ombragées de quelques arbres épars, sont couvertes d'ombellifères et d'autres plantes en fleurs, sur lesquelles butinent les lépidoptères des régions alpines. La flore y est représentée par : *Biscutella chicoriifolia*, Lin.; — *Cardamine resedifolia*, Lin.; — *C. amara*, Lin.; — *Sysimbrium acutangulum*, Dec.; — *Viola alpestris*, Dec., parmi les terres cultivées; — *Asterocarpus sesamoïdes*, Gay; — *Hypericum dubium*, Lin.; — *Geranium aconitifolium*, Lin.; — *G. divaricatum*, Errh.; — *Geum rivale*, Lin.; — *Angelica pyrenea*, Spr.; — *Astrancia minor*, Lin.; — *Gaya pyrenaïca*, Gau.; — *Heracleum pyrenaïcum*, Lam.; — *Meum athamanticum*, Lin.; — *Leontodon pyrenaïcum*, Gou.; — *Erigeron alpinum*, Lin.; — *Linaria vulgaris*, Dec.; — *Poa*

alpina, Lin.; — *Lycopodium celago*, Lin.; — *Botrichium
lunaria*, Sw.; — *Pteris crispa*, Alli., etc., etc.

En quittant cette riante vallée, on descend toujours vers
les gorges de Castell, et l'on se dirige sur la Collada de
Palanes. Non loin de là coule une fontaine dont l'eau est
délicieuse; on y prend un peu de repos et deux heures
de marche vous conduisent à Castell, que depuis longtemps on voyait à ses pieds.

Le lendemain on se dispose à rentrer à Prades, et, en
passant à Villefranche, on visite de nouveau la Trencada
d'Ambulla, que l'on ne saurait assez explorer.

Vallée de Fulhà.

Après avoir dépassé Villefranche, sur la rive droite de
la Tet, s'ouvre la vallée de Fulhà, Sahorre et Py, aussi
belle, aussi longue et aussi pittoresque que celle de Vernet, qui lui est parallèle. Au fond coule la rivière de Py,
dont les eaux reçoivent les versants de la grande chaîne
qui se joint au Canigou, et dont le Pla Guillem forme le
sommet. Les pentes de cette vallée sont fort raides, nues,
dévastées par les usines de fer qui étaient dans les environs. Les propriétaires ont senti le besoin de repeupler
les vastes vacants que le déboisement de la montagne
avait rendus stériles; déjà on voit ondoyer la cime des
essences résineuses qui s'y développent fort bien, et le
frêne, le chêne, le châtaignier couvrent les parties moins
élevées.

En entrant dans la vallée on rencontre d'abord Fulhà;
Sahorre se trouve plus loin dans la gorge, qui commence à
se rétrécir; un ormeau plusieurs fois centenaire couvre

de ses branches la place publique du village, et fait admirer
sa puissante végétation. Py, beaucoup plus élevé encore,
est assis sur la rive gauche du torrent; il repose sur une
masse de marbre blanc statuaire qui ne le cède en rien,
disent les connaisseurs, aux plus beaux marbres d'Italie.
Cette riche carrière n'a jamais été exploitée, parce que les
transports y sont impossibles faute de chemin.

Les mines de fer sont nombreuses dans cette vallée :
les plus importantes sont celles de Toren, Aytuà, Escaro.
Sahorre était le lieu où l'on traitait le minerai de fer.
Des forges y furent établies en 1127; mais elles ne
fonctionnent plus depuis longtemps : le déboisement des
montagnes a fait transporter le minerai ailleurs.

La flore de cette vallée est en tout point semblable à
celle de la vallée de Vernet; aussi nous abstiendrons-nous
d'en parler. Cependant, nous signalerons sur les roches
qui garnissent l'embouchure du torrent, l'*Alyssum perusianum* de Gay.

Mais si, pour ne pas nous répéter, nous n'avons rien
à dire sur la botanique de cette localité, il en est autrement de l'entomologie. Cette branche de l'histoire naturelle compte de nombreux et intéressants insectes dans
les prairies, parmi les roches et sur les végétaux; nous
citerons entre autres : *Cicindela silvicola*, Meg.; — *Zuphium olens*, Fab.; — *Cymindis punctata*, Bon.; — *C. lineata*, Scho.; — *Nebria psammodes*, Ros.; — *N. picicornis*, Fab.;
— *Pristonychus alpinus*, Déj.; — *Argutor abaxoïdes*, Déj.;
— *A. puzilla*, Déj.; — *Zabrus obesus*, Lat.; — *Z. piger*, Déj.;
— *Tachys pumilio*, Duft.; — *Tachypus flavipes*, Fab.; —
Emus maxillosus, Fab.; — *E. olens*, Fab.; — *E. morio*, Gyl.;
— *Cafius xantholoma*, Grav.; — *C. littoralis*, Déj.; — *Ludius*

pyreneus, Déj.;—*L. rugosus*, Meg.;—*L pectinicornis*, Fab.;
—*Geotrupes hypocrita*, Sch.;—*Meloœ proscarabeus*, Fab.;
—*M. violaceus*, Gyl.; —*Zonitis sexmaculata*, Oliv.; —*Z.
fulvipennis*, Fab.;—*Rhynchites cupreus*, Fab.;—*R. minu-
tus*, Gyl.;—*Polydrusus smaragdinus*, Meg.;—*P. picus*,
Fab.;—*P. perplexus*, Déj.;—*Hylobius pinastri*, Gyl.;—*H.
arcticus*, Fab.:—*Balalinus cerasorum*, Payk.;—*B. salici-
vorus*, Payk.;—*Callidium sanguineum*, Fab.;—*C. thoracicum*, Déj.;—*Clytus tropicus*, Pauz.;—*C. arictis*, Fab.;—
Dorcadion rufipes, Fab.;—*D. striola*, Déj.;—*Oberea ocu-
lata*, Fab.;—*Vesperus luridus*, Ros.;—*Rhagium indaga-
tor*, Fab.;—*Stenura cruciata*, Oliv.;—*S. pubescens*, Fab.

En quittant la vallée de Fulhà et en suivant un petit
sentier qui longe la rive droite de la Tet, le naturaliste
aura l'occasion de ramasser quelques bonnes espèces de
plantes pyrénéennes. Après une heure de marche, il se
trouvera en face de Serdinya et franchira la rivière sur
un pont pour entrer au village. Cette localité n'offre pas
de grandes richesses botaniques : c'est là que finissent
les cultures de l'olivier et du figuier; en revanche elle
possède une plante de la famille des primulacées qu'il
ne faudra pas négliger d'aller récolter, c'est le *Lysimachia ephemerum* de Linnée; elle croît sur un tertre élevé
qui est à côté du ravin du Salt-del-Cavaller, tertre qu'on
trouve à droite en sortant du village après avoir passé le
pont du torrent. Ce tertre est arrosé par l'eau qui se perd
d'un ruisseau nouvellement construit, et qui féconde une
grande partie des terres de cette commune. Cette plante
se trouve encore sur les bords du ruisseau du moulin de
Serdinya, et auprès d'une fontaine, à la droite de l'ancienne route qui conduisait d'Olette à Mont-Louis.

On trouve auprès de Serdinya un grand banc de schiste compacte ou grauwacke, dont les produits peuvent être appliqués à la construction ; on peut en faire des marches d'escalier, des appuis de fenêtre, des couvertures d'aqueducs, et l'employer enfin à divers autres objets d'utilité générale. Déjà on avait découvert dans les pentes des ravins qui le séparent d'Olette, des espèces d'atterrissements ou arènes fragmentaires, qui, calcinées et tamisées, fournissent une matière sableuse donnant avec les chaux grasses un mortier hydraulique.

C'est dans les rocailles du moulin de Serdinya que vit le loir, *Mioxus glis* de Linnée, en catalan *rat esquirol*. Ce mammifère est très-difficile à se procurer, et c'est avec beaucoup de peine que nous avons pu, dans le temps, en expédier quelques individus à M. Cuvier qui n'en avait jamais vu de vivants. Voici ce qu'il nous écrivait à la réception de notre envoi par la diligence :

« Les *loirs* que vous nous avez envoyés sont arrivés « dans le meilleur état, grâces aux soins que vous avez « pris en les confiant à la diligence, et ils se portent « encore fort bien. J'espère les conserver longtemps et « bien assez sûrement pour en tirer tout ce que des ani- « maux hors de leur état de nature peuvent donner. « J'en ai déjà fait faire une fort belle peinture, et leurs « dépouilles enrichiront nos cabinets d'anatomie et de « zoologie, qui étaient fort pauvres des diverses parties « de cette espèce, etc. »

Vallée de la Font de Coms.

Sur la montagne qui domine Serdinya, au nord, est le hameau de Flassà qu'entoure un petit plateau cultivé.

Le mûrier y vit très-bien. Sur nos conseils, M. Llopet, propriétaire, a été le premier, et peut-être le seul, à propager cette essence d'arbre et à se livrer à l'éducation du ver à soie ; ses tentatives ont parfaitement réussi ; la chenille a traversé sans accident tous ses âges, et le cocon obtenu a été d'excellente qualité. C'est que dans ces fraîches montagnes, le ver conserve toute sa santé et toute sa vigueur, et n'est point exposé, comme dans la plaine, aux désastreuses influences du vent du midi et des jours d'orages qui font périr les chambrées au moment où l'éducateur espère recueillir le fruit de son travail.

C'est à Flassà qu'il convient de coucher, afin d'avoir plus de temps à donner aux recherches qu'exige la Font de Coms, localité remarquable par ses richesses en plantes alpines, mêlées avec quantité de plantes des régions chaudes des plaines méridionales.

Le lendemain, au point du jour, on escalade la montagne en se dirigeant toujours au nord, vers les sapins qui couronnent le sommet. A mi-côte, près d'une grange et dans les champs de seigle, on peut récolter l'*Onopordon pyrenaïcum*, Lin., et quelques autres bonnes espèces. A un kilomètre avant d'atteindre le sommet, on rencontre, sur la gauche, un grand rocher qu'on appelle Roc del Muix, dans lequel est une excavation naturelle où se retirent quelquefois les bestiaux ; leur fumier y attire quantité d'insectes intéressants. C'est aussi dans cette masse calcaire, pleine de fissures, que croissent plusieurs arbustes parmi lesquels : *Lonicera pyrenaïca*, Lin. ; — *Rhamnus pumilus*, Lin. ; — *Globularia repens*, Lin. ; — enfin les *Pupa quadridens*, *P. farinesi*, *P. cinerea* s'y trouvent abondamment.

Au-desus du Roc del Muix, après un kilomètre de
marche, on est parvenu au sommet de la montagne au
point dit Coll de la Serra de la Font de Coms ; là est
un petit sentier qui facilite la descente de la pente
opposée, et qui conduit dans un bois de sapins. Au pied
d'un grand rocher isolé coule une source abondante d'eau
glacée, c'est la Font de Coms qu'entoure une pelouse
émaillée de fleurs. Ce bois et cette pelouse fourmillent
de plantes rares et précieuses, et l'on ne saurait trop
s'y arrêter.

A trois cents mètres de la fontaine, la montagne taillée
à pic se relève à une hauteur prodigieuse : c'est dans
les fentes les plus inaccessibles que croît l'*Alyssum pyrenaïcum* décrit pour la première fois par Lapeyrouse sur
les échantillons expédiés par Coder. Cet arbuste, qu'on
ne trouve nulle autre part en Europe, a été si recherché
des nombreux botanistes qui ont visité cette localité
précieuse, qu'ils l'ont fait disparaître du pied de la montagne où il vivait abondamment ; il n'en reste aujourd'hui
que trois ou quatre sujets qui vivent dans les fissures
de ce grand rocher, pendant sur des abîmes et hors de
portée de la main rapace de l'homme. C'est encore au
pied de ces roches qu'on peut recueillir le *Saxifraga
media* de Gouan et le *Dracocephalus austriachus* de Linnée, de même que *Anemone alpina*, Lin.;—*Ranunculus
thora*, Lin.;—*Aquilegia viscosa*, Gou.;—*Cerastium viscosum*, Lin.;—*Gentiana verna*, Lin.;—*Hesperis laciniata*,
Alli.;—*Veronica aphylla*, Lin.;—*Androsacæ chamæjasme*,
Wil.;—*Pyrola uniflora*, Lin.;—*P. secunda*, Lin.;—*Linum
alpinum*, Lin.;—*Polygonum viviparum*, Lin.;—*Pedicularis verticillata*, Lin.;—*Potentilla caulescens*, Lin.;—

Orobus vernus, Lin.;—*Saxifraga media*, Gou.;—*Globularia nudicaulis*, Lin.;—*Salvia officinalis*, Lin.;—*Senecio doronicum*, Lin.;—*Sideritis hyssopifolia*, Dec.;—*Campanula speciosa*, Pour.;—*Laserpitium siler*, Lin., etc., etc.

Vallée d'Évol.

De la Font de Coms on peut se rendre dans la vallée d'Évol, et, à cet effet, on s'achemine vers Los Plas, joli plateau qui nourrit quelques plantes rares, où l'on rencontre la *Salvia officinalis* de Linnée, qu'on trouve rarement à l'état sauvage, et qui couvre une partie de ce plateau; on y trouve aussi le *Daphne mesereum* de Linnée.

En continuant à marcher vers le nord, on parvient à la Collada de Jujols; là sont quelques maigres lambeaux de terre cultivée où l'on recueille : *Ephedra distachya*, Lin.;—*Pyrola uniflora*, Lin.;—*Sideritis hyssopifolia*, Lin.;—*Bunium denudatum*, Dec.,—*Laserpitium gallicum*, Lin.;—*Ligusticum ferulaceum*, Allionii.

De la Collada on continue de marcher sur la crête de la montagne, et, à travers des roches escarpées, on va droit au Roc de l'Ours, agglomération de roches parmi lesquelles croissent des pins d'une grosseur et d'une hauteur prodigieuses. On prétend qu'autrefois les ours habitaient ces montagnes; mais, depuis longtemps, ces animaux ont disparu, le déboisement de ces contrées ne leur offrant plus de retraite impénétrable. C'est dans les éclaircies méridionales que nous avons recueilli une jolie plante de la famille des papavéracées, le *Meconopsis cambrica* qui n'avait pas été encore signalé dans les

Pyrénées-Orientales ; nous avons également trouvé dans cette même exposition l'*Asphodelus albus* de Will.

Du Roc de l'Ours on se dirige à travers bois et par un pays très-difficile vers le Pla de l'Arc, point très-élevé de ces montagnes. Là vivent le *Drias octopetala* de Linnée et bon nombre de plantes alpines très-intéressantes. Enfin l'on monte vers le Col de Portus, dernière station : de ce point l'on voit bien loin sous ses pieds la Jasse d'Évol, adossée à la montagne de Madres.

A partir du Col de Portus se déroule un immense tapis de verdure qui s'étend jusqu'à la Jasse d'Évol et jusqu'au Lac Noir de Nohèdes, dont nous avons déjà parlé ; le trop plein de ce lac forme la rivière d'Évol. On descend à la jasse pour y déposer son butin et pour y passer la nuit. Les bergers vous accueillent avec bienveillance et vous offrent la même hospitalité que les vachers du Canigou.

Dans les forêts que nous venons de traverser, nous avons vu à profusion le Bec-Croisé des pins, *Loxia curvirostra* de Linnée ; l'Accenteur-Pégot ou des Alpes, *Accentor alpinus* de Bechensten ; et le Cincle-Plongeur, *Cinclus aquaticus* de Bechensten. C'est près de la jasse, dans des flaques assez profondes formées par la rivière d'Évol, que nous avons pu observer longuement la singulière propriété que possède cet oiseau de se submerger, de se maintenir et de se promener assez longtemps sous l'eau pour y prendre des insectes aquatiques.

Dans ces mêmes forêts, se trouvent : *Carabus catenulatus*, Fab. ; — *C. auratus*, F. ; — *Nebria psammodes*, Ros. ; — *Chlœnius spoliatus*, Déj. ; — *C. holosericeus*, Fab. ; — *Zabrus curtus*, Fab. ; — *Amara obsoleta*, Duf. ; — *A. com-*

planata, Déj.;—*Ophonus sabulicola*, Panz.;—*O. puncti-collis*, Pay.;—*Astrapœus ulmineus*, Fab.;—*Stenus oculatus*, Gav.;—*S. rusticus*, Déj.;—*Agrilus biguttatus*, Fab.;—*A. laticornis*, Illi.;—*Cerophitum elateroïdes*, Lat.;—*Limonius nigricornis*, Gyl.;—*Ludius signatus*, Panz.;—*L. hœma-todes*, Fab.;—*Trachyphlœus aristatus*, Gyl.;—*T. metalli-ous*, Déj.;—*Omias hirsutulus*, Fab.;—*O. gracilis*, Beck.; —*Otiorhynchus pyreneus*, Déj.;—*O. navaricus*, Déj.;—*O. obscurus*, Duf.;—*Larinus maculosus*, Bes.;—*L. jaceœ*, Fab.;—*Larinus cylindrirostris*, Déj.;—*Doritomus juratus*, Chev.;—*D. tortrix*, Fab.;—*Phytobius quadricornis*, Gyl.; —*Orchestes quercus*, Lin.;—*O. stigma*, Germ.;—*Baris lucidus*, Déj.;—*B. punctatissimus*, Déj.;—*Campilirhyn-chus pericarpius*, Fab.;—*Cionus ocellatus*, Illi.;—*C. fra-xini*, Lat.;—*Gymnetron becabungœ*, Fab.;—*G. scolopax*, Déj.;—*Messinus limbatus*, Déj.;—*M. violaceus*, Meg.;— *Calandra abreviata*, Job.;—*Prionus coriarius*, Fab.;— *Hamaticherus cerdo*, Fab.;—*Callidium thoracicum*, Déj.; —*C. macropus*, Ziegl.;—*Stenopterus ustulatus*, Déj.;— *S. prœustus*, Job.;—*Saperda scalaris*, Fab.;—*Oberea pupillata*, Scho.;—*O. linearis*, Fab.;—*Toxotus cursor*, Fab.;—*Pachita clathrata*, Fab.;—*P. collaris*, Fab.;— *Strangalia calcarata*, Fab.;—*Leptura bipunctata*, Fab.; —*L. timida*, Chev., etc., etc.

Le plateau de la Jasse d'Évol a été couvert autrefois d'arbres résineux; aujourd'hui il n'en reste que de faibles traces. Est-ce que la terre aurait perdu de sa fécondité? Est-ce que ses éléments auraient subi quelque modifica-tion? Ou bien, la température de cette région se serait-elle refroidie? Sans pouvoir répondre à ces questions, nous constaterons que de vieux et beaux sapins, accablés sous

le poids des neiges hivernales y pourrissent sur place sans
se reproduire; que les jeunes plants, rabougris et chétifs,
y meurent sans se développer, et que le vide s'étend de
plus en plus chaque jour. Cependant, non loin de là, sur
les montagnes que nous venons de parcourir, s'élèvent de
très-vastes forêts de la plus belle venue. Le Capcir, qui
n'est séparé de la vallée d'Évol que par la montagne de
Madres, en possède de non moins admirables, et pourtant
ce pays est plus froid et plus élevé ; il serait probable
alors que le sol épuisé de certains éléments nécessaires à
la végétation des arbres résineux, se prêterait à la venue
d'autres essences. C'est ce que devrait tenter l'administration forestière pour redonner la vie à ce plateau dénudé.

En quittant le plateau de la jasse et suivant les bords
de la rivière d'Évol, on arrive à Olette. Sur ce plateau,
comme sur les deux rives du torrent, le naturaliste aura
récolté : *Helleborus fœtidus*, Lin.;—*Barbarea sicula*, Pers.;
—*Cistus albidus*, Lin.;—*Dianthus hirtus*, Lin.;—*D. pungens*, Lin.;—*Malva moscata*, Lin.;—*Pistachia lentiscus*,
Lin.;—*Saxifraga aspera*, Lin.;—*S. granulata*, Lin.;—*S.
geranioïdes*, Lin.;—*Scabiosa gramuntia*, Lin.;— *Veronica
aphylla*, Lin.; — *Satureia montana*, Lin.; — *Eringium
bourgati*, Gou.; — *Calamita grandiflora*, Moenh.; — *C.
nepeta*, Link.; —*C. alpina*, Lam.;—*Carex vitillis*, Fries.;
C. nigra, All.;— *C. tenuis*, Hort.

Nous ne passerons pas sous silence la présence de deux
oiseaux qui sont assez rares : l'un, qui nous a accompagné
de son chant gracieux dans tout le parcours de cette vallée,
est le *Turdus saxatilis* ou *Merle de roche*, en catalan *Passera de las rojas;* l'autre est le *Saxicola cachinnans* ou
Traquet rieur, en catalan *Passera cul-blanc*.

Olette, gros bourg de 1.200 âmes, chef-lieu de canton,
est un pays de ressources où le naturaliste pourra s'appro-
visionner : il y a deux bons hôtels. Cette commune se
trouve située sur la rive gauche de la Tet, très-encaissée
en cet endroit, sur un promontoire de 613 mètres d'altitude. C'est sur son territoire que finissent les cultures du
mûrier et du pêcher. Un peu en amont coule la rivière
de Cabrils, qui descend des confins du Capcir et qui reçoit,
avant de se jeter dans la Tet, la rivière d'Évol. Ici commence le chemin étroit, pierreux et difficile qui mène,
par Ayguatébia, Ralleu, le Col de Creu, à Formiguères,
capitale du Capcir. Nous ne suivrons point cette route
dont nous parlerons plus tard ; nous continuerons à remonter la vallée de la Tet en suivant la route impériale.

Environ à une lieue au-dessus du bourg d'Olette, à la
descente appelée les Graus (degrés), on reconnaît, à droite,
partie d'une muraille et de la voûte d'une petite église,
ainsi que l'enceinte peu étendue d'un édifice qui paraît
avoir été de forme carrée. Ce sont-là, dit-on, les ruines de
l'ancienne abbaye de Saint-André-d'Exalada, dont la fondation remonte vers l'an 840 ou 843. Vers l'an 878, la
rivière de la Tet aurait pris un tel accroissement, que,
dans cette gorge resserrée, elle se serait élevée à la
prodigieuse hauteur de 300 mètres au-dessus de son
niveau actuel, et aurait renversé le monastère et noyé
la plupart de ses habitants. Quand nous parlerons du
Pla de Barrés, nous ferons connaître comment une
aussi grande masse d'eau aurait pu se précipiter dans
cette vallée et occasionner le désastre dont parlent nos
annales.

En examinant attentivement la gorge resserrée des

Graus d'Olette, il paraît impossible que les eaux de la Tet se soient élevées à cette prodigieuse hauteur, et qu'elles aient pu atteindre la place où sont les ruines en question, qu'on attribue aux restes du monastère de Saint-André-d'Exalada. Aucun document ne prouve que ce monastère se trouvât précisément en cet endroit; mais il est certain que le couvent fut emporté par une terrible inondation, et que les moines échappés à ce désastre allèrent s'établir à Saint-Michel-de-Cuxa. Il est donc présumable que le monastère d'Exalada était situé dans la gorge des Graus, sans que l'on puisse préciser le lieu où il était bâti.

Si les eaux de la Tet avaient atteint une si prodigieuse hauteur, il est hors de doute que toute la vallée de Thuès aurait été submergée; ce dernier village, mentionné avant 878 et qui est moins élevé que la montagne des Graus, aurait été détruit. Tout porte donc à croire que ceux qui ont prétendu que les eaux de la Tet se sont élevées jusqu'aux ruines qu'on voit au sommet de la montagne des Graus, n'ont fait qu'une supposition, que le bon sens, s'appuyant sur l'histoire elle-même, réfute d'une manière complète.

Vallée de Nyer.

En descendant aux Graus d'Olette, nous avons oublié de parler de la vallée de Nyer, située sur la rive droite de la Tet. Cette vallée, d'une étendue de 20 kilomètres environ, s'étend jusqu'au Col de la Madona, passage qu'on franchit à 2.478 mètres d'altitude pour aller au village de Sept-Cases, situé au fond du Pla del Camp-Magre, en Espagne. Cette vallée, remarquable par la

fraîcheur de ses eaux et ses paysages pittoresques, est
d'un accès facile; un chemin praticable conduit jusqu'au
col; un rameau de montagne qui se détache du Col de
la Madona, forme un promontoire qui s'avance dans la
vallée; deux ravins embrassent ses flancs et viennent se
rejoindre en un seul cours à la forge de Mantet pour
former la rivière de Nyer. C'est en suivant le chemin qui
longe le ravin de droite que l'on parvient sur le plateau
du Camp-Magre, vaste prairie où l'on marche de niveau
sur un gazon épais et par où l'on peut aller aux Esquerdes
de Roja pour descendre dans la vallée du Tech.

La vallée de Nyer ne compte que deux villages, Nyer
et Mantet. Ce dernier situé au fond de la vallée est un
chétif hameau de 120 habitants; une forge à la catalane
lui donnait autrefois quelque vie, mais le manque de
combustible a fait déserter ce lieu depuis longtemps.
Nyer au contraire est un charmant village peuplé de 450
habitants. Placé à l'entrée de la vallée, dans une position
délicieuse qu'anime le bruit d'un martinet et le doux
murmure des eaux, il offre aux crayons de l'artiste les
tableaux les plus pittoresques; de belles prairies sont
sur les bords de la rivière, et des arbres fruitiers et des
noyers séculaires couvrent les champs et les ravins.
Entre Nyer et Mantet est un vallon charmant, couvert
de belles et riantes cultures, on l'appelle l'*Hort de Nyer*,
le Jardin de Nyer; depuis peu d'années on a construit un
canal d'arrosage qui décuple la richesse de ce pays.

La flore de la vallée de Nyer est très-abondante; nous
nous contenterons de désigner ici les plantes les plus
intéressantes : *Ranunculus muricatus*, Lin.; — *Aconitum
pyrenaïcum*, Lam., variété Y du *Lycoctonum* de Linnée;

—*Cistus albidus*, Jacq.;—*Sisymbrium columnœ*, Jacq.;—
Cardamine latifolia, Vahl.;—*Silene nocturna*, Lin.;—*S.
otites*, Dec.;—*S. inaperta*, Lin.;—*Dianthus saxifragus*,
Lin.;—*Potentilla hirta*, Lin.;—*Teucrium scorodonia*, Lin.;
—*Linum tenuifolium*, Lin.;—*Euphorbia exigua*, Lin.;—
Galium pyrenaïcum, Lin.;—*Galium megalospermum*, Vil.;
—*Cota altissima*, Gay.;—*Gnaphalium luteoalbum*, Lin.;
—*Helichrysum stœchas*, Dec.;—*Artemisia camphorata*,
Vil.;—*Crepis biennis*, Lin.;—*Catananche cerulea*, Lin.

En amont de la vallée de Nyer, sur la rive gauche de
la Tet, au sommet d'un plateau très-escarpé et très-aride,
où végètent quelques chênes-verts rabougris, où la gorge
se resserre, est le hameau de Canaveilles. C'est sur les
flancs de cette montagne que finit la culture de la vigne
dont les ceps soutenus en terrasse sont menacés d'être
emportés à la moindre pluie d'orage. C'est au pied du
village qu'existent des mines de cuivre; les nombreux
filons, parfaitement distincts, parallèles entre eux, ont
été activement suivis il y a une vingtaine d'années.
« Ces affleurements, » dit M. Bouis, « avaient fourni du
« minerai fort riche : on y a trouvé entre autres de beaux
« échantillons de cuivre silicaté. Des puits profonds, de
« longues galeries horizontales d'épuisement furent ter-
« minés. Malgré ces travaux préliminaires, dont quelques-
« uns se sont bien conservés, l'exploitation fut abandon-
« née, sans avoir la certitude que des recherches, plus
« longuement suivies et différemment dirigées, demeu-
« reraient sans heureux résultat. Les affleurements des
« filons de cuivre se continuant sur la rive droite, deux
« galeries furent et sont restées ouvertes, entre les
« sources des Graus d'Olette, du groupe thermal de

« l'Exalada. A l'extrémité de la grande galerie horizon-
« tale d'épuisement des mines de Canaveilles, on a trouvé
« quelques petites sources d'eau ordinaire, à une tempé-
« rature de 28 et 30° C. »

En face de Canaveilles, sur la rive droite de la Tet,
coulent en abondance des sources thermales connues
dès les temps les plus anciens. La nouvelle route ayant
transporté sur la rive droite et sur les sources mêmes la
voie qui était sur la rive gauche, a permis de les aborder
facilement. Ces sources étaient autrefois confondues sous
les noms de sources de Thuès, de Canaveilles, de Nyer
et des Graus d'Olette. A présent, les sources d'Olette ou
sources des Graus d'Olette sont divisées selon leur position sur le terrain thermal, en trois groupes : 1° de
Saint-André, 2° d'Exalada, 3° la Cascade, et sont clas-
sées parmi les eaux thermales alcalines sulfureuses et
non sulfureuses.

Voici comment s'exprimait M. François, inspecteur-
général des eaux minérales de France, dans un rapport
à l'Empereur, en 1852 : « Je ne puis clore cette liste
« restreinte de richesses thermales, sans citer le groupe
« si remarquable des eaux sulfureuses de Thuès, Pyré-
« nées-Orientales. Là, sur l'accotement d'une route impé-
« riale, dans un lieu abrité, d'une climaterie privilégiée,
« trente-une sources ne débitent pas moins de 1.772.000
« litres, par vingt-quatre heures, d'eaux sulfureuses diver-
« ses, de 30 à 78° C. Là, pas de terrains occupés par des
« constructions, aucune entrave, des chutes de plus de
« 100 mètres, des ressources incomparables et jusqu'à
« ce jour inconnues, pour l'organisation de l'assistance
« publique. »

Ces sources naissent sur les faces nord et ouest de la partie inférieure d'une montagne granitique, dure, fortement feld-spathique, commençant après les Graus jusqu'au ravin dit *Torrent Real,* d'où tombe perpendiculairement, à côté de la route, une cascade de 30 mètres. On peut appeler cette portion de montagne, sur une longueur de 400 mètres, terrain thermal, terrain aquifère, parce que l'eau est partout, à partir de la rivière jusqu'à un niveau de 30 mètres au-dessus, et que les sources reparaissent nombreuses, abondantes, aux deux extrémités est et ouest, jusqu'à 100 mètres de hauteur. Enfin, nous ajouterons que ces magnifiques sources appartiennent à M. Bouis, ancien pharmacien et professeur de chimie à Perpignan, qui vient d'y jeter les fondements d'un établissement qui sera digne du *plus beau monument d'eaux thermales que l'on connaisse dans nos Pyrénées,* selon les belles expressions d'Anglada.

Vallée de Carença.

« Des Graus à Thuès, la route côtoye la montagne, « fortement inclinée, presque partout couverte d'une belle « végétation; la rivière est à 10 mètres au-dessous. La « faible pente d'un point à l'autre, fait de cette portion « de route une promenade agréable, toujours animée « par sa fréquentation.

« Thuès est à l'entrée de la vallée de Carença sur la « rive droite de la Tet. Le village est divisé en deux par « la rivière; les habitations de la rive droite, placées sur « une position élevée, sont les plus anciennes et elles « dominent la vallée; l'église en occupe le point culmi-

« nant. Autrefois une forge avait été montée à Thuès ; elle
« a cessé de fonctionner par le manque de charbon......

« Les eaux de la rivière de Carença sont abondantes,
« toujours limpides ; et parmi les belles choses à voir
« dans ces magnifiques montagnes, peu sont aussi impo-
« santes et aussi grandioses que la gorge elle-même, à
« partir de son embouchure jusqu'aux lieux où elle devient
« inaccessible.

« A son entrée, les deux faces sont des rochers à pic,
« excessivement élevés, présentant deux murailles paral-
« lèles, distantes de quelques mètres sur toute leur
« hauteur. La perpendicularité de ses faces se continue
« pendant plus d'un kilomètre ; aussi est-ce avec difficulté
« et avec quelque péril qu'on s'avance, tantôt côtoyant
« la rivière, tantôt s'élevant péniblement sur un des
« côtés. L'origine de cette rivière est aux étangs de ce
« nom et à des sources un peu au-delà, où l'on parvient
« en six heures par le chemin de Saint-Thomas et de
« Prats-de-Balaguer, bien préférable à celui qui remon-
« terait la gorge de Carença.

« Des neiges perpétuelles et de riches mines de cuivre
« sont aux environs des étangs. Dans le pays existe la
« croyance qu'une de ces mines est aurifère. L'exploita-
« tion de ces gisements métalliques a été commencée à
« diverses reprises, sans être suivie longtemps ni avec
« régularité. On s'en était particulièrement occupé lors
« des recherches aux mines de Canaveilles. Il est vrai
« que la neige et le froid rendent cette position inhabi-
« table, à peu près huit mois de l'année.

« Les étangs de Carença, comme ceux de Nohèdes,
« ont été entourés jusqu'à nous d'un prestige supersti-

« tieux : on les supposait un lieu de réunion des esprits
« invisibles, ce qui doit faire admettre, avec quelque
« probabilité, que c'est sur ces points déserts et éloignés
« dans nos montagnes, que sont venus s'éteindre, pour
« toujours, les derniers sacrifices druidiques[1]. »

On vient de voir que, pour atteindre le sommet de la
vallée de Carença, il était préférable de suivre la vallée
de Prats-de-Balaguer qu'on remonte jusqu'au Col de Las
Nou Fonts, qui est situé à 2.900 mètres d'altitude. Arrivé
là, l'on côtoye la Fosse du Géant ainsi que les glaciers
qui l'avoisinent ; et, par un chemin très-escarpé et très-
pénible, on s'achemine en suivant la crête de la montagne couverte de gazon, vers la Coma dels Gorgs qui est
à 2.870 mètres d'altitude. Parvenu sur ce point culminant, l'on voit au loin les étangs de Carença, dont la
nappe tranquille contraste singulièrement avec les eaux
écumantes de la rivière de Prats-de-Balaguer que l'on
vient de quitter. Quatre kilomètres nous séparent des
étangs ; pour y arriver, l'on marche sur une prairie unie
coupée de quelques monticules et couverte de bétail.

Les lacs de Carença sont au nombre de trois comme
ceux de Nohèdes ; et, comme ces derniers, deux sont
contigus, tandis que le troisième est séparé des autres
par un relief de montagne. A droite et à gauche des lacs,
s'élèvent le Col del Prats et le Col del Gegan : le premier
a 2.844 mètres d'altitude, le second 2.883. Au-dessous,
vers la montagne de Col Mitja, l'eau de tous les étangs
se réunit en un seul cours et forme la rivière de Carença.

<hr>

(1) Bouis, Bulletin de la Société Agricole, Scientifique et Littéraire des
Pyrénées-Orientales, volume XI, 1858.

Sur l'immense prairie où le bétail campe tout l'été, sont les cabanes des bergers adossées à la roche qui s'élève près des lacs : c'est une station botanique des plus riches; les insectes y affluent; aussi doit-elle être explorée avec le plus grand soin.

Au Col Mitja, la rivière est profondément encaissée; on descend la montagne par un sentier étroit qui serpente sur ses flancs. Ce n'est pas sans peine que l'on gagne les bords du torrent dont les eaux retenues par d'énormes blocs de granit, retombent en mugissant de cascade en cascade. Pendant 8 kilomètres, l'on marche à travers les rochers, sous des pins séculaires, sous des bois de hêtres, de bouleaux et de noisetiers; à chaque pas, de beaux bouquets de sureaux à grappes *(Sambucus racemosus,* Lin.), récréent la vue, tandis que des buissons de framboisiers et de groseilliers vous invitent à cueillir leurs fruits. Enfin, les bois vous abandonnent, et l'on rentre dans toutes les horreurs d'une nature sauvage. Le torrent s'engouffre dans une gorge étroite, escarpée, qui laisse à peine un sentier de deux pieds de large pour passer; encore est-il souvent intercepté par un obstacle infranchissable qui vous force à traverser la rivière sur un tronc d'arbre jeté en travers : dans l'espace d'un kilomètre, nous dûmes passer quinze fois d'une rive à l'autre. Après 4 kilomètres de marche dans ce sentier pénible, l'on arrive à Thuès où la rivière se jette dans la Tet.

Les montagnes qui forment la vallée de Carença ont une direction du sud au nord, et le cours de la rivière est de 16 à 17 kilomètres d'étendue. La force des eaux, dans le bas de la gorge, a balayé les roches granitiques tombées de la partie supérieure, et a creusé, à 20 mètres de profondeur, sur une longueur d'un kilomètre, le banc de marbre qui forme la base de la vallée : ces marbres, d'un grain fin et de nuances variées, pourraient être avantageusement exploités si l'industrie voulait y engager des capitaux.

La flore du pays que nous venons de parcourir est nombreuse et variée ; nous citerons les plantes suivantes : *Anemone narcissiflora*, Lin.;—*Adonis pyrenaïca*, Lin.;— *Thalictrum alpinum*, Lin.;—*Ranunculus parnassifolius*, Lin.;—*R. glacialis*, Lin.;—*R. thora*, Lin.;—*R. lingua*, Lin.;—*Iberis spatulata*, Berg.;—*Papaver pyrenaïcum*, Lin.;—*Alyssum cuneifolium*, Tenor. *(Alyssum diffusum*, Dubi); — *Kernera saxatilis*, Rehb.;—*Viola cenisia*, Lin.; —*Herniaria alpina*, Wil.;—*Arenaria serpyllifolia*, Lin.; — *Alsine verna*, Barth.;— *Oxitropis Halleri*, Bung.;— *Phaca ostralis*, Lin.;—*Umbilicus sedoïdes*, Dec.;—*Saxifraga oppositifolia*, Lin.;—*Saxifr. groenlandica*, Lin.;— *Xatartia scabra*, Meis.; —*Galium comelerrhizon*, Lap.;— *Artemisia mutellina*, Vil.;—*Phyluma pauciflorum*, Lin.; — *Campanulla pusilla*, Henk.; — *Jasione humilis*, Pers.; — *Veronica nummularia*, Gou.;—*Acinos alpina*, Lam.;—*Thymus nervosus*, Gay;—*Androsace villosa*, Lin.; —*A. imbricata*, Lam.; —*A. carnea*, Lin.; — *Polygonum viviparum*, Lin.;—*Juncus triglumis*, Lin.;—*Carex nigra*, Alli.;—*Aira cæspitosa*, Lin., etc., etc.

L'entomologie est représentée aussi par de nombreux insectes : *Carabus catenulatus*, Fab.;—*C. hortensis*, V. B. Fab.; — *Pristonichus alpinus*, Déj.;—*Aucupalpus nigriceps*, Déj ;—*Leja Sturmii*, Panz.;—*L. pyrenaïca*, Déj.;— *Adrastus humeralis*, Ziegl.;—*Melasis flabellicornis*, Fab.; —*Cantharis pallidipennis*, Gyl.; — *C. clypeata*, Illi.;—

Nitidula varia, Fab.;—*Hister carbonarius*, Payk.;—*H. cruciatus*, Payk.;—*Otiorhynchus pyreneus*, Déj.;—*O. navarricus*, Déj.;—*Doritomus juratus*, Chev.;—*Baris punctatissimus*, Déj.;—*Stromacium strepens*, Fab.;—*Clytus arietis*, Fab.;—*Dorcadion pyrenaïcum*, Lin.;—*Vesperus strepens*, Déj.;—*Toxotus meridianus*, Fab.;—*Strangalia attenuata*, Fab.;—*Galleruca sublineata*, Déj.;—*Malacossoma lusitanica*, Oliv.;—*Luperus pyreneus*, Déj.;—*Crepidodera lineata*, Ros.;—*Crep. concolor*, Déj.;—*Tinodactyla quadripustulata*, Fab.;—*Timarcha metallica*, Fab.;—*Tim. coriaria*, Fab.;—*Chrysomela sanguinolenta*, Fab.;—*Chr. salviæ*, Déj.;—*Chr. fastuosa*, Fab.;—*Oreina speciosa*, Fab.;—*Or. gloriosa*, Fab.;—*Or. pyrenaïca*, Duf.;—*Labidostomis longipennis*, Dah.;—*Lap. hispanica*, Déj.;—*Cryptocephalus sericeus*, Fab.;—*Cryp. elegans*, Déj.;—*Agathidium globus*, Fab.;—*Coccinella hieroglyphica*, Fa.;—*Coc. hunguarica*, Déj.;—*Coc. oblongoguttata*, Fab., etc.

Si l'on parcourt la vallée de grand matin avec la rosée, on trouve sur le gazon l'*Helix Xatartii*, Farines.

Enfin, dans les lacs de Carença l'on pêche d'excellentes truites saumonées, et de nombreuses troupes d'isards parcourent ces hautes régions.

Vallée de Prats-de-Balaguer.

En sortant de Thuès, à deux lieues plus haut dans la vallée de la Tet, se trouve sur la même rive le petit village de Saint-Thomas; il est situé à l'entrée de la vallée de Prats-de-Balaguer que nous avons remontée sans la décrire, pour atteindre les sommets de la vallée de Carença. Nous allons maintenant combler cette lacune en faisant connaître les sites pittoresques et grandioses que renferme cette vallée.

Saint-Thomas est assis sur un joli plateau bien cultivé; il est dominé par une haute montagne couverte d'une épaisse forêt de pins et de sapins qui donnent un aspect très-sombre à la vallée. Des flancs d'un massif de schiste micacé superposé à un granit très-quartzeux, jaillissent des eaux thermales sulfureuses; elles ont les mêmes propriétés que celles de Thuès et des Graus d'Olette : dans la belle saison, ces eaux sont fréquentées par les malades du Capcir. Au pied du village, est une scierie mise en mouvement par le torrent qui traverse la vallée, et qui emprunte son nom au village de Prats-de-Balaguer plus enfoncé dans la gorge. Au-delà de ce dernier, on ne trouve que des cabanes de berger et des barraques construites par nos militaires à l'époque du cordon sanitaire; aujourd'hui, elles servent de refuge aux contrebandiers.

A une petite distance du village de Prats-de-Balaguer, sont les ruines d'une ancienne tour carrée, *dont l'origine remonte à l'époque des Sarrasins,* et que les habitants disent avoir été prise par Charlemagne[1].

C'est après avoir dépassé la tour, qu'on doit suivre une corniche très-étroite, taillée dans le roc, au bord du torrent qui mugit à deux cents pieds de profondeur. Ce sentier, fait plutôt pour les chèvres, et sur lequel on doit grimper pendant 8 kilomètres, conduit sur un vaste plateau tapissé de verdure, au milieu duquel bouillonne la fontaine Aychèques, source d'eau abondante, fraîche et

(1) Malgré le dire des habitants, il serait très-difficile d'affirmer que cette tour remonte au huitième siècle.

limpide, qui semble placée là tout exprès pour vous refaire des fatigues endurées pendant cette course pénible. Dans ce lieu, quelques arbres garantissent d'un soleil trop ardent et vous invitent au repos : ce plateau s'appelle Amet. Le fourrage naturel et abondant qu'il produit est mis à profit par les habitants de la vallée, qui en fauchent une grande partie et gardent le reste pour le pacage des bestiaux ; quelques lambeaux de terre sont semés de seigle, dont on ne peut faire la récolte que vers la mi-septembre à cause des frimas qui en retardent la maturité. Plus loin, on ne rencontre que de larges éboulis de roches granitiques dont la blancheur tranche fortement sur les schistes noirâtres de ces hautes régions. Parmi ces schistes croissent des pins rabougris, des aconits, quelques saxifrages, des framboisiers, le *Molopospermum cicularium* connu dans le pays sous le nom de *couscouil,* et des touffes de roses alpines qui fleurissent au milieu des neiges que les chaleurs de la canicule n'ont pu amollir.

Le roc del Bug (ruche) et une autre roche pyramidale plus au midi qui porte le nom de Puig-Aneller, dominent ce plateau : on les aperçoit du village de Saint-Thomas ; les guides ne manquent jamais de les faire remarquer au voyageur, et ces montagnards examinent avec une grande attention si la cime de ces pics n'est pas entourée de nuages, car c'est sur ces points que se forment les orages, et certains indices leur annoncent qu'il serait dangereux de s'aventurer dans la montagne. Aussi doit-on prendre les plus minutieuses précautions quand on parcourt ces contrées sauvages : la vie y est constamment en danger, et, comme triste indication, une croix de fer a été placée sur le bord du précipice en mémoire d'un malheureux qui

fut jeté par l'ouragan dans le fond des abîmes : ce précipice s'appelle la Conca de Tremps, endroit affreux où
les eaux qui proviennent de la fonte des neiges et des
sources environnantes, tombent avec fureur et donnent
naissance à la rivière de Prats-de-Balaguer.

Au-dessus du Col dels Prats, à une lieue de marche,
s'élève le Col d'en Bernat, qui sépare le Conflent de la
Catalogne. C'est par là qu'on va à l'ermitage de Notre-
Dame de Nuria (Espagne) en passant par le Col de las
Nou Fonts ; on laisse à gauche la Fosse du Géant ou de
las Tres Creus, autre précipice très-profond, horrible à
voir, qui conduit par la Coma de la Baque aux étangs de
Carença.

La flore de la vallée de Prats-de-Balaguer n'est pas aussi
abondante que celle de la vallée de Carença ; néanmoins
on y trouve la plupart des plantes que nous avons désignées, et plus particulièrement une Ericinée que Desvaud
signale sous le nom de *Loiseleuria procumbens*, et qui
croît tout-à-fait au sommet du Col de las Nou Fonts.

On trouve aussi au Roc del Bug du cuivre carbonaté
hydro-siliceux, et en ce moment (1860) on y exploite
une mine de cuivre qu'on dit très-abondante.

De Saint-Thomas, le voyageur aperçoit sur l'autre rive
de la Tet, le petit village de Sautó perché sur une élévation. Dans le ravin qui est au pied de ce village, coule un
torrent qu'on appelle Correch de la Castanyeta ; c'est sur
les rochers dont il est encaissé que le docteur Reboud
découvrit une nouvelle espèce d'hyssope. MM. Grenier et
Godron ont décrit cette plante dans leur grand ouvrage
sous le nom de *Hyssopus aristatus*.

Un peu plus loin, sur des roches très-escarpées qui

bordent la rive droite de la Tet, et tout près du village de La Cassagne, croît un lathyrus d'une végétation luxuriante : des grappes nombreuses de fleurs rouges et bleues de la plus vive couleur charment les yeux. Beaucoup de naturalistes avaient cru au premier aspect que cette plante était une espèce nouvelle ; mais, en l'examinant de plus près, on voit que ce n'est qu'une superbe variété du *Lathyrus schirrosus* de Dubi.

Nous venons d'atteindre Mont-Louis, ville de guerre située à 1.625 mètres d'altitude. On pourrait croire que là finit la vallée de la Tet ; mais la source de cette rivière est à six lieues plus en amont dans la montagne au lieu dit Coma de Vall Marans.

Pour explorer les gorges sauvages qui nous restent à parcourir, nous ne remonterons pas le cours de la rivière comme nous l'avons fait jusqu'ici : la fatigue d'une marche constamment ascensionnelle serait trop forte pour le voyageur ; nous préférons attaquer les gorges par leur sommet, et, à cet effet, nous nous établirons à Mont-Louis afin de rayonner plus facilement sur tous les points environnants.

La saison la plus favorable pour parcourir ce pays agreste, c'est l'époque où les neiges ont à peu près disparu, et où la végétation prend une activité croissante : fin juin, juillet et août sont les mois qui réunissent les meilleures conditions. Alors, sous la conduite d'un guide intelligent qui devient absolument nécessaire, le bâton ferré à la main, et suivi d'un mulet qui porte les bagages, on part de grand matin de Mont-Louis ; on monte sur le plateau de la Perche qui n'est pas très-éloigné, et à travers ce col solitaire qui est à 1.577 mètres d'altitude, on se

dirige vers l'ermitage de Notre-Dame de Font-Romeu.
Arrivé là, on prend la droite de la chapelle pour atteindre un immense plateau qui, par une pente douce, conduit
au Col de la Calme ; ensuite on gagne les pentes élevées
du Bac de Bolquère, le *riveral* des plateaux de Carlite ;
on traverse le vaste Pla de Bonas-Horas, et on s'enfonce,
après avoir parcouru la rive gauche des Bouillouses, dans
les gorges de la Coma de Vall Marans ou de la Tet,
située au pied des montagnes de Carlite et du Puig-Prigué
ou Puig-Péric.

C'est dans les clairières des bois que l'on doit parcourir,
qu'on voit d'abord les grives draine et litorne, ainsi que les
insectes *Cicindela silvatica,* Fab.;— *Carabus cancellatus,*
Fab.;— *C. convexus,* Déj.;— *Nebria lateralis,* Fab., et
dans les broussailles, au pied des arbres, divers petits
carabiques intéressants. Dans la famille des curculionites : *Phytonomus rumicis,* Fab.;— *Ph. oxalis,* Herb.;—
Ph. parallelus, Sturm.;—*Balaninus nucum,* Fab.;—*Bal.
villosus,* Fab. Dans les longicornes : *Ergates faber,* Fab.,
qu'on prend sur les vieux troncs de pins. Enfin, les
papillons du genre *Satyrus* et *Vanesa.*

Parmi les plantes, nous citerons : *Anemone vernalis,*
Lin.;— *A. pulsatilla,* Lin.;— *Ranunculus angustifolius,*
Dec.;— *R. montanus,* Wild.;— *R. Villarsii,* Dec.;—
Delphinium cardiopetalum, Dec.;— *Turitis glabra,*
Lin.;— *Cardamine resedifolia,* Lin.;— *C. latifolia,*
Vahl., etc.

Après 20 kilomètres d'une course pénible, on arrive à
la source de la Tet, petite fontaine qui s'échappe du pied
d'une grande roche granitique, sur les flancs de la montagne du Puig-Péric, dont le sommet s'élève à 2.825 mè-

tres au-dessus du niveau de la mer. Le volume de cette
rivière, très-faible d'abord, s'augmente bientôt de toutes
les eaux des neiges supérieures et du trop plein de deux
petits étangs. Les deux montagnes de Puig-Péric et de
Carlite (le sommet de cette dernière est à 2.921 mètres
d'altitude) forment une vallée très-large, de 5 kilomètres
d'étendue, qui porte le nom de Coma de la Tet. La rivière
roule ses eaux à travers des roches énormes; et, après des
circuits innombrables, elle tombe au fond de la vallée,
avec un bruit assourdissant. D'excellents pâturages couvrent toute la longueur de cette *coma,* où pendant la belle
saison viennent paître les nombreux bestiaux du Capcir:
des plantes rares et des insectes précieux vivent dans
cette vallée; une cabane construite à mi-côte, sert d'abri
aux gardiens; une jasse entoure la cabane, et c'est-là que
les bestiaux viennent se parquer tous les soirs, aussitôt
que le soleil a disparu de l'horizon.

La température de cette région est très-froide. Pendant
la nuit, le thermomètre, même au fort de l'été, descend
presque toujours à zéro. De grandes bandes d'isards se
montrent dans la vallée, autrefois habitée par des ours
qui ont disparu aujourd'hui.

La flore est représentée par : *Thalictrum alpinum,*
Lin.;—*Anemone vernalis,* Lin.;—*Ranunculus alpestris,*
Lin.;—*R. aconitifolius,* Dec.;—*R. bulbosus,* Lin.;—*R.
pyreneus,* Lin.;—*Arabis ciliata,* Koch.;—*Roripa pyrenaïca,* Spach.;—*Alyssum diffusum,* Thenor.;—*Draba
aizoïdes,* Lin.;—*Cerastium trigynum,* Vil.;—*Drias octopetala,* Lin.;—*Alchemilla alpina,* Lin.;—*Saxifraga aizoïdes,* Lin.;—*S. granulata,* Lin.;—*S. petrea,* Lin.;—*Sparganium minimum,* Fries.;—*Carex pyrenaïca,* Wahl.;—

C. rupestris, Al.;—*C. fœtida,* Vil.;—*Oreochloa disticha,* Lin., etc.

Parmi les insectes, nous citerons : *Carabus auropunctalus,* Déj.;—*Cymindis humeralis,* Fab.;—*Nebria picicornis,* Fab.;—*Pristonichus alpinus,* Déj.;—*Pterostichus metallica,* Fab.;—*P. Dufourii,* Déj., etc.

D'énormes rochers granitiques amoncelés vers l'extrémité inférieure de la Coma de la Tet, forcent cette rivière à se dévier à gauche et à faire un grand circuit. C'est dans la courbe qu'elle décrit que se sont accumulées des neiges d'une épaisseur prodigieuse, à travers lesquelles la rivière, en se frayant un passage, a formé un pont naturel. Ce pont de glace, d'une solidité à toute épreuve, sert de chemin au gros bétail pour aller d'une rive à l'autre.

Après le pont de glace, la rivière entre dans une vallée très-large, de forme elliptique, au milieu de laquelle est l'étang de la Grande Bouillouse, nappe d'eau très-vaste, que la Tet coupe dans toute sa longueur. La limpidité des eaux de la rivière fait un contraste frappant avec la couleur verdâtre de l'étang, à travers lequel l'œil peut suivre toutes les sinuosités de son cours.

La rive gauche ou orientale de la Grande Bouillouse, formée par les contreforts du Puig Prigué, est couverte de bois qui rendent son parcours difficile ; la rive opposée, formée par le mont Carlite, est au contraire dépourvue d'arbres et très-nue.

Dans le vallon de la Grande Bouillouse, le naturaliste trouvera à récolter parmi les plantes : *Ranunculus thora,* Lin.;—*R. plantagineus,* Lin.;—*Helleborus viridis,* Lin.; —*Actea spicata,* Lin.;—*Cerastium alpinum,* Lin.;—*C.*

latifolium, Lin.; — *Genista tinctoria,* Lin.; — *Drias octo-petala,* Lin.; — *Alchemilla alpina,* Lin.; — *Umbilicus sedoïdes,* Dec.; — *Saxifraga mutata,* Lin.; — *S. burseriana,* Lin.; — *S. granulata,* Lin., etc.

Parmi les insectes : *Cymindis melanocephala,* Déj.; — *C. faminii,* Déj.; — *Dromius quadrisignatus,* Déj.; — *D. quadrimaculatus,* Fab.; — *Carabus punctatoauratus,* Déj.; — *C. pyreneus,* Duf.; — *C. Mulzanii,* Gaubil. Cette espèce qui, jusqu'ici, était regardée comme une variété du *C. hortensis* en diffère beaucoup, et nous avons vu avec plaisir que M. Gaubil l'avait décrite et dédiée à notre ami Mulzan, de Lyon, naturaliste d'un grand mérite.

A l'entrée du vallon de la Grande Bouillouse, on remarque cinq petits torrents qui descendent du mont Carlite; c'est le trop plein d'un groupe de petits lacs, auxquels on donne le nom d'Étangs de Carlite. Le plus considérable de tous est l'*Estany Llarg* (étang long), de forme ellipsoïde; c'est vers son extrémité méridionale que vit dans l'eau une plante très-rare de la famille des crucifères, qu'on n'avait trouvée qu'en Norwége, la *Subularia aquatica* de Linnée. La découverte de cette plante en Roussillon, remonte à l'année 1849; elle est due au docteur Reboud, attaché à l'hôpital militaire de Mont-Louis : c'est en herborisant avec M. l'abbé Guinand, naturaliste distingué de Lyon, qu'il découvrit la *Subularia aquatica* sur les bords de l'étang que nous venons d'indiquer. M. Reboud nous envoya des échantillons frais de cette plante, et nous nous empressâmes de les déposer sur le bureau de la Société Agricole, Scientifique et Littéraire des Pyrénées-Orientales, qui consigna cette découverte dans son bulletin publié en 1850. Dans l'année 1851,

M. Huet-du-Pavillon, botaniste de Genève, èt M. Delalande,
de Pau, ont trouvé la *Subularia aquatica* dans le lac de
Castillon, situé sur la Sierra de Castillon (Ariége). Il n'est
donc plus permis de repousser cette plante de la flore
française comme les auteurs les plus modernes l'ont fait
jusqu'ici. Du reste, la subulaire n'est pas cantonnée en
Norwége seulement; M. Schimpre, botaniste allemand
du plus grand mérite, qui avait autrefois exploré les
Pyrénées-Orientales, a envoyé en France les échantillons
d'une *Subularia*, cueillis dans les hautes régions de
l'Abyssinie. Il serait curieux de comparer cette plante
avec celle du mont Carlite, pour savoir si elles sont de
la même espèce.

Lorsqu'on a exploré les gorges du mont Carlite et qu'on
est parvenu sur le plateau où est situé l'*Estany Llarg*,
l'aspect imposant du paysage qu'on a sous les yeux péné-
tre l'âme d'un sentiment indéfinissable d'admiration pour
cette nature sauvage. A gauche, se déroule la grande
Bouillouse et l'échappée de la Coma de la Tet; à droite,
s'étend le Pla de Bonas-Horas et le Riveral de Carlite;
en face, s'élèvent des monts sans nombre, couronnés de
beaux arbres; un peu plus loin se montrent les escarpements du Mal-Pas, et au fond du tableau se découpent
les silhouettes de la montagne du Bac de Bolquèra, couverte de pins, dont la sombre verdure contraste avec les
guirlandes roses et jaunes des rhododendrons et des
genêts qui croissent à leurs pieds.

Assis sur une large dalle de granit, nous contemplions
les magnifiques effets de lumière dont le soleil couchant
animait tour-à-tour ces cimes désolées; puis, nos yeux
s'abaissant vers la Jasse de Bonas-Horas, admiraient la

patience des bergers, occupés à façonner des sabots et à
tailler des socs de charrue dans des troncs d'arbres déro-
bés aux forêts de l'État de la contrée. Le bétail, éparpillé,
pêle-mêle, dans cette vaste savane d'une lieue d'étendue,
attirait aussi nos regards. Tout-à-coup le soleil disparaît
derrière les montagnes de l'Andorre; et au silence profond de cette solitude austère, succède un bruit confus
de clameurs, que dominent la voix des bergers et le tin-
tement de milliers de sonnettes : c'est qu'alors le moment
est venu pour tous les bestiaux de rentrer à la jasse pour
y passer la nuit, de reconnaître leur chef et de se ranger
autour de lui. On les voit accourir, de tous côtés, par
groupes confondus; il semble que le plus grand désordre
préside à ce rassemblement; mais, bientôt l'instinct les
guide, et indique à chacun le terrain qu'il doit occuper
sur ce champ de manœuvres que se partagent quarante
ou cinquante troupeaux différents. Aussitôt que le bétail
est parqué sur la jasse, abritée du vent du nord par un
relief de montagne, les bergers rentrent à la cabane pour
préparer leur souper; ils allument un grand feu, et, sur
la flamme ondoyante, ils suspendent un chaudron d'eau
limpide dans lequel, pour tout assaisonnement, ils jettent une poignée de sel et quelques brins de serpolet
cueillis sur les roches voisines. Après quelques bouillons,
le liquide est versé dans de grandes écuelles en bois où
sont coupées à l'avance quelques tranches de pain noir;
le *Majoral,* ou chef des bergers, répand sur le tout,
d'une main parcimonieuse, quelques gouttes d'huile rance,
et chacun mange avec appétit ce mets un peu trop primitif et léger pour des estomacs si robustes; quelquefois,
comme dessert, l'on boit une jatte de lait, reste de celui

trait le matin avant le départ des vaches de la jasse, ou bien, l'on cause un moment, on se chauffe et l'on dispose sa couche comme on l'entend pour passer la nuit.

A une petite distance de la Grande Bouillouse, est un autre étang beaucoup plus petit, que l'on nomme Petite Bouillouse; il est encaissé dans un creux qui laisse à peine sur ses bords un libre espace pour marcher; la rivière de la Tet le traverse. Nous n'avons à signaler dans cette nappe liquide qu'un gouffre très-profond, où une eau limpide tourbillonne avec violence. On prétend que le plus habile nageur aurait de la peine à se tirer de là.

En débouchant de la Petite Bouillouse, la rivière entre dans une gorge impraticable qui porte le nom de Mal Pas. Nous avons essayé d'y pénétrer; mais nous avons rencontré tant d'obstacles, tant de difficultés, que nous avons dû renoncer à notre projet. La Tet suit les sinuosités d'une crevasse fort sombre, remplie de pins séculaires et de noisetiers sauvages, qui forment au-dessus de ses eaux un dôme impénétrable aux rayons du soleil. L'endroit très-resserré d'où elle s'échappe pour entrer dans le Pla dels Abellans, porte le nom de *Forat de la Ximanella,* trou de la cheminée.

Ne pouvant suivre le cours de la Tet, on est obligé de faire un grand détour par le Riveral de Carlite, et de tourner l'étang de Paradeilles, réservoir assez vaste, peu profond, mais très-poissonneux. On suit la rive droite de cet étang le long des contreforts de la Calme, et on entre dans une contrée curieuse, très-accidentée, comme on en trouve dans les gorges des montagnes à cette élévation : c'est une masse de monts entassés sans ordre, déchirés par des crevasses profondes, couverts d'une immense forêt, cahos informe où tout a été bouleversé. La végétation de cette vallée est luxuriante; des plantes rares y abondent; aussi le naturaliste y trouve d'innombrables richesses à recuéillir, et le peintre, ami de la nature, des sites charmants à copier. Le Bac de Bolquèra a 10 kilomètres de longueur; il prend son origine au Riveral de Carlite et se termine à La Cassagne.

Dans le vallon de la Petite Bouillouse, dans la gorge du Mal Pas et sur les escarpements du Bac de Bolquèra, le *Gipaëte barbu* bâtit son aire et élève sa famille; l'*Aigle pigarque* et l'*Aigle criard* y construisent aussi leur nid; le *Tetrao urogallus* ou *Coq de bruyère* se reproduit dans les bois, et le *Tetrao lagopus* ou *Perdrix blanche* vit dans ces solitudes. Les bandes de chamois (isards) fréquentent les cimes escarpées, et une antilope, le *Bouquetin,* qui aujourd'hui a tout-à-fait disparu, y fut tuée pendant l'hiver de 1825. On trouve encore quelques-uns de ces animaux dans les hautes régions des Pyrénées occidentales. Les ours, comme nous avons eu occasion de le dire, ont abandonné nos montagnes : le dernier fut tué en 1846 par Monsieur l'Inspecteur des forêts de l'État, qui avait organisé une battue pour fouiller le pays. Aujourd'hui nos montagnes sont trop fréquentées; il ne reste plus que des vestiges des grandes forêts qui les couvraient jadis; ces grands carnassiers ont perdu ainsi leur retraite protectrice, et se sont retirés petit à petit dans les monts de l'Andorre et de l'Ariége, où de plus vastes et de plus impénétrables forêts leur permettent d'élever tranquillement leur famille.

Sous les roches de la Petite Bouillouse, du Mal Pas et

du Bac de Bolquèra vivent plusieurs reptiles, parmi lesquels la vipère commune.

Les poissons fourmillent dans les étangs, et les cours d'eau en fournissent deux espèces principales : la truite commune, *Salmo furio,* et la truite de montagne, *Salmo alpinus,* de Linnée.

La flore compte de nombreux représentants dans ces vallées : *Atragene alpina,* Lin.;—*Anemone baldensis,* Lin.; —*Ranunculus glacialis,* Lin.;—*R. platanifolius,* Lin.;— *R. Gouani,* Vil.;—*R. gramineus,* Lin.;—*Aconitum anthora,* Lin.;—*A. lycoctonum,* Lin.;—*Silene ciliata,* Pour.;— *Cerastium alpinum,* Lin.;—*C. pyrenaïcum,* Gay;—*Trigonella polycerrata,* Lin.;—*Trifolium thallia,* Vill.;—*Lathyrus vernus,* Wer.;—*Potentilla nivalis,* Lap.;—*Rosa rubrifolia,* Vill.;—*Saxifraga media,* Gou.;—*S. nervosa,* Lin.;—*Heracleum pyrenaïcum,* Lam.;—*Molopospermum cicutarium,* Dec.;—*Aronium scorpioïdes,* Dec.;—*Lactuca plumierii,* Gren. et God.;—*Mulgedium alpinum,* Less.; —*Rhododendron ferrugineum,* Lin.;—*Primula latifolia,* Laper.;—*P. integrifolia,* Lin.;—*Androsace pyrenaïca,* Lam.;—*A. villosa,* Lin.;—*Gentiana burserii,* Laper.;— *G. nivalis,* Lin.;—*Cholchicum alpinum,* Dec.;—*Lilium martagon,* Lin.;—*L. pyrenaïcum,* Gou.;—*Narcissus major,* Curt.;—*Cypripedium calceolus,* Lin.;—*Allium schenoprasum,* Lin.;—*A. victorialis,* Lin.;—*Erythronium descanis,* Lin., etc.

Enfin, nombre d'insectes, et parmi les lépidoptères, l'apollon, le phébus et des argines, etc., etc.

Nous avons abandonné les bords de la Tet au Mal Pas; nous les reprenons à 2 kilomètres et demi plus bas, au Forat de la Ximanella, qui débouche au Pla dels

Abellans ou dels Abellaners (plaine des Noisetiers), vallon très-étendu, que la rivière, encaissée en cet endroit, traverse dans toute sa longueur. Les pentes du vallon sont couvertes d'une belle végétation de noisetiers sauvages, qui lui ont donné leur nom. Non loin de là, sur l'autre revers de la montagne, naissent les sources de l'Aude, dont nous parlerons quand nous décrirons le Capcir.

La flore de cette localité est assez riche pour être remarquée; nous signalerons entre autres plantes : *Ranunculus Villarsii*, Gou.; — *R. aquatilis*, Lin.; — *Stellaria nemorum*, Dec.; — *Genista cinerea*, Dec.; — *Trifolium parviflorum*, Chr.; — *Rosa alpina*, Lin.; — *Angelica Rasoulii*, Gou.; — *Valeriana pyrenaïca*, Lam.; — *Doronicum pardalianches*, Wil.; — *D. austriacum*, Jacq.; — *Senecio Tournefortii*, Lap.; — *Hieratium aurantiacum*, Lin.; — *Androsace imbricata*, Lam.; — *Gentiana acaulis*, Lin.; — *Pulmonaria mollis*, Wolf.; — *Globularia nudicaulis*, Lin.; — *G. cordifolia*, Lin., etc., etc.

En quittant le Pla dels Abellans, on côtoye la rive droite de la Tet pendant 3 kilomètres; on entre ensuite dans le Pla de Barrés (plaine barrée), immense prairie de forme ovalaire que viennent barrer, à son extrémité méridionale, les contreforts de la montagne des Angles et les derniers rameaux de la montagne de Bolquèra. Ce passage très-étroit, était, selon la tradition, fermé complétement par ces deux montagnes, et faisait du Pla de Barrés un lac d'une grande étendue que la Tet traversait aussi. En des temps inconnus et par une cause qui nous est restée cachée, ce barrage naturel fut détruit, et les eaux de l'étang, ne trouvant plus d'obstacle, s'échappèrent avec fureur par la brèche qu'elles venaient de se frayer. Ne serait-ce point à ce cataclysme qu'il faudrait rapporter le désastre qui, vers l'an 875, détruisit le monastère de Saint-André-d'Exalada? On a dit en effet qu'aux Graus d'Olette les eaux de la Tet auraient atteint la prodigieuse hauteur de 300 mètres, et qu'elles emportèrent ce monastère bâti sur les flancs de la montagne. Quoi qu'il en soit, avant que le barrage fût enlevé, le Lac de Barrés, ajoute la tradition, fournissait du poisson à une grande partie de la Cerdagne, et à l'endroit où s'élève aujourd'hui la borde ou métairie Girvés était une petite cabane où les pêcheurs venaient amarrer leurs bateaux.

Dans les 20 kilomètres que nous venons de parcourir, depuis les sources de la Tet jusqu'à la Borde Girvés, nous n'avons rencontré qu'une nature âpre et sauvage, des monts sourcilleux presque inabordables, des rochers granitiques arrachés de leurs flancs et entassés dans le fond des ravins, des forêts séculaires dévastées par la main des hommes, des lacs profonds, des eaux rapides, nul vestige de culture, pas d'autre habitation que les cabanes temporaires des bergers, nul être humain que les gardiens des troupeaux. C'est au Pla de Barrés seulement que l'on commence à côtoyer des terres cultivées, et des champs ensemencés de seigle, d'orge, d'avoine, de pommes de terre vous conduisent jusqu'à Mont-Louis.

A Mont-Louis, la Tet, très-encaissée, qui courait du nord au sud, se détourne brusquement au pied de cette ville de guerre, pour prendre son cours vers l'orient. De sa source à la mer elle parcourt 112 kilomètres.

Sur le même plateau de Mont-Louis sont les villages de Fetges, Saint-Pierre-dels-Forcats, Planès, Bolquèra,

La Llagone, localités intéressantes par les belles plantes
qu'elles renferment et par les insectes nombreux qu'on
peut y récolter. Saint-Pierre-dels-Forcats, la Motte de
Planès et les vallons environnants doivent être explorés
avec soin ; ils forment la base de la montagne de Cambres-
d'Aze, dont nous parlerons ci-après et qui dépend aussi
du bassin de la Tet.

Parmi les plantes qui composent la flore précieuse de ce
riche plateau, nous signalerons : *Clematitis recta*, Lin.;—
Anemone pulsatilla, Lin.;—*A. montana*, Lin.;—*A. ranun-
culoïdes*, Lin.;—*A. sulfurea*, Lin.; — *Ranunculus lingua*,
Lin.; —*Helleborus viridis*, Lin.; — *Aquilegia pyrenaïca*,
Dec.;—*Actea spicata*, Lin.;—*Arabis bellidifolia*, Jacq.;—
Alyssum cuneifolium, Tenor.; —*Lepidium heterophyllum*,
Bent.; — *Dianthus attenuatus*, Lin.; —*Sagina subulata*,
Wim.;—*Malva tournefortiana*, Lin.; —*Geranium phæum*,
Lin.; — *Sarothamnus purgans*, God. et Gren.; — *Genista
anglica*, Lin.;—*Trifolium Perreymondi*, Gren.; —*T. spa-
diceum*, Lin.;—*Vicia pyrenaïca*, Pour.;—*Geum pyrenaï-
cum*, Wil.;—*G. inclinatum*, Sche.;—*G. montanum*, Lin.;
—*Sibbaldia procumbens*, Lin.; —*Potentilla caulescens*,
Lin.;—*Sedum anacampseros*, Lin.;—*S. rubens*, Lin.;—
Saxifraga geranioïdes, Lin.; —*S. obscura*, Lin.; —*S. as-
cendens*, Lin.; —*Levisticum officinale*, Koock.; —*Angelica
pyrenea*, Spreng.; — *Ferula nodiflora*, Lin.; — *Gaya simplex*, Gay;—*Endressia pyrenaïca*, Gay;—*Meum athaman-
ticum*, Jac.;—*Ligustitum pyreneum*, Gou.;—*L. ferulaceum*,
Alli.;—*Chærophyllum aureum*, Lin.;—*Ch. hirsutum*, Lin.;
—*Astrantia major*, Lin.; —*A. minor*, Lin.; —*Eringium
Bourgati*, Gou.,—*Lonicera nigra*, Lin.;—*Arnica montana*,
Lin.;—*Senecio pyrenaïcus*, God. et Gren.; — *Echinops*

spherocephalus, Lin.; — *Picris pyrenaïca*, Gou.; — *Crepis blattaroïdes*, Vil.; — *C. grandiflora*, Tauch.; — *Hieracium pumilum*, Lap.; — *H. alatum*, Lap.; — *H. pulmonarioïdes*, Vell.; — *H. vestitum*, Gren. et God.; — *H. boreale*, Fries.; —*Jasione perennis*, Lam.; — *Campanula lanceolata*, Lap.; — *C. rotundifolia*, Lin.; — *Androsace maxima*, Lin.; — *Veronica nummularia*, Lin.; — *V. bellidioïdes*, Lin.; — *V. alpina*, Lin.; — *V. serpyllifolia*, Lin.; — *V. ponœ*, Gou.; — *Digitalis grandiflora*, Allig.; — *Bartsia alpina*, Lin.; — *Orobanche cruenta*, Berth.; — *O. variegata*, Walr.; — *O. major*, Lin.; — *Hormium pyrenaïcum*, Lin.; — *Nepeta lanceolata*, Lam.; — *N. nepetella*, Lin.; — *N. latifolia*, Dec.; — *Galeopsis intermedia*, Vil.; — *G. pyrenaïca*, Bats.; — *Ajuga pyramidalis*, Lin.; — *Rumex alpinus*, Lin.; — *Veratrum album*, Lin.; — *Fritillaria pyrenaïca*, Lin.; — *F. melcagris*, Lin.; — *Gagea Liottardi*, Scults; — *Crocus vernus*, Alli.; — *Galanthus nivalis*, Lin.; — *Juncus diffusus*, Hop.; — *J. triglumis*, Lin.; — *J. alpinus*, Vill.; — *Luzula flavescens*, Gran.; — *L. albida*, Dec.; — *Alopecurus fulvus*, Smit.; — *A. utriculatus*, Pers.; — *Calamagrostis arundinacea*, Roth.; — *Avena sesquitercia*, Lin.; — *Poa alpina*, Lin.; — *Melica nebrodensis*, Parl.; — *Festuca Halleri*, Alli.; — *F. indigesta*, Bois.; — *Nardus stricta*, Lin.; — *Botrichium lunaria*, Dec.; — *Ophioglossum vulgatum*, Dec.; — *O. lusitanicum*, Lin...

Parmi les insectes : *Cymindis lineata*, Sch.; — *C. axillaris*, Duft.; — *Dromius linearis*, Oli.; — *D. quadrisignatus*, Déj.; — *Plochionus Bonfilsii*, Déj.; — *Brachinus glabratus*, Bon.; — *B. crepitans*, Fab.; — *B. causticus*, Lat.; — *Carabus cancellatus*, Illi.; — *C. monticola*, Déj.; — *C. Mulzanii*, Gaub., — *Nebria brevicollis*, Fab.; — *N. Olivieri*, Déj.; — *Chlœnius vestitus*, Fab.; — *C. nigricornis*, Fab.; — *C. holo-*

sericeus, Fab.; — *C. Schrankii*, Duft.; —*Licinus depressus*, Payk.; —*L. Hoffmanseggii*, Panz.; —*Prystonychus alpinus*, Déj.; — *Pterostichus faciatopunctatus*, Fab.; — *P. cribrata*, Bonel.; —*Amara montana*, Déj.; — *A. pyrenea*, Déj.; —*Harpalus subcordatus*, Déj.; —*H. chlorophanus*, Zenk.; —*Trachyphlœus metallicus*, Déj.; — *Omias hirsutulus*, Fab.; — *Otiorhynchus pyreneus*, Déj.; —*O. crispatus*, Ziegl.; — *O. gracilis*, Déj.; —*Larinus cylindrirostris*, Déj.; —*Doritomus cervinus*, Déj.; —*Barris lucidus*, Déj.; —*B. punctatissimus*, Déj.; —*Callidium thoracicum*, Déj.; —*Clytus tropicus*, Pa.; —*Dorcadium pyrenaïcum*, Déj., qu'on trouve en masse sous les pierres, dans les fossés des remparts de Mont-Louis.

La montagne de Cambres-d'Aze, dont l'altitude est de 2.750 mètres, s'élève en face de Mont-Louis; elle sépare la vallée de Prats-de-Balaguer de la vallée d'Eyne. Cette montagne, qui comporte deux stations, dont la première au-dessus de la Motte de Planès recèle une quantité considérable de mousses, doit être attaquée du côté du nord, parce que la montée est plus facile. La partie moyenne est bien boisée; les crêtes, au contraire, sont très-nues, fort escarpées et d'un parcours difficile. Du haut du pic l'on admire le beau panorama qu'offrent la plaine de la Cerdagne et le pays du Capcir, et on suit avec intérêt, à travers les gorges, le cours de la Tet jusqu'à son débouché de Rodès. Le nom de Cambres-d'Aze lui vient *peut-être* de la forme singulière qu'affecte le sommet, qui se divise en quatre pyramides, imitant les jambes d'un âne renversé sur son dos. Quoi qu'il en soit de cette étymologie, que nous donnons sous toute réserve, la montagne dans son ensemble n'en présente pas moins une belle station botanique qu'on ne doit pas négliger.

On y découvre : *Delphinium clatum*, Lin.; — *Papaver pyrenaïcum*, Lin.; — *Potentilla fructicosa*, Lin.; — *Herniaria alpina*, Vil.; —*Saxifraga pentadactilis*, Lap.;—*S. sedoïdes*, Lin.;—*S. nervosa*, Lap.;—*S. pubescens*, Pour.; —*S. groenlandica*, Lin.;—*S. exarata*, Vil.;—*S. planifolia*, Lap.;—*S. media*, Gou.;—*S. retusa*, Gou.;—*Seseli montanum*, Lin.;—*Erigeron uniflorus*, Li.;—*Aster pyreneus*, Dec.;—*Artemisia spicata*, Wulf.;—*Leucathemum alpinum*, Lin.;—*Achillea pyrenaïca*, Sibth.;—*Gnafalium norvegicum*, Guérin.;—*Antennaria carpatica*, Bluf.;—*Leontodon pyrenaïcum*, Gou.;—*Hieracium pumilum*, Lap.;—*H. villosum*, Lin.;—*H. saxatile*, Vil.;—*Jasione humilis*, Pers.;—*Myosotis pyrenaïca*, Pour.;—*Galantus nivalis*, Lin.;—*Luzula albida*, Dec.;—*L. lutea*, Dec.;—*Elyna spicata*, Schr.;—*Phlœum alpinum*, Lin.;—*Avena montana*, Vil.;—*Kœleria setacea*, Pers.;—*Melica nebrodensis*, Parl.;—*Festuca ovina*, Lin.;—*F. varia,* Henk.;—*F. pilosa*, Hal.;—*Carex curvula*, All.;—*C. atrata*, Lin.; —*C. ericetorum*, Pol., etc., etc.

Nous voici parvenu au terme de notre pèlerinage dans le bassin de la Tet. Dans cette longue excursion à travers tant de monts et de vallées, nous avons exploré cinquante-cinq stations, qui se distinguent par des mérites particuliers bien dignes de fixer l'attention des hommes d'étude. Nous ne prétendons pas avoir épuisé notre sujet ; nous sommes convaincu, au contraire, que bien des richesses nous ont échappé, et qu'il reste encore, pour ceux qui viendront après nous, un immense butin à recueillir.

CHAPITRE II.

VALLÉE DU SÈGRE.

Le bassin du Sègre, dans les Pyrénées-Orientales, se compose de la Cerdagne française et de toutes les vallées environnantes dont les eaux viennent se jeter dans le Sègre, puissant affluent de l'Èbre, vers lequel il s'épanche dans la direction du sud-ouest.

La Cerdagne, située dans la région la plus élevée du département, est bornée au nord par la montagne de la Noux, au sud par la Catalogne, à l'est par le col de la Perche, à l'ouest par l'Andorre.

Au centre est l'enclave de Llivia, cité espagnole, communiquant avec la Catalogne par un chemin déclaré neutre pour les deux pays. Tout auprès est le village de Bourg-Madame, assis sur la rive droite de la Raur et qu'un seul pont sépare du territoire étranger. A 2 kilomètres plus loin, sur la rive opposée, est bâtie sur une éminence la ville de Puycerda, antique capitale des deux Cerdagnes, quand elles étaient réunies sous la même domination.

Tout le pays qui constitue la plaine de la Cerdagne est couvert de champs fertiles, de gras pâturages et d'une riche végétation ; de riants vallons y coupent en divers sens le pied des montagnes, et l'on y aperçoit une foule de villages habités par des gens que recommandent, en général, leurs mœurs douces et paisibles, leurs habitudes laborieuses, leur caractère hospitalier et leurs vertus domestiques.

C'est en Cerdagne qu'on élevait autrefois cette belle race de chevaux qui se faisait remarquer par la beauté et la finesse de ses formes. Issue des haras royaux d'Aranjuez, elle avait acquis dans nos montagnes des qualités particulières qui la distinguaient essentiellement des chevaux espagnols; elle était mieux conformée, avait de très-bonnes jambes, était robuste et résistait à la fatigue; enfin, ce qui la faisait estimer davantage, c'étaient les allures gracieuses qu'elle prenait sous le cavalier. Mais, pour obtenir toutes les belles qualités qui étaient l'apanage de cette noble race, il fallait six ans de patience et attendre que la nature lui eût donné tout son entier développement; si on essayait de la dompter avant l'heure, elle dégénérait promptement et ne donnait plus que des sujets ordinaires, ayant perdu toute leur valeur. C'est à cause de cette longue attente, sans espérance d'un plus grand profit, que le propriétaire de la Cerdagne a tourné son industrie à l'élève du mulet, dont il vend très avantageusement les produits en Espagne. On ne garde donc plus que quelques étalons de choix pour les maîtres, et cette belle race de chevaux de Cerdagne tend à disparaître chaque jour.

La Cerdagne est également riche en animaux de toute espèce. L'on y chasse la marte, *Mustela martes* de Linnée, en catalan *Martra*, qu'il ne faut pas confondre avec la fouine, dont elle se distingue par la finesse de son poil, par sa robe plus brune, par la *tache jaune* qu'elle porte sous la gorge, et surtout *par les poils qui garnissent le dessous de ses doigts.*

M. Cuvier nous écrivait au sujet de la marte :

« Je ne saurais trop vous remercier de la complaisance
« que vous mettez à répondre à mes importunes demandes ;
« mais notre science à nous autres pauvres naturalistes
« français, ne se nourrit que de faits bien moins intéressants
« pour l'esprit que ces vues élevées, ces vastes spécula-
« tions qui font l'objet des sciences plus abstraites.

« Les renseignements que vous me donnez sur les carac-
« tères spécifiques de la *Marte* sont très-curieux et tout à
« fait nouveaux, et me font vivement désirer d'en avoir
« la confirmation par une peau, à laquelle la tête et les
« pattes seraient restées attachées, etc. »

Les sources thermales sulfureuses abondent dans la
Cerdagne ; on en trouve à Dorres, à Llo, au hameau de
Quers, mais surtout au village des Escaldes, près d'Angoustrine. Nous ne nous étendrons pas davantage sur
cette question que nous ne faisons qu'indiquer : nous
renvoyons le lecteur au savant traité des eaux minérales
des Pyrénées-Orientales par Anglada.

A Estavar sont des gisements assez étendus de lignites
qu'on a exploités autrefois, mais qu'une mauvaise direction des travaux a fait abandonner à cause des eaux
qui ont envahi la mine. On en retirait des pommes de
pin carbonisées, parfaitement conservées dans toutes
leurs formes, et l'on prétend dans le pays qu'on y a
trouvé des ossements humains.

Enfin, dans le Vall de Llo existe la source intermittente
de Cayella, dont les eaux abondantes se réduisent par
intervalles en un mince filet, et dont le retour, après une
interruption d'environ demi-heure, est toujours annoncé
par un bruit souterrain.

De Mont-Louis, on se rend en Cerdagne par le Col de la Perche, vaste plateau nu, à 1.557 mètres d'altitude, couvert de neige les trois quarts de l'année, et très-dangereux à franchir dans les temps de tourmente. Aussi, pour diriger la marche du voyageur égaré, a-t-on élevé tout le long de la route, à distances rapprochées, des monolithes surmontés d'une longue perche, dont la couleur noire tranche vivement avec l'éclatante blancheur de la neige. C'est à cette longue ligne de perches qu'est dû le nom donné à ce passage.

Le Col de la Perche est d'une longueur de 6 kilomètres ; il finit au Col de Riga qui domine Saillagouse. On y voit en abondance : *Carlina acaulis,* Lin.;—*Gentiana acaulis*, Lin.;—*G. pneumonanthe*, Lin.;—*G. pyrenaïca*, Lin.;—*G. verna*, Lin.;—*Sarothamnus purgans*, God. et Gren.;—*Genista tinctoria*, Lin.;—*G. anglica*, Lin.;—*Eryngium Bourgati*, Gouan, etc., etc.

Vallée d'Eyne.

A mi-chemin du Col, et à 4 kilomètres de Mont-Louis, on rencontre, à gauche, un petit sentier qui conduit à la vallée d'Eyne, célèbre station botanique, qu'ont visitée à l'envi les plus illustres sommités des sciences naturelles. Beaucoup de naturalistes ont parlé de cette riche vallée ; mais la plupart n'ont fait que la parcourir avec rapidité et n'ont pas dit tout ce qu'elle contient. Pour la bien voir et pour la bien connaître, il faut s'y installer pendant plusieurs jours et la visiter à différentes époques de l'année.

A l'entrée de la vallée, sur la rive droite de la rivière,

est le village d'Eyne, adossé à la montagne. On y trouve
un bon hôtel pourvu des choses de la vie : c'est là une
circonstance heureuse pour le voyageur; car, avant de
s'engager dans cette gorge sauvage, qui n'a pas moins
de trois lieues d'étendue, il doit se munir d'un butin
suffisant s'il ne veut pas mourir de faim. On pourrait
traverser la vallée en un jour et aller coucher à l'ermitage de Notre-Dame-de-Nuria, en Espagne; mais ce
serait marcher trop rapidement pour tout voir. Le mieux
est de ne parcourir que 5 à 6 kilomètres par jour, et de
s'abriter dans les cabanes de bergers qui sont placées à
différentes altitudes dans la vallée.

Au sortir du village on franchit la rivière, dont on
côtoye la rive gauche l'espace d'une lieue environ. En
cet endroit, la vallée est très-resserrée par une formation
calcaire très-escarpée et d'une hauteur prodigieuse. Dans
les crevasses de la montagne, hors de la portée de l'homme, les aigles et les vautours élèvent leurs petits. A l'extrémité de ce défilé est un four à chaux. Sur ce point, la
vallée commence à s'élargir et donne naissance à des
prairies où paissent les bestiaux. En face du four à chaux,
sur l'autre rive, est la première jasse, dite Orri-d'Avall.
C'est là que l'on commence à trouver l'*Adonis pyrenaïca,*
et, sous les pierres, le *Carabus punctato-auratus.* Aux
cabanes de la jasse, le voyageur passerait la nuit et fini-
rait sa première journée.

A mesure que l'on s'élève, la vallée s'élargit de plus
en plus, les pelouses augmentent d'étendue, les arbres
deviennent plus rares, et, après une heure de marche,
on arrive à l'Orri-de-Dalt. Là, le voyageur peut finir sa
journée et passer sa deuxième nuit, à moins qu'il ne

préfère pousser un peu plus loin jusqu'à la Jasse d'en
Dalmau, pour y prendre gîte.

On ne tarde pas à atteindre la Cascade, à côté de
laquelle est un tertre élevé d'où sort une fontaine d'eau
glacée. Aux alentours du tertre vivent quelques bonnes
plantes, et le *Carabus pyreneus* commence à se trouver.
Les neiges sont très-rapprochées de ce point. Dès qu'on
a gravi le tertre et qu'on a tourné une éminence qui le
surmonte, on embrasse de l'œil toute l'étendue du vaste
cirque que forme le sommet de la vallée, dont le milieu
s'appelle Pla de la Beguda. Des fontaines abondent en ce
lieu, et leurs eaux réunies donnent naissance à la rivière
d'Eyne.

Du Pla de la Beguda au sommet de la montagne de
Nuria, qui couronne la vallée, il y a encore une heure
et demie de marche. Pour gravir cette montée, on prend
la *collada* du milieu, qui offre moins de difficultés; les
autres pentes, semées de débris schisteux, sont si raides,
qu'on ne pourrait les franchir sans danger. C'est dans
ce trajet que l'on trouve le *Ranunculus parnassifolius,*
le *Papaver pyrenaïcum*, le *Senecio lucofillus*, le *Cerastium pyrenaïcum* et la *Xalartia scabra.*

Nous voici parvenu au sommet de la vallée, à 2.780
mètres d'altitude, entre le Col de las Nou Fonts et le Puig
Mal : de ce point on aperçoit, en Espagne, l'ermitage de
Notre-Dame de Nuria, distant de 3 kilomètres de la frontière; c'est la troisième halte du naturaliste pour passer
la nuit. Cet ermitage est un bâtiment de grande étendue,
où l'on se plaît à donner l'hospitalité. Un grand nombre
de chambres sont disposées pour recevoir les pèlerins,
et là se trouve réuni tout ce qui est nécessaire à la vie,

surtout à l'époque où le curé de Caralps vient y passer
la belle saison. La chapelle est entourée d'un bois où
l'on rencontre bon nombre de plantes précieuses, entre
autres la *Saxifraga cotyledon* de Linnée ou *Pyramidalis*
de Lapeyrouse, qui ne vit nulle autre part.

Notre-Dame de Nuria est un lieu de pèlerinage célèbre ;
il est visité tous les ans par un grand nombre d'habitants
de la Catalogne et des Pyrénées-Orientales qui vont y
invoquer la Vierge pour les guérir d'une foule de maux :
ce lieu est signalé surtout pour une cérémonie bizarre
qui consiste à enfoncer la tête dans une grande *olla* ou
jarre de bronze scellée dans la muraille, et dans laquelle
on récite quelques *Pater* ; c'est particulièrement contre
la stérilité de la femme que se pratique la cérémonie de
l'*olla* très-efficace, dit-on, en pareil cas.

Nous devons prémunir le naturaliste voyageur contre
les orages soudains qui viennent l'assaillir dans nos montagnes ; et nous ne pouvons quitter la vallée d'Eyne sans
lui faire part d'une anecdote originale qui s'y rapporte,
anecdote que nous avons entendu raconter plusieurs fois
par le professeur Gouan, pendant que nous faisions, en
1805, nos études médicales à Montpellier. Ce célèbre
botaniste nous disait : « Un jour que j'étais à herboriser
« dans la vallée d'Eyne en compagnie de M. Bourgat,
« pharmacien à Mont-Louis, et de M. Razouls, pharma-
« cien à Perpignan, nous fûmes assaillis soudain par un
« orage épouvantable. Pendant que, pour nous mettre à
« couvert de la pluie, M. Razouls et moi cherchions un
« abri que nous ne pûmes pas trouver, M. Bourgat se
« débarrassait rapidement de ses habits, les roulait en un
« paquet, les plaçait sous une grosse pierre, et, à notre

« insu, se plongeait dans la rivière jusqu'au cou. L'orage
« dissipé, M. Razouls et moi, trempés jusqu'aux os,
« cherchions de l'œil notre compagnon d'aventure ; son
« absence commençait à nous inquiéter, quand nous le
« vîmes sortir tout nu de la rivière et courir à ses habille-
« ments secs ; nous le contemplions d'un air ébahi ; mais
« lui, sans se déconcerter, nous dit : vous conviendrez,
« Messieurs, que, si ma manière d'agir vous paraît singu-
« lière, il n'en est pas moins vrai qu'elle est très-efficace
« pour se mettre à l'abri du mauvais temps. Et, malgré
« notre piteux état, nous ne pûmes nous empêcher de
« rire de ce procédé renouvelé de Gribouille, qui se jeta
« dans l'eau pour ne pas se mouiller. »

Dans le chapitre qui traite de la botanique du départe-
ment, nous décrivons en détail toutes les plantes qui
croissent dans cette riche vallée d'Eyne ; ici, nous nous
bornerons à donner la liste des plus remarquables pour
satisfaire la curiosité impatiente du naturaliste voyageur.
Aquilegia alpina, Lin.; —*Ranunculus aconitifolius*, Lin.;
—*R. pyreneus*, Lin.; —*R. glacialis*, Lin.; —*R. Gouani*,
Wil.;—*R. parnacifolius*, Lin.; —*Adonis pyrenaïca*, Dec.;
—*Delphinium elatum*, Lin.;—*Aconitum anthora*, Lin.;—
A. napellus, Lin.; —*A. lycoctonum*, Lin.;—*Papaver pyrenaïcum*, Wil., ou *alpinum*, Lin.; —*Iberis pinnata*, Gou.;
—*Ib. spathulata*, Berg.;—*Silene ciliata*, Pour.;—*Lepidium
heterophyllum*, Bent.;—*Thlaspi alpestre*, Lin.;—*Dianthus
neglectus*, Lois., ou *glacialis*, Gaudi.;—*Arenaria grandiflora*, Lin.; —*A. purpurascens*, Rau.; —*Cerastium pyrenaïcum*, Gay; —*C. lanatum*, Lap.; — *C. alpinum*, Lin.;—
Alsine verna, Barth.; —*Vicia pyrenaïca*, Pour.;—*Phaca
astragalina*, Dec.;—*P. australis*, Lin.;—*Oxitropis Halleri*,

Bung.;—*Anonis rotundifolia*, Lin.;—*Potentilla pyrenaïca*, Ram.;—*Pot. fructicosa*, Lin.;—*Rosa rubrifolia*, Vill.;— *Epilobium origanifolium*, Lam.;—*Paronichia polygoni-folia*, Dec.;—*Umbilicus sedoïdes*, Dec.;—*Saxifraga exarata*, Vill.;—*S. pubescens*, Pour.;—*S. obscura*, Gren. et God., ou *mixta*, variété Lap.;—*S. nervosa*, Lap.;—*S. ascendens*, Lin.;—*S. sedoïdes*, Lin.;—*S. planifolia*, Lap.; —*S. intricata*, Lap.;—*S. ajugefolia*, Lin.;—*Endressia pyrenaïca*, Gay;—*Xatardia scabra*, Merss. ;—*Angelica Razoulii*, Gou.;—*Buplevrum ranunculoïdes*, Lin.;—*Erigeron alpinus*, Lin.;—*E. uniflorus*, Lois.;—*Aster pyreneus*, Dec.;—*Achillea pyrenaïca*, Lin.;—*Artemisia spicata*, Lin.; —*Gnaphalium supinum*, Lin.;—*Antennaria carpatica*, Bluf.;—*Galium cometerrhizon*, Lap.; —*Gal. pyrenaïcum*, Gou.;—*Crepis pygmæa*, Lin., ou *Hieracium prunellæfolium* de Gouan;—*Carduus carlinefolius*, Lam.;—*Cirsium palustre-monspessulanum*, Godron et Grenier;—*Eringium Bourgati*, Gou.;—*Leucanthemum alpinum*, Lamar., ou *Pyrethrum alpinum*, Wil.;—*Senecio leucophyllus*, Dec.; —*Sen. Tournefortii*, Lap.;—*Leontodon pyrenaïcum*, Gou.; —*Hieracium pumilum*, Lapeyr., ou *H. breviscapum*, Dec.;—*Soyeria montana*, Mous.;—*Jasione humilis*, Pers.; —*Gentiana pyrenaïca*, Lin.;—*G. Burseri*, Lapey.;—*G. nivalis*, Lin.;—*G. lutea*, Lin.;—*Androsace carnea*, Lin.; —*A. pyrenaïca*, Lam.;—*A. imbricata*, Lin.;—*Primula latifolia*, Lap.;—*P. integrifolia*, Lin.;—*Globularia cordifolia*, Lin.;—*Allium victorialis*, Lin.;—*Plantago monosperma*, Pour.;—*P. alpina*, Wil.;—*Luzula lutea*, Alli.;— *Luzula spicata*, Lin.;—*Elyna spicata*, Scher.;—*Phlæum alpinum*, Lin.;—*Avena montana*, Vill.;—*Carex curvula*, Alli.;—*Poa laxa*, Wil.;—*P. distycha*, Jacq.;—*P. nemo-*

ralis, Lin.;—*Aira spicata*, Scherer;—*Kœleria cristata*, Pers., etc., etc.

L'entomologie de la vallée d'Eyne est très-riche en insectes divers. Parmi l'ordre des coléoptères, nous signalerons les suivants : *Cymindis melanocephala*, Déj.; — *C. homagrica*, Duf.; — *C. miliaris*, Fab.; —*Lebia chlorocephala*, Duf.;—*Lebia violacea*, Déj.;—*Brachinus splodens*, Duf.;—*B. glabratus*, Bon.;—*Carabus punctato auratus*, Déj.;— *C. hortensis*, Fab.; — *C. Mulsanii*, Gaub.; — *C. monticola*, Déj.;—*C. pyreneus*, Duf.;—*Leistus rufomarginatus*, Duf.;—*L. terminatus*, Panz.;—*Nebria psamodes*, Rossi; —*N. gyllenhalii*, Schœ.;— *N. tibialis*, Bon.; — *Chlœnius spoliatus*, Déj.;—*C. nigripes*, Déj.;—*C. holosericeus*, Fab.; — *C. Schrankii*, Duf.;—*Pristonichus alpinus*, Déj ;—*Calathus frigidus*, Sturn;—*C. ochropterus*, Ziegler;—*Agonum viduum*, Panz.;—*A. fuliginosum*, Knoc.; — *A. modestum*, Sturn;— *Pterostichus multipunctatus*, Déj.; — *P. metallica*, Fab.;—*P. Xatartia*, Déj.;—*P. cribrata*, Bon.;—*Amara montana*, Déj.;—*A. complanata*, Déj.;—*A. pyrenea*, Déj.;— *A. zabroïdes*, Déj.;—*A. patricia*, Creutz.;—*Ophonus incisus*, Déj.;—*Op. velutinus*, Companyo;—*Op. oblongiusculus*, Déj.;—*Op. maculicornis*, Megerle;—*Arpalus hirtipes*, Panzer; — *Arp. impiger*, Megerle;—*Necrophorus humator*, Fab.;—*N. investigator*, Déj.;—*N. interruptus*, Déj.;—*Silpha nigrita*, Creutz.;—*S. alpina*, Bonelli;—*S. carinata*, Illig.;—*Hister duodecim striatus*, Paykul;—*H. carbonarius*, Payk.;—*H. intricatus*, Lat.;—*H. algericus*, Payk.;—*H. metallicus*, Fab.; — *H. speculifer*, Payk.;—*Lepurus pyreneus*, Déj.;—*L. rufipes*, Fab.;—*Cripidodera concolor*, Déj.;—*Timarcha metallica*, Fab.;—*Tim. coriaria*, Fab.;—*Oreina sepeciosa*, Fab.;—*Or.

gloriosa, Fab.; — *Or. pyrenaïca*, Dufour; — *Agathidium globus*, Fabricius, etc., etc.

Vallée de Llo.

En quittant le village d'Eyne, on se rend au village de Llo, en passant par un chemin de traverse très-praticable tracé sur le contrefort de la montagne qui sépare ces deux localités. Si l'on voulait suivre la grand'route, il faudrait revenir sur le Col de la Perche, descendre le Col de Riga, aller à Saillagouse et enfin à Llo ; mais on ferait inutilement deux lieues et demie de chemin, tandis que par le trajet que nous venons d'indiquer il n'y a qu'une heure de marche.

Les naturalistes ont beaucoup parlé de la vallée d'Eyne et n'ont pas dit un mot de celle de Llo ; cependant, cette dernière est aussi riche en plantes rares que sa rivale, et pourrait lui disputer glorieusement la place qu'elle occupe dans l'esprit des botanistes de l'Europe : outre qu'elle compte une flore aussi luxuriante que celle de la vallée d'Eyne, elle possède certaines espèces qui lui sont propres, telles que la *Saxifraga luteo purpurea* qui ne croît que dans cette seule localité. Aussi nous nous proposons, dans cet article, de relever le val de Llo de l'abandon où on l'a laissé jusqu'à ce jour, et nous essayerons de lui conquérir le rang et l'éclat qu'il mérite parmi les riches stations botaniques de notre département.

La vallée de Llo est presque aussi étendue que la vallée d'Eyne dont elle n'est séparée que par la montagne de Finestrelles ; elle demande au moins deux jours d'herborisation pour la bien explorer. Dans cette vallée com-

mence le Sègre qui prend sa source aux eaux froides et
limpides d'une fontaine qui naît au milieu des roches qui
couronnent les pentes les plus élevées.

Non loin du village de Llo, à un quart de lieue de
distance vers le sud, jaillissent, dans le voisinage de la
maison Girvès, au pied de la montagne et sur la rive
gauche du Sègre, plusieurs sources thermales sulfureuses
étudiées par le docteur Anglada. La région où elles
jaillissent est toute granitique; d'énormes blocs de quartz
s'y font remarquer de tous côtés. Un tapis de gazon
entoure les sources, et quelques arbres qui les couvrent
de leur ombrage en rendent le site agréable.

Après les sources thermales, le Sègre suit le pied de
la montagne de Salangoy dont les pentes raides opposent
un obstacle infranchissable au naturaliste qui voudrait
remonter la rive gauche de la rivière. On est donc forcé
de s'élever sur le flanc de la montagne, par un chemin
appelé Montée de Salangoy. A mi-côte, on rencontre un
sentier qu'il faut suivre et qui conduit, tout en herborisant, au Roc del Cabrer (roc du chevrier); on abandonne
le sentier au pied du roc, et on continue à gravir la
montagne qui est assez escarpée. Après 6 kilomètres de
marche, on parvient au point culminant dit Col de Creu
(col de la croix) : de cet endroit on découvre toute la
plaine de la Cerdagne, les montagnes du val de Carol et
le Carlite; on prend son chemin à gauche sur le versant
méridional, à travers un bois de sapins où fourmillent
quantité de plantes alpines intéressantes; les arbres y
sont clair-semés et laissent dans leur intervalle de belles
pelouses où les lépidoptères des régions alpines sont
abondants; enfin on s'achemine vers La Pleta ou Jasse

d'en Palandrau, premier gîte où doit s'arrêter le naturaliste pour y passer la nuit. Le vallon où la Jasse est
assise est couvert de prairies naturelles, coupées d'une
infinité de petits ruisseaux; aussi les plantes y sont nombreuses et les insectes en grande quantité.

Le second jour, on monte une côte très-douce et on
dirige ses pas vers la fontaine de Pla Carbassés, distante
de 2 kilomètres de la Jasse qu'on a quittée. La fontaine
est au milieu d'un vallon riche en pâturages où paissent
les bestiaux du village de Llo, dont les brebis, les vaches
et les juments font la plus grande richesse de cette contrée, qui a un air de vie qu'on ne rencontre pas sur les
montagnes à cette élévation.

Du Pla Carbassés on monte la colline à droite, et on
se dirige vers la fontaine du Sègre qui est à 4 kilomètres
plus loin. Là, du pied d'une roche, sort une abondante
source très-froide et très-limpide d'où s'échappe le Sègre
qui voit bientôt augmenter son volume de l'eau de plusieurs torrents qu'alimentent les neiges qui couronnent
les pics.

C'est sous les pierres les plus rapprochées des masses
de neige, qu'on trouve le beau *Carabus pyreneus* et
l'*Helix Xatartii*, belle variété de l'hélix porphyre : il se
loge parmi les grandes masses de rocs mouvants qui sont
auprès des ravines, où croissent quelques pieds d'hièble,
Sambucus ebulus de Linnée. Nous devons faire remarquer
que l'*Helix Xatartii* qui habite cette région élevée, est le
plus beau spécimen de toute la chaîne pyrénéenne.

De la source du Sègre, on monte au pic de Finestrelles
par une côte très-rude qu'il faut gravir pendant 3 kilomètres pour en atteindre le sommet; de cette hauteur,

rivale du Cambres-d'Aze, et un peu moins élevée que le Puig Mal, on découvre une grande partie de la Catalogne, et on s'arrête avec plaisir à contempler la perspective intéressante qui se déroule devant les yeux. Le naturaliste pourra se dispenser de faire cette ascension fatigante, les alentours du pic ne lui offrant d'autres plantes que celles qu'on rencontre à cette élévation, c'est-à-dire des *Ombilicus sedoïdes* et des *Androsaces.*

Du pic de Finestrelles on retourne à Llo en côtoyant la rive droite du Sègre, c'est-à-dire qu'on explore le côté opposé de la vallée que l'on vient de parcourir, et on descend à la Jasse Verde qui est située presque en face du Pla Carbassés.

De là on se dirige vers le Collet de Dalt où sont communs le *Carabus punctato-auratus,* l'*Aptinus pyreneus* et autres carabiques qu'il faut rechercher parmi les broussailles et sous les pierres qui avoisinent la Jasse.

On descend toujours sans s'écarter beaucoup de la rivière, et, après avoir traversé de beaux sites, où l'on trouvera largement à récolter, on arrive au Collet d'Avall autre station de bestiaux.

Enfin, on descend continuellement jusqu'à la Jasse d'en Gandalle, qui est la plus grande de toutes celles que nous venons de traverser.

Toutes ces Jasses et leurs environs méritent d'être attentivement explorés, car ils recèlent grand nombre de plantes rares dont nous désignerons les principales ci-après.

Non loin de la Jasse d'en Gandalle, dans une prairie située sur le penchant de la montagne, coule la fontaine intermittente de Cayelle, dont nous avons déjà parlé.

A 500 mètres de cette fontaine et sur le bord du Sègre, est la Roca del Vidre ou Roca de Castell Vidre (roche de verre), immense bloc de schiste micacé, de 30 mètres de hauteur qu'il est impossible de gravir. Quand le soleil darde ses rayons sur cette masse de pierre, on ne peut la fixer tant elle est miroitante; c'est sur le côté oriental et sur les blocs qui l'environnent que l'on récolte la *Saxifraga media* de Gouan ou *Caliciflora* de Lapeyrouse; au sommet, les aigles construisent leur aire. Enfin, on reprend son chemin par la Collasse de la Soulane, montagne calcaire bien cultivée, où l'on trouve en abondance le *Erodium petreum* de Willd, ainsi que le beau *Carabus rutilans* de Déjean, et on rentre au village de Llo.

La maison Girvès, dont nous avons parlé en allant aux sources thermales, est dominée par un grand rocher appelé Saint-Féliu ou Roca de Sant-Feliu. C'est sur ce rocher très-escarpé, et *là seulement*, que croit la *Saxifraga luteo purpurea*. MM. Grenier et Godron prétendent que cette plante est une hybride de la *Saxifraga media* et de la *Saxifraga aretoïdes;* c'est une erreur : la *Saxifraga aretoïdes* ne croit pas dans le département, et le gite de la *Saxifraga media* est éloigné de la *Luteo purpurea.*

Il nous reste maintenant, pour justifier l'importance botanique de la vallée de Llo, à donner un catalogue abrégé des plantes qui croissent dans cette vallée, et l'on verra en le comparant à celui de la vallée d'Eyne qu'il ne lui cède en aucun point.

Anemone sulfurea, Lin.;—*An. narcissiflora*, Lin.;—*An. alpina*, Lin.;—*Delphinium montanum*, Dec.;—*Aconitum napellus*, Lin.;—*A. lycoctonum*, Lin.;—*A. anthora*, Lin.; —*Anemone hepatica*, Lin.;—*Parnassia palustris*, Lin.;—

Ranunculus pyreneus, Lin.;—*R. thora*, Lin.;—*R. glacialis*, Lin.;—*Thalictrum minus*, Lin.;—*T. alpinum*, Lin.; ---*Iberis spathulata*, Berg.;—*Ib. garrexiana*, All.;—*Arabis ciliata*, Koch.;—*A. alpina*, Pourr.;—*Silene acaulis*, Lin.; —*Sil. rupestris*, Lin.;—*Epimedium alpinum*, Lin.;— *Papaver alpinum*, Lin.;—*Kernera saxatilis*, Rchb., ou *Miagrum saxatile*, Lin.; —*Draba pyrenaïca*, Lin.;—*Dr. tomentosa*, Wahl.;—*Hutchinsia alpina*, Brow.;—*Biscutella intermedia*, Gou.;—*Cardamine alpina*, Wil.;—*Car. resedifolia*, Lin.;—*Sisymbrium pinnatifidum*, Dec.;— *Drosera rotundifolia*, Lin.;—*Dros. longifolia*, Lin.;— *Gypsophila repens*, Lin.;—*Dianthus attenuatus*, Lap., ou *pyreneus* de Pourret;—*Stellaria nemorum*, Lin.; —*Arenaria biflora*, Lin.;—*Ar. grandiflora*, Allyon.;—*Asperula nodosa*, Pour.;—*Cerastium latifolium*, Lin.;—*C. alpinum*, Lin.;—*C. tomentosum*, Lin.;—*Geranium phœum*, Lin.;— *Erodium petreum*, Wil.;—*Oxitropis campestris*, Dec.;— *Ox. pyrenaïca*, God. et Gren.;—*Ox. montana*, Dec.;— *Drias octopetala*, Lin.; —*Potentilla grandiflora*, Lin.;— *Pot. stipularis*, Pour.;—*Epilobium alpinum*, Lin.;—*Ep. rosmarinifolium*, Hœnk;—*Saxifraga rotundifolia*, Lin.; —*Sax. geranioïdes*, Lin.;—*S. pentadactylis*, Lap.;—*Sax. oppositifolia*, Lin.;—*Sax. groenlandica*, Lin.;—*S. media*, Gou.;—*S. luteo purpurea*, Lapey.;—*Eringium Bourgati*, Gou.;—*Ammi majus*, Lin.;—*Angelica pyrenea*, Spreng.; —*A. silvestris*, Lin.;—*Meum athamanticum*, Jacq.;— *Laserpitium siler*, Lin.;—*L. Nesleri*, Wil.;—*Heracleum spondylium*, Lin.;—*Bunium carvi*, Bieb.;—*Asperula pyrenaïca*, Lin., ou *saxatilis* de Lamark;—*Galium pyrenaïcum*, Gou.;—*G. cometerrhizon*, Lap.;—*Valeriana tuberosa*, Lin.;—*Val. montana*, Lin.;—*Val. saxatilis*, Lin.;—

Hieracium alpinum, Lin.; — *H. pratense*, Tauch.; —
Crepis blattaroïdes, Dec.; — *C. grandiflora*, Tauch.; —
Carduus medius, Gou.; — *Carlina acaulis*, Lin.; — *Arte-
misia mutellina*, Wil.; — *Senecio aurantiacus*, Decand.; —
Achillea nana, Lin.; — *Loiseleuria procumbens*, Desv.; —
Gentiana nivalis, Lin.; — *Gent. pyrenaïca*, Lin.; — *Gent.
amarella*, Lin.; — *Veronica aphylla*, Lin.; — *V. urticefolia*,
Lin.; — *Ver. ponæ*, Gou.; — *Pedicularis comosa*, Lin ; —
Androsace pyrenaïca, Lam.; — *Andr. pubescens*, Dec.; —
Polygonum divaricatum, Wil.; — *Pol. alpinum*, Allyon.;
— *Allium schenoprasum*, Lin.; — *All. victorialis*, Lin.; —
Luzula nivea, Dec.; — *L. spicata*, Dec.; — *Cyperus aureus*,
Tenor.; — *Carex limosa*, Lin.; — *C. montana*, Lin.; — *Fes-
tuca spadicea*, Lin.; — *Poa alpina*, Lin.; — *Eriophorum
vaginatum*, Lin., etc., etc.

L'entomologie de la vallée de Llo est plus riche que
celle de la vallée d'Eyne; les carabiques surtout y pullu-
lent. Voici les principaux : *Cicindela silvatica*, Fab.; —
Cymindis lineata, Scho.; — *Dromius quadrimaculatus*,
Spanz.; — *D. albo notatus*, Déj.; — *Lebia rufipes*, Déj.; —
L. violacea, nov. sp. Déjean; — *Aptinus pyreneus*, Déj.; —
Brachinus exalans, Ros.; — *Carabus catenulatus*, Fab.; —
Car. cancellatus, Illi.; — *Car. punctato auratus*, Déj.; — *Car.
Mulzanii*, Gaub.; — *Car. rutilans*, Latr.; — *Car. pyreneus*,
Duf.; — *Leistus rufomarginatus*, Déj.; — *Nebria lateralis*,
Fab.; — *Neb. Gyllenhalei*, Scho.; — *Elaphrus splendidus*,
Déj.; — *Panageus quadripustulatus*, Sturm.; — *Chlœnius
spoliatus*, Ros.; — *Ch. Schranckii*, Duft.; — *Ch. nigricornis*,
Fab.; — *Ch. holosericeus*, Fab.; — *Pristonychus alpinus*,
Déj.; — *Dolichus flabicornis*, Fab ; — *Agonum fulgino-
sum*, Knoc.; — *A. picipes*, Fab.; — *Omaseus melas*,

Crcutz; — *O. meridionalis,* Déj.; — *O. nigerrima,* Déj.,
etc., etc.

Vallée de Carol.

Du village de Llo l'on descend à Saillagouse pour y
reprendre le grand chemin qui conduit à Bourg-Madame;
on laisse à gauche les vallées d'Err et de Valcebollèra,
qui n'offrent pas un très-vif intérêt, et on se rend à
Bourg-Madame sans s'arrêter.

Bourg-Madame présente d'abondantes ressources; il y
a un bon hôtel où l'on pourra se ravitailler avant d'entreprendre le voyage de la vallée de Carol, qui touche à
l'Andorre par la montagne de Mène, et à l'Ariége par la
montagne de Puy Morens.

Deux routes conduisent de Bourg-Madame à la commune de La Tour-de-Carol, capitale de la vallée : la plus
courte est par Puycerda, qui abrége le chemin d'une lieue.
On traverse la rivière de la Raur (prononcez Rour) sur
un pont de bois; on monte la colline jusqu'aux remparts
de la ville; on longe le petit étang qui est au pied des
murs, et on rentre sur le territoire français par un sentier qui conduit à Enveitg. De là, on se rend à La Tour-
de-Carol, qui n'est pas éloigné. Ici existent les ruines
d'un château très-vaste, flanqué de deux tours carrées et
de quelques pans de mur. Parmi les plantes qui croissent
sur ces ruines vit le *Helix hortensis* d'une jolie couleur
jaune-citron et dont la grosseur est monstrueuse. Nulle
part on n'a vu cette espèce atteindre des proportions
aussi considérables.

La vallée de Carol offre une suite de sites sévères;
les flancs escarpés des montagnes recèlent à peine quel-

ques pins rabougris, et les roches amoncelées dans une confusion extrême, indiquent un pays très-tourmenté. Elle est traversée par une rivière qui descend des étangs de La Nous, et qui reçoit les eaux qui s'échappent de tous les glaciers environnants. A Porté, cette rivière se grossit des eaux du Puig Pedrons, et à Porta, de celles que fournissent les étangs de Campardos, près des limites de l'Andorre. Les monts sont coupés de divers passages désignés sous le nom de cols ou de ports, dont le principal est celui de Puig Morens, qui conduit à l'Hospitalet, dans le département de l'Ariége. Pendant la belle saison le pays est riant et agréable, mais en hiver les neiges et les tempêtes le rendent très-dangereux à traverser. Malheur au voyageur imprudent qui s'engage dans ces gorges profondes; il est perdu si le *Carcanet* vient à souffler : ce vent du nord soulève les neiges en épais nuages, et donne lieu à ces tourmentes terribles qui ensevelissent hommes et animaux. Laissons parler M. Thiers, qui en a donné une description saisissante dans un de ces spirituels articles qu'il écrivait autrefois dans le *Constitutionnel :*

« On couche ordinairement dans un bourg qui est à « l'entrée de la vallée, et qu'on appelle La Tour-de-Carol. « On part ensuite le lendemain matin et on emploie la « journée entière à franchir cette gaîne de rochers que les « gens du lieu appellent le *Port.* En quittant La Tour-de- « Carol on s'enfonce dans un défilé. Pour arriver au pied « de la dernière montagne, dans les flancs de laquelle se « trouve le port ou passage, on marche à peu près deux « heures. La dernière station se nomme Porté. C'est là « qu'on s'arrête et qu'on boit un coup pour prendre courage, « avant de franchir le port. Je ne me faisais pas une idée

« d'un vent aussi puissant, et si je puis dire, aussi com-
« pacte que celui qui soufflait dans ces gorges. Une neige
« sèche et piquante pénétrait dans les moindres replis des
« vêtements, et j'en ai trouvé, en arrivant, jusque dans
« ma cravate. Arrivé à Porté, je courus autour du feu;
« mais je ne sentais plus rien, et il me fallut longtemps
« pour recouvrer quelque sensibilité. Les hurlements
« affreux du vent dans les montagnes m'épouvantaient.
« —Monsieur, me dit le jeune guide, je suis sûr de m'en
« tirer, mais je ne réponds pas de vous. — Et pourquoi
« cela? — Parce ce que je fais tout ce que vous ne ferez
« pas; je vais à pied; je quitte mon manteau quand le
« vent est trop fort; je me roule dans la neige, et je n'ai
« jamais de maux de cœur. J'acceptai ces conditions et
« je consentis à partir. J'avais je ne sais quelle curiosité
« de voir ce qu'était cette tempête, dans le défilé, et de
« m'assurer si l'imagination des gens du pays n'ajoutait
« pas aux scènes qu'ils me décrivaient. La souffrance,
« cette fois, fut moins grande que le matin, parce que
« j'étais déjà accoutumé au froid et au vent, et que
« d'ailleurs nous approchions du milieu du jour. Mais,
« ce qui se passait là dedans pendant certains instants est
« incroyable. Il y avait des moments d'un calme parfait
« et où il ne se faisait plus d'autre mouvement que la
« chute silencieuse de la neige. C'est de ces intervalles
« que je profitais pour regarder; mais ils étaient bientôt
« interrompus; le vent partait tout-à-coup avec une vio-
« lence inattendue, roulait les nuages, les pressait dans
« les enfoncements, et, emportant la neige qui tombait
« encore et celle qui jonchait déjà la terre, il la soule-
« vait comme les flots de la mer, ou la chassait devant

« lui comme l'écume des eaux. La désolation de ces
« instants est impossible à rendre. Le changement des
« formes, le gisement tout nouveau de la neige, la
« disposition inattendue des nuages, les bruits effrayants,
« tout faisait croire qu'on allait assister à la ruine du
« monde. Je fus, pendant l'un de ces instants, frappé
« d'un spectacle admirable. Arrivé au sommet intérieur
« du port, je me retournai, et j'aperçus devant moi une
« immensité de vallées qui se développaient les unes à
« la suite des autres. Les nuages s'étendaient jusqu'à la
« dernière ligne de cet horizon ; mais, tout-à-coup, tandis
« que ceux qui étaient sur nos têtes étaient sombres et
« épais, ceux du fond s'éclairèrent, et j'aperçus, à un
« grand éloignement, les contrées d'où je venais, qui,
« parfaitement éclairées par le soleil, semblaient jouir
« d'un calme inaltérable. Ce calme, vu du sein de l'orage
« et à travers la magie du lointain, me ravit et me fit
« oublier toutes les peines du voyage [1]. » (*Les Pyrénées
ou le Midi de la France, en 1822.*)

(1) Cette description nous rappelle la tourmente qui, en 1808, assaillit
l'armée française au Col de Guadarrama, lorsqu'elle se portait en avant contre
les Anglais, qui venaient de descendre dans les plaines de la vieille Castille.

Le 18 décembre 1808, l'Empereur passa la revue de l'armée au camp
de Saint-Martin, près Madrid. Tout le monde vit alors qu'il s'agissait d'un
mouvement en avant. En effet, le 21, à deux heures de l'après-midi,
l'ordre fut donné de se mettre en marche. Je faisais partie de la première
ambulance légère du quartier-général-impérial. Le maréchal Soult formait
l'avant-garde ; il partit immédiatement, et le gros de l'armée le suivit le
lendemain en se dirigeant sur la montagne de Guadarrama, qui sépare la
Castille-Neuve de la Castille-Vieille. Pendant la nuit, la neige tomba à
gros flocons, et le temps devint si affreux, que le maréchal Soult fut obligé
de s'arrêter au pied de la montagne.

L'Empereur arriva le lendemain à midi ; il fut très-contrarié que Soult
n'eût pas franchi le col, et donna l'ordre de le franchir immédiatement,

A Porté, l'on rencontre la rivière de Font-Vive pour aller visiter les étangs de La Nous, bien dignes d'être vus. Autour de ces étangs croissent de nombreuses plantes, dont les plus remarquables sont : *Thalictrum alpinum*, Lin.; — *Ranunculus alpestris*, Lin.; — *R. pyreneus*, Gou.; — *Arabis ciliata*, Koch.; — *Roripa pyrenaïca*, Spach.; — *Cerastium trigynum*, Wil.; — *Drias octopetala*, Lin.; — *Alchemilla alpina*, Lin.; — *Sibbaldia procumbens*, Lin.; — *Saxifraga aizoïdes*, Lin.; — *Sax. granulata*, Lin.; — *Sax. petrea*, Lin.; — *Loizeleuria procumbens*, Desv., etc.

La flore de la vallée de Carol n'est pas aussi riche que celle des vallées que nous venons de visiter; cependant elle mérite d'être explorée comme faisant partie du groupe pyrénéen. Dans notre botanique générale du département nous désignons les plantes qu'on y rencontre; mais aucune n'est assez remarquable, pour être mentionnée particulièrement ici.

Si l'on veut revenir à Mont-Louis sans plus de fatigues, on redescend la vallée de Carol jusqu'à Bourg-Madame, et, par la grand'route, on rentre à Mont-Louis. Mais si l'on tient à mieux explorer le pays, on redescend des étangs de La Nous en suivant la rivière jusqu'à l'étang de Font-Vive; on monte un ravin à gauche pour franchir le Col Rouge, et on se dirige sur Angoustrine en suivant la rivière du même nom. De là, on passe à Targassone, à Égat, à Odello, à Bolquèra et enfin à Mont-Louis.

quoique le temps fût encore devenu plus mauvais. Soult passa le défilé; nous le suivîmes de près avec l'Empereur; mais la nuit nous ayant surpris au sommet de la montagne, nous bivouaquâmes sur la neige, nous abritant tant bien que mal sous des pins et des chênes-verts. Alors la tempête était déchaînée dans toute sa furie, et aujourd'hui, en lisant la description de M. Thiers, nous avons pu apprécier tout ce qu'elle a de vrai et de saisissant.

CHAPITRE III.

VALLÉE DE L'AUDE.

Le Capcir, dépendance du canton de Mont-Louis, est une petite contrée en forme de conque, d'environ quatre lieues de longueur sur trois de largeur, environnée de tous côtés par de hautes montagnes qui la séparent des contrées voisines. Il n'a que trois issues, l'une dans le département de l'Aude par le Col d'Ares, l'autre dans le canton d'Olette par le Col de Creu, et la dernière dans la Cerdagne par le beau vallon de les Llansades, qui, dans une étendue d'une lieue de largeur sur une lieue et demie de longueur, présente un tapis continuel de gazon, de prairies et de pacages. Cette contrée est très-féconde en pâturages, et contient neuf villages : Les Angles, Matemale, Formiguères, Réal, Puy-Valador, Riutort, Font-Rabiouse, Espouzouille et Audelou. Le sol du Capcir est très-élevé et couvert de neige pendant une grande partie de l'année : c'est la région la plus froide du département ; aussi l'on y presse les semailles et la moisson y est très-tardive. Mais, dans la belle saison, il présente des plaines parsemées d'épis, des prairies émaillées de fleurs, fécondées par des ruisseaux d'une onde pure et limpide ; des villages rapprochés animent le paysage, et embellissent l'aspect de ces lieux riants et champêtres, tout environnés de bois impénétrables aux rayons du soleil.

Toutefois, les habitants ne quittent jamais leurs vêtements de bure, parce que les veillées de l'été sont habituellement assez froides pour faire sentir le besoin de s'approcher du feu. Dans ce pays où les pins sont communs, on brûle des éclats de ce bois résineux, pour s'éclairer le soir, comme au temps de Virgile :

> .... *Tœdas silva alta ministrat,*
> *Pascunturque ignes nocturni, ac lumina fundunt.*

Ces copeaux s'appellent *tèse* et se placent sous le manteau de vastes cheminées. Pendant l'hiver, grand nombre d'habitants désertent ces montagnes désolées, et conduisent leurs bestiaux dans la plaine pour les nourrir et vendre les produits ; leur industrie principale est la vente du lait qu'ils débitent à Perpignan.

La rivière d'Aude prend sa source dans le Capcir ; elle sort d'un étang du même nom situé sur la montagne des Angles ; elle traverse le Capcir et reçoit dans le trajet une foule d'affluents qui déjà, à Puy-Valador, point de sortie, en font un cours d'eau imposant par son volume et sa course impétueuse.

Le Capcir est une station botanique assez importante. C'est encore dans cette contrée que l'on trouve un mammifère très-intéressant de la famille des chats, le lynx, *Felis Lynx* de Linnée, que les fourreurs du département désignent sous le nom de *Loup-Cervier*. Cet animal chasse sa proie en se plaçant en embuscade sur un arbre ; et, lorsque les lièvres, lapins et même les jeunes izards sont à sa portée, il se précipite sur eux et ne manque jamais son coup.

M. Cuvier désirant savoir si le lynx existait dans le département des Pyrénées-Orientales, nous écrivait, en 1821 : « Ayez la bonté de me dire si le lynx, *Felis Lynx,*

« Lin., se trouve vers les parties orientales des Pyrénées.
« On l'a rencontré vers les parties occidentales, et il n'est
« pas très-rare sur les montagnes de l'Espagne et du
« Portugal; il serait intéressant de déterminer les limites
« dans lesquelles cette espèce est restreinte, et nous
« pourrons devoir cette connaissance à vos soins, etc. »

A cette époque, on en avait tué un très-beau à la forêt
de Formiguères, et nous pûmes donner à M. Cuvier les
renseignements qu'il nous demandait. Cet animal est très-
rare, nous n'en avons vu qu'un autre sujet qui avait été
tué dans la forêt de Salvanère.

La marte, *Mustela martes* de Linnée, vit aussi dans le
Capcir. C'est du village des Angles qu'on nous envoya
le sujet que nous expédiâmes à M. Cuvier, pour qu'il
pût en apprécier les caractères distinctifs. Ce mammifère
est plus commun que le lynx; il fait même l'objet d'un
commerce de pelleterie.

Pour bien explorer le Capcir, il faut y consacrer plusieurs jours. A cet effet, l'on part de Mont-Louis de
bonne heure, et, en suivant une route aujourd'hui carrossable, l'on arrive au beau vallon de les Llansades,
qu'on explore dans tous les sens. Dans cette localité se
trouve particulièrement : *Elleborus viridis*, Lin.; — *Anemone hepatica*, Lin.; — *An. silvestris*, Lin.; — *Stellaria
nemorum*, Dec.; — *Aconitum lycoctonum*, Lin.; — *Malva
tournefortiana*, Lin.; — *Rosa alpina*, Lin.; — *Potentilla
caulescens*, Lin.; — *Eringium Bourgati*, Gou.; — *Cirsium
monspessulanum*, All.; — *Rumex alpinus*, Gou., etc.

Au sortir du vallon de les Llansades l'on rencontre la
rivière d'Aude qu'il faut remonter jusqu'à sa source:
l'on explore ses bords et le tour des étangs, et l'on

redescend son cours jusqu'aux Angles où l'on prend du repos. Dans cette herborisation l'on a récolté : *Ranunculus angustifolius*, Lin.;—*R. Villarsii*, Gou.;—*Aconitum napellus*, Lin.; —*Genista cinerea*, Dec.;—*Phaca astragalina*, Dec.;— *Epilobium alpinum*, Linn.; —*Doronicum austriacum*, Jacq.; — *Carlina acaulis*, Lin.; — *Colchicum alpinum*, Dec.;—*Cypripedium calceolus*, Lin., etc., etc.

En partant des Angles, on se dirige vers la forêt de la Mata, localité très-intéressante où se rencontrent : *Delphinium peregrinum*, Lin.; — *Alyssum cuneifolium*, Tenor.;—*Sagina subulata*, Wim.; —*Arenaria Cherlerii*, Feuz;— *Vicia pyrenaïca*, Pour.;—*Lathyrus vernus*, Wim., ou *Orobus vernus* de Decandole; —*Saxifraga stellaris*, Lin.;—*S. rotundifolia*, Lin.;—*Gentiana acaulis*, Lin.;— *Globularia nudicaulis*, Lin.; —*Echinops spherocephalus*, Lin.;—*Cirsium palustre monspessulanum*, God. et Gren.; — *Carduus vivariensis*, Jord.;—*Erythronium denscanis*, Lin.;—*Narcissus major*, Curts, etc., etc.

Après avoir exploré la forêt de la Mata, l'on se rend au village de Formiguères. De ce point l'on rayonne dans les vallées de Balcèra et de Campourel qui l'avoisinent. La meilleure manière d'explorer ces deux vallées, c'est de remonter celle de Balcèra jusqu'aux étangs du même nom, de tourner la montagne del Pam par l'ouest, afin d'arriver au plateau sur lequel sont les étangs de Campourel; enfin de descendre cette vallée pour rentrer à Formiguères. Dans cette course il faut bien explorer le tour des étangs et la montagne, qui recèlent de bonnes espèces de plantes, dont nous signalons les suivantes : *Atragene alpina*, Lin.; —*Anemone baldensis*, Lin.; — *Ranunculus platanifolius*, Lin.;—*R. gramineus*, Lin.;—*R. Gouani*, De Villars;—

Draba nemorosa, Linn.; —*Cerastium alpinum*, Linn.; —
Phaca alpina Wulf.; —*Potentilla grandiflora*, Lin.; —
Epilobium montanum, Lin.; —*Saxifraga aizoïdes*, Lin.;
—*Sax. granulata*, Lin.; —*Primula integrifolia*, Lin.; —
Androsace pyrenaïca, Lam.; —*A. villosa*, Lin.; —*Gentiana
Burseri*, Lap.; —*Globularia nudicaulis*, Lin.; —*Colchicum
alpinum*, Decan.; —*Allium schenoprasum*, Lin.; —*Carex
rupestris*, All.; —*C. fœtida*, Vil.; —*Festuca Halleri*, All.;
—*Juncus filiformis*, Lin.; —*Junc. trifidus*, Lin.; —*Junc.
alpinus*, Vil., etc.

De Formiguères on se rend dans la vallée de Galba, qui
n'a pas moins de quatre lieues de longueur. En remontant,
l'on explore l'un des côtés de la rivière, et en redescendant
l'on herborise de l'autre côté. Nous signalons cette vallée
au naturaliste, parce qu'elle fait partie du Capcir; mais
les insectes qu'on y trouve étant les mêmes que ceux des
autres localités, on pourrait se dispenser de faire une course
fatigante et employer son temps à visiter d'autres points.

Au reste, le pays qui s'étend entre Formiguères, Réal,
Font-Rabiouse et Puy-Valador, est couvert de prairies immenses où l'on peut récolter, si l'on arrive avant la fenai-
son, qui se pratique vers la fin de juillet, une immense
quantité de plantes précieuses et rares dont le détail serait
trop long à consigner ici : on les trouvera décrites dans le
chapitre réservé à la flore du département. La seule plante
particulière, qu'on trouve en masse, c'est l'*Endressia
pyrenaïca* de Gay.

De Riutort on pourrait aller visiter la vallée du Llo-
renti, qui touche au Capcir; mais nous réservons un
chapitre particulier à cette précieuse et riche localité que
nous ne pouvons pas laisser en dehors de notre flore,

et nous préférons, pour ne pas déranger notre itinéraire, conduire le naturaliste voyageur au village de Puy-Valador, afin d'aller explorer la montagne de Madres, dont la végétation luxuriante lui donnera une ample dédommagement.

La montagne de Madres est à 2.450 mètres d'altitude; elle ferme le Capcir du côté de l'est, et le sépare des hautes régions que nous avons parcourues lorsque nous explorions les vallées de Conat, Nohèdes, Urbanya et Évol; elle est couronnée d'un étroit plateau qui n'a pas moins d'une lieue et demie de longueur, et qui s'abaisse vers le sud pour former le passage du Col de Creu, l'une des trois issues du Capcir. La montagne de Madres est couverte d'une vaste forêt appartenant à l'État; elle est coupée de ravins; elle est très-féconde en plantes rares; aussi n'a-t-elle jamais été négligée par les naturalistes qui ont visité le pays. Sa flore a été l'objet d'études sérieuses; les principales plantes qu'on y rencontre sont : *Aconitum lycoctonum*, Lin.;—*A. napellus*, Lin.;—*A. paniculatum*, Lam.;—*Stellaria nemorum*, Dec.; —*Genista tinctoria* , Lin.;—*Trifolium parviflorum*, Ehr.; —*Potentilla nivalis*, Lap.;—*Rosa rubrifolia*, Vil.;—*Saxifraga aizoïa s*, Lin.;—*S. oppositifolia*, Lin.;—*S. exarata*, Vil.;—*Angelica Razoulii*, Gou.;— *Heracleum pyrenaïcum*, Lam.;—*Senecio Tournefortii*, Lap.;—*S. doronicum*, Lin.; —*Carduus hamulosus*, Ehr.;—*Centaurea pectinata*, Lin.; —*C. leucophœa*, Lin.;—*Jurinea pyrenaïca*, God. et Gren.; —*Lactuca Plumieri*, Gren. et God.;— *Gentiana acaulis*, Lin.; —*G. nivalis*, Lin.; —*Pulmonaria mollis*, Wolff.;— *Veronica bellidioïdes*, Lin.;—*Veron. serpyllifolia*, Lin.;— *Digitalis grandiflora*, All.;—*Lilium pyrenaïcum*, Gou.; —*Rumex alpinus*, Lin.; —*Veratrum album*, Lin.;—*Fri-*

tillaria meleagris, Lin.; — *Crocus vernus*, All.; —*Juncus diffusus*, Hop.;—*J. triglumis*, Lin.;—*J. Gerardi*, Lois.;— *Luzula flavescens*, Gaudichon;—*Luz. nivea*, Dec.;—*Luz. lutea*, Dec., etc., etc.

Enfin les *Carabus punctato-auratus* et *cancellatus*, ainsi que d'autres carabiques, se trouvent en abondance dans cette intéressante localité.

Nous avons dit que le Col de Creu était une des issues du Capcir. C'est par ce passage que nous sortirons de cette région et que nous rentrerons à Olette en suivant la *Volta Llárga*, chemin que pratiquent les muletiers d'Olette pour aller à Formiguères. De Creu à Railleu, le chemin est assez praticable; de Railleu à Ayguatébia, il est affreux; d'Ayguatébia à Cabrils, c'est une pente très-rude, coupée de beaucoup de ravins; de Cabrils à Olette, le chemin est assez bon. Dans cette longue descente, qui n'a pas moins de quatre lieues, le naturaliste trouvera l'occasion de récolter quelques plantes alpines.

Nous pourrions maintenant rentrer à Perpignan, pour aller entreprendre l'exploration de la vallée du Tech, en commençant par son embouchure et en remontant son cours jusqu'au pic de Costa-Bona; mais nous préférons suivre un chemin différent, parce qu'il nous présente l'avantage d'offrir moins de fatigue et la perte de moins de temps. Du reste, Olette n'est pas très-éloigné des sources du Tech, où l'on parvient facilement en remontant la vallée de Nyer jusqu'au Col de la Madona, en passant par les villages de Nyer, de Mantet et par le plateau du *Camp Magre*, vaste prairie, où l'on marche de niveau sur un gazon épais. A l'extrémité du Camp Magre, sont les Esquerdes de Roja, qui dominent les sources du Tech.

CHAPITRE IV.

VALLÉE DU TECH.

La vallée du Tech ou Vallespir, *Vallis Pyria* selon les uns, ou plutôt *Vallis Aspera*, Vallée Apre, selon les autres, a vingt lieues d'étendue de l'est à l'ouest, et cinq lieues du nord au sud. Elle est bornée à l'est par la mer, au nord par le pays des Aspres ou vallée du Réart et par le Canigou, au sud et à l'ouest par la chaîne des Pyrénées qui la sépare de l'Espagne.

La haute vallée du Tech ou haut Vallespir, est un pays rempli de montagnes, coupé par des vallées peu étendues, arides, rudes et escarpées. Le bas Vallespir ou partie inférieure, est une plaine longue, étroite, riante, fertile, bordée au sud par les Albères et au nord par la plaine du Roussillon avec laquelle elle se confond.

Les terres de la partie montagneuse sont maigres, arides; on y récolte très-peu de froment, mais beaucoup de méteil, seigle et blé noir; au bord des ravins les productions sont plus variées et la culture est plus étendue. Les montagnes sont couvertes de hêtres, frênes, chênes-verts, châtaigniers, et les plus élevées sont assez fécondes en pâturage; l'activité et l'industrie des habitants ont su tirer parti des plus petites langues de terre, qui paraîtraient ne devoir être d'aucun rapport ; au-dessus d'Arles il n'y a déjà plus ni vignes ni oliviers.

Les terres de la partie inférieure de la vallée sont fécondes, et se couvrent tous les ans des plus riches moissons ; c'est dans cette contrée qu'on cultive le micocoulier, *Celtis australis*, connu sous le nom de *bois de Perpignan*, et le chêne-liége, *Quercus suber*, qui forme des bois d'assez grande étendue.

Cette vallée, riche en produits naturels, est surtout remarquable par l'excellence des eaux thermales sulfureuses d'Amélie-les-Bains et de La Preste, et par les eaux acidules-alcalino-ferrugineuses de Saint-Martin-de-Fonollar et du Boulou qui contiennent le bi-carbonate de soude en très-grande proportion ; elle ne le cède pas non plus aux productions minérales de la vallée de la Tet ; les *indies*, ou mines de fer de Batère, approvisionnent depuis des siècles, sans s'appauvrir, les nombreuses forges à la catalane qui fonctionnent dans la vallée ; elles fournissent aussi le minerai aux fourneaux de la Catalogne. Près de Prats-de-Molló sont des mines de cuivre abandonnées, dont les filons riches s'enfoncent dans de grandes excavations formées par la nature et qu'on nomme les Billots ou grottes de Sainte-Marie ; des filons de plomb argentifère se rencontrent sur les territoires de Prats-de-Molló, La Manère, Serrallongue et Arles ; le plomb sulfuré ou alkifous sur plusieurs autres points non exploités ; enfin l'on soupçonne que les puissantes couches carbonifères de Sant-Juan-de-les-Abadesses, en Espagne, se prolongent jusque sous notre territoire où des affleurements ont été observés, dit-on, sur les bords de la Mouga, terrain dépendant de Saint-Laurent-de-

Cerdans. Les coquilles fossiles forment encore des bancs puissants sur les bords du Tech, entre Le Boulou, Nidolères et Banyuls-dels-Aspres ; ils se relient par Trullas et Nyils au banc de Millas et de Nefiiach : plusieurs puits artésiens qu'on a forés sur cette ligne ont amené les mêmes corps organisés ; enfin à Costujes gisent dans un champ, sur les bords de la rivière du Riu Majou, des cunnolites et des priapolites, que Lamarck a classés sous les noms de *Ciclolites elliptica* et *Hippurites rugosa* et *curva*.

Le Tech est la rivière qui traverse la vallée dans toute son étendue ; il prend sa source au pied du Camp Magre, entre la montagne de Costa Bona et les Esquerdes de Roja ; il s'alimente de trois petites fontaines très-rapprochées, dont les minces filets d'eau se réunissent en un seul canal qui se perd immédiatement dans la terre pour reparaître à 20 mètres plus loin. Pendant ce court trajet souterrain, la rivière a acquis assez de volume pour présenter à sa sortie les dimensions d'un torrent assez fort. Dans sa course jusqu'à la mer, où elle se jette entre le village de la Tour-Las-Elne et Argelès, elle reçoit plusieurs affluents dont les principaux, sur la rive gauche, sont : la Persigola, la Comalada, le Riu Ferrer, la rivière Ample et la rivière de Saint-Marsal qui descendent du Canigou ; et sur la rive droite, le Peyrefeu, le Sendreu, la rivière de La Manère, la Quéra ou rivière de Saint-Laurent, le Mondony, la rivière de Reynès, celle de les Salines, les rivières de Villelongue, de Sorède et de Saint-André.

Vallée de la Coma du Tech et de Costa Bona.

Nous avons conduit le naturaliste voyageur du bourg d'Olette jusqu'à l'extrémité du Camp Magre, au-dessus de la Coma du Tech dont il embrasse toute l'étendue. A gauche, sont les Esquerdes de Roja, montagne qui mesure 1.811 mètres d'altitude et qui se relie au Pla Guillem ; à droite, est Costa Bona dont le pic s'élève à 2.464 mètres au-dessus du niveau de la mer, et à ses pieds la Coma du Tech. Pour descendre dans la Coma du Tech, on tourne le rocher de Roca Colom, ainsi nommé des pigeons sauvages qui nichent dans ce lieu pendant la belle saison ; un étroit passage pratiqué entre cette roche et la montagne des Esquerdes de Roja, vous conduit, par une pente rapide, aux sources du Tech situées à 1.760 mètres d'altitude. La Coma du Tech est un long défilé de 8 kilomètres d'étendue, où la rivière coule sur un lit hérissé de rochers, et où apparaissent des masses de marbre blanc à grain fin que l'eau a polies.

De la source du Tech l'on gagne les escarpements du pic de Costa Bona en tournant la montagne du côté occidental ; par ce chemin on parvient derrière le grand pic, à l'extrême limite du territoire français. Sur ce point est un rocher isolé, de plusieurs mètres d'élévation, d'où s'échappe une fontaine d'eau glacée ; au pied de ce roc vivent les plantes les plus rares, telles que : *Silenc ciliata*, Pour.;—*Alsine recurva*, Walh.;—*Cerastium alpinum*, Lin.; —*Saxifraga groenlandica*, Lin.;—*Saxif. media*, Gou.;— *Hieracium pumilum*, Lap.;—*Gentiana Burseri*, Lap.;— *Juncus trifidus*, Lin.;—*Scirpus supinus*, Lin., etc., etc.

A Costa Bona les grenats et les pyroxènes forment de
véritables amas allongés au milieu du système schisteux;
l'on y rencontre aussi de l'azurite, cuivre carbonaté bleu
sulfuré argentifère à gangue quartzeuse.

Après avoir herborisé dans cette partie de la montagne
de Costa Bona, on suit les contours les plus praticables
pour arriver sur son versant méridional, et l'on se dirige
de nouveau vers la Coma du Tech dont on explore les
deux rives jusqu'à la Jasse d'en Peyrefeu, ou bien jusqu'à
la métairie du même nom qui n'en est pas très-éloignée.

Dans cette course longue et rude qui commence aux
Esquerdes de Roja, le naturaliste aura trouvé maintes
fois l'occasion de récolter un grand nombre de plantes
rares dont les principales sont : *Silene acaulis*, Lin.;—
Alsine Cherleri, Feuz.;—*A. recurva*, Wahl.;—*Vicia pyrenaïca*, Pour.;—*Phaca australis*, Lin.;—*Anthillis montana*,
Lin.;—*Potentilla nivalis*, Lap.;—*P. grandiflora*, Lin.;—
Saxifraga groenlandica, Lin.;—*S. oppositifolia*, Lin.;—
Sax. media, Gou.;—*Angelica pyrenca*, Spren.;—*Galium
pyrenaïcum*, Gou.;— *Valeriana globulariœfolia*, Ram.;—
V. montana, Lin.;—*Hieracium pumilum*, Lap.; —*Leucanthemum alpinum*, Lam.;—*Gentiana alpina*, Wil.;—*Pedicularis rostrata*, Lin.;—*Primula latifolia*, Lap.;—*Juncus
trifidus*, Lin.;—*Avena versicolor*, Wil., etc., etc.

La Jasse d'en Peyrefeu est une station botanique très-
intéressante; elle touche à la Soulanette, vaste prairie
située au pied de la montagne de Costa Bona du côté de
l'orient; c'est là que commencent les premières traces
de culture et les premières habitations. En face est la
Serra Mitjana ou Col Baix; l'on y voit un bois de hêtres
si maltraité par le froid, par la hache des populations

voisines et par les troupeaux, que les sujets qui restent
ressemblent à des arbustes rabougris. Les plantes principales qu'on rencontre dans cette région, sont : *Epilobium spicatum*, Lam.; — *Crepis lampsanoïdes*, Frol.; —
Saxifraga autumnalis, Lin.; — *Anstrancia minor*, Lin.; —
Lactuca Plumieri, Gren.; — *Mulgedium alpinum*, Less.; —
Carduus carlinoïdes, Gou.; — *C. medius*, Gou.; — *Cirsium
rivulare*, Link.; — *Leucanthemum maximum*, Dec.; — *Gentiana Burseri*, Lapey.; — *Swertia perennis*, Lin.; — *Urtica
hispida*, Dec., variété Y de l'*Urtica dioica* de Linnée; —
Ornithogalum pyrenaïcum, Lin.; — *Streptopus amplexifo-
lius*, Dec.; — *Carex frigida*, All., etc., etc.

Vallée de La Preste.

En suivant un sentier étroit sur la rive droite de la
rivière, on arrive, en une heure, aux bains de La Preste,
situés à 1.000 mètres d'altitude. Ici, nous laissons la
parole au docteur Anglada, dont le style coloré donne
tant de charmes à tout ce qu'il décrit, et nous renvoyons
à son savant traité des eaux minérales et des établissements thermaux du département des Pyrénées-Orientales,
le lecteur curieux qui désire connaître la composition
chimique et l'efficacité thérapeutique des eaux thermales
de notre département.

« Les bains de La Preste, dit-il, situés vers la partie
« supérieure de la gorge que parcourt le Tech, et non
« loin des sources de cette rivière, se présentent au milieu
« d'un paysage d'une austérité remarquable. Leur isole-
« ment de toute autre habitation, l'élévation et l'âpreté
« des montagnes qui les entourent, la configuration même

« du terrain environnant, tout semble leur imprimer le
« caractère d'une véritable chartreuse. On serait tenté,
« au premier aspect, d'envisager ce lieu comme étant
« bien plus propice aux silencieuses habitudes de quel-
« ques pieux cénobites, qu'aux joyeux passe-temps d'in-
« dividus qui n'abordent souvent les eaux thermales
« qu'avec la légitime espérance de faire concourir au bon
« effet du remède les distractions de la société et les
« agréments du pays. Qu'on ne soit pas cependant en
« peine de cette première impression. Les environs de
« ces thermes ne sont pas sans attraits, et le rapproche-
« ment de la société qui les fréquente, est un gage de
« plus des facilités qu'on y trouve pour faire un agréable
« emploi du temps.

« Le hameau de La Preste qui leur donne son nom,
« est à l'orient des bains, à une demi-lieue de distance,
« sur le versant opposé d'une montagne qui les sépare.
« Il fait partie de la commune de Prats-de-Molló. Le
« trajet de Prats-de-Molló aux bains est d'environ deux
« lieues. Le chemin que l'on parcourt, et qui a successi-
« vement reçu d'importantes améliorations,....... reste
« parallèle au cours de la rivière, et traverse une série
« de sites agréables qu'animent quelques habitations
« éparses, et où s'assortissent, pour en rehausser l'effet
« pittoresque, de fertiles prairies, d'élégants bouquets de
« peupliers, de noyers ou de frênes, etc., des coteaux
« en pleine culture ou couronnés de bois, et le sauvage
« aspect des montagnes. »

« ..... Les sources thermales de La Preste s'échappent
« du sein même du granit, comme la plupart des autres;
« mais ce granit très-chargé de feld-spath et peu abon-

« dant en mica, semble passer au gneïss ou à la pegmatite.
« La roche, d'une couleur grisâtre, est très-quartzeuse
« et surtout éminemment feld-spathique ; le quartz est
« d'un gris terne fort irrégulièrement disséminé. Le feld-
« spath s'y montre, partie en gros cristaux laminaires
« d'un blanc éclatant, partie en fragments irréguliers d'un
« blanc mat. Le mica en lamelles très-fines d'un blanc
« argentin, semble y avoir été déposé par couches super-
« ficielles, au lieu d'avoir été brassé d'une manière homo-
« gène avec les autres éléments constitutifs de l'agrégat.
    « Du reste, tout ressort des terrains primitifs autour
« de l'établissement. Là viennent s'offrir à l'observateur,
« outre le granit, des gneïss d'une couleur rouge ou gri-
« sâtre ; le schiste micacé passant au schiste argileux,
« celui-ci empâtant des cristaux de feld-spath à la manière
« des porphyres ; le calcaire primitif lamellaire, sous des
« formes et des nuances très-variées ; de belles serpen-
« tines d'un vert sombre, d'un jaune verdâtre, ou d'un
« jaune de miel ; ces deux roches s'assortissant d'une
« foule de manières, pour donner lieu à des ophiolites
« ou des ophicales de M. Brongniart, d'un aspect très-
« diversifié. »
    Parmi les productions minérales des environs des bains,
sont les belles concrétions calcaires de la grotte d'en
Brixot, espèce de labyrinthe riche en stalactites de toutes
les formes, dont les compartiments se présentent sous
des aspects si variés, et où les effets cristallins sont d'un
si bel effet quand on les éclaire d'une vive lumière. Cette
grotte située à 30 ou 35 mètres au-dessus de la métairie
de ce nom, sur la rive gauche du ruisseau de la Bausa,
est creusée dans les strates d'un calcaire fissuré ; son

entrée est très-difficile; il faut ramper pendant cinq minutes environ au milieu de débris pierreux pour examiner les dispositions intérieures. La réunion des stalactites et des stalagmites forme de nombreuses colonnes, qui tantôt placées dans un ordre circulaire, tantôt alignées sur plusieurs rangs présentent l'image de salons immenses ou de longues galeries : toutes ces colonnes et les voûtes semblent enrichies de cristaux de toutes couleurs, et offrent à l'œil étonné un spectacle majestueux et admirable.

On trouve également dans ce terroir le *Cuivre carbonaté*, filon de Saint-Louis-de-Penalt; — le *Cuivre hépathique*, mine de Sainte-Marie-des-Billots; — le *Quartz pseudo-morphique*, idem; — le *Calcaire saccharoïde stratiforme*, à Saint-Sauveur; — le *Calcaire gris bleuâtre*, à La Preste; — le *Marbre blanc saccharoïde*, près le pont de La Preste; — la *Chaux carbonatée laminaire*, grotte Sainte-Marie-des-Billots; — la *Serpentine noble*, verdâtre, *Quinta de la Coma;* le *Mispikel (arsenio-sulfure de fer)*, à la montagne de Layade; — le *Cuivre pyriteux*, en amas ou rognons, vallée de La Preste; — *Cuivre pyriteux*, en filons, idem; — *Sulfo-arséniure de fer*, idem; — *Pyrites de fer*, idem; — *Granit* à gros grains et à grains moyens; enfin, des marbres admirables de beauté et de nuances, qui constituent des couches puissantes. On les voit par bancs énormes, d'une exploitation facile, si une route carrossable arrivait jusqu'au village.

Les environs de La Preste sont riches en insectes rares; nous signalerons les suivants : *Cicindela silvicola*, Meg.; — *Zuphium olens*, Latr.; — *Cymindis homagrica*, Duft.; — *C. miliaris*, Fab.; — *Aptinus pyreneus*, Déj.; — *Clivina* œnea, Ziegl.; — *Carabus auratus*, Fabr.; — *C. hortensis*, Fabr.; — *C. rutilans*, Déj.; — *Leistus fulvibarbis*, Hoff.; — *Leist. terminatus*, Panz.; — *Nebria psamodes*, Ros.; — *Neb. pissicornis*, Fabr.; — *Elaphrus littoralis*, Latr.; — *Chlœnius spoliatus*, Déj.; — *Ch. nigricornis*, Fabr.; — *Ch. Schrankii*, Duft.; — *Licinus granulatus*, Déj.; — *Lic. Hoffmanseggii*, Panz.; — *Olisthopus hispanicus*, Déj.; — *Pterostichus parum-punctatus*, Déj.; — *P. Xatartii*, Déj.; — *P. faciato-punctatus*, Fab.; — *Amara montana*, Déj.; — *A. pyrenaïca*, Déj.; — *Zabrus gibbus*, Fab.; — *Harpalus monticola*, Déj.; — *Har. meridionalis*, Déj.; — *Har. maculicornis*, Déj.; — *Asida pyrenea*, Déj.; — *As. obscura*, Déjean, etc., etc.

Enfin, on trouve dans les environs de La Preste, les mollusques terrestres suivants, dont quelques-uns sont propres à cette localité : *Helix rupestris*, Drap.; — *H. stri-gella*, Drap.; — *H. cinctella*, Drap.; — *H. squammatina*, Marcel de Serre, variété A de l'*H. cornea;* — *H. Desmou-linsii*, Far.; — *H. pyrenaïca*, Drap.; — *Clausilia ventricosa*, Drap.; — *Balœa fragilis*, Leach; — *Pupa megacheilos*, Ross.; — *P. pyrenaïca*, Mich.; — *P. pyrenearia*, Mich.; — *P. clau-silioïdes*, Boubée, etc., etc.

Vallée de Prats-de-Molló, Tour de Mir, Notre-Dame du Coral et Baus de l'Aze.

De La Preste à Prats-de-Molló il y a 10 kilomètres : le chemin est assez bien entretenu pour le parcourir aisé-ment à cheval; seulement il est coupé par une infinité de torrents qui descendent du Pla Guillem et des sommets de Tretze Vents, l'un des quatre pics du Canigou. A un quart de lieue de Prats, on rencontre deux ruisseaux

appelés Torrent del Cortal ou Pont de *les Guilles* (pont
des renards), et Torrent d'en Bourgat ou de *La Saula*,
séparés par un plateau bien cultivé et bien boisé; la base
de ce plateau est formée de sables argileux verts, où,
après le plus attentif examen, nous n'avons pu découvrir
aucune trace de corps organisés.

A mesure que l'on avance, on voit les montagnes se
couvrir des plus belles cultures, et des bois plus touffus
couronnent leurs sommets. Mais ce qui frappe tout
d'abord, c'est l'aridité des pentes qui font face au midi,
et la riante verdure qui couvre celles tournées vers le
nord. Ainsi, pendant que les terrains situés sur la rive
gauche du Tech se distinguent par des cultures chétives
où ne vivent que des sujets rabougris, ceux de la rive
droite se font remarquer par une végétation luxuriante :
ce même phénomène se reproduit aux mêmes altitudes,
sur les rives de la Tet, où nous l'avons également observé.

Prats-de-Molló est une petite ville de 3.500 âmes,
située sur la rive gauche du Tech qui baigne ses murailles; elle est entourée d'une enceinte bastionnée et dominée par une citadelle qui en défend les abords. C'était
autrefois un pays de grande fabrique; ses draps avaient
de la réputation et s'expédiaient au loin. Aujourd'hui
cette ville a bien dégénéré; elle n'a conservé de son
ancienne splendeur que quelques fabriques de draps communs et de bonnets catalans en laine écarlate foulée,
dont les paysans de ces montagnes se coiffent encore.

Le naturaliste doit faire une longue station à Prats-
de-Molló pour rayonner dans les localités environnantes :
il y trouvera largement à récolter. Cette ville est la patrie
de Xatart, pharmacien et botaniste aussi instruit que

modeste. Ce naturaliste a augmenté la flore du pays d'une foule de plantes inconnues jusqu'alors, et, comme Coder, de Prades, il a été payé d'ingratitude par ceux qu'il avait éclairé de ses conseils et enrichi de ses longues et patientes recherches : Xatart et Coder ont fait plus de découvertes à eux seuls, que tous les botanistes qui les avaient précédés dans le département, et cependant leur nom figure à peine dans les ouvrages qui ont parlé de la flore des Pyrénées-Orientales !

Les environs de Prats-de-Molló, en y comprenant la Roca Gallinera qu'il ne faut pas négliger de visiter, produisent entre autres plantes rares : *Dianthus neglectus*, Lois., ou *Glacialis* de Godron ; —*Diant. deltoïdes*, Lin.; —*Diant. silvaticus*, Hop.;— *Trifolium incarnatum*, Lin.; —*Buplevrum ranunculoïdes*, Lin.;—*Pimpinella saxifraga*, Lin.;—*Hieracium cerinthoïdes*, Lin.;—*Hier. compositum*, Lap.;—*Lactuca tenerrima*, Pour.;—*Carlina acanthifolia*, All.;—*Carpesium cernuum*, Lin.;—*Centaurea pectinata*, Gou.;—*Erigeron acris*, Lin.; — *Ramundia pyrenaïca*, Dec., —*Scrofularia alpestris*, Gay; — *Anarrhinum bellidifolium*, Desf.;—*Veronica fructiculosa*, Lin.;—*Ver. officinalis*, Lin.;—*Orobanche speciosa*, Dec.;—*Andropogon distachyon*, Lin.;— *Panicum glabrum*, All.;—*Asplenium fontanum*, Dec., etc., etc.

De Prats-de-Molló il faut aller à la Tour de Mir, haute vigie élevée sur la montagne de ce nom, au sud-ouest de Prats. Le chemin en pente douce d'abord, devient très-raboteux et plus rude à mesure que l'on s'élève; il finit par un lacet qui serpente sur la colline en pain de sucre qui supporte la tour : la butte et le plateau méritent un examen attentif; on y récolte le *Ranunculus aconitifolius*,

Lin.; — *Anemone nemorosa*, Lin.; — *Pedicularis tuberosa*, Lin.; — *Ped. rostrata*, Lin.; — *Ped. palustris*, Lin., etc., et des insectes et des mollusques que l'on ne trouve que là. Ces derniers vivent sur les roches calcaires qui sont aux environs de la tour et sur lesquelles croissent des buis. Ce sont : *Helix lapicida*, Drap., variété *alba*; — *Helix pyrenaïca* et *rupestris*, Drap.; — *Pupa cylindrica*, Boubée, et sur les murs des fossés de la Tour de Mir divers *Pupa*, le *Cristophori*, *Secale* et *Cinerea*.

Dans le vallon de Prats-de-Molló, on rencontre de l'arsenic natif et du sulfo-arséniure de fer, et sur le Puig Cabrès qui domine la métairie de la Nantilla, M. Bouis, pharmacien-chimiste, a découvert, en 1835, un minerai de zinc qu'on prenait pour du fer. « Au sud du Puig « Cabrès, dit-il, sur la route d'Arles à Prats-de-Molló, « se trouvent plusieurs filons métallifères. L'un de ces « filons fournit un minerai, dont la nature complétement « inconnue jusqu'à ce jour, avait donné lieu à des suppo- « sitions plus ou moins erronées. Les ouvriers mineurs « l'appelaient *mène folle* (mine folle)....... Ce minerai « traité par les procédés ordinaires des forges à la cata- « lane, fournissait toujours un *massé* (loupe) de fer se « brisant encore rouge sous le choc du marteau....... « L'analyse a fait classer ce minerai parmi ceux de zinc « à l'état de blende brune lamellaire, accompagnée d'une « gangue calaminaire ferrique brune et jaune....... [1] »

Le cabinet d'histoire naturelle de Perpignan possède un aérolithe, tombé, en juin 1839, à Notre-Dame du Coral,

[1] Deuxième bulletin de la Société Philomathique de Perpignan, année 1856.

ermitage situé dans la banlieue de Prats-de-Molló. La forme de cet aérolithe est un sphéroïde aplati pesant 12 kil. 80 gram.; sa circonférence mesure 0m,71 dans le sens du renflement, et 0m,62 dans le sens de l'aplatissement; sa surface est rugueuse, luisante, sa couleur est noirâtre.

A une lieue et demie au-dessous de Prats-de-Molló, la route, qui jusque-là avait été très-belle et très-sûre, se détourne à gauche et côtoye, entre la montagne et la rivière, un précipice affreux désigné sous le nom de Baus de l'Aze (chute de l'âne). Du côté du précipice on a construit un parapet en maçonnerie pour la sécurité des voyageurs. C'est là que se trouvent parsemées quelques plantes intéressantes qu'on ne doit pas dédaigner de récolter; telles sont: *Dianthus carthusianorum*, Lin.; — *Silene inaperta*, Lin.; — *Linum campanulatum*, Lin.; — *Cistus crispus*, Lin.; — *Pyrus amelanchier*, Lin.; — *Saponaria vaccaria*, Lin., — *Asperula cynanchia*, Lin.; — *Helychrysum angustifolium*, Dec.; — *Lavendula spica*, Dec.; — *Euphorbia niceensis*, All.; — *Asparagus angustifolius*, Lin.; — *Cyperus longus*, Lin.; — *Poa pilosa*, Lin.; — *P. megastachia*, Koel.; etc., etc.

MARBRE VERT ANTIQUE ET HAMEAU DU TECH.

A 2 kilomètres en aval du Baus de l'Ase, le chemin, côtoyant toujours la rive gauche du Tech, passe sur un banc de marbre qui s'étend du côté opposé. Pendant longtemps on avait ignoré la valeur de cette matière qui n'est rien moins que le *marbre vert* antique, varié de nuances et très-admiré des connaisseurs. On se contentait autrefois d'extraire quelques blocs pour les usages locaux;

mais le propriétaire du terrain, mieux éclairé sur la valeur de ce gisement, a monté une scierie où l'on débite le marbre en tables plus ou moins larges, selon les besoins du commerce et de la décoration.

Bientôt après on arrive au village du Tech, petit hameau dépendant de Prats-de-Molló, où l'on compte à peine *vingt feux*. Rien d'intéressant à signaler dans cette localité que la Comelada, torrent fougueux qui se précipite du Canigou par une pente très-raide, et dont les eaux se confondent avec celles du torrent d'en Banat, que l'on traverse sur un pont, et qui se jette dans le Tech à la sortie du village.

Vallée de Serrallongue et de La Manère.

A 2 kilomètres en aval du hameau, on traverse le Tech sur le pont de la Vierge-Marie, et l'on suit le petit sentier à gauche qui serpente sur la montagne. Ce chemin conduit à la forge de Galdare et à Serrallongue, village de 872 habitants, sans intérêt pour le naturaliste, mais où l'on admire une belle église romane, et où l'on aperçoit les trois tours féodales de Cabrens, perchées sur trois pics presque inaccessibles. C'est dans le quartz carié de Serrallongue que l'on découvre du cuivre pyriteux, du cuivre hépatique, du cuivre oxidé noir, et près de la forge de Galdare, de l'amphibole globuliforme.

En suivant une jolie route vicinale qui contourne la montagne de Cabrens et qui passe tout au bord d'un affreux précipice, on arrive à La Manère, autre bourg de 713 habitants. Ce bourg, assis sur les bords d'une rivière torrentueuse, à l'entrée de la gorge de Malrem, est enclavé au milieu de montagnes austères ; il ne trouve de vie que dans le trafic de contrebande que ses habitants font avec les Espagnols.

C'est à La Manère et au roc del Tabal, près la Sadeille, entre le Col d'Ares et le Col de Malrem, que l'on trouve quelques plantes qui sont propres à ces terrains ; telles sont : *Stachis barbata*, Lap.; —*Saxifraga longifolia*, Lap.; —*Potentilla grandiflora*, Lin.; —*Laserpitium gallicum*, Lin.; —*Salvia glutinosa*, Lin.; —*Aster amellus*, Lin.; —*Carex acuminata*, Wil., etc., etc.

Sur le territoire de La Manère l'on découvre le *porphyre quartzifère*, dans le ravin d'Agafe-Llops ; la *galène*, au Pla-de-les-Taules ; le *grès blanc*, le *grès marneux* des terrains crétacés inférieurs, des *conglomerats de grès vert*, du *calcaire jaunâtre tufossé*, au Col Rotg ; la *marne grise* contenant des fucoïdes, au ruisseau de Malrem ; ainsi que la *marne* des terrains crétacés ; le *calcaire à cyclolithe*, au col de Malrem, avec le *calcaire marnein* du terrain crétacé.

Vallée de Saint-Laurent-de-Cerdans, Costujes et Sant-Aniol.

De La Manère l'on revient à Serrallongue pour aller à Saint-Laurent-de-Cerdans. A cet effet, on suit le chemin vicinal qui, passant auprès de la fontaine de *les Bouades*, descend à la forge d'en Bosch, traverse la rivière de Saint-Laurent et aboutit sur la route vicinale de grande communication ; ou bien, on monte vers la métairie de *les Colomines*, on traverse les châtaigneraies de *les Planes*, on passe à côté de la maison de campagne de ce nom et on va droit à Saint-Laurent. Cette dernière route est préférable, en ce sens qu'elle fournit l'occasion de ramasser quelques plantes dans les bois de châtaigniers.

Saint-Laurent-de-Cerdans est un gros bourg de 2.500 habitants, bâti sur le penchant de la montagne du même nom; il est dominé par le Pic de la Nantilla, point de séparation de la France et de l'Espagne; il compte plusieurs forges et beaucoup de clouteries alimentées par les mines de Batèra. Comme à La Manère, les habitants se livrent au trafic d'une contrebande assez importante.

La rivière de Saint-Laurent coule au pied du village; elle prend sa source à Costujes et se jette dans la Quéra à 2 kilomètres de l'embouchure de cette dernière dans le Tech. Elle forme une petite vallée admirable de beauté; ses deux rives, bordées de montagnes en amphithéâtre, sont couvertes de bois très-beaux, dont le hêtre couronne les sommets; sur les pentes inférieures croissent le chêne et le châtaignier; ce dernier, converti en cercles et en merrains, est l'objet d'une culture en grand très-lucrative. Dans toutes les parties basses de la vallée, et sur les pentes de la montagne qui ne sont pas trop raides, la terre est cultivée en prairies ou semée de légumes et de grains. Cette belle vallée contient plusieurs maisons de campagne construites au milieu des sites les plus riants et les plus pittoresques. Nous citerons celles de M. le marquis de Vogué, à la forge; *les Plancs*, de Mme la vicomtesse d'Adhémar; l'*Horry*, de Mme Delmas; le château de *L'Illa* et son beau parc, de Mme Estrade. Un préjugé implanté dans le pays faisait rejeter la culture de la vigne comme ne pouvant donner dans cette froide région que des fruits acerbes et sans parfum. Mme Estrade a fait planter dans son parc une petite vigne de raisins de

table, où le chasselas domine ; un résultat parfait a été
obtenu, et de belles souches donnent tous les ans
d'excellentes grappes qui viennent en parfaite maturité.
Malheureusement, elles n'ont pas été épargnées par
l'oïdium, qui, à cette élévation, leur a été aussi funeste
qu'aux vignes de la plaine.

Au ravin de Labonadell, on trouve de la galène en gros
rognons tuberculeux.

La flore de Saint-Laurent-de-Cerdans ne présente rien
de bien remarquable. Là naissent, il est vrai, une foule de
plantes, mais elles n'ont pas assez d'importance pour être
citées; on les rencontre partout ailleurs. Le bois de la ville,
situé au sommet d'une montagne, pourrait faire soupçonner qu'il existe quelques plantes rares au milieu des
hêtres, des chênes-blancs et des chênes-verts dont il est
peuplé; mais il n'en est rien. Nous l'avons parcouru
plusieurs fois, et nous n'avons jamais trouvé dans nos
herborisations aucune espèce digne d'être remarquée.

Mais si le bourg de Saint-Laurent-de-Cerdans n'est pas
une station botanique importante, en revanche son territoire nourrit un mammifère intéressant de la famille des
musaraignes, c'est le *Desman* des Pyrénées, *Migale
pyrenaïca* de Geoffroy. Voici la lettre que nous écrivait
M. Cuvier au sujet de cet animal rare :

« Les notes que vous me donnez sur les animaux de
« vos contrées sont extrêmement précieuses, et j'en ferai
« sûrement un très-utile usage, en les publiant et, comme
« de raison, en vous en attribuant le mérite. Je recevrai
« donc avec bien de la reconnaissance tout ce que vous vou-
« drez bien m'envoyer, en observations comme en objets
« matériels, et je tâcherai, monsieur, que vos peines ne

« soient pas perdues. Notre administration est instruite
« de celles que vous voulez bien prendre pour enrichir le
« Muséum Royal, et votre nom a même déjà été placé sur
« un des *Loirs* que nous vous devons et que j'ai eu le mal-
« heur de perdre. Celui que vous m'offrez pourra le rem-
« placer; et si, par la même occasion, vous aviez des *Lérots*
« à me faire passer, je les recevrais avec plaisir, ne fût-ce
« que pour constater leur identité avec ceux de ce pays-ci.
« Il est une troisième espèce de *Loir* connue en France,
« c'est le *Muscardin,* qui est extrêmement rare aux envi-
« rons de Paris, et qui serait plus commun dans le Midi.
« Mais un animal, découvert depuis peu, et qui ne se
« trouve que près des Pyrénées, c'est un *Desman,* c'est-
« à-dire une grande espèce de *Musaraigne.* Je ne puis
« pas espérer de le recevoir vivant, quand même vous
« vous le procureriez, parce que cet animal vit d'insectes
« et qu'il ne supporterait pas la captivité. Mais si par
« hasard vous l'obteniez en vie, vous m'obligeriez d'en
« faire faire un dessin, dont le trait serait bien pur; et
« pour les détails, j'y suppléerais par l'individu que vous
« pourriez m'envoyer dans l'esprit de vin. Les frais que
« tout cela pourrait vous occasionner vous seraient rem-
« boursés; et il en sera de même pour tous ceux que mes
« demandes pourraient vous occasionner, car il y aurait
« une extrême injustice à vous induire dans des dépenses
« dont nous seuls profiterions, etc. »

A 5 kilomètres de Saint-Laurent-de-Cerdans, et sur
l'extrême limite de l'Espagne, se trouve bâti, sur un promontoire, le village de Costújes (Coustouges), paroisse
primitive de tout le vallon de la Quéra. C'est une contrée
pauvre, stérile et isolée. Son église, vraiment ancienne,

a exercé la sagacité des amateurs d'architecture *(Annuaire de 1834)*. Quoi qu'il en soit, le portail de l'église, très-riche de décorations, et les dispositions particulières de l'intérieur de la nef appellent l'attention de l'artiste, et le village peut offrir à l'antiquaire des médailles romaines et celtibériennes. Mais, c'est pour le naturaliste surtout que cette localité est intéressante; elle offre des gisements fossiles et métallifères très-curieux, et une flore digne de l'attention des botanistes. On y découvre du plomb sulfuré et des filons de cuivre très-riche; et, à une demi lieue du village, sur les terres du Mas d'Amont, tout près de l'extrême frontière, gisent des cumnolites, *Cyclolites elliptica*, Lamarck; le terrain qui les renferme est situé sur le penchant de la montagne exposé au midi; le soc de la charrue et les grandes pluies en mettent à découvert des quantités considérables. Sur le même terrain, mais principalement sur le territoire du village dels Horts, en Espagne, gisent des priapolites, *Hippurites rugosa* et *Hip. curva*, Lam. Ces fossiles sont très-abondants tout près de l'ermitage de Saint-Barthélemi, au fond d'un vallon sur les terres de la métairie de Trille de Carbonills.

La botanique est représentée dans ce canton par : *Onobrychis supina*, Dec., ou *Hedizarum herbaceum* de Lap.; — *Trifolium rubens*, Lin.; — *Ænanthe pimpinelloïdes*, Lin.;—*Coris monspeliensis*, Lin.;—*Teucrium pyrenaïcum*, Lin.; — *Stachys heraclea*, All.; — *Onosma echioïdes*, Lin.; —*Lonicera pyrenaïca*, Lin.;—*Linum suffructicosum*, Lin.; —*Linaria spuria*, Mill.; — *Euphorbia pubescens*, Desf.; — *Phytœuma scorzoneræfolium*, Will.;—*Stæhelina dubia*, Dec.;—*Senecio crucifolius*, Lin.;—*Aster amellus*, Lin.; —

Inula montana, Lin.; — *Leucanthemum montanum*, Dec.; — *Stipa juncea*, Lin., etc., etc.

Le naturaliste ne quittera pas Costujes sans aller au *Bac-del-Fau* récolter l'*Erinacea pungens*, Boiss., ou *Anthylis erinacea*, Linnée. Cette belle plante, qu'en idiome catalan on appelle *Coxinets de la Señora* (les coussinets de Madame), croît en abondance dans les gorges voisines de la Mouga, rivière qui coule aux pieds de Costujes et qui forme la limite des deux États.

Enfin, s'il ne craint pas la fatigue, et s'il est disposé à braver les obstacles et les dangers que lui offre la nature du sol, il profitera du voisinage pour aller récolter, à l'ermitage de Sant-Aniol, en Espagne, le *Lithospermum oleœfolium*, Lapeyr., élégant arbuste découvert par Xatart en 1814, et qu'il eut la générosité d'envoyer à Lapeyrouse. Pour aller de Costujes à Sant-Aniol, on doit descendre jusqu'aux bords de la Mouga, en passant par *les Mancrs*, métairie célèbre dans les fastes des Trabucayres. On traverse la rivière sur un petit pont et on s'achemine vers le *Mas Sobira*, perché sur les flancs d'une côte très-raide; on passe auprès de l'ermitage de Sant-Julia, et on va droit vers *les Comelles* de M. d'Ortaffa. Ici, si l'on a des montures, on est obligé de les laisser; le chemin qui reste à parcourir est si ardu qu'il est à peine praticable aux piétons. Près de l'ermitage, on trouve une forte descente qu'on appelle *les Canals de Sant-Aniol*. C'est un précipice affreux, d'une pente si raide, qu'on a été obligé de sceller les roches de granit entre elles avec des fers pour conserver la trace d'un chemin; et, pour la sécurité des voyageurs, on a placé sur les bords de l'abîme un garde-fou en bois que les ermites entretiennent soigneusement, car, à certaines époques de l'année, la dévotion des fidèles y amène un grand concours de pèlerins. Cette descente opérée, on traverse un ravin et on gravit le penchant opposé d'une petite montagne, au sommet de laquelle sont bâties la chapelle et les maisons qui servent de gîte aux voyageurs. De ce point culminant, on voit, sur les bords du torrent, le *Lithospermum olœæfolium*, que cette localité seule produit en Europe, et où il croît en si grande abondance que les rochers en sont tout couverts. N'oublions pas de dire que cette plante fleurit dans le mois de juin, et que sur le chemin que l'on a parcouru, on pourra récolter la *Santolina pectinata* de Bentham.

Sur les roches qui environnent Sant-Aniol, vit le *Vautour arian*.

Après avoir visité toutes ces localités, le naturaliste rentrera à Saint-Laurent-de-Cerdans pour descendre à Arles-sur-Tech, s'arrêtant bien entendu sur tous les points principaux qui séparent ces deux villes.

La route que l'on parcourt pour se rendre à Arles, est un chemin de grande communication bien entrenu et très-praticable aux voitures; il est tracé à mi-côte de la montagne, et l'on voit à gauche, dans le fond de la vallée, une campagne bien cultivée, au milieu de laquelle coule la rivière de Saint-Laurent. Cette rivière met en mouvement un grand nombre de moulins, de forges et de martinets. Plusieurs torrents coupent la route. Le plus considérable est la Quéra, dont les eaux abondantes se confondent avec la rivière de Saint-Laurent à 3 kilomètres avant de se jeter dans le Tech. La Quéra coule dans le fond d'une crevasse très-large et très-pro-

fonde, sur laquelle on a jeté un pont en maçonnerie très-
hardi. Déjà on aperçoit en face la Tour de Cos, bâtie sur
un isthme de granit; elle domine la contrée, et bientôt
l'on arrive à Manyacas, sur les bords du Tech, au point
dit *lo Pas del Llop* (le Pas du Loup). A quelque distance
de là se trouve une gorge dans laquelle coulent deux
torrents, à sec la plupart du temps, mais très-impétueux
avec les pluies d'orage; on les appelle Sourré de Mauret
et Sourré de Montferrer. Le mot *sourré* veut dire amas de
sable; et, en effet, ces deux torrents en entraînent de si
grandes masses que leur lit en est encombré.

Vallée de Montferrer, Cortsavi et Mines de Batère.

En remontant le Sourré de Montferrer l'on parvient
au village qui porte ce nom, et qui est à 800 mètres
d'altitude. Son territoire est renommé par ses truffes,
que préfèrent à toutes autres les gourmets du pays, à
cause de leur saveur plus délicate. Ce tubercule croît
dans les lieux les plus arides, au pied des châtaigniers et
des chênes-blancs rabougris; et les plus parfumés, au
pied de l'églantier, *Rosa canina*, Linnée.

Le sol de ce pays est composé de roches granitiques à
gros grains, avec oxide de fer qui les décompose; elles
sont très-friables et mêlées à des schistes graphiteux.

De Montferrer l'on se rend à Cortsavi, village bâti, à 552
mètres d'altitude, sur un petit plateau adossé à la montagne
du Canigou. Le naturaliste et le curieux ne manqueront
pas d'aller voir « une belle échancrure dans le calcaire,
« d'environ 160 mètres de profondeur sur environ 50

« de largeur au sommet et un mètre ou deux, à ce qu'il
« semble, au fond de l'abîme, point de vue de l'aspect le
« plus sauvage et qu'on ne peut contempler sans émotion
« et sans éprouver un sentiment de terreur à raison de
« ses effrayantes pentes et de ses gigantesques propor-
« tions; abîme au fond duquel roule ses eaux bruyantes
« un ruisseau descendant de l'une des cîmes du Cani-
« gou; ce lieu porte le nom de la *Fo*[1]. » Il n'est guère
possible de descendre dans cette crevasse, qui a une
lieue d'étendue, à moins de se faire attacher avec des
cordes; et encore ne serait-on pas certain d'aller jusqu'au
bas, parce que les arbustes qui en tapissent les parois
gêneraient beaucoup la manœuvre. Près d'une masure
qu'on appelle la Palme, existe un trou par lequel s'échappe
le ruisseau de la crevasse; quelques curieux ont voulu y
pénétrer, mais ils ont trouvé tant d'obstacles qu'ils n'ont
pu aller qu'à une très-petite distance, constamment
exposés à quelque accident imprévu. Sur le sommet de
la crevasse, dans les fentes de la roche exposée au nord,
on récolte la *Ramondia pyrenaïca,* Richard, et quelques
mollusques du genre *Pupa;* le *Pyrochorax garrula,* Lin.,
niche dans les fentes des rochers de cette crevasse et
sur les tilleuls et les frênes qui se développent dans les
entrailles de ce vaste abîme.

De Cortsavi on peut aller aux mines de Batère, célèbres
dans tout le pays par la qualité du métal, qui est le plus
pur de nos montagnes. Aujourd'hui, un bon chemin y
conduit; on passe au pied de la tour de Batère, qui est
à 1.475 mètres d'altitude, et tout à l'entour sont les

[1] Henry, ouvrage cité.

gisements dits de *les Indies,* de la Droguèra, de Vila-
franca, de la Pinouse, de Saint-Pierre, de les Canals,
etc., etc. Le minerai est du fer spathique et des héma-
tites presque pures, qui donnent 75 p. %, au rendement.
Dans ces différents gîtes on peut se procurer des échantillons d'hématite fibreuse, d'hématite fibreuse stalactiforme, d'hématite avec manganèse, d'hématite avec
dendrites, d'hématite brune, du fer spathique, du fer
spathique lamellaire, du fer spathique grenu et du fer
oxidé brun.

Dans le bois qui est au pied de la Tour croit l'*Asphodelus albus,* Wil., et sur les rochers environnants vit le
vautour chassefiante, *Vultur kolbii* de Daudin. Sur les
gazons on trouve l'*Helix cricetorum,* Drap., mais beaucoup plus petite que ses congénères. Nous attribuons sa
petite taille à l'altitude où elle vit.

Vallée d'Arles-sur-Tech.

Enfin, nous touchons à Arles-sur-Tech et nous arrivons
sur le Riu-Ferrer, torrent très-impétueux. C'est un des
plus forts affluents de la rive gauche du Tech; il descend
des plus hautes cimes du Canigou, et, à chaque crue, il
ravage les belles prairies complantées de pommiers qui
garnissent ses bords.

Des sources du Tech à Arles, la distance directe est
de 55 kilomètres environ. Dans ce parcours, la rivière
roule ses eaux bruyantes dans une gorge très-étroite, et
cinquante-huit affluents plus ou moins considérables se
jettent dans son lit. Il n'est donc pas surprenant que,
dans la saison des pluies, elle dévaste la plaine du Val-

lespir. La masse énorme de galets que son cours impétueux entraîne, tend constamment à obstruer son passage
et à rejeter les eaux dans les terres cultivées qu'elles
dévastent en un clin d'œil.

Arles est une petite ville assise sur les bords du Tech et
du Riu-Ferrer; elle est à 277 mètres d'altitude; entourée
de montagnes qui ne lui permettent aucune perspective,
elle serait enfermée comme dans un entonnoir si une
échappée vers l'orient ne lui permettait de recevoir les
effluves qui montent de la plaine. Ce vallon, cependant,
mérite d'être distingué; il offre une infinité de sites charmants; de nombreux canaux entretiennent sa fraîcheur,
arrosent ses belles cultures et ses riches jardins. En
considérant, de la ville, les belles châtaigneraies qu'on a
plantées sur la montagne de la Clote, l'on se demande
comment il a été possible à l'homme de se tenir debout
sur un plan si incliné, et opérer, sur cette roche nue, un
travail qu'on dirait impossible si on ne l'avait devant les
yeux.

« Sur l'une des montagnes qui entourent Arles-sur-
« Tech, se trouve une table druïdique qu'on appelle le
« *Palet de Roland;* car ce preux, l'hercule des temps
« héroïques du moyen-âge, partage avec le vainqueur de
« Trasimène la gloire de voir son nom attaché à tout ce
« qu'il y a de gigantesque le long des Pyrénées[1]. »

C'est une erreur que l'on a trop souvent partagée d'attribuer à des monuments druïdiques la forme et la position de certaines pierres dans nos montagnes. Celle qui
nous occupe n'a pas cette origine. Certains granites sont

[1] Henry, ouvrage cité.

désagrégés si profondément par les influences atmosphériques, que toute la surface du terrain ne présente qu'un
amas de graviers en collines arrondies que les eaux de
pluie ravinent de toutes les manières. « Fréquemment,
« on rencontre ces granites à la surface du terrain, en
« espèces de gros blocs arrondis, empilés les uns sur les
« autres, souvent de la manière la plus bizarre, quelque-
« fois en équilibre assez peu stable et susceptibles d'os-
« ciller sous le plus léger effort... Enfin, il en est résulté
« des masses arrondies, tantôt empilées les unes sur les
« autres comme des fromages, tantôt isolées, comme nous
« les voyons aujourd'hui à la surface du sol[1]. »

On fabrique à Arles des articles de coutellerie, de tail-
landerie, à l'usage du pays et de la grosse quincaillerie.
Les martinets et les forges à la catalane qui fonctionnent
dans la commune, donnent beaucoup de facilité pour ce
commerce.

Dans les prairies qui bordent la rivière, on trouve les
petits mollusques : *Vertigo mousseron*, *Vert. pygmée*, *Vert.
anti-vertigo*, de la famille des *Pupa*; et sur le bord des
haies le *Pupa fragilis*.

Enfin : *Arabis saxatilis*, All.; — *Helianthemum itali-
cum*, Pers.;—*Citisus supinus*, Lin.;—*Anthillis montana*,
Lin.;— *An. vulneraria*, Lin.;— *Dorycnium gracile*, Jord.
— *Vicia lutea*, Lin.;—*Potentilla fragariastrum*, Mhon.;—
Lonicera cerulea, Lin.;— *Ramundia pyrenaïca*, Rich.;—
Verbascum Chaixii, Vil.;— *Clandestina rectiflora*, Lam.;
— *Teucrium montanum*, Lin.;— *Teuc. aureum*, Sch.;—
Amarantus deflexus, Lin.;—*Asparagus acutifolius*, Lin.;

(1) Beudant, *Géologie*, p. 62 et 65.

—*Smilax aspera*, Lin.; — *Carex setifolia*, God.;—*Car. disticha*, Huds., etc., etc.

Vallée d'Amélie-les-Bains.

De la ville d'Arles-sur-Tech à Amélie-les-Bains on compte 3 kilomètres de marche. La chaussée qui forme le chemin longe le Tech sur la rive gauche d'abord, et franchit ensuite la rivière sur un pont de pierre pour passer sur la rive droite. Ce chemin est une promenade charmante, très-commode pour les baigneurs. Garni d'arbres, de prairies, d'eaux vives, il présente, quoique resserré entre deux montagnes, un aspect frais et riant.

Le village d'Amélie, qu'on appelait autrefois Bains-d'Arles, est célèbre par ses eaux minérales et par le monument thermal qu'avaient construit les Romains, dont il ne reste que « la salle où se trouvait le *lava-« crum*, vaste parallélogramme, orienté est et ouest, de « 20m,40 de longueur sur 12m,00 de largeur et 11m,20 « de hauteur sous la clef de la voûte[1]. » Ce village est situé dans un petit vallon charmant, que la rivière de Mondony (qu'on nomme aussi de Montalba) traverse du sud au nord pour aller se jeter dans le Tech. «Ses eaux si « limpides et si pures animent ce site par une suite d'effets « très-pittoresques. Parmi eux se distingue éminemment « la grande chute qu'elles subissent à leur entrée dans le « petit vallon. Resserrées entre deux roches qui s'élancent « dans les airs sous forme d'aiguilles, elles se précipitent

---

(1) Henry, ouvrage cité.

« en masse d'une grande hauteur, et produisent ainsi une
« imposante cascade. Une tradition toute poétique.......
« y désigne cette cascade sous le nom de douche d'An-
« nibal[1]. » Les maisons du village se prolongent sur la
rive gauche de la rivière, et le magnifique établissement
thermal militaire qu'a fait construire le Gouvernement,
se déploie sur un plateau qui occupe toute la rive droite.
Deux établissements thermaux se disputent les sympa-
thies du public dans cette localité : ce sont les Bains de
M. Herma-Bessière, construits sur l'ancien *lavacrum* des
Romains, et les Bains du docteur Pujade, qui, pour être
plus modernes, n'en sont pas moins bien appropriés aux
exigences de la médecine balnéaire. Nous devons le dire,
c'est à l'initiative et aux études profondes du docteur
Pujade, que la médecine doit les immenses avantages
qu'elle tire aujourd'hui de l'application de ces eaux dans
la rigoureuse saison de l'hiver.

La montagne au pied de laquelle sourdent les eaux thermales, est désignée sous le nom de *Serrat d'en Merle;* elles
sortent d'une roche granitique, et leur température s'élève
de 33°,75 à 62°,88.

Sur un mamelon très-élevé qui domine le village est
Fort-les-Bains, citadelle qui défend la vallée et barre le
passage à l'ennemi qui viendrait du haut Vallespir.

De l'autre côté du Mondony s'élèvent deux montagnes,
Coste-Rouge et Puig-d'Olou. L'une et l'autre, selon
Anglada, sont formées de grès rouges et contiennent
des *psammites argileux rouges,* des *mimophyres quartzeux,* du *gneïs gris* à petit grain, du *fer sulfuré* en grandes

_____

(1) Anglada, ouvrage cité.

masses, de la *baryte sulfatée* et du *plomb sulfuré argentifère*.

La rivière du Mondony parcourt un trajet assez long; elle prend sa source au sommet oriental de la Nantilla, au-dessus de Costujes, traverse le Bac et le Pla del Mané sur des sommités très-raboteuses, suit pendant longtemps une gorge très-accidentée, fait le tour de la Camilla, tourne à gauche pour venir à Pujol-d'Amont, métairie située dans les bois de la Griffe et de Castell, descend par les gorges vers La Tour, et, de précipice en précipice, vient aboutir au village de Montalba; enfin, franchissant la crevasse des Bains d'Amélie, elle forme la cascade d'Annibal.

Nous signalons la montagne de Montalba comme une localité très-escarpée et très-boisée, où vit le vautour oricou, *Vultur auricularis* de Daudin.

Des Bains d'Amélie à Céret, la distance est de 10 kilomètres. Les plantes que le naturaliste trouvera dans ce trajet, sont : *Erysimum australe*, Gay;—*Iberis saxatilis*, Lin.;—*Silene saxifraga*, Lin.;—*Gypsophyla repens*, Lin.; —*Dianthus superbus*, Lin.; — *Linum strictum*, Lin.;— *Ilex aquifolium*, Lin.; — *Calicotoma spinosa*, Link.;— *Sarotamnus carlierus*, nobis;—*Trifolium lagopus*, Pour.; —*Vicia onobrychioïdes*, Lin.;—*Ervum gracile*, Dec.;— *Hipocrepis ciliata*, Wil.;—*Centranthus ruber*, Dec.;—*Leucanthemum pallens*, Dec.; — *Picnomon acarna*, Cas.; — *Phillyrea media*, Lin.;—*Scrofularia lucida*, Lin.;—*Salvia glutinosa*, Lin.; — *Ruscus aculeatus*, Lin.; — *Ceterach officinarum*, Wil.; —*Polypodium phegopteris*, Lin., etc.

En face d'Amélie-les-Bains et sur la rive gauche du Tech, s'élève, en amphithéâtre, le village de Palalda. Cette commune, dont la position rappelle le village de

Ria, près Villefranche, possède des bancs de gypse très-estimés, qui avec ceux de Reynès et de Céret se partagent la fourniture du Roussillon. M. Bouis a fait une étude très-approfondie de ces plâtres; son travail est consigné dans le deuxième Bulletin de la Société Philomathique de Perpignan, année 1836.

Vallée de Céret.

La ville de Céret est le chef-lieu du deuxième arrondissement des Pyrénées-Orientales; on y compte 5.586 habitants. Située dans le fond d'un vallon et assise au pied du Sarrat de Garce, elle est dominée par le Boularic, montagne de 1.450 mètres d'altitude. Céret n'a de remarquable que son pont sur le Tech. Cette construction hardie fait l'admiration des voyageurs, et les touristes qui ont visité le pays se sont plu à l'envi à prôner ses proportions gigantesques. Suivant le baron Taylor, il est le plus grand et le plus curieux de l'ancienne France. Le pont de Céret n'est qu'à une seule arche; « mais, cette arche, » dit M. Henry, « est extrêmement remarquable par sa hardiesse, et il serait difficile de lui trouver une rivale. » Suivant ce même écrivain, « l'ouverture de cette arche « est de 44^m,797, sa largeur de 5^m,297 seulement, et « la distance de la clef de la voûte au niveau des eaux « ordinaires est de 29^m,235. Les culées de ce pont sont « fondées sur deux roches, au-dessus desquelles s'élance « cette arcade qui du bord de l'eau apparaît en l'air « semblable à un ruban de pierre [1]. »

_____

(1) Henry, ouvrage cité.

Le naturaliste ne doit pas quitter Céret sans aller visiter le bois de la ville, qui couronne les cimes du Boularic. Il y trouvera une flore intéressante et une grande quantité d'insectes et de mollusques. Pour faire cette course, qui demande une journée, il faut prendre le petit chemin qui conduit au Mas Carol, situé sur le premier plateau de la montagne. En cet endroit existe une belle carrière de marbre blanc statuaire, malheureusement sans débouché faute de chemin. De là, par un sentier qui traverse les terres cultivées, on s'achemine vers le bois de la ville, qui garnit les flancs de la montagne jusqu'au sommet. Ce bois se compose de châtaigniers, qu'on a plantés depuis peu pour repeupler les parties dévastées, de hêtres et de sapins. Sur le même plan du Boularic est le Raz-Mouché, dont la cime est à 1.442 mètres d'altitude. Ces deux monts sont séparés l'un de l'autre par une dépression de terrain qu'on appelle Pou de la Neu (puits de la neige) à cause d'une ancienne glacière abandonnée qui fournissait de la glace à Céret pendant la saison caniculaire. De ces hauteurs l'on découvre toute la plaine du Roussillon, celle de l'Ampourdan, en Espagne, et le coup d'œil s'étend jusqu'aux confins de la Catalogne.

Les principales plantes qu'on aura recueillies dans cette excursion, sont : *Arabis verna*, A.;—*Iberis saxatilis*, Lin.; —*Cistus crispus*, Lin.; —*Gypsophyla vaccaria*, Sib.;— *Dianthus monspessulanus*, Lin.;—*Mœhringia trinervia*, Clair.;—*Geranium petreum*, Wil.;—*Rhamnus cathartica*, Lin.;—*Medicago Gerardi*, Wil.; — *Trifolium sublerraneum*, Lin.;—*Trif. Clusii*, God. et Gren.;—*Vicia pyrenaïca*, Gay;—*Craca Gerardi*, God. et Gren.;—*Ervum pubescens*, Dec.;—*Hippocrepis comosa*, Lin.;—*H. glauca*,

Tenor.; — *Onobrichis saxatilis*, All.; — *Senecio jaquinia-
nus*, Rech.; — *Leucanthemum palmatum*, Lam.; — *Inula
montana*, Gou.; — *Circium ferox*, Dec.; — *Vinca media*,
Link.; — *Echium italicum*, Lin.; — *Scrofularia canina*,
Lin.; — *Phelipea cerulea*, Meyer.; — *Plantago lagopus*,
Lin.; — *Pl. argentea*, Chaix.; — *Carex setifolia*, God.; —
Nothoclæna marantæ, R.; — *Polypodium driopteris*, Lin.;
—*Selaginella spinulosa*, Br.; —*S. denticulata*, Kook., etc.

Parmi les insectes, nous signalerons : *Cicindela marro-
cana*, Fab.; —*Cic. silvicola*, Meg.; —*Drypta cylindricollis*,
Fab.; —*Cymindis coadunata*, Déj.; — *C. punctata*, Bon.;
— *C. miliaris*, Fabr.; — *Dromius sigma*, Ros.; —*Drom.
meridionalis*, Déj.; —*Ditomus fulvipes*, Lat.; —*D. capito*,
Illi.; —*Procrustes coriaceus*, Fab.; —*Carabus purpurascens*,
Fab.; —*C. hortensis*, Fab.; —*Elaphrus littoralis*, Latr.; —
El. riparius, Fab.; —*Dolichus flavicornis*, Fab.; —*Gynan-
dromorphus etruscus*, Schœn.; —*Hidaticus transversalis*,
Fabr.; —*H. distinctus*, Déj.; — *Rantus notatus*, Fabr.; —
R. adspersus, Fab.; —*Colymbetes convexus*, Déj.; — *Col.
bipunctatus*, Fab.; —*Col. maculatus*, Fab.; —*Col. Sturnii*,
Schœn.; —*Capnodis tenebricosa*, Fab ; —*C. cariosa*, Fab.;
—*Ancylocheira flavo-maculata*, Fab.; — *An. octoguttata*,
Fab.; —*Sphenoptera geminata*, Illi.; —*S. illigeata*, Fab.; —
Agrypnus murinus, Fabr.; — *Ag. ferrugineus*, Che.; —
Limonius cylindricus, Payk.; —*Lim. nigricornis*, Zieg.;
—*Oophorus trilineatus*, Déj.; —*O. distinguendus*, Déj.; —
Necrophorus investigator, Déj.; — *N. interruptus*, Déj.; —
Nitidula punctatissima, Illig.; — *Nit. colon*, Fab.; —*Nit.
rufipes*, Déj.; —*Ateuchus pius*, Illi.; —*At. laticollis*, Fab.;
—*Copris hispana*, Fab.; —*Melolontha fullo*, Fab.; —*Rhi-
sotrogus pini*, Fab.; — *Rh. rufescens*, Latr.; — *Trichius*

faciatus, Fab.;—*Tr. gallicus*, Déj.;—*Cetonia metallica*, Fab.;—*C. aurata*, Fab.;—*C. morio*, Fab.;—*Sinodendron cylindricum*, Fab.;—*Philax meridionalis*, Déj.;—*Ph. striatus*, Sol.;—*Anisotoma femorale*, Déj.;—*A. castanea*, Payk.;—*Cossyphus Hoffmanseggii*, Herb.;—*Cos. Dejanii*, Rham.;—*Sarrotrium muticum*, Fab.;—*Orchesia micans*, Fab.;—*Cistela lutea*, Déj.;—*Cist. ceramboïdes*, Fab.;—*Apoderus avellanæ*, Lin.;—*A. Coryli*, Fabr.;—*Brachytarsus varius*, Fab.;—*Apion albicans*, Déj.;—*A. varipes*, Ger.;—*Omias rotundatus*, Fab.;—*O. provincialis*, Déj.;—*Oliorhynchus perdix*, Oli.;—*Ot. crispatus*, Zieg.;—*Ot. mazillosus*, Déj.;—*Larinus cinaræ*, Fab.;—*L. Scolymi*, Oliv.;—*L. jaceæ*, Fab.;—*L. hypocrita*, Déj.;—*L. cylindrirostris*, Déj.;—*Balaninus cerasorum*, Payk;—*B. crux*, Fab.;—*Hamaticherus heros*, Fab.;—*H. miles*, Bonelli;—*Rosalia alpina*, Fab.;—*Callidium violaceum*, Fab.;—*C. unifaciatum*, Fab.;—*Certallum ruficolle*, Fab.;—*Stenopterus præustus*, Fab.;—*St. ustulatus*, Déj., etc., etc.

Parmi les mollusques, nous signalerons : *Helix strigella*, Drap.;—*H. rodostoma*, Drap.;—*H. nemoralis*, Drap., avec ses nombreuses variétés;—*H. splendida*, Drap., variété rose; elle se trouve dans les environs des plâtrières, avec l'*Helix cespitum*, Drap.;—*H. lapicida*, Drap.;—*Bulimus acutus*, Lin.;—*Bul. radiatus*, Brug.;—*Clausidia rugosa*, Drap.;—*Pupa granum*, Drap.;—*P. variabilis*, Drap.;—*P. quadridens*, Drap.;—*Cyclostoma obscurum*, Drap.;—*C. elegans*, Drap.;—*Planorbis imbricatus*, Drap.;—*Pl. carinatus*, Drap.;—*Paludina viridis*, Drap.; etc., etc.

Après avoir exploré le territoire de Céret, le naturaliste doit diriger ses pas vers le Col du Perthus, en passant par Maureillas, joli village assis sur un plateau que baigne

la rivière de las Illas ; il gagnera par les hameaux des
Cluses Haute et Basse la Route Impériale n° 9, qui le
conduira au village du Perthus. Mais s'il était animé d'un
bon courage, nous lui conseillerions de suivre un itinéraire plus pittoresque, qui lui donnerait maintefois l'occasion de se dédommager de ses fatigues ; car il est inutile
de revenir sur ses pas pour rentrer à Céret et marcher
longtemps sur une grand'route. Le mieux donc, puisque
nous sommes sur les cimes du Boularic et du Raz-Mouché,
est de descendre à l'ermitage de Notre-Dame de les Salines,
par le Col du Puits de la Neige, et de venir au village de las
Illas pour y passer la nuit.

Vallée du Perthus et Bellegarde.

Le lendemain, en suivant la crête de la montagne qui
sert de limite aux deux pays, on arrive, en quelques heures,
en face de Bellegarde, citadelle située à 450 mètres d'altitude, sur une colline en pain de sucre, dont le pied forme
les cols ou passages du Perthus et de Panissas. On longe
le pied de la forteresse pour descendre au Perthus, où
l'on s'arrête pour explorer les environs. Dans ce trajet,
qui n'aura pas été sans agrément par le magnifique aspect
des montagnes et des points de vue que l'on découvre de
ces hauteurs, le naturaliste aura trouvé l'occasion de récolter un grand nombre de plantes, dont les principales sont :
Malcolmia parviflora, Dec. ;—*Cistus ledon*, Lam. ;—*Silene
inaperta*, Lin. ;—*Dianthus armeria*, Lin. ;—*D. attenuatus*,
Lin. ;—*D. delthoïdes*, Lin. ;—*Linum narbonense*, Lin. ;—
Paliurus australis, Ram. ;—*Astragalus stella*, Gou. ;—
Vicia bithynica, Lin. ;—*Craca monanthos*, God. et Gren. ;

— *Viburnum tinus*, Lin.; — *Cota triumpheti*, Gay; — *Hellichrisum serrotinum*, Bois.; — *Lithospermium prostratum*, Lois.; — *Phelipéa muteli*, Rent.; — *Teucrium lucidum*, Lin.; — *Daphne laureola*, Lin., etc.

Parmi les insectes, nous commençons à trouver ici, sous les pierres, l'*Aptinus balista*, Déj., en compagnie du *Scorpion blanc* de Marsillargue. Nous trouvons encore le *Percus navarricus*, Déj., et, tout le long des Albères, ces deux insectes s'y trouvent en abondance; enfin, l'*Amaticherus velutinus*, Déjean, dont la larve vit dans les troncs des chênes-liéges, qui forment des bois très-étendus dans les gorges de ces montagnes.

Vallée du Boulou et des Albères.

Des hauteurs du Perthus, le naturaliste descendra au Boulou en suivant la Route Impériale n° 9. Le Boulou n'a aucun attrait particulier; mais ses environs contiennent les dépôts coquilliers que nous avons déjà signalés au commencement de ce chapitre, et qui se relient aux bancs de Millas et de Néfiach. Nous parlerons en son lieu des diverses espèces de coquilles marines que recèlent ces gisements, et nous ferons connaître leur importance. Aux environs du Boulou existent des sources minérales, que M. Anglada a rangées dans la classe des eaux acidules alcalino-ferrugineuses. « Elles coulent, » dit-il, « le long « d'un ravin qui, sous le nom de Carbassal ou Correg de « Saint-Marti, divise les territoires du Boulou et de la « commune rurale de Saint-Martin-de-Fonollar. Ce ravin « est lui-même situé au pied de la Picartella, montagne

« faisant partie des Albères, c'est-à-dire de cette première
« portion de la chaîne pyrénéenne qui sépare l'ancien
« Roussillon de l'Ampourdan, et il vient aboutir à la
« grand'route, près d'une maison de campagne connue
« dans le pays sous le nom de Mas d'en Batiste.

« Plusieurs filets de la même eau sourdent le long du
« ravin à diverses distances, et appartiennent à la com-
« mune du Boulou ou à celle de Saint-Martin-de-Fonollar,
« selon qu'ils se montrent à sa droite ou à sa gauche[1]. »

Lorsque le docteur Anglada écrivait son traité des eaux
minérales, ces sources étaient peu fréquentées; aujour-
d'hui elles réunissent un grand nombre de malades, qui
trouvent dans leur composition un remède efficace pour
combattre les maladies des voies digestives et des voies
urinaires.

En suivant la route départementale qui longe le pied des
Albères, le naturaliste traversera les territoires des communes de Saint-Génis, Montesquiu, Vilallonga-dels-Monts,
La Roca, Suréda, Saint-André, et atteindra Argelès-sur-
Mer. Dans ce trajet de 20 kilomètres, nous lui signalerons la vallée de Sorède, où l'on cultive en grand le
micocoulier, *Celtis australis,* arbre qui fournit le *bois de
Perpignan,* et qui sert à faire les manches de fouets si
résistants et si flexibles qu'on voit dans les mains de tous
les conducteurs de voitures. Il montera à la chapelle de
Notre-Dame-del-Castell, ermitage situé sur les flancs de
la montagne, autour duquel on a découvert, pour la première fois, l'*Helix Desmoulinsii.* C'est dans les escarpements de la montagne de Sorède que niche le catharte

---

(1) Anglada, ouvrage cité.

alimoche, *Cathartes percnocterus* de Temminck, ainsi que le milan royal, *Falco milvus* de Linnée.

La flore de la chaîne des Albères n'a été qu'effleurée. Généralement les naturalistes se bornent à visiter à la hâte le vallon de Banyuls-sur-Mer, et négligent ces belles montagnes pour courir à Prats-de-Molló; elles sont cependant bien dignes d'être étudiées, et nous sommes convaincu qu'on n'y perdrait pas son temps. Les Albères, avec leurs forêts, leurs ravins, leurs pentes accidentées, leurs diverses altitudes et leurs expositions au nord et au midi, promettent de nombreuses découvertes, qui dédommageraient amplement le naturaliste qui se dévouerait à les étudier. Mais on se porte de préférence, on a hâte d'arriver aux endroits renommés et cités comme produisant le plus d'espèces rares; les guides ont un itinéraire dont ils ne sauraient dévier, et c'est ainsi que restent inexplorés plusieurs points du pays où croissent beaucoup de plantes peu connues. Les pas de nos observateurs se portent aussitôt vers Mont-Louis, et toutes leurs recherches ont pour objet la riche vallée d'Eyne, que le célèbre Gouan appelait à juste titre le jardin botanique du Roussillon.

Les cimes de la chaîne des Albères ont différentes altitudes : le Puig Neulos (pic neigeux), le plus élevé de tous, est à 1.259 mètres au-dessus du niveau de la mer; le roc de Tres Termens (des trois territoires ou des trois limites), est à 1.130 mètres; Sant-Christau, est à 1.014 mètres; la Tour de la Massana, qui sert de point de reconnaissance aux navigateurs, est à 811 mètres; la Tour Madaloc ou Tour du Diable, est à 669 mètres; le Puig Joan, près le Cap Cervère, est à 458 mètres, et le sommet du phare du Cap Biar, très-improprement nommé Béarn sur les cartes, est à 216 mètres. Ces diverses altitudes, abstraction faite de la nature du sol, donnent un indice approximatif des plantes qu'on peut rencontrer dans cette région.

Nous signalerons parmi les plantes que nous avons récoltées tout le long des Albères : *Pæonia officinalis*, Retz.;—*Erisymum cheiranthoïdes*, Lin.;—*Cistus laurifolius*, Lin.; — *Reseda luteola*, Lin.;—*Dianthus carthusianorum*, Lin.;—*D. pungens*, Lin.;—*D. brachianthus*, Bois.; —*D. cariophyllus*, Lin.;—*Linum suffructicosum*, Lin.;— *L. angustifolium*, Huds.;—*Geranium aconitifolium*, Lher.; —*Ger. nodosum*, Lin.;—*Lupinus hirsutus*, Lin.;—*Dorycnium suffructicosum*, Vil.; — *Vicia hibrida*, Lin.;—*Craca atropurpurea*, God. et Gren.;—*Lazerpitium latifolium*, Lin.; —-*Tanacetum annuum*, Gou.; — *Centaurea pullata*, Lin.;—*Erica cinerea*, Lin.; —*Er. arborea*, Lin.;—*Er. scoparia*, Lin.; — *Phelipæa lavendulacea*, Schults; — *Ph. ramosa*, Meyer;—*Teucrium chamedris*, Lin.;—*Celtis australis*, Lin.;—*Quercus suber*, Lin.;—*Quer. robur*, Lin.;— *Quer. coccifera*, Lin.;—*Fagus silvatica*, Lin., etc., etc.

Quant aux insectes, nous signalerons : *Polistichus discoïdeus*, Steben.; —*Cymindis melanocephala*, Déj.;—*C. faminii*, Déj.;—*Apotomus rufus*, Oli.;—*Cychrus rostratus*, Fab.;—*Carabus italicus*, Déj.;—*Nebria lateralis*, Fab.;— *Neb. psamodes*, Ross.;—*Panagæus trimaculatus*, Déj.;— *Oodes helopioïdes*, Fab.: — *Olisthopus hispanicus*, Déj.;— *Amara crenata*, Déj.; — *Am. zabroïdes*, Déj.; —*Tachys angustatum*, Déj.;—*Scutopterus coriaceus*, Hoff.;—*Cymatopterus fuscus*, Fab.; —*C. dolabratus*, Payk.; — *Rantus agilis*, Fab.;—*R. suturalis*, Déj.;—*Hyphidrus variegatus*, Illi.; —*Tachinus humeralis*, Grav.; — *T. rufipennis*, Gyl.; —*Drusilla canaliculata*, Fab.;—*Lampra compressa*, Gyl.;

—*Lam. festiva*, Fab.; —*Melasis flabellicornis*, Fab.; —*Agriotes segetis*, Gyl.; —*Ag. rusticus*, Déj.; —*Malachius bipustulatus*, Ram.; —*Mal. marginellus*, Déj.; —*Corynetes chalybeus*, Knoch.; —*Cor. rufipes*, Fab.; —*Valgus hemipterus*, Fab.; —*Osmoderma eremita*, Fab.; —*Lucanus cervus*, Fab., etc., etc.

En 1823, pendant une année de sécheresse extrême, une nuée de cerfs-volants, *Lucanus cervus*, à obscurcir le soleil, traversa la plaine du Roussillon du nord au sud, et vint s'abattre sur les Albères. En certains endroits, les paysans en furent effrayés. Au Boulou, il en tomba quelques-uns; et comme ceux qui les ramassèrent, ne connaissaient pas cet insecte, on nous en apporta deux individus, que nous reconnûmes aussitôt; mais ce qu'il nous fut impossible de comprendre, c'est le point d'où était partie cette migration et quelle localité avait donné naissance à cette masse innombrable de cerfs-volants. M. Déjean, que nous consultâmes à ce sujet, ne put résoudre ce problème. Cet insecte s'appelle, en catalan, *Ascanya pollets*, c'est-à-dire, étrangle poulets, nous ne savons trop pourquoi.

Vallée d'Argelès-sur-Mer et de La Vall.

Argelès-sur-Mer est un chef-lieu de canton qui compte 2.500 habitants. Situé dans la plaine du Vallespir, entre Elne et Collioure, il est à 3 kilomètres des bords de la mer; la Route Impériale n° 114, de Perpignan à Port-Vendres, passe sous ses remparts ruinés, et à ses pieds coule la rivière de la Massana, qui prend sa source dans les Albères. Le voisinage de la vallée de La Vall et de la

montagne de la Massana, en fait une station botanique
intéressante. Du reste, cette partie des Albères a été mieux
étudiée que les autres lieux, et donne plus de satisfaction
au naturaliste.

C'est sur la plage d'Argelès que, en 1836, vint échouer,
tout près du Grau d'Argelès et au pied de la batterie qui
défend cette côte, un baleinoptère museau pointu, *Balœna
rostrata* de Linné. Le squelette complet de ce cétacé,
recueilli et monté par nos soins, fait partie de la collection du Cabinet d'Histoire naturelle de la ville.

En remontant le cours de la rivière de la Massana, le
naturaliste ne tarde pas à pénétrer dans la gorge de La
Vall, où bientôt il se trouve entouré d'une forêt magnifique qui se prolonge sur les pentes escarpées de la montagne. Sur un pic isolé domine la tour de la Massana,
dont les murs épais et noircis par les siècles, ajoutent à
l'austérité du paysage que l'on a devant les yeux. Cette
forêt, d'essences variées, où domine le hêtre, le chêne et
le chêne-vert, est le refuge d'une foule d'animaux sauvages. Le sanglier y est commun et se plaît sur les *singles,*
rochers escarpés, qu'il gravit aisément malgré la lourdeur
apparente de cet animal disgracieux. Les vautours nichent
dans les anfractuosités de roches inaccessibles. Les loups,
les renards, les fouines y sont en grand nombre, et le
merle couleur de rose, *Pastor roseus* de Temminck, y
étale son riche plumage, et cette contrée qu'il affectionne
est le seul point du pays où l'on puisse le rencontrer. La
flore de cette forêt est assez intéressante, et les insectes
qui vivent sous les pierres sont nombreux et remarquables.

Dans l'herborisation qu'il aura faite soit dans les environs d'Argelès, soit dans la gorge de La Vall, le naturaliste aura trouvé l'occasion de récolter les plantes suivantes : *Ranunculus muricatus,* Lin.;—*Mathiola sinuata,* R.;—*Arabis verna,* R.;—*Cistus salviæfolius,* Lin.; — *C. Monspeliensis,* Lin.; —*Helianthemum niloticum,* Person.; —*Honkeneja peploïdes,* Ehritier;—*Medicago Braunii,* God.; —*Dorycnopsis Gerardi,* Bois.; —*Polycarpon peploïdes,* Dec.;—*Torillis heterophilla,* Guss.;—*Ænante pimpincelloïdes,* Lin.; — *Galium verticillatum,* Dant.; — *Circium odontolepis,* Bois.;—*Crepis aurea,* Cass.;—*Alcana tinctoria,* Tauch.;—*Plantago crassifolia,* For.;—*P. carinata,* Sck.;—*P. psilium,* Walds;—*Thesium divaricatum,* Lin.; —*Euphorbia pithyusa,* Lin.;—*E. terracina,* Lin.;—*Juniperus oxiderus,* Lin.;—*J. phœnicea,* Lin.; —*Bulbocodium vernum,* Lin.;—*Ornithogalum tenuifolium,* Gus.;—*Allium triquetrum,* Lin.; — *All. paniculatum,* Lin.; —*Gladiolus illyricus,* Kooch;—*Serapia lingua,* Lin.; —*Ophrys fusca,* Link;—*Carex Linkii,* Sch.;—*Ariopsis globosa,* Desv.; — *Corynephorus articulatus,* P.;—*Vulpina bromoïdes,* Rehb.; —*V. geniculata,* Linch, etc., etc.

Le naturaliste aura eu l'occasion de ramasser aussi, outre un grand nombre de carabiques, que nous nous dispensons de désigner, les insectes des autres familles dont les noms suivent : *Scaurus striatus,* Fab.; —*S. punctatus,* Herbst.; — *Tentyria orbiculata,* Fab.; —*Asida oblonga,* Déj.;—*As. sabulosa,* Déj.;—*As. porcata,* Déj.;—*Pedinus femoralis,* Fab.; — *Ped. meridianus,* Déj.; — *Opatrinus exaratus,* Déj.; —*Opatrum perlatum,* Déj.; — *Op. verrucosum,* Germ.; — *Crypticus glaber,* Fab.; —*Cr. alpinus,* Gene.; —*Neomida violacea,* Fab.; —*Neom. bituberculata,* Oliv.;—*Melandria flavicornis,* Duft.; —*Upis ceramboïdes,*

Fab.;—*Monocerus major*, Déj.;—*Mon. cornutus*, Fab.;—
Ripiphorus flabellatus, Fab.;—*R. quadrimaculatus*, Sch.;
— *Myodes subdipterus*, Fab.;—*Meloe cyaneus*, Fab.;—
Mel. scabrosus, Illig.;—*Mylabris melanura*, Pallas ;—*M.
Dahlii*, Déj.;—*Lytta vesicatoria*, Fab.;—*Mycterus curcu-
lioïdes*, Fab.;—*Platyrhinus latyrostris*, Fab.;— *Attelabus
curculionoïdes*, Fab.;—*Rhynchites punctatus*, Oliv.;—*Rh.
hispanicus*, Déj.; —*Polydrusus smaragdinus*, Meg.;—*P.
picus*, Fab.; —*Metallites atomarius*, Oliv.;—*M. murinus*,
Déj.;—*Barynotus alternans*, Déj.;—*Bar. pyreneus*, Déj.;
—*Phytonomus rumicis*, Fab.;—*Ph. polygoni*, Fab.;—
Phyllolobius viridicollis, Fab.; — *P. pyri*, Fab.;—*Ægo-
soma scabricorne*, Fab.; — *Prionus coriarius*, Fab.; —
Stromatium strepens, Fabr.; — *Callidium sanguineum*,
Fabr.; — *Clytus arcuatus*, Fabr.; — *Morimus lugubris*,
Fabr.;—*Dorcadion meridionale*, Déj.;—*Dor. italicum*,
Déj., etc., etc.

Au lieu dit Grau d'Argelès, sur les bords de la mer,
et dans des mares d'eau douce *où l'eau salée pénètre
souvent*, vit, *sans en être incommodé*, l'anodonte des
cygnes, *Anodonta cygnea*, Draparnaud, qui prend des
proportions gigantesques.

Collioure et Notre-Dame de Consolation.

La distance d'Argelès à Collioure, est de 7 kilomètres.
La route qui côtoye et domine constamment les bords
de la mer est creusée dans le roc. Après quelques contours, en gravissant le bout de montagne qu'il faut franchir, on aperçoit enfin le fort l'Étoile, perché sur le point
culminant au-dessus de la place; puis, se montre le fort

du Mirador, citadelle assez forte qui commande la position. Un peu plus loin est le fort Saint-Elme, plus haut perché que tous les autres, dont les canons défendent aussi bien les approches de Port-Vendres que celles de Collioure.

« La situation de Collioure sur les bords de la mer, est « l'une des plus pittoresques qu'on puisse imaginer et que « puisse désirer le crayon de l'artiste. Sa disposition, ses « remparts, la tour de l'ancien phare s'avançant dans la « mer, son littoral bordé de barques, les unes dans « l'eau, les autres tirées à terre, les filets des pêcheurs « étendus sur le rivage, les groupes réunis de toutes parts « sur la plage, tout rappelle en cet endroit, les char- « mantes marines qui forment des tableaux si atta- « chants[1]. »

La ville n'offre rien de remarquable; mais son territoire est justement renommé par l'excellence de ses vins fins. C'est en effet l'un des premiers crus du pays, et ses *rancios* et ses *grenaches* sont très-appréciés des gourmets.

La mer de Collioure est très-poissonneuse. La pêche de l'anchois, *Engraulis encrasicholus,* Lin., s'y fait en grand. De nombreux ateliers de salaison sont occupés à préparer ce poisson, le plus estimé du commerce.

La flore de Collioure est riche en plantes rares, et, si l'on cherchait bien, l'on ferait de précieuses découvertes. Déjà, dans une autre branche de l'histoire naturelle, M. de Laranzée, entomologiste très-distingué, qui s'était installé à Collioure au mois d'octobre 1859, a fait la découverte de plusieurs insectes nouveaux, parmi lesquels le

(1) Henry, ouvrage cité.

parasite des fourmis, *Paussus Favieri*, que l'on croyait
originaire du nouveau monde.

Parmi les plantes, nous signalerons dans cette localité :
Erysimum murale, Desf.;—*Helianthemum canum*, Dun.;
—*Saponaria orientalis*, Lin.;—*Calicotoma spinosa*, Link.;
—*Medicago disciformis*, Dec.;—*Trifolium scabrum*, Lin.;
—*Craca disperma*, God. et Gren.;—*Polycarpon peploï-
des*, Dec.;—*Tordilium maximum*, Lin.;—*Senecio lividus*,
Lin.;—*Centaurea cerulescens*, Wil.;—*Scolimus hispanicus*,
Lin.; — *S.grandiflorus*, Des.; — *Echium plantagineum*,
Lin.; — *Vitex agnus-castus*, Lin.;—*Plantago maritima*,
Lin.; — *Armeria ruscinonensis*, Gir.; — *Euphorbia para-
lias*, Lin.;—*Euph. cyparissias*, Lin.; — *Colchicum arena-
rium*, Wil.;—*Scilla autumnalis*, Lin.; — *Allium mosca-
thum*, Lin.;—*Orchis provincialis*, Bass.;—*Milium effusum*,
Lin., etc., etc.

Le naturaliste ne doit pas quitter Collioure sans aller
visiter le petit vallon de Notre-Dame de Consolation,
ermitage célèbre dans le pays par ses abondantes et limpides eaux et par ses beaux et frais ombrages ; il y trouvera matière à augmenter son herbier de plantes rares
qui croissent dans cette localité. Nous signalerons entre
autres : *Raphanus landra*, Mor.;—*Cistus alyssoïdes*, Lam.;
—*Helianthemum canum*, Lunal;—*Adenocarpus grandiflorus*, Boiss.; — *Trifolium ligusticum*, Bald.; — *Lotus
Allionii*, Desv.;—*Torillis helvetica*, Gmel.;—*Inula spiræi-
folia*, Lin.;—*Crepis bulbosa*, Cass.;—*Cynanchum acutum*,
Lin.;—*Trixago apulla*, Stev.;—*Orobanche rapum*, Thui.;
— *Crosophora tinctoria*, Jus.; — *Bulbocodium vernum*,
Lin.; —*Tulipa celsiana*, Dec.; — *Trichonema columnæ*,
Rech, ou *Ixia bulbocodium*, Lin.;—*Ophrys lutea*, Cav.;

—*Osmunda regalis*, Lin.;—*Grammitis leptophylla*, Sw.; —*Equisetum ramosum*, Schim.; — *Marsilea pubescens*, Tenor., etc., etc.

On trouve également dans les environs de Consolation un mollusque très-rare, *Helix rangiana*, Férussac.

Port-Vendres, Banyuls-sur-Mer et Cap Cervèra.

Port-Vendres, que 3 kilomètres séparent de Collioure, est l'antique *Portus-Veneris* des Romains. Cette localité, sans importance jusqu'à présent, prend chaque jour un développement plus considérable. Le bassin neuf qu'on a creusé peut recevoir les plus grands vaisseux de guerre. Ce port, relié bientôt par une voie ferrée au chemin de fer du Midi, verra ses relations s'agrandir et ses bassins se remplir de navires.

Port-Vendres doit être compté au nombre des stations botaniques; son territoire contient bon nombre de plantes intéressantes, dont nous donnons les principales : *Ranunculus trilobus*, Lin.; — *Ran. sceleratus*, Lin.;— *Delphinium staphisagria*, Lin.;—*Geranium chium*, Wil.; —*Linum maritimum*, Lin.;—*Adenocarpus grandiflorus*, Bois.;—*Daucus ginginium*, Lin.; — *Orlaya maritima*, Kooc.;—*Crithmum maritimum*, Lin.;—*Orchis laxiflora*, Lam.;—*Orc. palustris*, Jacq.; — *Rupia maritima*, Lin.; —*Andropogon pubescens*, Vis.; — *And. Allionii*, Dec.;— *Piptatherum multiflorum*, P.;—*Triticum triunciale*, God. et Gren.;—*Iris martagon*, Lin., que nos paysans appellent *Consolle;*—*Asphodelus ramosus*, Lin., etc., etc.

Pour aller de Port-Vendres à Banyuls-sur-Mer, distant

de 6 kilomètres, l'on gravit la pente septentrionale du Cap
Biar, sur lequel est établi un phare lenticulaire à la Fres-
nel, à lumière fixe. « En montant sur ce promontoire,
« d'environ 204 mètres d'élévation, la fatigue de la route
« est continuellement distraite par la succession des beaux
« points de vue qui se remplacent à tout instant : à gauche,
« le port que l'on vient de quitter, se montrant et se cachant
« par intervalles, et développant, à chaque fois, une pompe
« nouvelle, les différentes anfractuosités de la côte qui
« ajoutent sans cesse de nouvelles découpures aux pre-
« mières, les montagnes et les caps qu'on aperçoit à perte
« de vue du côté de la Provence; à droite, l'anse de
« Banyuls-del-Maresme, dont les coteaux produisent le
« falerne du Roussillon; au-delà, l'anse de Cervèra, dépen-
« dance de la commune de Banyuls, et formant la limite
« de la France sur la Méditerranée, comme elle formait
« celle de la Gaule dans l'antiquité[1]. »

Au pied du Cap Biar et sur le côté méridional, est l'anse
de Paulille, entourée de prairies, où l'on récoltera quelques plantes intéressantes. Un chemin traverse le vallon
de Cosperons, tout complanté de vignes magnifiques; il
conduit à Banyuls par le Cap de l'*Abella*. Ce cap s'avance
assez dans la mer pour abriter, contre certains vents du
large, l'anse qui forme le port.

La commune de Banyuls est peuplée de 2.619 habitants; elle est divisée en trois parties qui prennent des
dénominations particulières selon leur position; Banyuls-
de-Baix, où est le port; Banyuls-*del-Mitg,* où est l'église,
et Banyuls-*d'Amont,* situé sur une élévation, à 2 kilo-

---

[1] Henry, ouvrage cité.

mètres du rivage. Cette dernière forme l'ancien village du temps féodal.

Cette contrée, coupée de monts, de ravins et de bois, qui s'étendent sur les hauts plateaux, est couverte d'oliviers, de vignes et de jardins dans les parties inférieures. C'est une station botanique très-intéressante que tous les naturalistes s'empressent d'aller visiter. Mais, pour l'explorer avec fruit, on doit la parcourir dès les premiers jours du printemps, et même y revenir plusieurs fois dans le cours de cette saison.

Elle est aussi très-riche en insectes, et l'*Helix Companyonii,* que nous a dédié M. Aleron, se trouve sur les rochers du ravin qui se jette dans l'anse Cervèra.

Au nombre des plantes rares qui ont été récoltées dans cette localité, nous signalerons les suivantes : *Dianthus hirtus,* Lin.; — *D. neglectus,* Lois.; — *Sagina procumbens,* Lin.; — *Pistachia terebinthus,* Lin.; — *Citisus triflorus,* Lheri.; — *Trifolium Bocconi,* Savi.; — *Vicia amphicarpa,* Dec.; — *Ornithopus ebracteatus,* Dort.; — *Potentilla subacaulis,* Lin.; — *Myrtus communis,* Lin.; — *Orlaya platicarpos,* Kooc; — *Bellis silvestris,* Cyr.; — *Pulicaria odora,* Rich.; — *Tirimnus leucographus,* Cass.; — *Centaurea militensis,* Gouan; — *Phelipea cesia,* Rent.; — *Teucrium fruticans,* Lin.; — *T. scordioïdes,* Scher.; — *Passerina hirsuta,* Lin.; — *Euphorbia biumbellata,* Poir.; — *E. pinea,* Lin.; — *Mercurialis tomentosa,* Lin.; — *Theligonum cynocrambe,* Lin.; — *Iris chamæiris,* Berth.; — *Posidonia Caulini,* Ken.; — *Zostera marina,* Lin.; — *Zost. nana,* Roth.; — *Arum arizarum,* Lin.; — *Andropogon distachion,* Lin.; — *And. hirtum,* Dec.; — *Piptatherum cerulæscens,* P.; — *Piptath. paradoxum,* P.; — *Triticum triaristatum,* God. et Gren.;

—*Agropirum acutum*, Ram.; —*Brachypodium ramosum*, R. et Schult, etc., etc.

Parmi les insectes nous indiquerons : *Cicindela maura*, Fabr.; — *Cymindis axillaris*, Duft.; — *C. meridionalis*, Déj.; —*Aptinus ballista*, Déj.; —*Scarites arenarius*, Bon.; *Cychrus rostratus*, Fabr.; —*Nebria lateralis*, Déj.; — *Patrobus ruffipennis*, Hoff.; —*Atopa cervina*, Fab.; —*Cyphon flavicollis*, Déj.; —*C. limbatus*, Déj.; —*Omalisus suturalis*, Fab.; —*Pyractomena xantholoma*, Déj.; —*Clerus mutillarius*, Fab.; — *Xyletinus subrotundus*, Ziegl.; — *Dorcatoma rubens*, Koch.; —*Silpha hispanica*, Déj.; —*Sil. reticulata*, Fab.; —*Nitidula hæmorrohoïdalis*, Payk.; —*Nit. bipustulata*, Fab.; — *Gymnopleurus flagellatus*, Fab.; — *Copris lunaris*, Fab.; —*C. granulata*, Déj.; —*Geotrupes dispar*, Fab.; — *G. hypocrita*, Schn.; — *Bolboceras lusitanicus*, Déj.; —*Oryctes nasicornis*, Fab.; —*Cetonia affinis*, Duft.; — *Cet. obscura*, Duft.; — *Cet. angustata*, Ger.; — *Cet. stictica*, Fab., etc., etc.

CHAPITRE V.

VALLÉE DU RÉART.

La vallée du Réart, ou pays des *Aspres,* comprend cette partie de la plaine du Roussillon qui s'étend de la rivière de la Tet à la rivière du Tech d'une part, et de la mer aux montagnes secondaires qui forment les derniers contreforts du Canigou d'autre part; son étendue, du nord au sud, est d'environ 20 kilomètres, et de l'est à l'ouest, de 30 kilomètres. Dans cette vaste surface, beaucoup de terres s'arrosent et ne doivent pas être confondues avec les terres d'*aspre,* qui, placées sur un plateau plus élevé que le cours des rivières, ne peuvent bénéficier des bienfaits de l'irrigation. Cette aridité du terrain donne à la flore de cette contrée une physionomie qui lui est particulière, et qui indique à l'avance les espèces de plantes qu'on doit y rencontrer. Cependant, plusieurs petits cours d'eau coupent ce pays dans tous les sens, et de belles granges, entourées de terres arables assez verdoyantes, s'étalent au fond des ravins; mais la plupart du temps, et au moment le plus nécessaire, la sécheresse tarit les sources, et tous ces torrents se passent à pied sec.

Les montagnes secondaires du pied du Canigou jettent au loin des rameaux plus ou moins élevés, qui forment

des gorges de quelque étendue. Leurs eaux se réunissent
dans une artère principale qui porte le nom de rivière du
Réart. On ne peut pas dire en quel lieu le Réart prend
naissance; mais il paraît que cette rivière prend sa
source dans les pentes septentrionales du village d'Oms,
dépendant de l'arrondissement de Céret. Après un cours
torrentueux de l'ouest à l'est, il se jette dans l'étang de
Saint-Nazaire, situé sur les bords de la mer.

La commune d'Oms, entourée de quelques jardins que
plusieurs fontaines arrosent, est située au sommet de la
montagne, dans une position très-pittoresque. Son territoire, très-étendu d'abord sur le plateau, puis sur les deux
versants, dont l'un rejette les eaux dans le Tech et l'autre
dans la plaine des aspres, se continue par de belles maisons
rurales, qui occupent les vallées rapprochées du village.
Ses terres, quoique légères, sont bien cultivées et donnent
de beaux produits; la vigne y prospère bien, et le vin qui
se récolte est de bonne qualité et très-estimé pour la table :
le vin blanc d'Oms jouit d'une réputation bien méritée.
Tout ce qui n'est pas défriché est à l'état de vacants
immenses où paissent de nombreux troupeaux; des bois
considérables couvrent une grande partie de ces vacants,
et le chêne-liége, dont l'écorce fait la richesse des habitants, est l'essence qui se développe le mieux dans cette
contrée. Le chêne-blanc et le chêne-vert sont les arbres
les plus répandus sur les terres élevées; les ravins sont
boisés de frênes de diverses espèces; le pistachier sauvage est très-commun et sert de clôture aux propriétés
rurales; divers genêts et des cistes couvrent toutes les
garrigues (terres incultes) et vivent parmi les chênes, les
liéges et les autres arbres.

C'est sur les escarpements des ravins qui séparent les bois de chênes-verts et de chênes-liéges, que nous découvrîmes, en 1847, une nouvelle plante de la famille des ginestées, section des sarothamnus *(Sarothamnus Jaubertus)*, que nous avons dédiée à notre savant compatriote et ami, M. Jaubert de Passa, correspondant de l'Institut. Personne n'était plus digne que lui de donner son nom à cette plante nouvelle, qui croît dans le pays des chênesliéges, arbre dont il a fait la monographie.

Parmi les plantes que le naturaliste aura l'occasion de recueillir sur le territoire d'Oms et les vallées environnantes, nous signalerons : *Poligala amara*, Lin.;—*Cistus salviæfolius*, Lin.;—*Stellaria nemorum*, Lin.;—*Acer opulifolium*, Wil.;—*Hypericum montanum*, Lin.; —*Rhamnus saxatilis*, Lin.;— *Ilex aquifolium*, Lin.;— *Pistachia lentiscus*, Lin.; — *Trigonella prostrata*, Lin.; —*Astragalus depressus*, Lin.;—*Lathyrus hirsutus*, Lin.;—*L. latifolius*, Lin.;— *Vicia tenuifolia*, Roth.;— *Vic. silvatica*, Lin.;— *Coronilla glauca*, Lin.;—*Sarothamnus jaubertus*, Comp...

A 2 kilomètres d'Oms, est le village de Calmelles. C'est près du village que sourdent les sources de la Cantarana, rivière qui se jette dans le Réart au-dessous de Pollestres. Calmelles, entouré de vacants très-étendus et de bois considérables, possède de nombreuses fermes situées dans les bas-fonds, entre autres la métairie Llinas, où l'on cultive le micocoulier et le pistachier commun, *Pistacia vera*, Lin. : ce dernier donne des fruits excellents ; sur les terres en pente exposées au midi sont plantés des chênesliéges. Cet arbre croit admirablement bien dans toutes ces gorges et prend des proportions colossales. Les vins du territoire de Calmelles sont très-fins et légers ; si l'on

savait leur procurer le bouquet qui distingue les vins de
Bordeaux, les gourmets leur donneraient peut-être la
préférence : il serait bien facile d'obtenir ce résultat, les
gorges où croissent les framboisiers ne sont pas très-
éloignées et donnent du fruit en abondance. A partir de
la métairie Llinas, la rivière s'encaisse dans une gorge
étroite : sur la gauche est une butte très-élevée, au sommet de laquelle est bâti l'ermitage de Notre-Dame-du-
Coll. Cette chapelle est entourée de bois considérables de
chênes-verts. Au débouché de la gorge, la Cantarana
passe auprès du hameau des Hostalets.

La flore de ces localités fournit entre autres plantes :
Spiræa aruncus, Lin.; — *Agrimonia cupatoria*, Lin.; —
Telephium imperati, Lin.; — *Centranthus calcitrapa*, Dec.;
— *Circium eriophorum*, Scopo.; — *Carlina corimbosa*, Lin.;
— *Gnafalium supinum*, Lin.; — *Tanacetum vulgare*, Lin.; —
Artemisia gallica, Wil.; — *Santolina incana*, Lam., etc.

En entomologie on trouvera à recueillir : *Nebria psamodes*, Ross ; — *Oodes helopioïdes*, Fab.; — *Licinus granulatus*, Déj.; — *Patrobus rufipes*, Déj.; — *Gnaptor spinimanus*,
Pallas ; — *Heliopates hispanicus*, Déj.; — *Mordela biguttata*,
Déj.; — *M. micans*, Déj.; — *Meloe rugulosus*, Zieg.; — *Apion
nigritarse*, Kirby; — *Ap. flavipes*, Fabr.; — *Polydrusus
cervinus*, Lin.; — *Pol. chrysomela*, Oli.; — *Gronops lunatus*,
Fabr.; — *Molites coronatus*, Latr., etc., etc.

Le ravin principal du Réart prend son origine sous la
ferme Casamajor ; il suit le pied des buttes et se détourne,
à droite, pour traverser les terres de la belle métairie
Coste, formée de champs bien cultivés, de vacants immenses et de bois considérables de chênes-liéges. Dans
les bois et dans les ravins de cette métairie croît l'arbou-

sier, dont les touffes de verdure et le fruit vermeil réjouissent la vue. Sur cet arbuste se nourrit la chenille du beau papillon *Jasius,* et pendant toute la belle saison, on peut en prendre abondamment. Sur ces terres, que parcourent de nombreux troupeaux, l'on cultive la vigne, l'olivier et beaucoup d'arbres à fruits. La rivière passe ensuite à Montoriol, territoire très-accidenté, couvert de bois et où l'arbousier est aussi très-commun.

Un autre ravin, prenant naissance au-dessus du village de Llauro, vient traverser les immenses bois de chênes-liéges qui couvrent en grande partie les terres de cette commune et celles de Tordères, hameau peu éloigné; il descend vers les métairies Carbasse et Noé, suit le bas des buttes de Fourques et va se jeter dans le Réart à Saint-Vincent. Tous ces territoires sont couverts de bétail, de vignobles, d'oliviers, de cultures diverses, et donnent d'abondants produits lorsque des pluies bienfaisantes viennent combattre la sécheresse qui désole trop souvent nos campagnes.

Le botaniste trouvera l'occasion de récolter dans ce pays : *Clematis flamula*, Lin.; — *Nigella arvensis*, Lin.; — *Delphinium pubescens*, Dec.; — *Glaucium corniculatum*, Lin.; — *Fumaria spicata*, Lin.; — *Dentaria pinnata*, Lam.; — *Lepidium ruderale*, Lin.; — *Reseda luteola*, Lin.; — *Achillea ageratum*, Lin.; — *Erica arborea*, Lin.; — *Jasminum fruticans*, Lin., etc., etc.

Le Mas-Deu, Passa et Monestir-del-Camp.

Le Réart, dans sa course vagabonde, fait le tour du Mas-Deu (la maison Dieu), premier et principal établissement des Templiers en Roussillon, devenu commanderie magistrale de l'Ordre de Malte, aujourd'hui beau domaine appartenant à M. Justin Durand, banquier. Les terres, d'une étendue immense, sont, en grande partie, complantées en vignes, qui donnent un vin renommé, ayant la force, le bouquet et toutes les qualités des meilleurs vins de Porto. Ce vin, que les Anglais préfèrent à celui de Portugal, est connu dans le commerce sous le nom de Porto-du-Mas-Deu. Beaucoup d'oliviers sont cultivés sur ce domaine, et de nombreux mûriers fournissent la feuille à la magnanerie du château, où l'on élève cent onces de graine de vers à soie, tous les ans.

Sur les terres environnant le Mas-Deu, l'on trouvera entre autres plantes : *Hypecoum procumbens*, Lin.; — *Sisymbrium murale*, Lin.; — *Sis. obtusangulum*, Schal.; — *Thlaspi saxatile*, Lin.; — *Bunias erucago*, Lin.; — *Spiræa aruncus*, Lin.; — *Senecio silvaticus*, Lin.; — *Anthemis cotula*, Lin.; — *Phillyrea latifolia*, Lamar.; — *Convolvulus altheoïdes*, Lin.; — *Datura stramonium*, Lin., etc., etc.

Un deuxième ravin plus au sud, descendant des hauteurs de Llauro, reçoit les eaux des vacants et des bois très-étendus qui couvrent les garrigues d'une partie de la commune de Vivès, où le chêne-liége vient admirablement : il traverse les gorges de l'ermitage de Saint-Luc, passe au Mas Noell, se dirige vers Passa, où il prend alors le nom de *rivière des miracles,* va droit au Monestir-del-Camp, passe à Vilamolaque, suit tous les accidents de terrain que forment les garrigues de cette contrée, et vient se jeter dans le Réart, auprès de l'auberge du Réart, située sur le bord de la route impériale n° 9, de Paris en Espagne.

Le village de Passa est situé dans la plaine des Aspres. Le Monestir-del-Camp, dépendant de cette commune, est entre Passa et Vilamolaque. Nous ne pouvons nous empêcher de reproduire, au sujet du Monestir-del-Camp et de la rivière des miracles, la légende que rapporte M. le baron Taylor dans son bel ouvrage intitulé *les Pyrénées*, en faisant remarquer toutefois que Charlemagne n'a jamais combattu en Roussillon.

« Nous arrivons avec plaisir dans la commune de Passa, « à l'église et au cloître du Monestir-del-Camp, dont la « fondation se rattache aux belles et riches traditions popu- « laires qui servent d'auréole au nom de Charlemagne.

« Charlemagne, ce héros de tant de légendes, si aimé « surtout des légendaires catalans, fut surpris par la chaleur « en combattant les Maures; et, sur le point de reculer, il « fit un vœu à Notre-Dame, qui était sa patrone d'affection. « Soudain un orage éclate, la rivière de Passa déborde, les « chevaux se désaltèrent, et la victoire fut digne de la pro- « tection divine qui l'accordait. Plein de reconnaissance, « Charlemagne fonda, sur le champ de bataille, un mo- « nastère dédié à Notre-Dame-de-Victoire; la rivière fut « nommée rivière des Miracles, et le monastère s'appela « en catalan : *Monesti del Campo*, du Camp [1].

« Ce monastère est vaste et solidement construit; l'église « est romane, grande, orientée, avec un portail en marbre « blanc, orné de quatre colonnes et protégé par une forte « grille en fer. Le cloître de style ogival et en marbre blanc, « fut terminé l'an 1507; la chambre abbatiale est encore

---

(1) L'origine du *Monestir del Camp*, qui fut toujours un *Prieuré*, ne remonte pas au-delà du douzième siècle.

« ornée de peintures du seizième siècle. Habité par des
« moines augustins, ce monastère, longtemps célèbre, fut
« converti en prieuré en l'an 1602 ; vendu plus tard, avec
« l'autorisation du Pape, il appartient à la famille Jaubert
« de Passa, et c'est le chef de cette famille, recomman-
« dable à tant de titres, qui conserve, avec la religion
« de l'artiste et du poëte, cette richesse archéologique,
« qu'il léguera avec confiance à ses dignes enfants, élevés
« dans l'amour et le respect de tout ce qui illustre leur pays
« et la France. » (Page 251.)

Les plantes principales qui croissent aux alentours de
Passa, du Monestir, de Vilamolaque et de Tresserre sont :
Centranthus calicitrapa, Dec.;—*Tanacetum vulgare*, Lin.;
—*Solidago virga-aurea*, Lin.;—*Matricaria suaveolens*,
Lin.;—*Campanula trachelium*, Lin.;—*Verbascum blatta-
ria*, Lin.;—*Euphrasia odontites*, Lin.;—*Teucrium aureum*,
Lin.;—*Galeopsis ladanum*, Lin.;—*Phlomis lychnitis*, Lin.;
—*Samolus valerandi*, Lin.;—*Osyris alba*, Lin;—*Juniperus
communis*, Lin;—*Jun. sabina*, Lin., etc., etc.

Vallée de La Cantarana.

La Cantarana n'a pas seulement ses sources à Calmelles;
d'autres ravins plus au nord, prenant leur origine à Caxas
et à Font-Couverte, lui apportent le tribut de leurs eaux.
Presque à sec en temps ordinaire, cette rivière devient
terrible dans une crue, et, comme le Réart, elle porte la
dévastation dans les campagnes qu'elle parcourt. La rapidité de leurs ondes et le danger de leurs sables mouvants,
même aux gués les plus fréquentés, en rendent le passage
dangereux. Les eaux des garrigues de Thuir, du Mas Coll

et du Mas Roig viennent se joindre à la Cantarana dans une gorge étroite et tout près d'un moulin. Au sortir de la gorge, la rivière débouche dans la haute plaine de Terrats, et forme une grande anse qu'on a utilisée et transformée en *regaliu* (terres arrosables). Les nombreuses propriétés renfermées dans cette espèce de cirque, sont bien cultivées et reçoivent la précieuse influence de l'arrosage que leur fournit le canal du moulin.

La rive gauche de la grande anse est élevée et à pente raide; elle est couverte d'*agavés,* qui s'y développent d'une manière luxuriante; il n'est pas rare, au printemps, de voir trente ou quarante de ces plantes s'élever par une hampe droite à la hauteur de 8 à 10 mètres, divisée en bractées qui semblent former des candelabres à plusieurs branches, surmontés de beaux fleurons jaunes. Cette plante, originaire du Mexique, est très-répandue dans le Midi de l'Europe; elle est très-commune dans notre département, où on l'emploie pour former des clôtures impénétrables, improprement appelées haies d'aloès. L'aloès appartient à la famille des *Liliacées,* tandis que l'agavé fait partie de la famille des *Amaryllydées;* on l'appelle en catalan *Alzabare.* Une croyance populaire fait vivre l'agavé cent ans; parvenue à cet âge, la plante fleurit, dit-on, pour la première fois et meurt presque aussitôt. Ceci est une erreur qu'il faut détruire. Tous les botanistes savent que l'agavé, planté sur un sol qui lui convient, tel que les bords de la mer, fleurit à l'âge de neuf à dix ans. En 1854, nous avons vu, en voyageant sur le chemin de fer de Barcelone à Mataro, plusieurs centaines d'agavés en fleur : cette plante, qui sert de barrière à la voie ferrée, n'avait été plantée qu'à l'époque

de la création du chemin, dont la date ne remontait pas
au-delà de 1841.

La rive droite de la grande anse est moins élevée
que la rive gauche; elle se termine en un vaste plateau
couvert de vignes, qui produisent le délicieux vin de
Terrats. C'est sur ce plateau qu'était bâtie, selon la tradition, l'ancienne et populeuse Mirmande, dont il reste
à peine quelques vestiges visibles au-dessus du sol. Sur
l'emplacement de cette cité croissent de belles vignes,
beaucoup d'oliviers, et de nombreux vacants s'étendent
au loin.

Truillas, Bages et Saint-Nazaire.

La Cantarana, qui passe à côté du village de Truillas,
non moins riche que le précédent en terres arables, vignes
et oliviers, a mis à nu un banc de coquilles fossiles, dont
l'huitre compose la plus grande partie. La rivière, en
continuant son cours, passe au pied de Nyils, va droit à
Pollestres, fait un grand crochet et se jette dans le Réart
à la métairie du Cap-de-Fuste.

La flore de tous ces territoires compte au nombre de
ses plantes principales : *Clematis vitalba*, Dec.;—*Ranunculus arvensis*, Lin.;—*Fumaria officinalis*, Lin.;—*Raphanus raphanistrum*, Lin.;—*Cochlearia draba*, Lin.;—*Iberis
amara*, Lin.;—*Scorzonera graminifolia*, Lin.;—*Erigeron
canadense*, Lin.;—*Senecio viscosus*, Lin.;—*Vinca major*,
Lin.;—*Chironia centaureum*, Smith.;—*Anchusa undu-
lata*, Lin.;—*Cinoglossum apenninum*, Lam.;—*Nepeta
cataria*, Lin.;—*Lamium amplexicaule*, Lin.;—*Phlomis*

Herbaventi, Lin.; — *Amaranthus blitum*, Lin.; —*Mercurialis tomentosa*, Lin., etc., etc.

Le village de Bages, quoique inondé d'eau par ses puits artésiens et par ses prairies humides, qu'il a fallu dessécher par un canal appelé *Agulla de la Mar,* n'en fait pas moins partie du pays des Aspres. C'est sur son territoire que le docteur Aimé Massot, botaniste distingué, a découvert la variété B du *Datura stramonium*, qui se distingue par la teinte violacée de la tige, des nervures des feuilles et des fleurs. Cette variété est le *Datura chalibea* de Koch, ou *Datura datula* de Linnée.

Le Réart, grossi par les eaux de la Cantarana, laisse à droite Villeneuve-de-la-Raho et Cornella-del-Vercol, continue son cours à travers les terres du Mas-Blan, et passe entre Theza et Salelles pour se jeter dans l'étang de Saint-Nazaire, situé sur les bords de la Mer.

Parmi les plantes nombreuses et intéressantes qui vivent dans tous ces terrains arides et sur les terres souvent inondées par les eaux de la mer qui bordent l'étang Saint-Nazaire, nous signalerons : *Ranunculus divaricatus*, Lin.; —*Mathiola sinuata*, Lin.;—*Sagina ciliata*, Fries;—*Sag. maritima*, Dec.; — *Ononis reclinata*, Lin.; — *Trifolium maritimum*, Huds.;—*Medicago coronata*, Lam.;—*Med. precox*, Dec.;—*Med. littoralis*, Rho.;—*Herniaria glabra*, Lin.;—*Tillea muscosa*, Lin.;—*Daucus maritimus*, Lam.; —*Eringium maritimum*, Lin.;—*Erithrea spicata*, Pers.; —*Erit. maritima*, Pers.;—*Atriplex rosea*, Lin.;—*Atr. crassifolia*, Mey.;—*Chenopodium ambrossioïdes*, Lin.;— *Ch. opulifolium*, Sal.;—*Salicornia herbacea*, Lin.;—*Sal. macrostachya*, Moris.; —*Salsola Kali*, Lin.;—*Sal. soda*, Lin.; — *Pancratium maritimum*, Lin.; — *Potamogeton natans*, Lin.; — *Zanichelia dentata*, Wil.; — *Juncus glaucus*, Ehrh.; — *Junc. paniculatus*, Hop.; — *Junc. maritimus*, Lam.; — *Junc. lagenarius*, Gay; — *Schenus nigricans*, Lin.; — *Cladium mariscus*, Brom.; — *Eleocharis multicaulis*, Diet.; — *Calamagrostis littorea*, Dec.; — *Agrostis alba*, Lin.; — *Ag. olivetorum*, God. et Gren., etc., etc.

CHAPITRE VI.

VALLÉE DE L'AGLY.

La vallée de l'Agly est formée par deux chaînes de montagnes calcaires abruptes, plus ou moins continues, qui courent parallèlement de l'est à l'ouest, et laissent entre elles une large vallée au fond de laquelle coule l'Agly. La chaîne au nord est désignée sous le nom de chaîne de Saint-Antoine-de-Galamus, du nom de l'ermitage situé sur le territoire de la petite ville de Saint-Paul. Celle au sud est la chaîne de Lesquerde et d'Ayguebonne, nom tiré de deux villages les plus rapprochés de la ligne du faîte, au sud-est de Saint-Paul et au sud de Caudiès.

« A partir du château de Quéribus ou mieux de la Croix-
« de-l'Auzine, au sud de Paziols, la chaîne septentrionale
« forme une muraille, légèrement penchée au sud, dirigée
« droit à l'ouest et atteignant 982 mètres d'altitude au
« plateau de Saint-Paul, puis 996 et 1.015 un peu à l'ouest
« dans les deux branches de sa bifurcation en cet endroit.
« Elle passe à l'ermitage de Saint-Antoine (390 mètres),
« placé immédiatement au-dessus de la brisure que tra-
« verse l'Agly, pour se continuer avec des altitudes de
« 900 et de 844 mètres jusqu'au plateau de la ferme de
« Malabrac (684 mètres). Après s'être déprimée au Col
« de Saint-Louis, elle se relève pour constituer les grands
« escarpements de la forêt des Fanges (1.044 mètres au

« Tuc-du-Fouret, 992 et 951) et est coupée transversa-
« lement par le défilé sinueux de Pierre-Lis, que parcourt
« l'Aude......

« La chaîne de Saint-Antoine, dont les pentes sont
« tellement rapides, qu'excepté au Col de Saint-Louis, elle
« ne peut être traversée, même avec des mulets, que sur
« un petit nombre de points, n'a en général que deux ou
« trois kilomètres de largeur et souvent moins[1]. »

La chaîne du sud, composée d'une série de tronçons
alignés parallèlement à la chaîne de Saint-Antoine,
« commence à s'élever de dessous la plaine de Rives-
« altes, près de Peyrestortes, dont l'altitude est de 38
« mètres seulement, pour longer la rive droite de l'Agly
« jusqu'à Estagel en passant par l'ermitage de Notre-
« Dame-de-Pène (197 mètres) et celui de Saint-Vincent.
« Elle traverse ensuite sur la rive gauche, où la portion
« comprise entre le coude du Verdouble et la rivière de
« Maury sert de nœu entre cette chaîne et le rameau de
« Tautavel, infléchi au sud-ouest. De ce point à Lesquerde
« ou au défilé de l'Agly, la chaîne éprouve quelques
« inflexions, atteignant successivement 330 mètres au
« roc Troquade, 502 au-dessus de Senbeat et 480 au-
« dessus de Lesquerde... Au *pont de la Fou*, la rivière
« passe dans une gorge étroite coupée dans une muraille
« verticale.

« Au-delà, jusqu'aux escarpements abruptes que tra-
« verse le ruisseau des Adons et aux sites pittoresques des
« environs de Saint-Pierre et d'Ayguebonne, la chaîne

---

[1] *Les Corbières. Études géologiques d'une partie des départements de l'Aude
et des Pyrénées-Orientales*, par le vicomte d'Archiac, membre de l'Institut.

« constitue un mur parfaitement aligné est-ouest, de 628 à
« 649 mètres de hauteur absolue. Le tronçon entre Aygue-
« bonne et Puylaurens atteint 703 mètres. Entre la Boul-
« sanne et l'Aude, la crête, couverte de sapins, depuis le
« roc d'Estables jusqu'au pont de Baira, et le massif qui
« sépare la Rebenti de l'Aude, après le coude que celle-
« ci fait à l'ouest, en sont encore le prolongement qu\ui
« s'étend bien au-delà des limites de notre carte dans le
« département de l'Ariége [1]. »

La rivière de l'Agly prend sa source dans le département de l'Aude, au pied oriental du pic du Bugarach,
massif qui s'élève abruptement jusqu'à 1.231 mètres
d'altitude. Elle pénètre dans les Pyrénées-Orientales par
une profonde fissure à parois surplombant de la chaîne de
Saint-Antoine. Elle coule d'abord du nord-ouest au sud-
est à son entrée en Fenouillet ; reçoit bientôt à droite la
Boulsanne, provenant des revers du Conflent, et la Desix,
qui est l'écoulement des eaux du vallon de Sournia ; tourne
à l'est, prend à sa gauche la rivière de Maury avec le Verdouble, et va se jeter à la mer entre Torrelles et Saint-
Laurent.

A peine échappée de sa source, l'Agly s'est trouvée
barrée par la chaîne principale des Corbières, qu'elle a
sciée en amont et en aval de Saint-Paul pour se frayer
un lit. L'une et l'autre brèche sont d'une effrayante
hauteur (150 à 200 mètres). Celle qui introduit la rivière
dans le département par le désert de Saint-Antoine,
est à peu près inaccessible. Son inférieure, plus connue,
parce qu'elle présente l'issue du pont de la Fou, sous

_____

[1] Le vicomte d'Archiac, ouvrage cité.

lequel passe l'Agly, déjà renforcée de la Boulsanne, est
un défilé très-resserré, à murailles verticales. C'est par
cet étroit passage que la rivière achève de franchir le
Fenouillet, proprement dit, pour aller, toujours encaissée,
par Latour, Estagell, Cases-de-Pena, Espira, jusqu'à
Rivesaltes, et de ce dernier point à la mer, bordées de
faibles taillis d'essence fluviale, qui ne la contiennent
guère en cas d'inondation.

« La vallée de l'Agly, sans en excepter le vallon de la
« Desix, est en général déboisée. Le village de Cassagnes
« annonce pourtant quelque ancienne masse de chênes,
« dont les domaines de Cuchus et de Caladroi ont effec-
« tivement conservé des restes : la forêt de Boucheville,
« essence de hêtre, ainsi que les bouquets résineux du
« lieu de Fenouillet, où quelques ours se retirent encore,
« sont d'autres exceptions. Partout ailleurs le combustible
« se réduit à des buis et à des arbrisseaux. La recherche
« du tan n'a pas été la moindre cause de destruction.
« Aussi les terres se sont tellement ébranlées le long des
« pentes, que les montagnes n'offrent plus que le calcaire
« à nu, et les moins détériorées laissent percer une crête
« de roche aussi tranchante que si les terres latérales
« avaient éprouvé quelque tassement.

« La culture des céréales n'est donc pas très-importante
« dans cette partie. Le vignoble domine davantage. L'oli-
« vier n'est point négligé partout où le sol le comporte.

« Cet arbre paraît à Estagell et à Montner dans son
« terrain de prédilection ; et peut-être est-ce là qu'il
« donne les produits les plus estimés de la province. Le
« vignoble se développe de plus en plus, à droite et à
« gauche, jusqu'au-delà de la grand'route de Salses. Celui

« de Rivesaltes jouit d'une célébrité légitime. Les autres
« fournissent beaucoup de gros vin d'embarquement.

« Cette contrée n'est pourtant pas dépourvue de grains.
« Opol même en récolte dans ses bas-fonds, dont les fil-
« trations, à travers des lits salins, passent pour aboutir
« à la fontaine de Salses. Mais la grande culture c'est le
« vignoble.

« La terre vaine et vague a plus d'extention encore.
« Ces landes ont pris leur dernier accroissement sur les
« montagnes de Vingrau et de Pérellos, à mesure que
« l'essence de chêne-vert qui les peuplait a été char-
« bonnée. Il n'y reste pas grand'chose à exploiter en ce
« genre, et Perpignan, où tout a été consommé, où tout
« se consomme, y est pour son droit d'usage, qu'a détruit
« l'abus. C'est ainsi qu'a disparu la forêt de la Clape,
« près de Narbonne. A peine peut-on croire qu'elle ait
« pu végéter sur les pentes et plateaux crétacés de son
« assiette.

« Quelle différence d'aspect entre le chauve terrain qui
« précède, et le sol inférieur, c'est-à-dire le littoral, que
« l'Agly relève de plus en plus, en y déposant par stra-
« tification toutes les terres de la vallée! On dirait les
« rives limoneuses de Kerson et d'Odessa, tant la grande
« culture du blé y est brillante et productive. Beaucoup
« de vins s'écoulent par Saint-Laurent, voie de mer, vers
« Cette, et la pêche vient enfin occuper les bras superflus
« au petit cabotage et à l'agriculture.

« Une route royale, partant de Perpignan, remonte la
« vallée, et aboutit à Carcassonne par le col Saint-Louis [1]. »

_____

(1) *Annuaire statist. et histor., du départ. des Pyrén.-Orient*, année 1854.

Salses, borne du terme boréal et sources salines.

En partant de Perpignan, le naturaliste peut, en très-peu de temps, gagner les bords de l'étang de Salses, qui doit former la première station botanique dans la vallée de l'Agly. Le chemin de fer le transportera, en quinze ou vingt minutes à Salses, première commune de l'ancienne province du Roussillon en arrivant dans le département par la grand'route de Narbonne.

« A Salses se trouve la borne du terme boréal qui, avec
« une autre borne que le voyageur apercevra à la droite
« du chemin, au lieu dit du Vernet, à 2.000 mètres avant
« d'arriver à Perpignan, et constituant le terme austral,
« forme la base mesurée par Delambre, pour servir à
« la détermination de l'arc du méridien compris entre
« Dunkerque et Barcelone, laquelle base est le point de
« départ de la succession de triangles du tracé trigono-
« métrique de la chaîne des Pyrénées [1]. »

Salses est célèbre par deux sources salines, situées à 2 kilomètres l'une de l'autre, à côté de la route, avant d'atteindre le village. Elles s'échappent de dessous les calcaires compactes, et proviennent des schistes et des marnes rouges néocomiennes sous-jacentes : l'une est désignée sous le nom de *Font-Estramer*, l'autre sous celui de *Font-Dame*.

« La fontaine Estramer est celle des deux sources sali-
« nes que l'on découvre la première, en entrant dans le

(1) Henry, ouvrage cité.

« département peu après avoir dépassé les limites du
« département de l'Aude. Elle surgit à la droite de la
« route, à environ 30 mètres de distance, au pied d'un
« rocher calcaire coupé à pic. Son bouillon forme, en
« ce lieu, un vaste gouffre de plus de 10 mètres de pro-
« fondeur sur certains points, et entouré de roseaux.
« Les eaux de la source s'écoulent en passant sous deux
« ponceaux qui traversent le grand chemin, et vont se
« jeter dans l'étang non loin de là......

    « C'est entre la fontaine Estramer et Salses que surgit
« la Font-Dame, tout à côté du grand chemin. Elle jaillit
« de bas en haut, du milieu d'un terrain plat, en for-
« mant, à son bouillon, comme un très-vaste bassin où
« croissent en abondance les plantes des marais, joncs,
« roseaux, etc., etc. Ses eaux ont été contenues par des
« murs, du côté de l'étang, dans l'intention d'en relever
« le niveau, et d'en utiliser le courant comme moteur
« d'une usine adossée au réservoir......

    « Ce qui frappe surtout l'observateur à l'aspect de ces
« deux sources, c'est sans contredit leur énorme volume.
« Chacune d'elles est comme une rivière s'échappant des
« entrailles de la terre ou du rocher. On sait très-bien
« du reste que les sources les plus abondantes sortent
« communément des montagnes calcaires : la fontaine de
« Vaucluse, dans le département de ce nom; la Loue,
« dans le Jura, en fournissent, entre autres, des exemples
« remarquables......

    « Les fontaines de Salses ont des droits incontestables
« à être réputées minérales, et sont même très-chargées
« de principes minéralisateurs......

    « A l'aspect des matériaux que réunit l'eau saline de

« Salses, on ne peut méconnaître ses grandes analogies
« avec l'eau de la mer. Le parallèle est même si pressant
« qu'on ne saurait résister à l'idée qu'elle emprunte ses
« matériaux à ces sédiments salins que les cataclysmes du
« globe ont enfouis dans le sein de la terre, et qui lavés
« et entraînés par les courants d'eau, fournissent, en tant
« de lieux, la matière de l'exploitation des salines......

« On a signalé dans l'eau de mer l'hydrochlorate de
« soude, l'hydrochlorate de magnésie, le sulfate de ma-
« gnésie, le sulfate de soude, le sulfate de chaux et le
« carbonate de chaux; or, ce sont-là précisément les
« principes constituants de notre eau saline, et, à très-
« peu de chose près, dans les proportions les plus con-
« cordantes [1]. »

Les roseaux qui vivent dans les fontaines de Salses,
sont deux végétaux d'espèce différente : tandis que dans
la Font-Dame croît le roseau à balai, *Phragmites communis*, Trin., très-commun partout; dans l'Estramer, au
contraire, vit la plus belle et la plus grande de toutes
les graminées d'Europe, *Phragmites gigantea*, Gay, qui
s'élève jusqu'à six mètres de hauteur. Cette plante,
qu'on n'a encore rencontré dans aucune autre partie de
l'Europe, s'est cantonnée dans le bassin de la fontaine
Estramer par une cause qui nous est inconnue; seulement elle pousse, depuis peu de temps, quelques pieds
tout le long de la rigole qui conduit l'eau de cette fontaine à l'étang : elle fleurit vers la fin de septembre;
c'est alors qu'elle est dans toute sa beauté.

Les mollusques *Neritina fluviatilis* et *Physa acuta* de

---

(1) Anglada, ouvrage cité.

Draparnaud, se trouvent attachés aux rochers et aux plantes qui bordent l'Estramer.

L'étang de Salses ou de Leucate est une vaste nappe d'eau salée de 8.100 hectares d'étendue, dont 5.800 hectares sont constamment submergés et 2.300 hectares, y compris la digue de la mer, sont alternativement couverts par les eaux de la mer ou de l'étang; il baigne le territoire des communes de Saint-Laurent-la-Salanque, Salses et Saint-Hippolyte dans le département des Pyrénées-Orientales, et celui de Leucate et de Fitou dans le département de l'Aude. La partie comprise dans les Pyrénées-Orientales contient 4.203 hectares et forme les trois-quarts de l'étang; une langue de terre alluviale de 900 mètres de large, sur 3 mètres de hauteur au point culminant, le sépare de l'étang de la Palme au nord; une digue naturelle d'environ 14.000 mètres de longueur, sur 1.500 mètres au point le plus large et 300 mètres au plus étroit, le sépare de la Méditerranée à l'est. Cette digue qui a deux pentes, dont l'une s'abaisse vers la mer et l'autre vers l'étang, a 3 mètres environ de hauteur à son arête culminante: le sol en est ferme, imperméable, sableux vers la mer, couvert de joncs au milieu, de joncs et de prairies vers l'étang; des sondages pratiqués sur toute la ligne ont fourni de l'eau douce. Cette langue de terre est ouverte à ses deux extrémités, par le Grau (coupure) de Leucate et par le Grau de Saint-Laurent. Lorsque le vent d'est souffle avec violence, les eaux de la mer passent par-dessus la digue auprès du Barcarès de Leucate.

Le fond de l'étang forme trois bassins: un dans les Pyrénées-Orientales et deux dans l'Aude. La plus grande profondeur de ces bassins est à l'opposé du vent régnant (nord-ouest); la pente douce est vers la montagne, et la pente abrupte est vers la mer. La profondeur paraît donc dépendre du vent le plus violent qui agite les flots avec une force toujours croissante; remue le fond, et jette à la mer ou sur la digue les dépôts qui tendent sans cesse à se former dans l'étang.

Le fond de l'étang est composé de couches alluviales encore peu étudiées, mais qui, très-probablement, sont comme celles de la plaine voisine, horizontales et alternant avec le sable et la marne argileuse.

La profondeur moyenne de l'eau est de 1m,80; le maximum est de 3m,80; elle marque un degré au pèse-sel, l'eau de la mer marquant quatre degrés. Les herbes y croissent en abondance, mais en plus grande quantité dans les endroits élevés que dans les endroits profonds; ce sont généralement des *Typha*, des *Sparganium*, des *Cyperus*, des *Scirpus*, etc. On y remarque quelques îles très-petites.

On a calculé que sur une superficie de 58.000.000 de mètres carrés, l'évaporation de l'étang, en été, était de 388.260 mètres cubes d'eau par vingt-quatre heures, et de 174.000 mètres cubes en hiver [1].

Les espèces de poissons qui se plaisent le plus dans l'étang de Salses sont : la muge ordinaire ou mulet, *Mugil cephalus*, Cuv.; — le loup de mer, *Perca labrax*, Cuv.; — l'anguille vulgaire, *Murena anguilla*, Lin.; — le turbot, *Pleuronectes rhombus*, Blain.; — la sole, *Pleuronectes solea*, Lin.; — la dorade, *Zeus faber*, Blain., etc.

Parmi les mollusques, on trouve, dans la vase de

[1] Extrait des notes de M. Titus Falip, ingénieur-géomètre du cadastre.

l'étang, le *Lymnea palustris* et le *L. minuta*, Drap., et dans les ruisseaux la *Paludina impura*, Drap.; enfin, la *Paludina acuta* et *anatina*, Drap., sont très-répandues dans les *sagnes* ou parties marécageuses.

Les plantes principales qui croissent dans l'étang, sur ses bords, sur la digue de mer, dans les deux fontaines et dans les *sagnes* ou marais, sont : *Trifolium maritimum*, Huds.; —*Apium graveolens*, Lin.; — *Tamarix gallica*, Lin.; —*Erythrœa maritima*, Pers.; —*Atriplex laciniata*, Lin.; —*Blitum virgatum*, Lin.; — *Salicornia fructicosa*, Lin.; —*Poligonum maritimum*, Lin.; —*Typha latifolia*, Lin.; — *T. angustifolia*, Lin.; —*Sparganium ramosum*, Lin.; —*Spar. natans*, Lin.; — *Cyperus fuscus*, Lin.; — *Scirpus acicularis*, Lin.; — *Scir. cetaceus*, Lin.; — *Najas major*, Roth.; — *Lemna minor*, Lin.; — *Juncus conglomeratus*, Lin.; —*J. maritimus*, Lam.; —*J. obtusiflorus*, Ehr; —*Cladium mariscus*, Brom.; —*Phragmites gigantea*, Gay; —*Phragmites communis*, Trin., etc., etc.

La vaste plaine qui se déroule du village de Salses jusqu'à Perpignan, doit être divisée en deux parties distinctes, c'est-à-dire, en terres hautes et en terres basses. Les terres basses s'étendent le long de la mer et contiennent un principe salin qui les rend très-fertiles en grains d'une qualité supérieure; ce sont les *Salancas,* dont nous avons déjà parlé au début de cet ouvrage. Les parties de ces mêmes terres les plus voisines de la mer, et où ce principe salin est en excès, portent le nom de *Salobres* et sont envahies par la soude.

Quant aux terres hautes, qui composent les territoires de Salses, Rivesaltes, Espira-de-l'Agly, Peyrestortes, Baixas et le plateau du Vernet, près Perpignan, elles forment une plaine horizontale, d'une élévation moyenne de 16 mètres au-dessus du niveau de la mer, exclusivement consacrée à la culture de la vigne, et composée à sa surface d'une terre rougeâtre ou alluvion ancienne, peu épaisse, recouvrant uniformément un dépôt de cailloux roulés. Ces cailloux, d'un volume quelquefois considérable, sont en général faiblement agglutinés par un ciment calcaire et forment une roche qui se désagrége facilement à l'air.

La flore de ces terrains, trop souvent fouillés par la culture, ne produit que des plantes communes, dont nous indiquerons les espèces dans notre botanique du département.

Opol et Tautavel.

« Lorsque des bords de la mer, près de Salses, on se
« dirige au nord-ouest, on trouve, au-delà du château,
« un monticule formé par un calcaire gris-jaunâtre, très-
« compacte, à cassure droite et tranchante, finement
« esquilleuse, un peu schisteux et légèrement argileux.
« On atteint ensuite les premières pentes des collines de
« calcaires à caprotines, de teintes claires, plongeant de
« 25° au sud-est. Certains bancs ont pu être exploités
« comme marbre. Ils sont d'un gris-bleuâtre clair rap-
« pelant le marbre *bleu turquin*, mais les veines et la
« teinte sont moins prononcées. On en a extrait des blocs
« considérables sans défauts ni *terraces*. Ces calcaires
« prennent tous les talus pierreux inclinés à l'est, que
« l'on rencontre jusqu'à la métairie Parès, sur les bords
« du ruisseau Reboul et au-delà. Leur inclinaison est
« variable et quelquefois inverse de celle du plan général.

« Dans cette dernière partie elle est de 20 à 25° au sud-
« ouest. Les calcaires sont compactes, gris-verdâtre, et
« présentent de nombreuses coupes de caprotines.

« Dans la butte de Castel-Vieil, ils reposent sur des
« calcaires schistoïdes, gris-jaunâtre, remplis de frag-
« ments de coquilles indéterminables et représentant la
« couche que nous avons signalée au même niveau dans
« la Clape et l'île de Saint-Martin. Mais au-dessous, au
« lieu de marnes jaunes ou grises supérieures, ou bien des
« calcaires gris à orbitolines, ce sont des marnes et des
« calcaires marneux roses qui viennent affleurer. On y
« trouve subordonnés de petits lits, de 0^m,05 d'épaisseur,
« composés de calcaire spathique et de chaux carbonatée
« ferrifère.

« En suivant, à partir de ce point, le chemin d'Opol,
« on traverse ces mêmes assises inférieures qui affectent
« des teintes rouges plus ou moins vives. Par suite des
« nombreuses brisures de la grande nappe calcaire qui
« occupait le pays et du soulèvement partiel de ses frag-
« ments, les marnes rouges néocomiennes affleurent çà
« et là, et la route passe à chaque instant de l'une de ces
« roches sur l'autre. La plaine d'Opol, qui forme une
« sorte de bassin à fond plat, est constituée par ces roches
« rouges terreuses, et circonscrites par les calcaires à
« caprotines gris ou blancs, quelquefois saccharoïdes,
« comme au nord de Salses.

« Les ruines du château servent de couronnement à
« un bloc isolé de 20 mètres de hauteur, coupé à pic
« sur toutes ses faces et reposant sur une base en forme
« de tronc de cône. Ce massif rocheux est formé de
« calcaires à caprotines, et son soubassement de 25 à 30

« mètres par les marnes grises et les calcaires noduleux
« néocomiens, semblables à ceux de la Clape. Les assises
« rouges de la plaine ne se montrent plus. Les fossiles,
« assez nombreux, quoique peu variés, sont principa-
« lement : *Exogyra Boussingaulti*, d'Orb.; *Ostrea cari-*
« *nata*, Lam.? (fragment plus voisin de cette espèce que
« de l'*O. macroptera*, Sow.); *Exogyra sinuata*, Sow.;
« *Corbis corrugata*, d'Orb.; *Cyprina inornata*, d'Orb.?
« moules voisins, l'un de la *C. oblonga*, d'Orb., et l'autre
« de la *Panopœa neocomiensis*, id.); *Diplopodia Malbosii*,
« Des.; *Orbitolina conoidea;* quelques spongiaires et des
« serpules.

« C'est à la présence de cette assise marneuse, portée
« à une assez grande élévation, au-dessus de la plaine
« environnante et surmontée de calcaires compactes plus
« ou moins fendillés, qu'est due l'existence du village
« d'Opol, qui sans cette disposition ne posséderait pas
« d'eau potable, malgré la fertilité relative d'une partie
« de son territoire. Les marnes qui supportent le massif
« calcaire du château retiennent les eaux pluviales tom-
« bant à sa surface et qui produisent trois sources dont
« l'origine ne s'expliquerait pas sans cela; car, lorsque,
« partant du village, on monte au château, on gravit un
« plan incliné, exclusivement formé de calcaires com-
« pactes, plongeant au sud-est. Arrivé à son bord supé-
« rieur, on voit qu'une faille seule peut avoir porté les
« marnes au-dessus de ce bord, qu'elles semblent vouloir
« continuer aujourd'hui, et que, par suite, le lambeau
« calcaire détaché de la nappe précédente a été relevé
« pour constituer le sommet actuel de la montagne......
« Les marnes néocomiennes viennent affleurer, sur une

« épaisseur de 25 à 30 mètres et avec une inclinaison
« très-faible au nord-ouest, entre les calcaires compactes
« du château, plongeant dans le même sens, et ceux de
« l'extrémité du grand talus plongeant du côté opposé.
« Les eaux retenues par les marnes sont réunies et ame-
« nées à la fontaine du village par une conduite établie
« dans le plan incliné des calcaires compactes.

« ......Si l'on remonte la vallée de l'Agly à partir
« d'Espira, on voit que le dépôt de transport dans lequel
« la rivière a tracé son lit n'a qu'une faible importance.
« Les oliviers séculaires, si remarquables par leur gros-
« seur, leur nombre et leur belle végétation, au-dessus
« et au-dessous d'Estagel, sont dans une terre grise
« caillouteuse assez médiocre en apparence et peu pro-
« fonde. La petite vallée de Tautavel, que parcourt le
« Verdouble, et bordée de deux chaînes rocheuses com-
« plétement nues, doit sa fertilité exceptionnelle et les
« beaux oliviers qui l'ombragent, à la présence d'une terre
« jaune, argilo-sableuse, fort épaisse et sans doute encore
« de l'époque quaternaire. Cette végétation toute locale,
« qui contraste avec la sécheresse du pays environnant,
« semble un oasis de verdure au milieu d'un désert de
« pierres, et cesse au sud du village, dès que les roches
« noirâtres, schisteuses, sous-jacentes, viennent affleurer
« à la surface du sol[1]. »

Au sommet de la montagne, à 511 mètres d'altitude,
est la tour de Tautavel, qu'on aperçoit de toute la plaine
du Roussillon. C'est un de ces nombreux observatoires
(Atalayas) qui garnissent la crête de nos Pyrénées, et

---

(1) Le vicomte d'Archiac, ouvrage cité.

qui, commençant à la tour de Carroig, au-dessus du cap
Cervèra, finissent au château d'Opol. « La plupart de ces
« tours, » dit Taylor, « ont 40 pieds d'élévation et autant
« de circonférence; leur escalier est pratiqué dans un
« mur de 6 à 7 pieds d'épaisseur; elles ont deux étages
« voûtés, terminés par une plate-forme garnie d'un para-
« pet, et avaient en outre deux étages intermédiaires en
« bois, dont il ne reste plus de trace. Sous le rez-de-
« chaussée était la citerne, indispensable sur ces points
« élévés et privés d'eau. La porte unique, située au sud
« ou à l'est, et deux lucarnes assez élevées au-dessus du
« sol, suffisaient pour éclairer l'intérieur de la tour[1]. »

Au pied de l'escarpement, à l'est du village, sort la
source d'eau minérale saline désignée dans le pays sous
le nom de *Foradada* ou *Formada*. Sa position répond à
une échancrure de la montagne qui sert de voie de
communication entre les deux versants, et ses eaux s'é-
chappent du rocher à travers une de ses fentes. Sa température varie entre 20° ou 23°,75.

« Si l'on compare cette eau à l'eau saline de Salses, »
dit Anglada, « j'appellerai les eaux de Salses, *eaux salines*
« *hydro-chloratées alcalino-terreuses*, et celles de Foradada
« *eaux salines sulfatées-terreuses,* en prenant pour base de
« la désignation, dans les deux cas, les ingrédients pré-
« dominants par leur quantité ou leur influence. »

C'est sur le territoire de Tautavel qu'on a découvert
des carrières de marbre très-estimées, parmi lesquelles
nous signalerons le marbre *jaune,* imitant le jaune de
Sienne, métairie Alzine; le *bariolé austracite,* nankin

_____

[1] Ouvrage cité.

foncé, à idem; *brèche-Montoriol,* près Tautavel; *brèche-Héricart,* jaune et blanc, idem; *brèche de Tautavel* ou petit antique, idem; *brèche mauresque,* au cimetière des Maures, idem. M. Philipot, marbrier très-habile, exploite ces carrières.

La flore du territoire de Tautavel est à peu près semblable à celle de Notre-Dame-de-Pena, dont nous parlerons ci-après.

Ermitage de Notre-Dame-de-Pena.

En face de la tour de Tautavel, de l'autre côté de la vallée de l'Agly, très-resserrée en cet endroit, est situé, au sommet d'un rocher de 197 mètres d'altitude, l'ermitage de Notre-Dame-*de-Pena* (de Peine) ou de *Penya* (du Rocher), dépendant de la commune de Cases-de-Pena. On n'y parvient qu'en suivant les nombreux contours d'une rampe très-rapide et en montant un escalier de 50 degrés qui domine un précipice. Derrière l'ermitage s'élève un pignon de rochers en pointe, qu'on appelle *lo Salt de la Donzella,* parce que, suivant la tradition, une jeune fille, pour échapper à la poursuite des Maures, se précipita de cette hauteur sans se blesser, par l'intercession de la vierge Marie qu'elle avait invoquée au moment où elle s'élançait dans l'espace.

Sur un point aussi escarpé et dans le voisinage de grands précipices, l'eau de pluie est la seule qu'on puisse espérer de recueillir. En l'année 1414, une citerne fut construite derrière la chapelle, comme le prouve une inscription.

La montagne sur laquelle est assis l'ermitage, com-

mence à s'élever de dessous la plaine de Rivesaltes, près
de Peyrestortes, dont l'altitude est de 58 mètres seulement, pour longer la rive droite de l'Agly jusqu'à Estagel.
Elle est formée de calcaire compacte, marnes et calcaires
néocomiens.

C'est une station botanique intéressante que le naturaliste devra bien fouiller, sans négliger le territoire de la
commune de Cases-de-Pena, de l'autre côté de la rivière,
et particulièrement les vallons situés derrière le village.
C'est dans les schistes décomposés au pied de la montagne que l'on rencontre l'*Anthillis cytisoïdes,* qui ne vit
pas ailleurs dans le département, et l'*Erodium petræum*
sur les rochers qui forment *lo Salt de la Donzella.* Nous
signalerons aussi parmi les plantes rares qui vivent dans
cette localité : *Glaucium luteum*, Scop.; — *Gl. corniculatum*, Curt.; — *Rœmeria hybrida*, Dec. ou *Glaucium
hybridum* de Loiseleur; — *Silene muscipula*, Lin.; —
Alyssum spinosum, Lin.; — *Dianthus caryophillus*, Lin.;
— *Erodium petræum*, Wil.; — *Cneorum tricoccon*, Lin.; —
Anthyllis cytisoïdes, Lin.; — *Ononis viscosa*, Lin.; — *On.
cenisia*, Lin.; — *On. minutissima*, Lin. ou *saxatilis* de
Lamarck; — *Lactuca tenerrima*, Pour.; — *Centaurea leucantha*, Pour. ou *C. intibacea* de Lamarck; — *Colvolvulus
lanuginosus*, Desr. ou *saxatilis*, Vahl.; — *Cynoglossum
cheirifolium*, Lin.; — *Linaria origanifolia*, Dec. ou *Antir-
rhinum origanifolium* de Linnée; — *Globularia alypum*,
Lin.; — *Plumbago europea*, Lin.; — *Uropetalum serotinum*,
Gawl. ou *Hyacinthus serotinus* de Linnée; — *Saccharum
cylindricum*, Lam.; — *Avena pubescens*, Lin.; — *Stipa pen-
nata*, Lin., etc., etc.

L'entomologie de cette région est aussi riche que sa

flore; nous signalerons parmi les insectes qui vivent sur le territoire de Cases-de-Pena : *Trechus pyreneus*, Déj.; —*Tr. littoralis*, Ziegl.;—*Bembidium ustulatum*, Fab.;— *B. paludosum*, Pauz.; — *B. foraminosum*, Strum; — *Tachypus picipes*, Meg.; — *T. flavipes*, Fab.; —*Achenium testaceum*, Déj.; — *Ach. depressum*, Grav.; — *Lathrobium biguttatum*, Meg.;—*Lath. angusticolle*, Dahl.; —*Pœderus littoralis*, Gav.; — *P. ruficollis*, Fab.; — *Stenus oculatus*, Grav.; —*St. rusticus*, Déj.; — *Bledius tricornis*, Grav.; — *Bl. litigiosus*, Déj.;—*Acidota ferruginea*, Déj.;—*Proteinus brachypterus*, Fab.;—*Mycetoporus rufescens*, Déj.;—*Cratonychus cinerascens*, Déj.; — *Cr. spretus*, Déj.;—*Limonius serraticornis*, Payk.; —*Lim. nigripes*, Gyll.; —*Agriotes segetis*, Gyll.;—*Ag. rusticus*, Déj., etc., etc.

Parmi les mollusques qui vivent à Cases-de-Pena, nous signalerons : *Helix rupestris*, Drap.;—*H. splendida*, Drap., avec toutes ses variétés, entre autres celle à bouche rose; *H. lapicida*, Drap.;—*Pupa cynerea*, Drap.;—*P. variabilis*, Drap.;—*P. quadridens*, Drap.;—*Zua folliculus*, Lamarck, principalement au pied des fenouils.

Estagel, Maury et château de Quéribus.

De Notre-Dame-de-Pena à Estagel, on suit le pied de la montagne qui longe la rive droite de l'Agly. Cette commune, peuplée de 2.313 habitants, est adossée aux roches calcaires qui forment l'extrémité occidentale de ce rameau; elle est située à l'entrée du riant et fertile vallon de Latour, dont elle possède une partie. Renommé pour son vignoble, le territoire d'Estagel l'est bien davantage par ses oliviers séculaires, qui donnent une huile au moins égale à celle de Provence. C'est sous ses murs que le Verdouble se jette dans l'Agly, et c'est aux environs de la ville qu'on exploite des carrières de marbre très-estimées, parmi lesquelles nous signalerons le *marbre griote,* imitant la griote de Caunes (Aude), la *griote œil de perdrix,* la *brèche Arago.*

Estagel a donné naissance à l'homme illustre qui a conquis dans la science un nom universel, et dont le pays vénère la mémoire; François Arago est né dans cette commune le 26 février 1786. Son buste, en marbre blanc du pays, œuvre du célèbre David d'Angers, est placé dans la salle de la mairie. Sur un portail de la place publique, en face de sa maison, est un autre buste en bronze du même maître.

D'Estagel on se rend à Saint-Paul-de-Fenouillet en passant par Maury.

« Les territoires de Maury, de Saint-Paul-de-Fenouillet « et de Caudiès occupent une large vallée à surface on- « dulée, dirigée est-ouest, bordée au nord et au sud par « les deux chaînes de Saint-Antoine-de-Galamus et de « Lesquerde.

« La grande vallée ainsi limitée, est à double pente, à « cause d'une ligne de partage qui la coupe transversa- « lement près de Saint-Paul (267 mètres) et où naît la « rivière de Maury, qui parcourt ensuite sa partie orien- « tale jusqu'à sa réunion avec l'Agly au-dessus d'Es- « tagel[1]. »

Tout le territoire de Maury est couvert de belles vignes et de nombreux oliviers; ces végétaux croissent sur un

_____

(1) Vicomte d'Archiac, ouvrage cité.

terrain schisteux qui se décompose au contact de l'air et
que l'humidité délite et rend très-friable; il contient
beaucoup de corps organisés, parmi lesquels l'huître à
râteau se montre en abondance.

En face du village, au sommet de la chaine des Corbières et sur une arête aiguë et isolée, on aperçoit au
loin le château de Quéribus. L'ascension de la montagne
est pénible; arrivé au pied de la roche qui supporte cet
antique castel, on doit encore, pour atteindre la porte de
la forteresse, suivre un sentier très-âpre qui contourne
cette masse. Quelques pans de murs sont en ruines;
cependant on y voit encore bien conservé un donjon de
forme octogone. Un bon homme qui nous conduisait
dans ce pèlerinage, nous assura qu'il existait au château
de Quéribus un souterrain qui allait jusqu'à Narbonne.
La galerie, bien entretenue dans le bon temps féodal,
s'étant affaissée à quelque distance du château, il était
impossible d'y pénétrer aujourd'hui. Cette tradition, qui
se perpétue dans le peuple de ces montagnes et qui fait le
sujet des contes de la veillée, n'a rien de vrai. Nous cher-
châmes en vain la prétendue galerie souterraine; nous ne
pûmes pas même découvrir l'entrée de ce prétendu chemin qui, s'il avait existé, n'aurait pas eu moins de 40 à
50 kilomètres de longueur.

La montagne nue et pelée de Maury ne contient que
des buis et des cistes, des astragales, des hélichryses et
quelques autres plantes qui se trouvent aussi sur le territoire de Saint-Paul, dont nous allons parler.

Sur les rochers qui supportent le château de Quéribus,
on peut ramasser le *Pupa marginata*, *Pup. avena*, *Pup.
polyodon* et *Pup. Farinesi*.

Vallée de Saint-Paul-de-Fenouillet.

La ville de Saint-Paul, de l'ancien pays de Fenouillet, est assise au milieu de la vallée que nous venons de décrire, et à égale distance de Maury et de Caudiès. Son territoire, arrosé par l'Agly, renferme quelques points intéressants qu'on ne doit pas négliger de visiter.

« A un quart de lieue au sud de Saint-Paul, surgit, « de la base d'un rocher calcaire, et sur la rive gauche de « la rivière de l'Agly, une belle source qui porte dans la « contrée le nom de *Fontaine de la Fou* ou *Source du* « *Bain de la Fou.* La montagne d'où elle provient est « coupée, en ce lieu, d'une échancrure à parois perpen- « diculaires, qui offre à l'Agly un lit des plus resserrés. « Un pont a été établi sur les pans de cette coupure, et « se montre comme suspendu dans les airs : c'est le *pont* « *de la Fou.* Cet assortiment d'accidents ne contribue « pas peu à imprimer au paysage l'aspect le plus pitto- « resque.

« La source de la Fou coule du rocher, de haut en bas, « et le volume de ses eaux est considérable. Ce volume « varie peu dans les diverses saisons. Cependant, à la « suite des grandes pluies, il n'est pas rare de voir un « nouveau filet d'eau jaillir de la partie supérieure, et « annoncer ainsi un trop plein accidentel.

« La température de ses eaux fut trouvée de 27° C., « pendant que celle de l'air ambiant était de 17°.

« Le liquide en est parfaitement limpide, et ne dépose « aucune matière sédimenteuse dans son trajet. Il n'offre « aucune odeur appréciable ; la saveur même en est peu

« prononcée. On lui trouve surtout la fadeur d'une eau
« tiède......

« A quelques pas de la fontaine dont il vient d'être
« question, mais sur la rive droite de l'Agly et sous le
« pont même de la Fou, jaillit encore à travers une
« crevasse de rocher, une seconde source qui est aussi
« très-abondante, et qui, placée le long du chemin de
« Saint-Martin, sert à abreuver les bestiaux......

« Celle-ci s'est offerte du moins avec une température
« sensiblement inférieure, et qui n'était que de 21° C.;
« mais elle se comportait avec les réactifs à peu de chose
« près comme l'autre, et l'identité de nature était évidente.

« L'une et l'autre sont tout à fait analogues à l'eau saline
« de Tautavel, et comme telles, des eaux salines sulfatées
« terreuses, très-chargées de sulfate de chaux, de sulfate
« de magnésie, mais offrant peu d'hydrochlorate à base de
« magnésie et de soude [1]. »

Ermitage de Saint-Antoine-de-Galamus.

Ce qu'on nomme l'*ermitage de Saint-Antoine-de-Gala-mus,* à peu de distance de Saint-Paul, mais dans une direction opposée à celle des sources dont nous venons de parler, est un site des plus remarquables. Le chemin serpente d'abord à travers les champs et les vignes échelonnés sur un coteau schisteux, pour atteindre un sentier sinueux et rude, qui se dirige vers un point où, avant de tourner la montagne, on se trouve arrêté par une grille de fer. Jusque-là le pays est d'un aspect stérile, et la

---

(1) Anglada, ouvrage cité.

montagne de Saint-Antoine, dépouillée de toute végétation,
laisse voir la roche nue où poussent, à travers les crevasses,
quelques cistes et des bouquets de buis. Mais, après avoir
dépassé la porte de fer, l'aspect change tout-à-coup, et
le voyageur se croit transporté dans une autre région ; il
entre dans un étroit vallon, resserré entre deux montagnes,
droites, escarpées, inabordables, hérissées de rochers,
couvertes d'arbres séculaires, de buis d'une hauteur prodigieuse, d'arbustes de la plus grande variété. Dans ce
jardin naturel croissent en abondance les plantes les plus
précieuses : nulle part le botaniste, émerveillé, ne saurait
en trouver en si grande quantité. Au fond du vallon, au
bas de précipices que l'œil tremble de mesurer, l'Agly
roule ses eaux avec fracas sur un lit hérissé de rochers.
Un sentier pratiqué au milieu de la verdure, entre le
chêne-vert, le frêne, l'érable, le micocoulier, le genevrier,
le houx, les lauriers de diverses espèces, s'incline douce-
ment pendant la durée d'un quart-d'heure, se glissant
entre les violettes et sous des touffes de rosiers sauvages,
des berceaux de chèvre-feuille odoriférants, d'arbousiers
aux fruits éclatants et des plantes aromatiques qui remplissent l'air de leurs parfums. Une roche s'élevant en
pyramide à une grande hauteur, fait, avec ce qui vous
entoure, le plus singulier contraste, et ajoute par son
aspect sauvage à l'impression que produit sur l'âme cette
nature si riche dans sa rusticité.

   C'est dans les flancs de la montagne que la nature a
creusé une grotte assez vaste. La piété des fidèles l'a
consacrée à saint Antoine, et sur un autel taillé dans le
roc, ils ont placé l'image modestement sculptée du saint
ermite, ayant à ses pieds son fidèle compagnon. Un mur

surmonté d'un campanille et percé d'une porte, forme la clôture de cette église rustique, où le jour pénètre par un grand vide qui existe entre le cintre de la grotte, très-élevé à son entrée, et le haut du mur qui ne le ferme pas entièrement. A gauche, est une autre petite grotte, dans laquelle existe un bassin rempli d'une eau fraîche et limpide; il s'alimente d'une fontaine qui tombe goutte à goutte du plafond à travers les fissures du rocher. L'habitation de l'ermite, dans la cour d'entrée, en face des deux grottes, sert ordinairement de cuisine et de salle à manger pour les visiteurs.

Les plantes, comme nous l'avons dit, sont nombreuses et variées à l'ermitage de Saint-Antoine : quelques-unes, particulières à cette localité, la rendent intéressante sous le rapport botanique; et les naturalistes qui visitent le département ne manquent point de faire un pèlerinage à Saint-Antoine-de-Galamus.

M. Jalabert, dans sa géographie du département des Pyrénées-Orientales, raconte que, en 1817, les habitants de Saint-Paul voulant, dans un jour de fête, décorer la place publique, abattirent la plus belle parure de l'ermitage de Saint-Antoine; un buis, qui partout ailleurs est un modeste arbrisseau, et qui, dans ce désert, élevait sa cime orgueilleuse à une hauteur de plus de 20 mètres, fut la victime de ces dévastateurs : que de siècles ne faudra-t-il pas à la nature pour réparer cet acte de vandale!

Parmi les plantes les plus remarquables du territoire de Saint-Paul, de la Fou et de Saint-Antoine, nous signalerons les suivantes : *Thalictrum fœtidum*, Lin.;—*Ranunculus auricomus*, Lin.;—*Corydalis claviculata*, Dec.;—*Thlaspi arvense*, Lin.;—*Th. montanum*, Lin.;—*Lepidium hirtum*, Gren. et God.;—*Arabis saxatilis*, All.;—*A. verna*, A. Broun;—*Cistus umbellatus*, Lin.;—*Cist. salviæfolius*, Lin.;—*Cist. corbariensis*, Pour.;—*Cist. albidus*, Lin.;—*Dianthus deltoïdes*, Lin.;—*Diant. pungens*, Lin.;—*Diant. virgineus*, Lin.;—*Silene nutans*, Lin.;—*Sil. acaulis*, Lin.; —*Arenaria serpyllifolia*, Lin.;—*Linum strictum*, Lin.;— *Lin. campanulatum*, Lin.;—*Ononis viscosa*, Lin.;—*On. reclinata*, Lin.;—*On. Cherleri*, Des.;—*Anthillis montana*, Lin.;—*Ant. vulneraria*, Lin.;—*Lathirus vernus*, Wim.;— *Lat. cirrhosus*, Sering.;—*Lat. niger*, Wim.;—*Coronilla glauca*, Lin.;—*Cor. valentina*, Lin.;—*Onobrichis caput-galli*, Lam.;—*Astragalus incanus*, Gou.;—*Lotus hirsutus*, Lin.;—*Trigonella hybrida*, Pour.;—*Rosa villosa*, Lin.;— *Buplevrum rigidum*, Lin.;—*Ammi majus*, Lin.;—*Atha-manta cretensis*, Lin.;—*Pucedanum officinale*, Lin.;— *Sison amomum*, Lin.;—*Seseli montanum*, Lin.;—*Pimpi-nella saxifraga*, Lin.;—*Pimp. tragium*, Wil.;—*Lonicera pyrenaïca*, Lin.;—*Valeriana tuberosa*, Lin.;—*Carlina corymbosa*, Lin.;—*Michrolonchus salmanticus*, Dec.;— *Phytuma spicatum*, Lin.;—*Podospermum laciniatum*, Dec.;—*Crepis albida*, Vil.;—*Erica cyrenea*, Lin.;—*Ar-butus unedo*, Lin., etc., etc.

Les insectes sont aussi nombreux que les plantes; nous nous bornerons à signaler les suivants : *Polistichus dis-coïdeus*, Stev.;—*Cymindis melanocephala*, Déj.;—*Lebia chlorocephala*, Duf.;—*Ditomus fulvipes*, Latr.;—*Elaphrus uliginosus*, Fabr.;—*Licinus æquatus*, Déj.;—*Omaseus meridionalis*, Déj.;—*Harpalus subcordatus*, Déj.;—*An-thaxia manca*, Fab.;—*Agrilus laticornis*, Ill.;—*Cardio-phorus equiseti*, Herbs.;—*Ludius signatus*, Panz.;—*Lud. cruciatus*, Fabr.;—*Cyphon pallidus*, Fabr.;—*Tricodes* *alvearius,*Fab.;—*Anobium tessellatum,*Fab.;—*Scydmœnus Latreilli,* Déj.;—*Scaurus atratus,* Fab.;—*Asida pyrenea,* Déj.; — *Pedinus dermestoïdes,* Fab.; — *Bolitophagus crenatus,* Fab.;—*Lagria hirta,* Fab.;—*Meloœ pro-scarabeus,* Fab.,—*Ædemera flavescens,* Lin.; —*Bruchus ruficornis,* Déj.;—*Rhynchites fragariœ,* Sturm; — *Rh. hispanicus,* Déj.;—*Brachyceres undatus,* Fab.; —*Tanymechus palliatus,* Fab.; —*Metallites iris,* Oliv.; — *Cleonis sulcirostris,* Fab.; — *Cl. plicatus,* Olivi.; — *Molytes fusco-maculata,* Fab.;—*Phyllobius flavipes,* Sturm;—*Otiorhynchus pyreneus,* Déj.; — *Lixus paraplecticus,* Fab.; — *Anthonomus druparum,* Fab., etc., etc.

Caudiès, La Boulzane et Col Saint-Louis.

« Dans la vallée de Caudiès, continuation directe de
« celle de Saint-Paul, le paysage prend des formes plus
« grandioses et mieux arrêtées que dans les autres parties
« méridionales des Corbières, quoique toujours les mêmes
« quant à leurs caractères généraux. Comprise entre deux
« murailles rocheuses presque verticales, cette vallée a
« quelque analogie avec celle du Graisivaudan vue de
« Grenoble; mais, si cette dernière se fait remarquer par
« l'abondance des eaux, la richesse et la fraîcheur de la
« végétation, et la plus grande élévation des montagnes
« qui la bordent, surtout à l'est, la vallée de Caudiès
« l'emporte par l'élégante symétrie et l'originalité de ses
« lignes de perspective, par les contours hardis et harmonieux à la fois de ses profils, et surtout par ces tons
« chauds et vigoureux que revêtent ses divers plans lorsqu'on peut les admirer par un beau jour d'été, au lever

« et au coucher du soleil. Il y a un charme infini dans
« l'aspect que prend alors toute la nature voilée d'une
« riche teinte mélangée de pourpre et d'or, diversement
« nuancée suivant l'éloignement des objets; sa transpa-
« rence parfaite n'ôte rien à la pente ni à l'extrême
« finesse des contours montagneux, toujours détachés
« sur le fond du ciel, avec cette netteté particulière
« inconnue dans les régions du nord[1]. »

La vallée de Caudiès est arrosée par la Boulsanc.
Cette rivière descend du roc de l'Escale, passe à Montfort, Gincla, Salvesines, Puylaurens, tourne à l'est à La
Pradelle, baigne le pied oriental du Col Saint-Louis,
contourne les murs de Caudiès et va se jeter dans l'Agly
au sud de Saint-Paul, en avant du défilé de la Fou.

Caudiès est situé à l'extrémité ouest de la vallée; cette
commune compte 1.331 habitants; elle est au pied de la
longue montée qui mène au Col Saint-Louis; son territoire, en tout point semblable à celui de Saint-Paul,
reproduit les mêmes cultures, seulement le climat y est
plus froid. La flore est la même qu'à Saint-Paul, moins
toutefois les richesses botaniques de Saint-Antoine-de-
Galamus.

Pour aller au bois des Fanges, qui est une station
botanique très-intéressante, le naturaliste doit gravir la
rude montée du Col Saint-Louis, qui n'a pas moins de
5 kilomètres. La route, taillée dans le roc, longe constamment un précipice affreux. Ce passage est très-redouté
des voyageurs renfermés dans les voitures publiques; la
descente surtout est effrayante par la rapide impulsion

(1) Vicomte d'Archiac, ouvrage cité.

que la nature du terrain imprime au véhicule et par l'allure
.que l'on donne aux chevaux pour éviter les dangers qu'une
course trop lente pourrait engendrer. Le naturaliste, qui
n'a pas à redouter ces dangers puisqu'il voyage à pied,
trouvera dans les crevasses de la montagne quelques
plantes qui vivent sur les calcaires, et ramassera, sur la
roche nue, des *pupa* en quantité.

Nous signalerons entre autres plantes : *Adonis vernalis*,
Lin.; — *Dentaria digitata*, Lam.; — *Diplotaxis muralis*,
Dec.;—*Alyssum spinosum*, Lin.;—*Al. calicinum*, Lin.;—
Cistus albidus, Lin.; — *C. laurifolius*, Lin.; — *Ethionema
saxatile*, Brow.;—*Helianthemum guttatum*, Mill.;—*Alzine
tenuifolia*, Crantz;—*Dianthus pungens*, Lin.; — *Buplevrum
odontites*, Vil.;—*Silene inaperta*, Lin.;— *Linum campanulatum*, Lin.; — *Rhamnus alpina*, Lin.; — *Rh. cathartica*,
Lin.;—*Genista sagittalis*, Lin.;—*Ononis spinosa*, Lin.;—
Globularia cordifolia, Lin.;—*Aster alpinus*, Lin.;—*Astra-
gelus pentaglotis*, Lin.; — *Astr. stella*, Gouan ;—*Centaurea
montana*, Lin.; — *Hyeracium villosum*, Lin.; — *H. cerinthoïdes*, Lin.; — *Campanula bellidifolia*, Lap.;—*Pedicularis rostrata*, Lin.;—*P. verticillata*, Lin;—*Aira flexuosa*,
Lin.; —*Asplenium ruta-muraria*, Lin., etc , etc.

Parmi les insectes de cette région, nous signalerons :
Cymindis faminii, Déj.;—*Brachinus glabratus*, Bonel.;—
Carabus auratus, Sol.; — *Car. catenulatus*, Fab.; — *Car.
rutilans*, Déj. (La belle variété toute verte de ce beau
carabus se trouve dans les gorges du Col Saint-Louis,
sous les pierres et parmi les broussailles.)—*Nebria Olivieri*, Déj.; —*Licinus æquatus*, Déj.;—*Sphodrus planus*,
Fab.;—*Dyctiopterus rubens*, Meg.;—*Omalisus suturalis*,
Fab.; —*Gibbium sulcicolle*, Strum; — *Mycterus umbella-*

tarum, Fab.; — *Brachytarsus niveirostris*, Déj.; — *Ramphus flavicornis*, Clairv.; — *Omias hirsutulus*, Fabr.; — *Peritelus sphœroïdes*, Crantz; — *Doritomus juratus*, Chev.; — *Dorit. dorsalis*, Fab.; — *Dorcadion rufipes*, Fab.; — *Dorc. striola*, Déj., etc., etc.

Sur les roches de la montagne, l'on trouve : *Helix rupestris, olivetorum, cornea, lapicida, rotundata*, et les *Pupa granum, cinerea, tridens, dolium*, et les *Cyclostoma elegans, patulum, obscurum*.

Forêt des Fanges.

Quoique la forêt des Fanges ne soit pas renfermée dans les limites du département des Pyrénées-Orientales, nous n'hésitons pas à la comprendre dans notre itinéraire par le motif qu'elle touche le sommet de la rampe du Col Saint-Louis, où nous venons de nous arrêter, et que la botanique et l'entomologie de cette localité sont très-intéressantes pour le naturaliste.

Cette forêt occupe tout le haut massif de la chaîne Saint-Antoine qui, après s'être déprimée au Col Saint-Louis, se relève à 951, 992 et jusqu'à 1.044 mètres au *Tuc-du-Fouret*, pour constituer les grands escarpements de la forêt : elle a 7 kilomètres de longueur et 2 à 3 de large ; le sapin la peuple entièrement ; elle est parfaitement entretenue par l'État, et ressemble à un immense parc. Elle est habitée par le faucon pèlerin, *Falco peregrinus*, Lin.; l'aigle impérial, *Falco imperialis*, Temm.; l'aigle Jean-le-Blanc, *Falco Brachydactylus*, Wolf.; l'aigle à tête blanche, *Falco leucocephalus*, Lin.; l'autour, *Falco palumbarius*, Lin.; la buse bondrée, *Falco apivorus*, Lin.;

le geai, *Corvus glandarius*, Lin.; le rollier, *Coracias gar-rula*, Lin.; le merle à plastron blanc, *Turdus torquatus*, Lin.; plusieurs fauvettes; l'accenteur des alpes, *Accentor alpinus*, Bech.; le bouvreuil, *Pyrrhula vulgaris*, Bris.; le pic noir, *Picus martius*, Lin.; le pic vert, *Picus viridis*, Lin.; le pic épeiche, *Picus major*, Lin., etc.

Autrefois les ours étaient assez communs dans la forêt des Fanges; mais aujourd'hui ils ont entièrement disparu. En revanche, on y voit une grande quantité de loups, de renards, de fouines, de blaireaux, etc., etc.

Les plantes qu'on rencontre dans la forêt et dans les prairies environnantes sont très-abondantes; nous signalerons : *Delphinium montanum*, Dec.;—*Ranunculus hede-raceus*, Lin.;—*R. thora*, Lin.;—*R. aconitifolius*, Lin.;—*Dentaria digitata*, Lam.;—*Diplotaxis tenuifolia*, Dec.;—*Lepidum hirtum*, Dec.;—*Cistus salviæfolius*, Lin.;—*Cist. albidus*, Lin.;—*Alzine tenuifolia*, Crantz;—*Dianthus vir-gineus*, Lin.;—*D. deltoïdes*, Lin.;—*Saxifraga geranioïdes*, Lin.;—*S. rotundifolia*, Lin.;—*Buplevrum falcatum*, Vill.;—*Bupl. rotundifolium*, Lin.;—*Silene italica*, Lin.;—*Sil. saxifraga*, Lin.;—*Linum catharticum*, Lin.;—*Lin. galli-cum*, Lin.;—*Rhamnus frangula*, Lin.;—*Rh. infectorius*, Lin.;—*Genista cinerea*, Lin.;—*Gen. sagittalis*, Lin.;—*Ononis spinosa*, Lin.;—*On. columnæ*, Alli.;—*Globularia cordifolia*, Lin.;—*Glob. nudicaulis*, Lin.;—*Astragalus glycyphyllos*, Lin.;—*Ast. stella*, Gou.;—*Centaurea pani-culata*, Lin.;—*Cent. nigra*, Lin.;—*Hyeracium villosum*, Lin.;—*H. prenanthoïdes*, Vil.;—*H. amplexicaule*, Lin.;—*Campanula rotundifolia*, Lin.;—*C. rapunculus*, Lin.;—*Pe-dicularis rostrata*, Lin.;—*P. foliosa*, Lin.;—*Aira flexuosa*, Lin.;—*Carex hirta*, Lin.;—*Car. halleriana*, Ass., etc.

Nous avons trouvé dans la forêt des Fanges; sur l'écorce des arbres et parmi les broussailles entraînées par les eaux au fond des ravins, un mollusque rare la *Vitrina subglobosa* de Draparnaud; on peut également se procurer toutes les variétés de l'*Helix nemoralis*, Drap.; enfin, on trouve dans cette forêt les trois belles variétés du limace gigantesque, *Limax cynereus*, Drap., dont la première se distingue par une couleur gris-cendré et la cuirasse bleuâtre; la seconde, par la cuirasse tachetée de noir, et la troisième, par le dos fascié de noir et la cuirasse parsemée de taches de la même couleur.

L'entomologie y est représentée par : *Cymindis humeralis*, Fab.; —*C. punctata*, Bois.; —*Lebia rufipes*, Déj.; —*Ditomus fulvipes*, Latr.; — *Dit. sphœrocephalus*, Oliv.; —*Carabus hortensis*, Fab.; — *Car. splendens*, Déj. (On peut en faire une ample provision.)—*Elaphrus riparius*, Fab.; —*El. cupreus*, Meger; —*Chlœnius nigricornis*, Fab.; —*Chl. holosericeus*, Fab.; —*Chl. chrysocephalus*, Ros.; —*Licinus depressus*, Payk.; —*Omaseus melas*, Creutz; —*Arpalus maculicornis*, Meg.; —*Anthaxia viminalis*, Ziegl.; —*Agrilus bifaciatus*, Oli.; —*Cardiophorus luridipes*, Déj;. —*Ludius metallicus*, Payk.; —*Cyphon pubescens*, Fab.; —*Malachius spinipennis*, Ziegl.; —*Mal. marginatus*, Déj.; —*Trichodes leucopsideus*, Oli.; — *Scydmœnus Reaumurii*, Déj., —*Scaurus lugubris*, Déj.; — *Asida porcata*, Déj.; —*Crypticus gibbulus*, Schæ.; —*Neomida bicolor*, Fab.; —*Upis ceramboïdes*, Fab.; —*Monocerus bi-notatus*, Gebl.; —*Mon. major*, Déj.; —*Urodon pigmeus*, Sto.; —*Rhynchites cupreus*, Fab.; —*Apion nigritarse*, Kirby; —*Ap. albicans*, Déj.; —*Sciaphilus fulvipes*, Déj.; —*Easomus ovulum*, Illiger; —*Polidrusus paganus*, Déj.; —*Barynotus lœvigatus*, Déj.; —

Phytonomus tigrinus, Déj.;—*Peritelus senex*, Déj.;—*Lixus rufitarsis*, Scho.;—*Larinus ursus*, Fab.;—*L. buccinator*, Oliv.;—*Pissodes Gyllenhalii*, Scho.;—*Spondylis buprestoïdes*, Fab.;—*Purpuricenus globulicollis*, Déj.;—*Rosalia alpina*, Fab.;—*Hesperophanes holosericeus*, Ros.;—*Morimus funestus*, Fab.;—*Dorcadion striola*, Déj.;—*Dorc. meridionale*, Déj.;—*Oberea pupillata*, Scho.;—*Vesperus Xatartii*, Déj.;—*Rhagium mordax*, Fab.;—*R. indigator*, Fab.;—*Stenura cruciata*, Oliv.;—*St. melanura*, Fab., etc.

La Pradelle, Puylaurens, Salvesimes et Gincla.

Après avoir fouillé la forêt des Fanges, le naturaliste descendra la montagne par son côté sud-est dont les pentes sont très-praticables, et se dirigera vers La Pradelle, métairie située non loin du hameau de Lavagnac, sur la rive gauche de la Boulsane, et où une scierie est mise en mouvement par les eaux de la rivière. La Pradelle est un site admirable et très-pittoresque; ses environs sont charmants et les pentes du terrain y sont déjà fort douces. De belles prairies fournissent le fourrage nécessaire à une exploitation rurale considérable. De l'autre côté de la rivière le sol est plat et très-étendu; il est couvert de granges.

En remontant le cours de la Boulsane, on arrive à Puylaurens, et 4 kilomètres plus haut l'on trouve le village de Salvesimes. Dans cette dernière localité, le naturaliste trouvera sur les roches calcaires qui bordent la rivière l'*Alyssum halimifolium* de Linnée.

A 4 kilomètres plus en amont de Salvesimes, est le village

de Gincla, petite localité manufacturière où l'on voit deux
forges avec leurs feux constamment allumés; l'affouage
leur est assuré par le voisinage des bois qui couvrent les
montagnes environnantes, et surtout par la forêt de Boucheville, qui n'est pas éloignée. Il y a un grand mouvement dans ce petit coin de terre, et l'on ne se douterait
jamais en voyant la rusticité de ses alentours, du va-et-
vient de mulets qui portent le minerai, le charbon et le
fer martellé. Quand on approche des forges, il semble
qu'on entre dans les ateliers de Vulcain.

Jusqu'à Salvesimes nous avons presque toujours marché
sur les roches calcaires; mais, ici, nous commençons à
rencontrer les terrains primitifs et de transition. A Montfort, village situé à 5 kilomètres plus haut, le granite est
recouvert par des couches d'argile stéatiteuse, auxquelles
succèdent des schistes calcaires et de la chanx carbonatée.

Montfort et Forêt de Salvanère.

Montfort est le dernier village que l'on rencontre en
remontant la vallée de la Boulsane. Deux forges à la
catalane impriment beaucoup d'activité à ses habitants;
quelques prairies.bordent la rivière, et des champs sont
cultivés sur les plateaux qui encadrent ce riant vallon.
Les ravins et les montagnes environnantes sont dignes
de fixer l'attention du naturaliste par la grande quantité
de plantes alpines qu'on peut y récolter.

Le territoire de Montfort touche à la forêt de Salvanère, moins étendue que celle des Fanges. C'est une
station botanique très-intéressante; les plantes y sont

abondantes, et les bestiaux, qui tous les ans viennent y passer la belle saison, y font pulluler les insectes. Le sol de la forêt, coupé de gorges et de ravins profonds, est très-accidenté. Le plus considérable de ces ravins commence au roc de Lescale, le plus haut escarpement de la montagne; il forme le lit de la Boulsane, qui prend sa source à une petite fontaine ombragée d'arbres séculaires, et dont les eaux jaillissent du pied d'un mamelon, dit : *Butte de la Groseille,* parce qu'il est entièrement couvert de l'arbuste qui produit ce fruit délicieux, *Ribes rubrum* de Linnée.

L'exploration de l'intéressante forêt de Salvanère demandera plus d'un jour. Le naturaliste ira donc prendre gîte à la métairie d'Osières, qui touche la forêt, au midi. Cette métairie est située au milieu d'une vaste prairie qu'on nomme la *Marguerite;* il y sera bien accueilli des habitants.

Les plantes les plus intéressantes sont les suivantes : *Delphinium staphysagria,* Lin.;—*Aconitum anthora,* Lin.; —*Ac. lycoctonum,* Lin.;—*Ac. paniculatum,* Lam.;—*Aquilegia alpina,* Lin.;—*Ranunculus thora,* Lin.;—*R. aconitifolius,* Lin.:—*R. flamula,* Lin.;—*Helleborus niger,* Lin.; —*Hel. viridis,* Lin.;—*Draba incana,* Lin.;—*Cardamine impatiens,* Lin.;—*C. latifolia,* Valh.;—*C. resedifolia,* Lin.; —*C. multifida,* Pour.;—*Arabis alpina,* Lin.;—*Dianthus virgineus,* Lin.;—*Silene acaulis,* Lin.;—*Sil. viridiflora,* Pour.;—*Alzine cerastiifolia,* Feuz.;—*Alz. setacea,* M. et K.;—*Cerastium tomentosum,* Lin.;—*Viola hirta,* Lin.;— *V. cornuta,* Lin.;—*Astragalus glaux,* Lin.;—*Linum alpinum,* Lin.;—*L. campanulatum,* Lin.;—*Trifolium alpinum,* Lin.;—*Potentilla nitida,* Lin.;—*P. alpestris,* Hall.;—*P.*

fragariastrum, Ehr.;—*Saxifraga stellaris*, Lin.;—*S. rotundifolia*, Lin.;—*S. cotyledon*, Lin.;—*Eryngium Bourgati*, Gou.;—*Heracleum panaces*, Lin.;—*Levisticum officinale*, Kooch;—*Pimpinella magna*, Lin.;—*Valeriana saxatilis*, Lin.;—*V. pyrenaïca*, Gou.;—*V. tripteris*, Lin.;—*Leontodon alpinum*, Vil.;—*Hyeracium villosum*, Lin.;—*H. alpinum*, Lin.;—*H. cerinthoïdes*, Lin.;—*Prenantes purpurea*, Lin.;—*Carduus mollis*, Wil.;—*Ligularia sibirica*, Cass.;—*Arctostaphylos officinalis*, Weim. ou *Arbustus uva ursi*, Lin.;—*Phyteuma pauciflorum*, Lin.;—*Gentiana lutea*, Lin.;—*G. acaulis*, Lin.;—*G. pyrenaïca*, Lin.;—*Pedicularis foliosa*, Lin.;—*P. tuberosa*, Lin.;—*P. verticillata*, Lin.;—*Teucrium pyrenaïcum*, Lin.;—*Alchemilla alpina*, Lin.;—*Al. pentaphylla*, Lin.;—*Rumex alpinus*, Lin. ou *Rheum raponticum*, Lin., très-abondant;—*Alium schœnophrasum*, Lin.;—*Al. fallax*, Dom.;—*Al. flavum*, Lin.;—*Veratrum album*, Lin.;—*Eriophorum vaginatum*, Lin.;—*Carex atrata*, Lin.;—*C. montana*, Lin.;—*Pteris crispa*, Lin.;—*Botrichium lunaria*, Sw.;—*Aspidium aculeatum*, Dol.;—*As. lonchitis*, Swa.;—*Polystichum thelypteris*, Roth., etc.

En insectes, nous signalerons : *Cymindis accillaris*, Duft.;—*C. omagrica*, Duft.;—*C. faminii*, Déj.;—*Plochionus Bonfilsii*, Déj.;—*Ditomus sulcatus*, Fab.;—*D. sphœrocephalus*, Oliv.;—*Carabus punctato-auratus*, Déj.;—*C. monticola*, Déj.;—*C. convexus*, Fab.;—*Nebria Gyllenhalii*, Sch.;—*Arpalus subcordatus*, Déj.;—*Malachius suturalis*, Déj.;—*Philax crenatus*, Déj.;—*Helops testaceus*, Déj.;—*Omophlus lepturoïdes*, Fab.;—*Mylabris geminata*, Fab.;—*Zonitis sexmaculata*, Oli.;—*Bruchus laticollis*, Sch.;—*Brachytarsus scabrosus*, Fab.;—*Polidrusus cervinus*, Lin.;—*Barynotus pyreneus*, Déj.;—*Erirhinus acridulus*, Zieg.;

—*Dorytomus plagiatus,* Chev.; —*Dor. cervinus,* Déj.; —
Prionus coriarius, Fab.; —*Callichroma rufescens,* Déj.; —
Callidium insubricum, Zieg.; —*Call. thoracium,* Déj.; —
Molorchus umbellatarum, Fabr.; —*Phytœtia cylindrica,*
Fabr.; —*Toxotus meridianus,* Fabr.; —*Pachyta interro-
gationis,* Fab.; —*Pach. clathrata,* Fab., etc., etc.

De la forêt de Salvanère, il serait facile de descendre
dans la vallée de Molitg par le *Caillau de Mosset;* on pourrait
aller également dans le Llaurenti et arriver à Quérigut, sa
capitale, en six ou sept heures. Pour faire ce trajet, on
partirait du *Planel de l'Abat,* jasse considérable, située
dans une éclaircie de la forêt; on se dirigerait sur le
Clos d'Espagne, métairie peu éloignée; on monterait au
Col de Jau, et, de ce point, on descendrait aux forges de
Conosouls, puis à Roquefort, au Bousquet, à Escouloubre,
à Carcanière et à Quérigut. Mais ce voyage nous condui-
rait trop loin et couperait en deux notre itinéraire de la
vallée de l'Agly, que nous n'avons pas encore achevé de
parcourir. Le Llaurenti sera donc le sujet d'un chapitre
à part que nous nous proposons d'écrire après celui-ci.

Rabouillet et Forêt de Boucheville.

Pour rentrer dans le département des Pyrénées-Orientales, dont nous nous sommes un peu écarté, le naturaliste
quittera la forêt de Salvanère par les pentes orientales
du roc de Lescale et se dirigera sur Rabouillet, petite
commune du canton de Sournia, située non loin des
bords de la Desix, qui coule au pied de la forêt de Boucheville. Cette vaste forêt est peuplée de pins et de
sapins dans les parties élevées, de hêtres et d'érables

dans les parties inférieures. On la traversera pour aller
à Vira, et chemin faisant on aura l'occasion de ramasser
quelques plantes intéressantes.

De Vira il faut aller à Saint-Martin, en passant à tra-
vers les prairies des communes de Fosse et Le Vivier, où
croissent quelques bonnes plantes, parmi lesquelles nous
signalerons : *Anemone coronaria*, Lin.; — *Iberis pinnata*,
Gou.; — *Cardamine impatiens*, Lin.; — *Arabis arenosa*,
Scop.; — *Viola palustris*, Lin.; — *Sison amomum*, Lin.; —
Cracca atropurpurea, God. et Gren.; — *Vicia angustifolia*,
Roth.; — *Pimpinella peregrina*, Lin.; — *Asperula tinctoria*,
Lin.; — *Galium silvaticum*, Lin.; — *Valeriana tripteris*,
Lin.; — *Carlina acaulis*, Lin.; — *Cynoglossum pictum*, Ait.;
— *Orchis ustulata*, Lin.; — *Narcissus hispanicus*, Gou.; —
Fritillaria meleagris, Lin.; — *Alium ursinum*, Lin.; — *Al.
molly*, Lin.; — *Poligonatum multiflorum*, Alli.; — *Aira
altissima*, Pour.; — *A. alpina*, Lin., etc., etc.

Revers méridional de la chaîne de Lesquerde et Ayguebonne.

Saint-Martin, de même que les dernières communes que
nous venons de traverser, est sur le revers méridional de
la chaîne de Lesquerde et Ayguebonne. Ce pays, coupé de
ravins et de fondrières, est d'une aridité excessive; nous
en exceptons les terres arrosées par les eaux de la Desix,
qui prend sa source à l'ouest, près le *Col de l'Espinas;*
celles qu'arrose la Matasse, qui naît sur le territoire de
Vira, et les prairies que traversent quelques autres petits
cours d'eau. Tous ces torrents ou rivières ont leur lit
creusé dans le marbre. Ces marbres, aux nuances variées,

fourniraient à l'architecture ses ornements les plus riches,
si l'industrie voulait se livrer à l'exploitation de leurs inépuisables carrières.

Saint-Martin, placé sur une petite colline de calcaire
rougeâtre saccharoïde, est entouré d'un charmant vallon ;
il est à 3 kilomètres du pont de la Fou, où nous allons
retrouver l'Agly pour en suivre le cours à travers les territoires de Lesquerde, Saint-Arnac, Ansignan, Caramany,
Cassagnes, Latour et Estagel, point d'où nous sommes parti
pour suivre la vallée de la Maury et celle de la Boulsane.

Aussitôt après avoir dépassé le défilé de la Fou, les
montagnes s'évasent, la gorge s'élargit et l'Agly coule
dans un lit moins resserré. Le premier ravin qu'on rencontre est le torrent de Taudaret, qui descend des hauteurs où est situé le village de Lesquerde. Ce hameau,
très-pauvre, est bâti sur un mamelon aride, où quelques
propriétés chétives et quelques vignes de peu de valeur
forment les seules ressources de la localité.

De suite après Lesquerde vient la montagne de Sainte-
Anne ; elle est très-étendue et coupée par plusieurs gorges
stériles.

Presque en face du Taudaret et sur la rive droite de
l'Agly, est le torrent du Pas-de-Teissac ; il se jette dans
la rivière par une gorge très-étroite et coule sur un lit de
marbre compacte.

Saint-Arnac est à 2 kilomètres plus bas : c'est encore
un hameau bien chétif, bâti sur un mamelon de marbre,
qu'on nomme *Roc del Gorp* (roc du corbeau). Ce village
possède quelques prairies sur les bords de la rivière ; la
prise d'eau du moulin a été mise à profit pour arroser
quelques belles propriétés.

A 4 kilomètres plus loin est Ansignan, autre petit
village qui compte à peine 300 habitants, mais dont le
territoire forme un vallon bien cultivé qu'arrosent les eaux
de l'Agly au moyen d'un pont aqueduc de l'effet le plus
pittoresque et le plus gracieux. Ce monument qui, selon
le baron Taylor, est antérieur au treizième siècle, aurait
été bâti, par des moines selon une tradition que rien ne
confirme. Il est formé de deux grandes arches jetées sur
l'Agly, surmontées elles-mêmes d'une suite d'arcades
plus petites, toutes percées, à travers leurs piliers, d'une
galerie qui sert de chemin public, pendant que sur la voûte
coulent les eaux d'un canal d'arrosage qui porte sur la
rive opposée les eaux nécessaires à l'irrigation. Ce petit
vallon forme un contraste frappant avec tout ce que
l'on a vu à partir du défilé de la Fou. Tandis que la
terre est partout ailleurs maigre et stérile, elle est ici
couverte de moissons et de fraîches prairies. Cette différence tient à la nature du sol, qui se compose, à
Ansignan, de schistes marneux et de granites en décomposition.

Le vallon d'Ansignan, d'une étendue de six kilomètres
sur deux, possède une flore assez intéressante; nous
signalerons · *Thalictrum flavum*, Lin.; — *Helianthemum
pilosum*, Pers.; — *Dianthus superbus*, Dec.; — *Gypsophyla
vaccaria*, Sibth.; — *Stellaria media*, Vil.; — *Hyperium hirsutum*, Lin.; — *Geranium lucidum*, Lin.; — *G. robertianum*,
Lin.; — *Lotus rectus*, Lin.; — *Lot. angustissimus*, Lin.; —
Pimpinella saxifraga, Lin.; — *Bunium minus*, Gou.; —
Berula angustifolia, Kooch; — *Seseli tortuosum*, Lin.; — *S.
elatum*, Gou.; — *Galium pusillum*, Lin.; — *Vallantia muralis*, Dec.; — *Lactuca viminea*, Linck; — *Lact. muralis*,

Frenon; — *Hyeracium silvaticum*, Lam.; — *H. candidissimum*, Pour.; — *Leuzea conifera*, Dec.; — *Circium monspessulanum*, Alli.; — *Carduus pyrenaïcus*, Gou.; — *Senecio Tournefortii*, Lapey.; — *Sen. nemoralis*, Vil.; — *Anacyclus clavatus*, Pers.; — *Vaccinium uliginosum*, Lin.; — *Erica scoparia*, Lin.; — *Stachis recta*, Lin.; — *Lamium maculatum*, Lin.; — *Lysimachia ephemerum*, Lin.; — *Passerina dioïca*, Rham.; — *Narcissus jonquilla*, Lin.; — *Tulipa gallica*, Lois.; — *Alium pallens*, Lin.; — *Al. subhirsutum*, Lin.; — *Saccharum cylindricum*, Lam.; — *Festuca splendens*, Pour., etc., etc.

A l'extrémité inférieure du vallon d'Ansignan, les montagnes se rapprochent, la vallée se resserre, et l'Agly, emprisonnée dans un lit très-étroit, fait tourner un moulin qui fonctionne toute l'année.

Un peu plus loin est l'embouchure de la Desix, rivière qui vient de très-loin, prend les eaux des vallons de Rabouillet et de Sournia, passe entre Pézilla et Trilla, reçoit les versants très-étendus et escarpés de Campells et grossit démesurément à l'époque des fortes pluies. Elle devient alors un torrent très-impétueux et augmente considérablement la masse des eaux de l'Agly.

Caramany, Cassagnes et Couchous.

Après 4 kilomètres de marche sur une route mal tracée, l'on arrive à Caramany, village autrefois misérable; mais aujourd'hui, par la culture de toutes les collines qui constituent son maigre territoire, on est parvenu à améliorer sa condition. On a planté beaucoup de vignes; mais, comme elles se trouvent sur une terre ingrate et sur des pentes

trop raides, les orages viennent ravager ces plantations.
Les bas-fonds sont assez productifs depuis la construction
d'un canal d'arrosage; ce canal a vivifié un sol schisteux
et granitique comme celui d'Ansignan, et a contribué à
donner un peu d'aisance aux habitants, que des routes
impraticables, et la position éloignée du centre du département empêchent de se livrer à aucun genre d'industrie.

Le territoire de Cassagnes, que l'on rencontre à trois
kilomètres plus bas, forme un vallon bien cultivé, où l'on
récolte des produits variés. Les pentes des collines sont
plus adoucies; la terre végétale plus profonde, et les vignes
qui garnissent les coteaux, donnent un vin de meilleure
qualité; les jardins produisent de bons légumes et d'excellents fruits. Sur la montagne qui domine le village,
est une forêt assez étendue, formée en majeure partie
de chênes-blancs; de nombreux troupeaux parcourent de
vastes pacages, et des prairies fraîches et riantes bordent
les rives de l'Agly; enfin, l'on s'aperçoit qu'on est entré
dans une région moins désolée et qu'on s'approche de la
belle plaine de Latour.

A mi-chemin de Cassagnes à Latour est la belle ferme
Couchous, entourée d'excellentes terres, bien exploitées;
de vignes très-productives, et d'oliviers séculaires; un
bois de chênes-blancs et de chênes-verts couvre les pentes
de deux collines, qu'une belle route traverse et qui conduit
à Latour.

Vallée de Latour.

Latour, qu'on appelait autrefois Latour-de-France, parce
qu'elle était sur la limite du Roussillon, est un chef-lieu

de canton, situé sur l'escarpement d'une butte schisteuse, dernière attache des monts que nous venons de parcourir. Ici commence un des plus beaux vallons de l'Agly; il a 6 kilomètres d'étendue sur 4 de largeur. Situé entre les communes de Latour, Monner et Estagel, qui se partagent son territoire, il est d'une merveilleuse fécondité; c'est un jardin embelli de tous les produits de la nature; des ruisseaux nombreux et abondants distribuent l'eau sur tous les points, et les terres bien arrosées et bien fumées sont constamment couvertes de moissons : on peut comparer ce pays aux fertiles terroirs de Millas, Ille et Néfiach; enfin, les coteaux sont couverts d'oliviers magnifiques et de vignes pleines de vigueur. C'est surtout vers Monner, village placé au pied septentrional de Força-Real que les vignes et les oliviers se montrent en plus grande abondance; les fruits de toute espèce y sont supérieurs, les vins délicieux et l'huile a la réputation bien méritée d'être la meilleure du département.

Une belle route relie Latour à Estagel, point d'où nous sommes partis, et où nous revenons après un long circuit à travers les vallées de la Maury, de la Boulsane et de la région moyenne de l'Agly.

CHAPITRE VII.

VALLÉE DU LLAURENTI ET ILE SAINTE-LUCIE.

§ Iᵉʳ. — Llaurenti.

Une chaine de montagnes unies ensemble, dépendant de trois départements différents, Aude, Ariége et
Pyrénées-Orientales, forme plusieurs vallées très-riches en
objets d'histoire naturelle. Par tradition, les naturalistes
de tous les pays connaissent cette contrée sous le nom
de *Llaurenti,* dénomination que beaucoup de gens de la
localité ignorent complétement.

La chaine du Llaurenti s'étend depuis l'extrémité de la
vallée de Carol au Port de Puig-Morens (2.980 mètres
d'altitude), jusqu'au Port de Pallères (2.250 mètres
d'altitude), vallée de Mijanés, dans le *Pays de Sault.*
Dans son étendue elle confronte les vallées de la Cerdagne et du Capcir, au midi; celles de l'Ariége, à l'ouest,
et celles de l'Aude, à l'est et au nord, contrées qui cons-
tituaient l'ancien *Donnezan.*

Dans une étendue de dix lieues carrées, le Llaurenti
offre de riches montagnes avec des sites très-variés. Dans
les parties basses, on voit plusieurs villages, entourés
de belles prairies, parsemées d'arbres qui étendent leurs
branches en dôme sur des pâturages d'une fertilité éton-

nante; au fond des *Conques* (petits vallons en forme
d'entonnoirs) des plus hauts plateaux, sont des lacs très-
étendus et très-poissonneux; sur les flancs des coteaux
s'étendent des forêts de noisetiers, de bouleaux, de hêtres
et de sapins séculaires; des prairies émaillées de fleurs
et des pelouses d'une étendue immense s'étalent sur les
sommets les plus élevés; des torrents formés par le trop
plein des lacs et par la fonte des neiges supérieures, ser-
pentent dans toutes les vallées et viennent se joindre en
un seul lit pour former la petite rivière d'Artigues, qui va
se dégorger dans l'Aude. Au sein de cette nature riante,
dans l'isolement le plus complet, rien ne vient troubler
votre recueillement. Le chant mélodieux du merle de
roche, le cri aigu du bec croisé, joints au mugissement
du taureau, vous donnent seuls quelque distraction : tout
est bonheur dans ce calme parfait; et si, parfois, quelques
accents humains viennent frapper votre oreille, c'est la
voix du pâtre gardant ses bestiaux, *houloudant* (froissant,
amollissant) la peau desséchée de l'agneau qui doit le
garantir pendant la saison des frimats; il chante de vieux
refrains qui n'ont pas dépassé les limites de ces riantes
contrées.

Le Llaurenti est aussi élevé que le Capcir; à la fin
d'août on trouve encore, en beaucoup d'endroits, des
masses de neige qui attendent le retour de celle que le
mois d'octobre va répandre de nouveau. Terrain primitif
dans toute la région supérieure, il présente, sur plusieurs
points, le plus horrible tableau des déchirements de la
terre, à l'époque du soulèvement des Pyrénées.

Deux routes sont ouvertes pour aller de Perpignan au
Llaurenti. Elles sont d'une longueur égale, 25 lieues

environ : l'une, suit la vallée de l'Agly, la Boulsane et la
forêt de Salvanère ; l'autre, passe par la vallée de la Tet,
Olette et le Capcir : cette dernière est celle que nous
avons choisie.

Le trajet de Perpignan à Olette est connu ; nous l'avons
décrit.

En partant d'Olette, il faut suivre la rive droite de la
petite rivière de Cabrils pour gravir la montée très-pénible
de la *Coste-Llargue* (côte longue). Chemin faisant l'on
explore les ravins, tout en se dirigeant sur Ayguatébia ;
après quoi l'on escalade les roches granitiques de la
montagne de Ralleu, et l'on franchit le Col de Creu pour
entrer dans le Capcir. Bientôt l'on est à Formiguères,
point de relâche que nous connaissons déjà, où l'on passe
la nuit. Le lendemain, de bonne heure, l'on traverse les
prairies qui conduisent à Fontrabiouse ; on monte au *Col
d'Ares,* point culminant qui sépare l'Aude des Pyrénées-
Orientales, et l'on descend au Llaurenti. A midi on est
à Quérigut, capitale de la contrée.

Quérigut est un chef-lieu de canton du département
de l'Ariége ; on y compte 1.500 habitants : c'est le point le
plus propice pour établir son quartier-général. On dépose
le gros des effets dans l'auberge, parfaitement tenue par
le maître d'école, et l'on herborise dans tous les environs,
très-riches en plantes rares.

Montagne du Llaurenti et Étang de Quérigut.

De Quérigut, il faut aller explorer la montagne du Llaurenti, soit en droite ligne, par le chemin d'Artigues, soit
en tournant la montagne de Quérigut. La direction la plus

fructueuse est celle qui, au sortir du village par le levant,
se dirige, à travers les prairies, vers la *Côte d'en Cumbet*.
Là est un bois de fayards qui a de grandes éclaircies, et
qui renferme des prairies humides, où l'on cueille des
plantes en abondance; la rivière coule au pied de ce bois;
on la traverse au *Prat d'en Coy,* et on gagne le bois de
la Limouse; on monte toujours en côtoyant un ravin à
travers bois et des pelouses tourbeuses remplies de jolies
plantes; on arrive au *Pas de l'Aigua;* on côtoye le ruisseau qui borde le bois et l'on monte toujours en se dirigeant vers *Campelles.* Ici l'on doit faire une longue station
pour explorer *lé trau dé la Muller d'en Jau,* prairies immenses, accidentées, ombragées, couvertes de fleurs alpines.
Préservée de la dent des bestiaux depuis plusieurs années,
la végétation de ce pays est des plus luxuriantes; la belle
Valeriana pyrenaïca y croît à la hauteur d'un mètre.

Après avoir parcouru les prairies à droite et à gauche,
l'on s'achemine vers l'étang de Quérigut, en remontant le
ruisseau formé par les eaux qui s'échappent de cet étang.
L'accès en est un peu difficile; on doit passer dans des
fourrés qui fournissent des plantes rares, telles que :
Rosa alpina, Lin.; — *Geum rivale,* Lin.; — *Saxifraga
geranioïdes,* Lin.; — *Sonchus palustris,* Lin.; — *Lactuca
plumieri,* Gren. et God.; — *Pyrola rotundifolia,* Lin.; —
P. minor, Lin. (ces deux dernières parmi les fourrés).

Enfin, on arrive sur le plateau de l'étang : les alentours
sont très-riches en plantes. Il faut visiter les prairies et
les petites vallées qui avoisinent la *Conque* de l'étang : les
papillons des régions alpines abondent en ce lieu; ensuite
on monte par les *Llises,* éboulis schisteux, difficiles à gravir, jusqu'aux rochers qui dominent l'étang, où l'on ren-

contre en abondance le *Lilium pyrenaïcum*, et l'on va coucher à la *Jasse de la Bentaillole*, située au milieu du plateau supérieur.

Le vaste plateau de la Jasse de la Bentaillole est très-nu et n'offre pas un grand appât au naturaliste : son exploration ne retient pas longtemps ; on se dépêche donc d'aller visiter le *Bosc Nègre* (le bois noir). On se dirige, ensuite, vers le *Pla de l'Ours,* où se trouvent des prairies immenses, garnies des plus jolies fleurs alpines, telles que : *Primula integrifolia*, Lin.; —*Ranunculus pyreneus*, Lin.; — *Viscaria alpina*, Fries.; —*Aster alpinus*, Lin.;— *Gentiana pyrenaïca*, Lin.; — *G. verna*, Lin.; —*Pinguicula grandiflora*, Lin.;—*Vaccinium uliginosum*, Lin., etc., etc.

Ces prairies conduisent au *Pla de Bernard,* situé sur le sommet de la montagne Bentaillole, d'où l'on descend par les bois de la Gandide vers Boutadiol, pays très-accidenté, couvert de bois immenses, où l'on récolte de très-bonnes plantes, entre autres plusieurs saxifrages, *Silene acaulis*, Lin.; —*Loiscleuria procumbens*, Des., etc.

On descend, toujours en herborisant, vers *les Aiguettes,* jasse située sur le plateau triangulaire que forment les deux torrents qui descendent de l'étang du Llaurenti, et qui se rejoignent à quelque distance pour former la rivière de Quérigut ou d'Artigues. On se repose à cette jasse pour gravir ensuite la montagne à travers bois, et monter sur le plateau où est situé l'étang du Llaurenti. Ici, on trouve une grande jasse, où se retirent les troupeaux du pays de Foix qui viennent y passer la belle saison.

Étang du Llaurenti, Roc Blanc, fontaine glacée et gorge du Saillens.

L'étang du Llaurenti, qu'on appelle dans le pays l'étang d'Artigues, est situé à l'entrée d'une gorge qui forme d'abord un bassin arrondi de 450 mètres de circonférence; l'eau en est très-froide, mais très-légère; on prétend que le poisson n'y vit pas à cause de sa température. Quatre pics entourent l'étang; on ne doit pas négliger de les visiter, pour y recueillir des plantes nombreuses qui croissent parmi leurs roches très-escarpées : le plus élevé porte le nom de *Roc Blanc,* parce qu'il est constamment couvert de neige; il a 2.604 mètres d'altitude. La gorge, dont la direction est E.-O., se rétrécit immédiatement après qu'on a dépassé l'étang. A 300 pas, on rencontre une source très-abondante, dont l'eau est si froide qu'elle n'accuse qu'un degré au-dessus de zéro. Tout près de cette fontaine et sur les rochers, on trouve : *Gentiana nivalis,* Lin.;—*Buplevrum angulosum,* Lin., ou *B. pyreneum,* Gou.;—*Astrancia minor,* Lin.;—*Angelica Razulii,* Gou.; — *Hutchinsia alpina,* Brow., et plusieurs saules des régions sub-alpines.

Vu de l'étang et à travers l'échappée du vallon, le Llaurenti se présente sous l'aspect d'un tableau magnifique et pittoresque. La gorge dans laquelle on herborise mérite une attention particulière, puisqu'on y récolte : *Veronica nummularia,* Gou.;— *Ver. bellidioïdes,* Lin.;— *Allium scorodophrasum,* Lin.; — *Drias octopetala,* Lin.; —*Oxitropis pyrenaïca,* Gren. et God.;—*Oxi. uralensis,* Bung;—*Carex atrata,* Lin.;—*C. digitala,* Lin., etc.

On quitte cet endroit en suivant la petite rivière qui sort de l'étang, et qui se jette dans la gorge de *Saillens;* on descend vers le *Pla d'en Bosch*, et on traverse les belles horreurs de *Fronteils*, accumulation immense de roches granitiques, qui représentent bien les bouleversements qu'a éprouvés ce lieu sauvage pendant les révolutions du globe. On s'achemine, ensuite, par les bois et prairies, couvertes d'ombellifères et de liliacées, vers Mijanés, où l'on va coucher, pour être plus à portée d'explorer le lendemain la vallée qui conduit au port de Pallères.

Vallée de Mijanés.

La vallée de Mijanés a une étendue de 12 kilomètres; elle conduit au port de Pallères, dont l'altitude est de 2.550 mètres : une très-belle route y conduit le voyageur. En sortant du village, à gauche de la grand'route, se trouvent d'immenses prairies, qu'on appelle *Clots de Pallères :* c'est une contrée très-accidentée, coupée de plusieurs ravins et de monticules, parsemée de plusieurs bouquets d'arbres touffus, couverte de plantes alpines, et où l'on peut faire une abondante moisson. Ces prairies conduisent graduellement aux contreforts de la montagne de Pallères, où des neiges éternelles fournissent beaucoup d'eau, qui se répand dans les prairies et y entretient la fraîcheur. On explorera avec soin les nombreux vallons situés sur le revers sud de la montagne. On visitera toutes les gorges où sont situées les jasses de *Ca'n Russe,* où les troupeaux du pays de Foix viennent passer la belle saison, et petit-à-petit, à travers une végétation luxuriante, on arrivera au

sommet du port de Pallères. Sur ce point, est un plateau
très-étendu, couvert de gazon, qu'on nomme *Pla de Mon-
pure;* il est traversé par la grand'route qui conduit à Foix.
Au midi du port de Pallères, se trouve la *Jasse Bédallère,*
qui est aussi entourée de belles pelouses et d'un terrain
frais et accidenté. Tout à fait au nord de cette montagne,
dans une position très-pittoresque, est établie la *Jasse
Dourtounan.* Toute cette région est charmante; on la
parcourt sans trop de fatigue et on y fait une ample moisson en plantes et en insectes rares, parmi lesquels nous
signalerons : *Anemone alpina*, Lin.;—*A. montana*, Hop.;
—*A. ranunculoïdes*, Lin.;—*Adonis pyrenaïca*, Dec.;—
Ranunculus platanifolius, Lin.;—*Ran. pyreneus*, Lin.;—
Papaver alpinum, Lin.;—*Draba pyrenaïca*, Lin.;—*Dr.
tomentosa*, Wahl.;—*Iberis garrexiana*, Alli.;—*Cardamine
alpina*, Wild.;—*Arabis alpina*, Lin.;—*Viola calcarata*,
Lin.;—*Silene rupestris*, Lin.;—*Arenaria ciliata*, Lin.;—
Aren. grandiflora, Alli.;—*Cerastium latifolium*, Lin.;—
Asperula nodosa, Pour.;—*Rhamnus alpina*, Lin.;—*Oxi-
tropis Alleri*, Bung.;—*Ox. pyrenaïca*, God. et Gren.;—
Drias octopetala, Lin.;—*Potentilla grandiflora*, Lin.;—
P. stipularis, Pour.;—*Saxifraga petræa*, Lin.;—*S. mutata*,
Lin.;—*S. media*, Gou.;—*S. pentadactylis*, Lap.;—*Angelica pyrenea*, Spren.;—*Laserpitium Nestleri*, Wil.;—*Las.
siler*, Lin.;—*Molopospermum cicatarium*, Dec.;—*Asperula
pyrenaïca*, Lin.;—*Valeriana tripteris*, Lin.;—*V. tuberosa*,
Lin.;—*Lactuca plumieri*, Gren. et God.;—*Crepis grandiflora*, Tausch;—*Carduus medius*, Gouan;—*Arthemisia
mutelliana*, Wil.;—*Senecio incanus*, Lin.;—*Achillea nana*,
Lin.;—*Loiseleuria procumbens*, Desv.;—*Gentiana bava-
rica*, Lin.;—*G. nivalis*, Lin.;—*G. pyrenaïca*, Lin.;—

Veronica alpina, Lin.;— *V. ponœ*, Gou.;— *V. latifolia*, Lam.;—*Horminum pyrenaïcum*, Lin.;—*Androsace pyrenaïca*, Lam.;— *And. septentrionalis*, Lin.; —*Poligonum alpinum*, Alli.;—*Salix retusa*, Lin.;— *S. laponum*, Lin.; *S. arenaria*, Dubi;—*Polygonatum verticillatum*, Alli.;— *Luzula nivea*, Lin.;—*L. spicata*, Dec.;—*Cyperus aureus*, Ten.;—*Carex limosa*, Lin.;— *Aira alpina*, Lin.;—*Lycopodium alpinum*, Lin.;—*L. selaginoïdes*, Lin.;—*Polypodium dryopteris*, Lin.;—*P. cristatum*, Lin., etc., etc.

De Mijanés à Quérigut il y a 6 kilomètres. On rentre dans cette dernière localité, où l'on dispose tout son butin pour revenir à Perpignan.

§ II.—Ile Sainte-Lucie.

L'île Sainte-Lucie est une station botanique très-importante, et visitée par tous les naturalistes qui viennent dans les Pyrénées-Orientales. Elle contient plusieurs plantes qui lui sont propres : c'est pour ce motif que nous l'avons comprise dans la flore du Roussillon. Du reste, elle touche pour ainsi dire notre département, et le chemin de fer de Perpignan y transporte en une heure.

L'île Sainte-Lucie, autrefois *Cauchène* ou *Conquenne*, est située à l'extrémité du canal de la *Robine*, entre les étangs de Gruissan et de Bages, qui n'en formaient qu'un seul avant la construction du canal. Ce canal passe au pied de l'île, la contourne au nord et à l'est, et va se jeter à la mer au *Grau* de La Nouvelle. Cette île, célèbre autrefois, ne conserve de son antique splendeur que des ruines romaines du plus grand intérêt. Elle a une lieue d'étendue, et demi-lieue de largeur. Elle est couverte de terres

cultivées, de vignes, etc., et forme un domaine magnifique, appartenant à M. Delmas, de Narbonne : le chemin
de fer la traverse dans toute sa longueur. Sous le rapport
de l'histoire naturelle, le botaniste, le conchyliologiste et
l'entomologiste peuvent y faire d'amples moissons. Parmi
les plantes rares qu'on y rencontre, nous signalerons :
Alyssum maritimum, Lam.;—*Sagina erecta*, Lin.;—*Silene
mussipula*, Lin.; —*Erodium romanum*, Lin.; —*Er. litto-
reum*, Dec.;—*Astragalus massiliensis*, Lam.;—*Buplevrum
glaucum*, Rob.; —*Caucalis maritima*, Lam.;—*Smirnium
olusatrum*, Lin.;—*Crithmum maritimum*, Lin.;—*Scabiosa
maritima*, Lin.;—*Crucianella maritima*, Lin.;—*Scolymus
maculatus*, Lin.;—*Santolina incana*, Lam.;—*Heliotropium
curassavicum*, Lin.; —*Centaurea leucantha*, Pour.;—*Cirsium echinatum*, Dec.;—*Cirs. ferox*, Dec.;—*Artemisia
gallica*, Wil.;—*Hyociamus aureus*, Lin.;—*H. niger*, Lin.;
—*Phlomis lignitis*, Lin.; —*Statice limonium*, Lin.;—*St.
lychnidifolia*, Gir.; —*St. confusa*, God. et Gren.; —*St.
girardiana*, Gull.; —*St. duriuscula*, Gir.; —*St. virgata*,
Wil.; —*St. bellidifolia*, Gou.; —*St. echioïdes*, Lin.; —*St.
ferulacea*, Lin.;—*St. diffusa*, Pour.;—*St. Companyonii*,
Billot et Grenier;—*Limoniastrum monopetalum*, Bois.;—
Plumbago europea, Lin.; —*Plantago maritima*, Lin.;—
Rupia maritima, Lin.;—*Salicornia fructicosa*, Lin.;—*S.
herbacea*, Lin.;—*Ononis ramosissima*, Des.;—*O. breviflora*,
Dec.;—*Amarantus deflexus*, Lin.; —*A. retroflexus*, Lin.;
—*A. albus*, Lin.; —*Atriplex laciniata*, Lin.;—*Atr. hali-
mus*, Lin.; —*Beta maritima*, Lin.;—*Kochia prostrata*,
Schard.;—*Salicornia fructicosa*, Lin.;—*Sueda splendens*,
Gren. et God.;—*Salsola kali*, Lin.;—*Sals. soda*, Lin.;—
Sals. tragus, Lin.; —*Passerina thymelea*, Dec.;—*Pass.*

hirsuta, Lin.;—*Euphorbia mucronata*, Lap.;—*Juniperus oxycedrus*, Lin.;—*Ephedra distachya*, Lin.;—*Potamogeton crispum*, Lin.;—*Alopecurus bulbosus*, Lin., etc.

Quant aux insectes, toutes les espèces du littoral de la Méditerranée y abondent. Nous signalerons cependant : *Cicindela flexuosa*, Fab.;—*Cic. trisignata*, Illig.;—*Odacanta melanura*, Fab.;—*Dripta cylindricollis*, Fab.;—*Cymindis humeralis*, Fab.;—*Dromius corticalis*, Duf.;—*Dr. meridionalis*, Des.;—*Lebia turcica*, Fab.;—*Brachinus immaculicornis*, Déj.;—*Scarites pyragmon*, Bon.;—*Scar. terricola*, Bon.;—*Scar. levigatus*, Fab.;—*Carabus auratus,* Fab.;—*Car. lotharingus*, Déj.;—*Nebria arenaria*, Fab.;—*Melolontha vulgaris*, Fabr.;—*Catalasis pilosa*, Fabr.;—*Rhisotrogus solsticialis*, Fabr.;—*Ris. tropicus*, Schœn.;—*Omaloplia. aquila*, Déj.;—*Hymenontia strigosa*, Illig.;—*Amphicoma bombiliformis*, Fab.;—*Valgus hemipterus*, Fab.;—*Cetonia morio*, Fab.;—*Cet. angustata*, Ger.;—*Cet. hirta*, Fab.;—*Pimelia granulata*, Déj.;—*Helops caraboïdes*, Panz.;—*Cistela ceramboïdes*, Fab.;—*Tropideres niveirostris*, Fab.;—*Atelabus curculionoïdes*, Fab.;—*Apion nigritarse*, Kirby;—*Ap. flavipes*, Fab.;—*Thylacites subterraneus*, Déj.;—*Sciaphilus muricatus*, Fabr.;—*Polydrusus flavipes,*, Gylh.;—*Pol. picus*, Fab.;—*Phytonomus punctatus*, Fab.;—*Ph. polygoni*, Fab.;—*Peritelus oblongus*, Déj.;—*Perit. senex*, Déj.;—*Larinus cinarœ*, Fab.;—*Lar. carlinœ*, Oliv.;—*Doritomus juratus*, Chev.;—*Dorit. dorsalis*, Fab., etc., etc.

DEUXIÈME PARTIE.

RÈGNE MINÉRAL.

————

GÉNÉRALITÉS.

La géologie et la minéralogie de la chaîne des Pyrénées, ont été l'objet des savantes et profondes études de Palassou, Charpentier, Reboul, Vidal, Darcet, Rocheblave, Picot-de-Lapeyrouse, Dufrenoy, Élie de Beaumont, etc.; mais tous ces écrivains se sont bornés à effleurer le sujet en ce qui concerne le département des Pyrénées-Orientales. Le seul ouvrage qui parle de l'histoire naturelle de notre département avec le plus de détail, c'est le *Voyage pittoresque de la France,* publié en 1787 par une société de gens de lettres, et dédié au Roi. On attribue au docteur Carrère[1], de Perpignan, la partie de l'ouvrage intitulée :

(1) L'Université de Perpignan, voulant réunir une collection complète de toutes les productions naturelles de la province du Roussillon, décréta, le 8 octobre 1770, qu'il serait créé un Cabinet d'Histoire naturelle, borné à ses seules productions. Elle chargea M. Carrère, alors professeur d'anatomie et de chirurgie dans cette Université, d'organiser ce cabinet. Trois ans après, dit un auteur contemporain, ce Muséum présentait déjà un spectacle intéressant; la collection d'environ 2.000 plantes formait le règne végétal; le règne minéral contenait une grande quantité de métaux, de pétrifications, de congélations, de cristallisations, de sels, de terres, de pierres, de marbres; le règne animal ne se faisait pas moins distinguer par la variété et la multiplicité des êtres qu'il renfermait: cette partie se

Province du Roussillon. En ce temps-là, la science géologique n'était pas encore créée ; mais les documents que
contient ce livre très-rare, sont assez curieux pour être
rapportés ici.

« Le corps des Pyrénées, » y est-il dit, « est une
« masse granitique, environnée et quelquefois recouverte
« de couches, tantôt de granit, tantôt de marbre, tantôt
« de schiste, et cette masse est le fondement d'où par-
« tent les prolongements qui forment les collines, les
« vallées et les débris qu'on trouve dans les plaines.

« La plaine du Roussillon présente d'abord des débris
« en sable, sablon ou pierre roulée, de marbre, de schiste
« dur, de granit, de quartz arrondis, ovales ou lenticu-
« laires, rarement anguleux. En la remontant vers le
« Conflent, on trouve à Corbère le premier roc solide
« en contraste avec le sol mouvant de cette plaine ; les
« roches y sont d'un marbre gris très-vif et très-dur,
« dont on a fait de la bonne chaux. A Vinça, première
« ville du Conflent, et sur la rive gauche de la Tet à
« l'entrée de cette contrée paraît, pour la première fois,
« un granit en roche, et au-dessus se trouve une immense
« blocaille des débris de montagnes supérieures, que les
« eaux ont laissées à droite et à gauche et au-dessus de
« leur cours actuel. A mesure qu'on avance dans le Conflent,

---

trouvait enrichie des productions de la mer, lithophytes, éponges, cora-
lines, coquillages, madrépores, millepores, coraux, outre une grande
quantité de poissons de toutes les espèces. Mais, en 1787, on se plaignait
de la négligence apportée déjà dans l'entretien de ce cabinet, et l'on demandait qu'on veillât avec plus de soin à sa conservation. Enfin, en 1833, quand
nous avons organisé le nouveau cabinet qui existe aujourd'hui, il ne restait
plus des anciennes collections, que quelques échantillons de minéraux
et quelques plantes vermoulues dans l'herbier ; *tout le reste avait disparu !*

« l'atterrissement devient plus massif, les rocs des pierres
« roulées plus volumineux, et la blocaille plus anguleuse.
« A Prades, le sol est encore granitique ; mais à Ville-
« franche succèdent des marbres de diverses couleurs ;
« au-dessus de cette ville, du schiste dur ; à Olette, des
« ardoises ; au sud de cette ville, des bancs de marbre
« gris ; au-dessus, vers les *Graus,* d'autres bancs de schiste
« dur et des masses de marbre gris ; enfin, on trouve à
« Mont-Louis la grande masse granitique dont nous avons
« déjà parlé.

« Le haut Vallespir paraît formé des mêmes matériaux.
« En remontant, entre Perpignan et Céret, on trouve beau-
« coup de pierres roulées et de débris de sable ou sablon,
« surtout dans le voisinage des rivières ; l'intérieur des
« terres est un mélange de ces débris et de terre argileuse.
« Au-dessus de Céret, commencent les bancs de schiste
« dur et de marbre gris, qui s'étendent en largeur du côté
« du sud ; ils se prolongent jusqu'au-dessus de Palalda et
« Arles ; on trouve ici des masses de granit et des roches
« feuilletées granitoïdes. Ensuite, en allant vers Prats-de-
« Molló, des roches de marbre gris et de schiste, comme
« alternativement ; enfin, à La Preste est le granit, accom-
« pagné de son schiste dur ou pierre granitoïde.

« Le terrain est composé de terres sablonneuses et de
« gravier entre Perpignan et Elne, et couvert de pierres
« roulées aux environs du Tech ; il devient ensuite sablon-
« neux jusqu'à Argelès, et argileux au-dessus de cette ville.
« Peu après commencent des masses de granit, et un peu
« plus loin des bancs presque verticaux de schiste dur,
« interrompus par quelques bancs de marbre gris, et qui
« se prolongent jusqu'au-dessus de Collioure.

« Les marbres sont assez multipliés sur toutes ces chaî-
« nes de montagnes, soit primitives, soit secondaires. On
« en trouve de rouge à Reynès, de gris et de rouge du
« côté de Palalda, de gris à Corbère, de blanc veiné de
« bleu sur la montagne de Fossa, du rouge et du varié,
« blanc, vert et rouge dans tous les environs de Ville-
« franche : ces dernières carrières sont les plus abondantes,
« et fournissent le plus beau marbre. On vient cependant
« de découvrir près de Py, à quatre lieues de Ville-
« franche, un marbre blanc, dont la beauté peut le faire
« comparer au jaspe.

  « On trouve des topazes au bas du Pic de Bugarach et
« à Massanet, au lieu appelé *Sainte-Colombe;* des agates
« sur le *Pla de Gantas* (au-dessus de la montagne d'Es-
« caro); des pierres transparentes blanches, bleuâtres,
« violettes, à six faces, de la grosseur d'une olive, vers
« la montagne de Salses, sur un terrain sablonneux; du
« talc assez ressemblant au schiste près d'Estagel; du
« cristal sur le Canigou, dans les endroits couverts de
« neige depuis longtemps; des pierres très-dures, noires,
« brillantes, sans même avoir été polies, à Notre-Dame-
« du-Coral, en Vallespir; on en forme des grains, qu'on
« appelle dans le pays *corail noir,* dont on fait des colliers
« et des chapelets; on croit que c'est le *Lapis obsidiaris*
« de Pline.

  « Les pétrifications de différentes espèces sont très-répan-
« dues sur ces montagnes : on y remarque des *bélemnites,*
« dont quelques-unes sont entourées de clous comme dorés,
« des *ichthyopètres,* des *glossopètres,* des *trochites,* des
« *astroïtes,* des *millepores,* des *frondispores,* des *échinites,*
« des *pectinites,* des bois pétrifiés, des *hystéropètres,* des

« *priapolites,* ces deux derniers quelquefois réunis ensem-
« bles, des fragments de coquilles, des pierres qui portent
« l'empreinte des feuilles de ronce ou de vigne. On les
« trouve principalement près de Néfiach, au pied de la
« montagne de Batèra, près d'un rocher appelé *los Cas-*
« *tilleros,* sur la montagne d'Opol, au-dessous du château,
« au bas du pic de Bugarach, dans le territoire de Costujes
« et dans plusieurs autres endroits qu'il serait trop long
« d'indiquer [1]. »

(1) Voir la suite de cet article à la *Minéralogie.*

CHAPITRE PREMIER.

GÉOLOGIE.

Les roches qui constituent le sol des Pyrénées-Orientales, sont de différente nature, et prennent leur origine à l'époque des formations sédimentaires qui les ont constituées. Il est incontestable que les roches ignées qui supportent le massif des Pyrénées, se sont fait jour à travers les terrains stratifiés, et qu'elles en ont modifié la constitution et dérangé la position primitive.

« Si la terre n'avait jamais subi aucun bouleversement, » dit M. Beudant, « les couches sédimentaires dont se com-« pose son écorce solide, rigoureusement concentriques, « se recouvriraient toutes successivement, et la dernière, « enveloppant toutes celles qui l'ont précédée, se trou-« verait elle-même sous les eaux, qui s'étendraient en une « mer sans bornes. Il n'y aurait dès lors aucune terre « visible, et le genre humain n'existerait pas; d'où il suit « qu'avant toute création terrestre, il est d'absolue néces-« sité que le globe ait été le théâtre de diverses catastro-« phes, pour élever successivement les terres au-dessus « des eaux et établir un ordre de choses plus ou moins « analogue à celui que nous voyons. Il fallait que *l'aride* « *parût,* et l'observation nous permet d'ajouter, il fallait « qu'il parût par portions successives, pour déterminer « toutes les variations de la nature, de forme, d'humi-

« dité, de sécheresse, dont l'ensemble devait procurer à
« l'homme, la somme de bien-être que le Créateur lui
« destinait ici-bas. La recherche des apparitions succes-
« sives des terres, est un des plus beaux points de vue
« sous lesquels on puisse envisager la géologie, et nous
« devons à M. Élie de Beaumont de nous avoir ouvert la
« route, en établissant l'ordre chronologique des princi-
« pales catastrophes arrivées en Europe [1]. »

Les diverses catastrophes qui ont eu lieu à la surface
du globe, paraissent toujours avoir été brusques, ajoute
M. Beudant, et le mouvement du sol qui s'est opéré, a été
extrêmement court.

SOULÈVEMENT DES PYRÉNÉES.

L'apparition des Pyrénées fut le treizième dans l'ordre
des dix-sept soulèvements établis par les géologues; elle
se fit entre le terrain crétacé supérieur et le calcaire
parisien, et précéda l'apparition des Alpes occidentales
et des Alpes principales.

« Ce système se rapproche de celui des Ballons, dont
« il ne diffère que de trois degrés; mais, ici, tout le terrain
« crétacé supérieur lui-même, se trouve relevé même à
« des hauteurs considérables, formant de grands escar-
« pements dans le haut de quelques vallées, surtout du
« côté de l'Espagne. Le dépôt qui s'est alors formé
« horizontalement dans les mers, appartient au calcaire
« parisien, par lequel on commence ordinairement les
« terrains tertiaires. Or, ces dépôts offrent très-peu

(1) *Géologie*, p. 286.

« d'étendue à la surface de la France, nous pouvons
« même dire de l'Europe; d'où il résulte qu'à l'époque
« pyrénéenne, la plus grande partie de notre continent
« s'est trouvée tout-à-coup élevée au-dessus des eaux et
« amenée à l'état de terre ferme.

« Non-seulement toute la chaîne des Pyrénées, tant en
« France que dans les Asturies, appartient à l'époque de
« soulèvement dont nous nous occupons, mais encore
« celle des Apennins, des Alpes Juliennes, les Karpathes,
« les Balkans et jusqu'aux montagnes de la Grèce. On
« retrouve la même direction dans les nombreuses dislo-
« cations et dénudations qu'on remarque en Allemagne,
« dans le Nord de la France, comme dans le Boulonnais,
« le pays de Bray et dans le Wealds de l'Angleterre;
« d'où il résulte que cette catastrophe a été une des plus
« grandes et des plus étendues à la surface de l'Europe,
« nous pouvons dire du monde entier [1]. »

ÉPOQUE DU SOULÈVEMENT DU CANIGOU.

Dans un mémoire publié par M. Dufrénoy [2], ce savant
dit que le sol sur lequel a surgi le Canigou, était déjà
devenu montueux à une époque antérieure, et que le
Canigou n'a pris son relief actuel qu'à une époque postérieure au soulèvement général de la chaîne. Du reste,
laissons parler le maître; le sujet est assez intéressant
pour s'y arrêter un peu :

(1) Beudant, ouvrage cité, p. 501.
(2) Ce mémoire fait partie de la collection des *Mémoires pour servir à une
description géologique de la France*, rédigés par ordre de M. le Directeur de
l'Administration générale des Ponts et Chaussées et des Mines. T. II, p. 415.

« ......Les amas de calcaire saccharoïde enclavé dans
« le granite, me paraissent appartenir également à la for-
« mation du calcaire à orthocères; ils auront probable-
« ment été empâtés dans le granite, à l'époque où les
« Pyrénées se sont élevées au jour, époque plus ancienne
« que celle à laquelle la montagne du Canigou a pris son
« relief actuel. En effet, différentes circonstances me font
« présumer que le dernier surgissement de ce groupe de
« montagnes, est plus moderne que celui du reste de la
« chaîne : la principale consiste dans le relèvement des
« terrains tertiaires les plus récents vers la cime du Cani-
« gou. Ainsi, à Néfiach, à Banyuls-dels-Aspres, villages
« situés dans la vallée de la Tet [1] au nord du Canigou,
« M. Reboul a indiqué, depuis longtemps, que les marnes
« argileuses qui contiennent des fossiles analogues aux
« terrains subapennins, sont en couches fortement incli-
« nées. Au sud du Canigou, des terrains à lignites éga-
« lement très-modernes, qui forment une petite bande
« dans la Cerdagne, depuis Llivia jusqu'à la hauteur de
« la Seu-d'Urgell, sont en couches relevées d'environ 60°
« vers le N. 20° O. Les terrains tertiaires situés sur les
« deux versants de cette montagne, ont donc été fortement
« dérangés, tandis que, sur toute la longueur de la chaîne
« des Pyrénées, les terrains tertiaires se sont déposés
« horizontalement au pied de la vaste falaise formée par
« cette même chaîne. La direction des couches tertiaires
« de la Cerdagne E. 20° N. O. 20° S., est à peu près la

_____

(1) M. Dufrénoy commet une erreur sur la position géographique de
Banyuls-dels-Aspres; ce village est situé sur les bords du Tech, à l'est du
Canigou.

« même que celle que le soulèvement des ophites à im-
« primée à ces mêmes terrains dans la Catalogne, dans
« la Navarre et la Chalosse : cette direction, qui corres-
« pond à celle indiquée par M. Élie de Beaumont pour
« la chaîne principale des Alpes et les chaînes les plus
« récentes de la Provence, me conduit à supposer que
« c'est à cette même époque que le massif du Canigou
« a pris son relief actuel; la direction générale de ses
« crêtes, celles des vallées de la Tet, du Tech et du
« Sègre, qui en sont la conséquence, s'accordent avec
« cette supposition.

« Plusieurs vallées qui sillonnent le pied du Canigou,
« sont très-profondes. La petite vallée qui prend nais-
« sance au-dessous de Cortsavy et se jette dans le Tech,
« près d'Arles, présente un escarpement à pic de plu-
« sieurs centaines de mètres. Cette circonstance, jointe
« à la position de lambeaux de calcaire de transition qui
« forment par leur ensemble, ainsi que je l'ai déjà fait
« remarquer, une ceinture discontinue sur les flancs du
« Canigou, ne peuvent s'expliquer qu'en admettant que
« ce groupe de montagnes a été soulevé d'un seul jet au
« milieu des terrains de transition qui avaient alors un
« relief peu prononcé, et qui étaient recouverts en diffé-
« rents points par des dépôts très-modernes; cependant,
« comme les lambeaux de terrain moderne n'ont jamais
« été continus puisqu'ils sont en partie marins et en
« partie d'eau douce, il est certain que le sol sur lequel
« a surgi le Canigou, était déjà devenu montueux à une
« époque antérieure. La présence des minerais de fer porte
« à croire que le soulèvement pyrénéen l'avait déjà forte-
« ment accidenté. Les vallées profondes que je viens de

« signaler sont des fentes de déchirements qui résultent
« de ce dernier mode de formation[1]. »

COMPOSITION DE LA CHAÎNE DES PYRÉNÉES.

La chaîne des Pyrénées qui forme une immense barrière entre la France et l'Espagne, dit M. Palassou, est
en général composée de trois espèces de roches; elles
consistent en granit, schiste argileux et chaux carbonatée : la première constitue la base sur laquelle reposent
les deux autres; et il semble que la nature l'ait disposée
par masses continues, comme si, dans sa prévoyance,
elle avait eu le dessein de rendre plus solide le fondement
qui supporte la croûte extérieure de la chaîne[2].

TERRAIN PRIMITIF, GRANITE.

En jetant un coup d'œil sur la carte géologique de la
France, dressée par MM. Dufrénoy et Élie de Beaumont,
l'on reconnaît que les terrains primitifs dominent dans la
constitution géognostique du département des Pyrénées-
Orientales. Le granite se montre jusqu'aux faîtes les plus
élevés de la chaîne. On le remarque au sommet des montagnes qui divisent la vallée de l'Ariége de celle de la Tet;
il compose des masses très-considérables qui se réunissent en partie vers Mont-Louis. Le granite constitue les
montagnes de Puyvalador, de Quérigut, le Roc de Lescale

(1) Ouvrage cité, p. 422 à 428, tome II. 1854.
(2) Mémoires pour servir à l'histoire naturelle des Pyrénées et des pays
adjacents.

et le Plá del Pous, par lequel passe la limite commune des départements des Pyrénées-Orientales et de l'Aude; on le voit encore entre Gincla et Puylaurens; vers Montfort, il est recouvert par des bandes d'argile stéatiteuse, auxquelles succèdent des schistes calcaires et de la chaux carbonatée. De Mont-Louis, le granite s'étend, d'une part, vers Molitg et Mosset, allant se joindre au Roc de Lescale, et, d'une autre part, sur la rive droite de la Tet, où il est terminé par le Canigou. Enfin, une autre ramification, franchissant la vallée du Tech à la Tour de Cos, vient, par un isthme très-étroit, former le faîte de la chaîne de Saint-Laurent-de-Cerdans à Bellegarde, s'unissant non loin de là aux montagnes des Albères.

DÉCOMPOSITION DU GRANITE, PIERRES BRANLANTES, TERRE A PORCELAINE.

En beaucoup d'endroits du département, le granite a perdu sa consistance et sa solidité ordinaire; il est devenu tout friable et graveleux. On trouve ainsi beaucoup de granite décomposé à Saint-Laurent-de-Cerdans, au Pla Guillem, au village du Tech, à Montferrer, etc. Cette décomposition a donné lieu à ces gros blocs arrondis, empilés quelquefois les uns sur les autres de la manière la plus bizarre, quelquefois en équilibre assez peu stable, et susceptibles d'osciller sous le plus léger effort: nous avons parlé de ces blocs granitiques en décrivant les environs d'Arles-sur-Tech. Si l'on cherchait bien, on découvrirait peut-être dans nos montagnes, comme on l'a découverte dans les Pyrénées occidentales, de la terre à porcelaine, qui provient, comme on sait, de la décomposition des roches granitiques. En effet, le feldspath, qui forme sa base, se décompose souvent par l'action des agents atmosphériques, et se transforme en une argile blanche et onctueuse, appelée *kaolin*, qui sert à faire la pâte de la porcelaine.

MINÉRAUX ET MÉTAUX QUE CONTIENT
LE GRANITE.

La formation granitoïde contient plusieurs pierres précieuses, telles que l'émeraude, le corindon, la topaze, le grenat, etc. Dans le cours de cet ouvrage, nous avons signalé la présence des grenats à Costa-Bona et à Caladroy.

Une des particularités les plus remarquables que l'on observe dans le terrain primitif des Pyrénées, est l'interposition de couches calcaires dans le granite. Ce gisement de calcaire primitif, si rare dans d'autres pays, se présente sur plusieurs endroits du département. Le premier exemple est sur le versant nord du Canigou, au fond de la vallée de Fulhà; le village de Py est assis sur une couche de marbre blanc lamellaire qui repose immédiatement sur le granite. Le second exemple existe sur les terres du *Mas Carol,* situé sur le premier plateau de la montagne de Céret. Le troisième est à Saint-Sauveur, entre Prats-de-Molló et La Preste, etc.

Les métaux sont peu abondants dans le granite, bien qu'on y trouve des filons et des amas de différentes variétés de fer, d'argent, de cuivre, d'étain, et même de l'or natif. Nous parlerons en son lieu des principales mines de fer exploitées sur les pentes du Canigou. Quant à l'or et

à l'argent, nos vieilles archives constatent que, à diverses
époques, des concessions générales ont été accordées pour
la recherche de ces métaux précieux; et des documents du
douzième au dix-septième siècle, signalent des gîtes aurifères et argentifères dans le pays [1].

SOURCES THERMALES DES TERRAINS PRIMITIFS.

C'est du granite, dit Anglada, que s'échappent toutes
les eaux thermales du département. Celles des Escaldas
surgissent du sein même de la roche granitique; celles
de Quez sortent aussi du granite; la région d'où surgissent les sources de Llo est toute granitique; c'est encore
dans la région des terrains primordiaux que l'on voit jaillir
les eaux sulfureuses de Saint-Thomas, et le massif d'où
elles s'échappent est un schiste micacé superposé à un
granite très-quartzeux; à Thuès, aux Graus-d'Olette, tout
se montre du ressort des terrains primitifs autour de ces
sources, le granite, le granite porphyroïde, le granite passant au gneiss, le gneiss, le gneiss porphyroïde, sont, dans
les environs, les roches les plus communes; on y retrouve
encore des protogynes ou quartzites chargées de serpentine, des porphyres grossiers à base feldspathique, des
roches feldspathiques parsemées de noyaux d'amphibole,
etc. A Molitg, la roche qui leur livre passage, est un
granite à gros grain, composé de feldspath blanc de lait,
de quartz gris blanchâtre et de mica noir en petites lames

(1) Voir les curieux documents publiés par M. Morer, archiviste du
département, sous le titre de *Recherches historiques sur l'ancienne exploitation des mines du Roussillon*. IXe vol. de la Société Agricole, Scientifique et
Littéraire des Pyrénées-Orientales, p. 290. 1854.

assez uniformément disséminées dans la roche : on y aperçoit peu d'amphibole ; en revanche, on découvre fréquemment dans les blocs de ce granite, des noyaux d'une teinte noire, qui tranchent sur le blanc de la masse, et où l'amphibole abonde spécialement. A Vernet, la roche qui leur livre passage, continue d'appartenir aux terrains primordiaux et cristallisés ; à Vinça, c'est une sorte de gneiss grisâtre formé de quartz, de feldspath et de mica, dont les matériaux sont disposés de manière à imprimer à la masse un aspect comme veiné ; à Amélie-les-Bains, la montagne au pied de laquelle sourdent les eaux thermales réunit tous les éléments du granite ; elle se montre riche en feldspath, est peu chargée de mica, et tend à la texture du gneiss, bientôt au micaschiste grossier, auquel viennent se superposer des couches épaisses de schiste noir argileux que parcourent, dans tous les sens, des veines de quartz ou d'un véritable granit blanc. Les sources de La Preste s'échappent du sein même du granite, comme la plupart des autres ; mais ce granite, très-chargé de feldspath et peu abondant en mica, semble passer au gneiss ou à la pegmatite : la roche, d'une couleur grisâtre, est très-quartzeuse, et surtout éminemment feldspathique.

USAGE DU GRANITE DANS LES PYRÉNÉES-ORIENTALES.

Le granite qu'on pourrait obtenir en pièces de toute dimension pour construire des monuments durables, est peu employé dans le département ; c'est au village de La Llagone, et dans quelques autres petites localités, qu'on taille cette roche pour des seuils de porte et des appuis

de croisée. La seule exploitation un peu importante de
granite, est établie, depuis un temps immémorial, près
des ruines de Reglella : on y taille des meules de moulin
à huile, qui sont prises sur une bande granitique qui court
dans le sens de la chaine, et qui s'étend presque sans
interruption, de la vallée de Saint-Girons, jusqu'aux environs de Perpignan.

TERRAIN DE TRANSITION OU SÉDIMENTS ANCIENS.

Les premiers dépôts qui se formèrent après le refroi-
dissement de notre planète, furent composés de schistes
argileux, bientôt modifiés au contact de la chaleur du
globe, et plus tard par les roches pyroïdes qui vinrent
pénétrer les terrains déjà formés.

« Les plus anciens dépôts de sédiment, dit M. Beudant,
« remontent, certainement, à une époque extrêmement
« reculée. Il a dû s'en former dès le moment où l'eau a
« pu rester liquide à la surface du globe, et les premiers
« ont dû se placer sur la pellicule refroidie et disloquée
« au-dessus de la matière en fusion. Mais, bien que nous
« apercevions des dépôts très-anciens relativement à ceux
« qui terminent nos continents, il n'est pas probable que
« nous soyons encore parvenus à ceux des premiers âges,
« qui se seront faits sans doute avant toute création orga-
« nique. Les plus anciens sédiments que nous ayons pu
« reconnaître jusqu'ici, renferment en effet des débris de
« mollusques zoophytes qui n'auraient pu vivre ni à la
« température de la mer primitive ni dans la solution
« saline qu'elle devait offrir alors, par suite des matières
« de la croûte consolidée qui venaient d'envelopper le

« globe , et qui devaient agir comme les laves en se
« refroidissant [1]. »

Le terrain de transition se compose des formations
micaschisteuse, cambrienne, silurienne, dévonienne et *car-
bonifère.*

Nous devons à M. Paillette , ingénieur des mines, qui
a longtemps vécu parmi nous, et qu'une mort prématurée
a enlevé à la science et à ses amis, une étude des terrains
de transition des Pyrénées-Orientales. Cette étude est
consignée dans un journal de la localité , intitulé : *Album
roussillonnais,* imprimé à Perpignan, en 1840. Nous allons
extraire de ce travail les passages suivants :

« Les terrains de transition occupent une grande partie
« de la surface du département. Ainsi, ce sont eux qui
« dans la vallée du Tech, forment le sol de l'espace com-
« pris entre le Pic de Costa-Bona et la chapelle du Coral,
« d'une part ; tandis qu'ils s'étendent de l'autre , depuis
« le village de La Preste jusqu'à la ville d'Arles, en ne
« laissant paraître que l'isthme granitique qui afflue près
« la Tour de Cos. Recouverts, non loin du Fort-les-
« Bains, par une formation plus moderne, ils s'allongent
« ensuite vers le nord , du côté d'Oms , pour se relier
« près de Glorianes , Finestret et Estoher, à des roches
« analogues qui suivent l'axe du Canigou, dessinent les
« hauteurs de Taurinya, Fillols, Escaro, puis se ratta-
« chent en définitive aux masses d'Olette, d'Orella et de
« Nohèdes.

« Le sous-sol de la Cerdagne-Française appartient encore
« aux roches de transition, et on peut en dire autant de

---

(1) Beudant. ouvrage cité. p. 179.

« quelques localités de la vallée de l'Agly, parmi lesquelles
« nous citerons Planèzes, Rasiguères, Latour-de-France,
« plusieurs vallons près Sournia, etc.

« Partout où nous avons étudié ce terrain dans le dé-
« partement, nous l'avons toujours trouvé composé de
« schistes et de calcaires de diverses espèces, que nous
« allons passer en revue, afin de faire connaître leurs
« propriétés respectives.

SCHISTES MICACÉS.

« Les schistes de l'époque qui nous occupe, offrent
« des caractères assez différents, suivant la position dans
« laquelle ils se trouvent.

« On les rencontre avec une apparence micacée, sur
« quelques points de la chaîne des Albères, du côté de
« Caladroy et non loin de Mont-Louis.

« Dans d'autres endroits, ils prennent un aspect miroi-
« tant, dû à une certaine quantité de talc interposé entre
« leurs feuillets, et nous citerons, comme exemple, les
« strates recoupées par la route royale, depuis Olette jus-
« qu'aux Graus. — On peut encore ranger dans la même
« catégorie plusieurs schistes des environs d'Esposolla,
« dans la vallée de Galba ; de Llo, en Cerdagne, et des
« hautes protubérances au milieu desquelles sont tracés
« le *Coll de Nou Fonts* ou la fosse *del Gegant.*

« La vallée du Tech, près La Preste et Saint-Sauveur,
« fournirait d'autres types excellents à étudier.

« Lorsque les schistes argileux possèdent des plans de
« clivage fortement prononcés, ils se divisent facilement,
« et sont exploités, ou pourraient l'être, comme pierres
« tégulaires.

« La même vallée de Galba, dans le Capcir, et les
« ravins aux alentours d'Orella et d'Évol, ainsi que ceux
« qui sillonnent l'espace compris entre les chapelles
« Saint-Christophe et Sainte-Marguerite, au-dessus de
« Ria, ne laissent aucun doute à cet égard.

« Au milieu de toutes les masses désignées dans les
« généralités sur le terrain de transition, vient se ranger
« une série de caractères qui emprunte son cachet parti-
« culier aux trois divisions que nous venons d'esquisser.

« C'est ainsi que les roches schisteuses peuvent être à
« la fois pénétrées de talc et de mica dans des couches
« fort voisines, et qu'elles sont plus ou moins feuilletées.

« Les directions que les couches affectent, ne sont pas
« d'une invariabilité absolue, quoiqu'on soit à même de
« remarquer une tendance non équivoque à un oriente-
« ment général, déterminé par le mouvement propre de
« la chaine des Pyrénées, et de temps à autre modifié
« par le soulèvement du Canigou.

« Voilà du moins ce qui semble résulter d'un grand
« nombre d'observations dans les vallées du Tech et de
« la Tet.

« L'annotation S. 50° E. des couches de la vallée de
« Galba, assez soutenue sur une longueur remarquable,
« est même assez peu écartée des précédentes.

« Les nappes schisteuses de la Cerdagne, participent,
« par leur position, à cette indication et à celles qu'il est
« facile de prendre près de Llo.

« On trouve les directions encore plus infléchies du
« côté de la *Coma de la Vaca* et d'*Espinabella*.

« Entre les *Mas Greffull* et *Lassala*, leur alignement
« varie entre E.-O. plein et S. 70° E.

« Du côté de Vallestavia et de Llech, notamment sur
« la pente du *Coll de la Gallina,* on a pris les directions
« variant fort peu, entre S. 40° et S. 50° E.

« J'en dirai autant pour les schistes bleuâtres qu'offrent
« à l'observateur les déchiquetures du terrain sur lequel
« est assis Villerach.

« Pour peu qu'on ait l'habitude des études géologiques,
« on comprendra sans peine quelle doit être la variabilité
« des pendages dans un département aussi accidenté que
« celui des Pyrénées-Orientales.

« Aussi, comme l'énumération des principaux résultats,
« serait encore trop aride et trop longue pour le but que
« nous nous proposons, on nous saura gré, sans nul
« doute, d'éliminer ces détails fastidieux.

GRAUWACKE.

« Les roches schisteuses contiennent accidentellement
« des bancs de grauwacke. On en cite, toutefois, peu
« d'exemples parfaitement définis, si ce n'est aux portes
« de Serdinya, non loin du moulin d'Olette, et sur le
« chemin du col de La Perche à La Tour-de-Carol, par
« Enveitg.

« Les indications fournies dans la vallée du Tech,
« près Notre-Dame-*du-Coral,* sur le chemin de Cortsavy
« à Batèra, etc., etc., n'ont pas les caractères précis qui
« servent à classer les roches d'une manière métho-
« dique.

« Au contact des roches pyroïdes, les schistes ont
« souvent un *facies* cristallin et sont imprégnés de felds-
« path.

MACLES.

« On les rencontre aussi, contenant des maclés assez
« bien définis, comme entre Llivia et La Tour-de-Carol,
« ou simplement indiqués par des points noirs. (*Mas de*
« *la Palma,* près d'Arles).

GRENATS.

« A *Costabona,* les grenats et les pyroxènes forment
« de véritables amas allongés au milieu du système
« schisteux.

« Il est assez rare de rencontrer d'autres minéraux dans
« les plans des schistes; mais on voit fréquemment dans
« leur pâte des pyrites martiales.

« Ce sont elles qui, par leur décomposition au contact
« de l'air humide, altèrent profondément les fragments
« détachés des masses, leur font prendre une teinte de
« rouille, et délitent les morceaux en apparence les plus
« compactes.

« Jusqu'à ce jour, le groupe schisteux du terrain de
« transition de notre département, n'a fourni de fossiles
« caractéristiques qu'entre Estavar et Llivia : c'étaient
« quelques orthocères assez mal conservés, peut-être
« un trilobite.

« Avant d'indiquer l'usage des roches schisteuses, nous
« devons signaler une de leurs particularités, qui a sou-
« vent trompé des personnes peu versées dans l'art des
« mines.

GRAPHITE.

« Nous voulons parler de la rencontre d'une certaine
« quantité de graphite. La proportion de ce minéral a
« souvent été telle que les couches présentaient une teinte
« noirâtre, comme au ravin de *Sant-Culgat*, près d'Escaro,
« et laissaient soupçonner la présence d'un combustible
« minéral.

« Le versant espagnol, du côté du *Coll de Bernadell*,
« est fertile en exemples de ce genre ; il mérite aussi d'être
« signalé pour une suite remarquable de couches abon-
« dantes en fossiles, principalement du côté de *Pardi-*
« *nyas* et d'*Ogassa*.

USAGE DES ROCHES SCHISTEUSES DANS
L'INDUSTRIE.

« Les usages de roches schisteuses dans l'industrie,
« sont aussi nombreux que variés.

« Lorsqu'elles sont bien stratifiées comme les grauwa-
« ckes et les schistes proprement dits, elles se prêtent
« merveilleusement à la construction des murs en pierres
« sèches. Il faut avoir soin, seulement, de ne pas employer
« les bancs qui, pétris de pyrites, peuvent être altérés par
« l'action simultanée de l'air et de l'eau. Il en résulterait,
« au bout d'un laps de temps fort court, des désagréga-
« tions devant amener infailliblement à un fort tassement
« des matériaux.

DALLES.

« Les grauwackes trop feldspathiques, ou bien les
« schistes en contact avec des roches métamorphiques,
« présentent quelquefois les mêmes inconvénients.

« Les grauwackes ou les schistes compactes en grands
« bancs (ravin de *Sant-Culgat*, — Serdinya, — alentours de
« Ria, — *Mas Grefol,* — route de Cortsavy à Batèra, — route
« de Prats à Arles, entre Prats et Le Tech, etc.,) sont
« susceptibles d'exploitation pour dalles communes et
« moëllons piqués, suivant qu'on entame les carrières
« en grand, en moyen ou en petit découvert.

ARDOISES.

« Près d'Olette, sur les bords du ruisseau d'Orella et
« d'Évol, on utilise les schistes argileux fissiles pour en
« former des ardoises communes et grossières, qui coû-
« tent sur les lieux depuis 50^c jusqu'à 62^c le mètre carré.

« Les ravins de la chapelle Sainte-Marguerite, en face
« de Conat, offrent les mêmes particularités.

« Nul doute que l'on ne puisse appliquer à des usages
« pareils les roches de la vallée de Galba, près Formi-
« guères, et quelques-unes non pyriteuses des environs
« de Força-Real ou du ravin de Trémoine, près Rasi-
« guères.

PIERRES A AIGUISER.

« Des schistes à pâte serrée, rude au toucher et d'un
« grain uni, servent dans un grand nombre de localités

« du département, situées sur ou au pied des hautes
« montagnes, comme pierres à aiguiser.

« Il y en a d'autres, au contraire, très-alumineux et
« très-feldspathiques, déjà en partie décomposés, qui
« possèdent toutes les propriétés des schistes à polir.

PLOMBAGINE.

« Enfin, en beaucoup d'endroits dont peu de for-
« mations schisteuses soient dépourvues d'exemples, il
« existe des portions carburées se rapprochant assez de
« ce qu'on nomme pierres d'Italie, pour que les charpen-
« tiers et les maçons aient songé à s'en servir en guise
« de crayons. Il est surtout une couche située non loin
« de *Roquebruna*, près Molló, en Espagne, où l'on peut
« extraire des schistes tachant aussi fortement que cer-
« taines plombagines artificielles, dites de *Conté*.

« Les schistes argileux altérés sont entraînés par les
« eaux ou les ouragans, et montrent, soit sur le versant,
« soit au pied du Puig Cabréra, près de Prats-de-Molló,
« ainsi que sur les pentes qui séparent Serdinya d'Olette,
« des espèces d'atterrissements ou arènes fragmentaires,
« dont on peut obtenir, par tamisage et calcination, une
« matière sableuse, donnant, avec les chaux grasses, un
« mortier quelque peu hydraulique.

« Quoiqu'il ne soit pas admis que les argiles provien-
« nent de la décomposition pure et simple des schistes
« argileux, on ne saurait néanmoins se défendre de croire
« à une formation assez récente de certaines veines ou
« couches argileuses, au détriment de roches préexis-
« tantes.

« L'argile avec laquelle les ouvriers de la mine de
« Canaveilles glaisent leurs trous de pétards, en serait
« presque une preuve. Cette substance fort onctueuse
« et de couleur noire, passe au rouge clair lorsqu'elle est
« calcinée. On la trouve non loin de Nyer et d'Enn. »

ROCHES CALCAIRES MÉTAMORPHIQUES.

L'action des roches granitiques sur les matières qu'elles
ont traversées à différentes époques, et qui ont disloqué,
soulevé, bouleversé tous les dépôts de sédiment, en ont
aussi modifié la masse de toutes les manières. Ainsi, les
calcaires compactes, oolithiques, terreux, sont convertis
en calcaires saccharoïdes, où les débris organiques ont le
plus souvent disparu ; ils ont pris des couleurs vives de
toute espèce : vert, rouge, noir, etc.; se sont remplis,
au contact, de mica, de grenat, d'amphibole et de diverses
substances cristallines, tandis que sur leur prolongement
dans les vallées voisines, on ne voit plus que des calcaires
purs et simples.

« Nous donnerons, » dit Paillette, « pour exemple de
« calcaires métamorphiques, les bancs qu'on aperçoit
« dans les déchiquetures de Thuès, — dans les vallées
« de Carensa et de Planès, — au quartier de Marquiral,
« près de Sahorra, — non loin de la métairie de Llech,
« — du côté de Leca, — aux bains de La Preste, — à
« Costabona, etc., etc., et nous présenterons pour type
« de celui que nous voulons définir dans ce paragraphe,
« le calcaire si connu de Villefranche et de Nohèdes.

« Cependant, avant la formation de ces vastes dépôts,
« il s'en était produit déjà quelques-uns accidentels à

« l'époque des schistes. On trouve, en effet, dans pres-
« que toute la surface du département occupée par cette
« série de roches, des alternances de schistes et de cal-
« caires, avec des directions et des pendages identiques ;
« mais alors les calcaires participent quelque peu des ca-
« ractères schisteux. Exemple : vallée de Galba, — route
« de Mont-Louis, entre Olette et les Graux, — environs de
« Saint-Sauveur, près Prats-de-Molló, non loin du *Pla*
« *del Mener,* — au sommet de la vallée de Montalba, etc.;
« mais dans ces calcaires, il a été tout-à-fait impossible
« de rencontrer un seul débris organique.

MARBRES DE VILLEFRANCHE.

« La vaste formation de Villefranche qui couronne, du
« côté de Jujols et de Flassa, les terrains schisteux
« d'Olette, s'avance du côté de Nohèdes, en présentant
« sur la rive gauche du ruisseau les escarpements les
« plus bizarres ; d'un autre côté, elle se relie, par les
« collines de Sirach, aux buttes de Fillols et de Tau-
« rinya, tandis qu'on la voit disparaître sous les terrains
« d'alluvion des vallées de Vernet et de Fulhà.

« Soumise à plusieurs dislocations, dont la trace est
« visible au premier examen, elle présente une grande
« variété de phénomènes de structure, de directions et
« d'inclinaisons.

« Tantôt blanc de chair ou légèrement gris, ce calcaire
« est à grains fins, à cassure conchoïde et lisse ; tantôt
« gris-bleuâtre et à contexture mal définie, il est traversé
« de filets de spath calcaire : alors sa cassure devient
« fragmentaire.

« Dans d'autres circonstances, la pâte calcaire semble
« ne servir de ciment qu'à d'autres noyaux calcaires ou
« de schistes; alors la masse prend un aspect noduleux
« ou amygdalin.

« Non loin de la chapelle Notre-Dame et de l'ermitage,
« on trouve des assises poreuses happant assez fortement
« à la langue; elles sont très-magnésiennes.

« Plus loin, on en rencontre de fortement colorées en
« rouge, et dans leur composition se reconnaît facilement
« la présence du fer carbonaté.

« En plusieurs endroits, surtout à la montée de Sirach,
« au sommet de la butte qui domine Villefranche, les
« géologues peuvent récolter des fossiles caractéristiques,
« qui sont des orthocères, des nautiles, des goniatites,
« des entroques.

« Parmi les fragments qui servent au four à chaux
« placé à l'entrée de la vallée de Fulhà, il n'est pas rare
« de pouvoir ramasser quelques-uns de ces fossiles et des
« portions de crinolites assez bien caractérisées.

« Une partie des caractères précédents pourrait être
« appliquée à quelques-unes des montagnes de la chaîne
« qui s'étend de Corbère à Thuir. On pourrait même, à
« la rigueur, regarder ces deux formations comme abso-
« lument contemporaines, si les environs de ces dernières
« localités fournissaient des fossiles aussi bien dessinés
« que ceux de Villefranche. Malheureusement, le peu de
« vestiges qu'on y trouve ne présente rien de fixe, rien
« d'assuré.

« On doit dire absolument la même chose de ces masses
« qu'on rencontre dans la vallée du Tech, aux environs

« d'Arles *(Casot* de Galangau, — *Pont de la Fo,* — sommet
« de la butte de Montferrer, etc.).

« Dans toutes ces localités, le *facies* minéralogique est
« sensiblement le même, et l'absence seule de fossiles
« empêche d'arrêter, d'une manière fixe, l'âge de ces
« calcaires.

« Comme pierres à chaux grasse, les calcaires de transi-
« tion du département, sont en général de bonne qualité.
« Il n'en est pas souvent ainsi des roches métamorphiques,
« qui sont imprégnées, soit de talc, soit de magnésie, soit
« enfin de silice libre ou combinée [1]; car alors les pro-
« duits qu'ils fournissent se rapprochent sensiblement des
« chaux maigres, non-hydrauliques.

« Il est probable, cependant, qu'on pourra, dans les
« parties où les roches calcaires sont interstratifiées avec
« des schistes, extraire des matériaux qui donneront des
« chaux moyennement hydrauliques, comme cela semble
« exister dans l'Ariége, d'après le dernier travail publié
« par M. l'ingénieur des mines François.

« Les marbres blancs et rouges de Villefranche, em-
« ployés à diverses époques comme ornements ou pierre
« de taille, sont d'un assez bon effet, quoique un peu
« tristes. Quelques-uns d'entre eux ont de l'analogie avec
« le marbre griotte, mais les échantillons sont fort rares.

« On a essayé vainement d'en obtenir des blocs de
« grandes dimensions. L'insuccès tient à deux causes :

[1] Voir pour la composition chimique des calcaires de transition, les
nos 1 et 2 des analyses de M. Bouis, insérées dans le IIIe Bulletin de la
Société Philomathique de Perpignan, et pour la composition des calcaires
modifiés, les nos 5, 5 *bis* et 8.

« la première doit être recherchée dans la nature du
« marbre lui-même, ordinairement très-fendillé, et ne
« possédant pas de lit ou assise suffisamment distincte;
« — quant à la seconde, elle ressort de la difficulté de
« l'exploitation et du peu de capitaux qu'on y a employés. »

GROTTES DES CALCAIRES DE TRANSITION.

Le terrain de transition des Pyrénées contient un grand
nombre de grottes ou cavités souterraines naturelles.

Elles ne se rencontrent que dans le calcaire, et seulement dans les contrées où cette roche est très-étendue
et où elle ne renferme pas de couches d'autres roches.

En général, l'on donne le nom de cavernes à celles
de ces cavités qui présentent une certaine étendue et qui
se composent ordinairement d'une série de renflements
et d'étranglements, c'est-à-dire d'espèces de salles plus
ou moins vastes, qui communiquent entre elles par des
couloirs plus ou moins resserrés.

Les cavernes sont en général tortueuses et se rami-
fient en diverses branches. Elles ont toutes sortes de
direction : les unes courent dans un sens parallèle au
sol, d'autres s'enfoncent comme des puits vers l'intérieur de la terre; tantôt elles ont une ouverture au jour;
d'autrefois elles sont tout-à-fait masquées, et l'on ne
découvre leur existence que par des travaux souterrains;
tantôt elles renferment de vastes réservoirs d'eau; ailleurs
elles servent à l'écoulement de rivières souterraines, et
l'on voit quelquefois des fleuves qui se perdent en tout
ou en partie dans une caverne, pour reparaître à des
distances plus ou moins éloignées.

Les parois des cavernes sont toujours très-inégales, hérissées d'aspérités et creusées par des excavations irrégulières, qui pénètrent plus ou moins avant dans le rocher. Souvent elles sont décorées par des concrétions calcaires que l'on désigne ordinairement sous le nom de *stalactites*, qui prennent toutes sortes de formes, notamment celle de colonnes et qui brillent quelquefois de l'éclat le plus vif lorsque la lumière vient frapper leurs parois [1].

Selon M. Beudant, l'origine des cavernes est due à des crevasses qui se sont opérées dans l'intérieur du sol pendant les tremblements de terre.

CAVERNES DU DÉPARTEMENT DES PYRÉNÉES-ORIENTALES.

Les cavernes les plus vastes du département sont celles d'*en Brixot*, de *Sainte-Marie*, d'*en Pey*, situées dans la vallée du Tech ; de *Villefranche*, de *Fulhà*, de *Sirach*, du *Mouton de Corbère*, situées dans la vallée de la Tet.

Nous ne répéterons point ce que nous avons déjà dit sur les grottes de la vallée du Tech ni sur la grotte de Villefranche ; nous renvoyons le lecteur aux chapitres Ier et IVe de cet ouvrage, et nous emprunterons encore aux *Études scientifiques* de M. Paillette, la description des autres grottes.

GROTTE DE FULHA.

« La plus importante de ces cavernes porte le nom de « *Grotte de Fulhà*. On rencontre son entrée dès qu'on a

_____

(1) D'Omalius d'Halloy. *Éléments de Géologie*, p. 26

« marché quelques minutes dans la vallée de ce nom.
« Orientée d'abord du N.-O. au S.-E. elle tourne bientôt
« au S. en présentant un embranchement E.-O. Le visi-
« teur suit plus tard la direction N.-S., qui est en général
« celle du système des traverses, passe bientôt dans un
« canal étroit pour reprendre ensuite des chemins qui,
« sauf quelques légères modifications partielles, marchent
« presque toujours dans le sens du méridien magnétique.

« On ne peut pas dire que le sol de la grotte de Fulhà
« soit trop accidenté; il est difficile d'y rencontrer des
« puits, et, si ce n'était les immenses éboulis qui cou-
« vrent la surface du terrain, on n'éprouverait aucune
« peine à parcourir les différentes galeries qui la com-
« posent.

« Des galets ou du sable fin, donnent souvent aux
« amas un aspect particulier, surtout lorsque ces masses
« sont vernissées par des dépôts stalagmitiques.

« Quelques fouilles ont été opérées dans le limon rouge
« qui forme une couche inférieure au sable. — Beaucoup
« d'ossements humains, de chiens, de bœufs, etc., furent
« trouvés à une petite distance de l'entrée; mais, je ne
« sache pas qu'on en ait recueilli à une certaine profon-
« deur dans l'intérieur de la grotte. Ces ossements étaient
« accompagnés de débris de poteries grossières.

« Plus tard, lorsque nous décrirons les grandes mo-
« raines des vallées de Sahorra, etc., nous démontrerons
« les causes de tous ces phénomènes si faciles à com-
« prendre et qui embarrassent cependant à la première
« inspection.

« De la *Coba* de Fulhà à Villefranche, le calcaire offre
« une suite d'ouvertures qui doivent très-certainement

« avoir des relations avec la plus grande, c'est-à-dire
« avec la grotte elle-même. On les connait peu, parce
« que leur examen est environné de difficultés presque
« insurmontables.

« Les curiosités particulières qui existeraient d'ailleurs
« au milieu de ces conduits étroits, seraient sans doute
« loin d'égaler les belles chambres de la caverne princi-
« pale, toutes d'une si grande dimension, et si souvent
« ornées des plus beaux stalactites [1].

GROTTE DE SIRACH.

« La grotte de Sirach est située en un point fort peu
« éloigné du village de ce nom, à mi-côte du *Sarrat de*
« *la Clauz*, au milieu du calcaire de la formation de Ville-
« franche.

« L'axe de la première portion se dirige par N. 50° E.
« avec des oscillations qui se rapprochent souvent de la
« ligne E.-O., mais qui descendent à S. 45° E.

« Le sol, couvert d'une grande nappe stalagmitique,
« éprouve des variations qui contraignent souvent les
« visiteurs à se courber fortement s'ils veulent atteindre
« l'extrémité de cette caverne. Il est même un endroit,
« formant une espèce de défilé, où l'on éprouve beaucoup
« de gêne. L'espace qui précède a pour direction E.-O.,
« tandis que l'axe de la grande chambre qui le suit est
« orienté par N.-S. Mais, ici, ce n'est qu'un simple acci-

(1) Pour avoir une connaissance parfaite de la caverne de Fulhà, on doit
lire le petit mémoire de M. Itier, *sur le calcaire et les cavernes à ossements
de Villefranche, en Conflent, et de Vicdessos*, publié en 1837, dans le IIIᵉ
bulletin de la Société Philomathique de Perpignan.

« dent de 10 à 12 mètres, puisqu'à un boyau de galerie
« on retrouve N. 50° à 60° E.

« La grotte de Sirach se termine par un rapprochement
« du toit et du mur qui semble provenir d'un comblement
« du sol. Quelques coups de pics ont prouvé que, sous sa
« plaque stalagmitique, se trouvait un amas limoneux.

« L'espace libre qui suit encore les derniers points abor-
« dables, mène sa marche vers le nord ; d'où l'on pourrait
« conclure qu'il existe une sortie dans la vallée de la Tet.
« On doit même être porté à le croire, lorsqu'on étudie
« un ravin N.-S. nommé *lo Alzina,* qui ne laisse aper-
« cevoir aucun orifice de vide souterrain[1]. »

GROTTE DE CORBÈRE.

L'arrondissement de Perpignan offre au curieux la *Grotte
de Corbère,* dans laquelle on ne s'aventure jamais sans
guide, et sans avoir, par précaution, attaché à la porte
une ficelle qui aide à se retrouver à travers ses profondeurs et ses sinuosités. De distance en distance on trouve,
dans cette caverne, quelques réservoirs d'eau. Lorsqu'on
est parvenu à une certaine profondeur, on entend un bruit
très-fort, comme celui d'un torrent impétueux qui se précipite dans un abîme, et on sent en même temps un vent
violent et humide, qui éteint les flambeaux si on veut aller
plus avant.

M. Paillette dit au sujet de cette grotte :

« Les dernières assises schisteuses qui garnissent le
« revers oriental du Canigou, du côté de Corbère, etc.,

(1) Paillette, ouvrage cité.

« sont orientées près du *Torren del Mouton* (torrent du
« mouton) et du ruisseau de Saint-Julien par O. 20° E.,
« avec un pendage très-faible vers l'E.-N.-E.; elles sont
« surmontées d'une grande nappe calcaire, et percées en
« plusieurs endroits d'excavations naturelles. — La plus
« grande, placée au sommet du *Mouton*, qui n'est pas
« beaucoup plus élevé lui-même que les berges faîtières
« marines des environs de Millas, Néfiach et Ille, entre
« dans la butte avec direction N. 60° à 80° E., un peu
« E.-O.

   « Elle descend constamment par soubresauts vers la
« plaine du Roussillon, et présente une série de vides
« qui sont loin d'égaler en beautés apparentes les grottes
« dont on a déjà parlé.

   « Mais, en échange, ils offrent aux géologues des carac-
« tères particuliers qui n'appartiennent à aucune grotte.
« Nous voulons parler de l'usure des parois. — Ici, point
« d'angles vifs, fort peu de stalactites; en un mot simi-
« litude parfaite avec ces ouvertures qu'on aperçoit aux
« environs de La Nouvelle, et qui, battues par la mer,
« s'agrandissent sans cesse.

   « On comprend, en effet, qu'à l'époque où cette région
« du département fut recouverte par les eaux qui dépo-
« sèrent les faluns des bords de la Tet, le golfe, dont la
« butte du *Mouton* était une des limites, reçut une action
« souvent répétée du mouvement des vagues.

   « Cette idée se confirme encore par l'examen de la
« petite grotte, qui présente à son entrée un plan de
« couche ou grande fissure, dirigée N.-S., avec pendage
« de 45° vers l'E.

   « Malgré les sinuosités ascendantes ou descendantes, on

« est en droit de dire que le système d'érosion, peut-être
« complexe, a du moins été, en grande partie, produit par
« un effet analogue à celui qu'on a signalé plus haut[1]. »

L'opinion de M. Paillette est très-hasardée ; car, si on
peut attribuer à l'action répétée des vagues la formation
de quelques cavités peu profondes qu'on rencontre au
niveau des mers, il est difficile de penser que la caverne
de Corbère, qui a plus de 3 kilomètres d'étendue, et qui
se prolonge en contre-bas du sol, doive sa formation à
l'action érosive de la mer ; du reste, M. Paillette a passé
sous silence le courant souterrain que tout le monde a
signalé. Il est donc plus probable que la grotte de Corbère, comme toutes les autres cavernes du département,
doit son origine à une dislocation intérieure du sol,
effectuée soit par un tremblement de terre, soit par un
soulèvement.

Quant à l'usure des parois que signale M. Paillette,
elle trouve son explication dans le courant d'eau qui
existe encore, et qui probablement alors n'était pas si
profond et se dégorgeait par l'orifice actuel de la caverne.

« Le phénomène de la formation des cavernes, coïncide
« quelquefois avec l'apparition soudaine de quelque source
« abondante dans des lieux plus ou moins éloignés ; mais
« souvent aussi les eaux ne reparaissent nulle part, et il
« faut croire qu'elles vont déboucher immédiatement dans
« les mers. Ces circonstances nous expliquent la dispa-
« rition de certaines rivières qui s'engouffrent aujourd'hui
« sous terre, après un cours superficiel plus ou moins
« étendu, ainsi que les sources que nous voyons tout à

(1) Paillette, ouvrage cité.

« coup sortir des flancs d'un rocher. Elles nous montrent
« la formation et l'existence des canaux souterrains, et
« nous font concevoir que, mis à sec par un soulèvement
« plus ou moins considérable, ces canaux ont pu former
« les cavernes, aujourd'hui libres, que nous rencontrons
« à toutes les hauteurs, aussi bien que celles dont le fond
« est encore occupé par un ruisseau alimenté par les eaux
« qui suintent de toutes les petites fissures ou qui sont
« fournies par les lacs ou les rivières supérieurs.

« Cependant, si l'origine première de ces cavités sou-
« terraines ne peut être douteuse ; si l'on trouve évidem-
« ment toute l'irrégularité d'une fente dans quelques-unes
« d'entre elles, il faut reconnaître aussi que souvent elles
« ont subi postérieurement des changements importants.
« Il est évident d'abord que leurs parois ont dû subir çà
« et là des éboulements, et ensuite qu'elles ont été modi-
« fiées par des eaux courantes, chargées sans doute de
« sables et de limons arrachés de toutes parts ; c'est ce
« que montrent les formes arrondies, l'usure et le poli des
« surfaces, les sillons qu'on y rencontre. Des excoriations
« particulières, qui affectent même jusqu'à la paroi supé-
« rieure des voûtes, indiquent une action corrosive dont
« l'eau seule n'est pas capable, et qui conduit à penser
« que ce liquide a pu être chargé souvent d'acide carbo-
« nique, dont l'action s'est ainsi manifestée. On sait, en
« effet, que cet acide se dégage fréquemment par toutes
« les fissures du sol, surtout après les tremblements
« de terre, et que les eaux de sources en sont souvent
« chargées [1]. »

(1) Beudant, ouvrage cité, p. 145.

TERRAIN DÉVONIEN OU VIEUX GRÈS ROUGE.

Ce qui caractérise le terrain dévonien, est la présence de dépôts arénacés, cimentés par une argile plus ou moins colorée en rouge par l'oxide de fer, et qu'on appelle *grès rouge*.

Cette formation a reçu son nom du Dévonshire, province d'Angleterre où ce terrain est abondant.

Le terrain dévonien est extrêmement répandu dans la nature. Il contient, outre le grès rouge dont nous avons parlé, des débris plus ou moins grossiers, des poudingues, des schistes de diverses espèces, des calcaires divers, qui alternent tous ensemble, et au milieu desquels se trouvent des couches d'anthracite, le plus ancien combustible charbonneux que nous connaissions aujourd'hui.

GRÈS ROUGE.

Le grès rouge est composé principalement de roches arénacées, à fragments arrondis, communément siliceux, et à ciment argileux, ordinairement coloré en rouge par l'oxide de fer; c'est de la couleur de son ciment que cette roche a pris son nom de grès rouge. Il repose immédiatement sur les roches de transition, ou, quand celles-ci manquent, sur le terrain primitif.

Les roches qui constituent le terrain de grès rouge dans les Pyrénées sont au nombre de quatre:

1º Le grès rouge proprement dit, est d'un rouge brunâtre clair, formé de petits fragments quartzeux, mêlé de paillettes de mica, ordinairement argentin, et agglutinés

par un ciment argileux rouge. La couleur rouge qui caractérise ce grès est due uniquement à l'oxide de fer de son
ciment. Il est parsemé d'une multitude de petites cavités
arrondies, remplies d'une ocre de fer jaune, qui, à la
surface des roches, étant entraînée par les eaux, laisse
ces cavités vides et donne à la roche un aspect poreux.
Il contient presque toujours des parties calcaires qui,
quoique trop fines pour être distinguées à l'œil, se font
reconnaître par l'effervescence qu'elles produisent avec
l'acide nitrique. Le grès rouge à petits grains est la variété
la plus commune.

2º Le grès blanc est d'un blanc grisâtre ou jaunâtre,
rarement verdâtre, à petits grains quartzeux, mêlé de
paillettes de mica argentin, et agglutinés par un ciment
argileux blanchâtre. Il est plus rare que le précédent,
duquel il se distingue uniquement par sa couleur blanchâtre, qui est due à l'absence de l'oxide de fer dans le
ciment. Quand on ne l'observe pas en place, il est presque impossible de reconnaître qu'il appartient au terrain
de grès rouge. On le trouve en couches épaisses, intercalées dans le grès rouge du terrain houiller de Durban
(Aude).

3º Le grès schisteux est d'un rouge bleuâtre, à feuillets
minces et droits, composé d'un sable quartzeux fin et de
paillettes de mica argentin, agglutinés par un ciment argileux rouge. Il forme toujours des couches très-épaisses,
intercalées dans le grès rouge ordinaire; il est extrêmement commun, et on le rencontre dans toutes les contrées
des Pyrénées où on observe le terrain de grès rouge.

4º Le poudingue du grès rouge est formé de gros fragments arrondis de granite, de schiste micacé quartzeux,

de quartz compacte, de hornstein, de schiste siliceux et de calcaire compacte. Ils sont agglutinés par un ciment argileux, sablonneux, chargé d'oxide de fer rouge. Cette roche se distingue du grès rouge uniquement par la grosseur de ses parties composantes ; elle est toujours subordonnée au grès rouge ordinaire, dans lequel elle forme des couches très-épaisses. Le poudingue se trouve principalement dans la partie ancienne ou dans les couches inférieures.

« Le terrain de grès rouge, dit M. Charpentier[1], parait « manquer dans les Pyrénées-Orientales. Je ne l'ai pas « remarqué dans la vallée du Tech, de la Tet, ni dans « la partie supérieure de la vallée de l'Aude. Je doute « même que des recherches ultérieures le fassent jamais « découvrir dans ces contrées, qui paraissent avoir été « plus sujettes à des révolutions et à des dégradations « que les autres parties des Pyrénées, révolutions qui ont « fait disparaître les roches supérieures, plus exposées à « leur action destructive, et qui ont mis à découvert les « roches primitives, lesquelles, en effet, dominent dans « le Conflent et le haut Roussillon. »

Contrairement à l'opinion de M. Charpentier, le grès rouge existe à La Manère, à Costujes, aux Bains-d'Arles, etc. M. d'Archiac, dans son bel ouvrage, *Les Corbières*, donne la coupe stratégraphique de la colline crétacée des Bains-d'Arles, où l'on voit le grès rouge reposer immédiatement sur les schistes micacés. M. Anglada, dans son livre des eaux minérales, avait déjà signalé ce grès rouge

[1] *Essai sur la Constitution géognostique des Pyrénées*, p. 436. 1823.

sur les deux montagnes de Costa-Roja et de Puy-d'Olou, qui dominent les Bains-d'Arles.

M. Noguès, notre compatriote, professeur d'histoire naturelle à l'École de Sorèze, auteur de plusieurs mémoires de géologie très-estimés, a démontré que le grès rouge de notre département était dépendant du terrain houiller.

Le grès rouge recouvre en stratification non parallèle les roches intermédiaires et primitives. Sa formation est antérieure à celle des roches secondaires. On en tire des matériaux propres aux constructions et au pavage.

EMPLOI DU GRÈS ROUGE DANS LES CONSTRUCTIONS DE L'ÉPOQUE ROMANE.

Autrefois le grès rouge était employé dans notre département : toutes les églises de l'époque romane conservent la trace de son emploi. On le voit aux angles et aux cordons des édifices, aux voussoirs des voûtes, et entrer même dans la construction des murs tout entiers : le vieux Saint-Jean, l'église du Vernet de Perpignan, l'église de Castell-Rosselló, la chapelle de Saint-Assiscle, etc., en offrent de nombreux exemples. Son emploi disparaît entièrement à l'époque suivante.

TERRAIN HOUILLER.

Le terrain houiller est principalement caractérisé par la richesse des couches de houille qu'il renferme, par la nature des végétaux fossiles qu'il recèle, par sa disposition en bassin et par sa tendance à être composé de couches alternatives de psammites, de schistes argileux et de houille.

Jusqu'à présent on n'a pas découvert de houille dans les Pyrénées-Orientales. Il est probable que la formation houillère a été détruite par l'agent puissant qui, selon M. Charpentier, a dévasté cette partie de la chaine.

Cependant, on assure qu'il existe des affleurements de houille sur les bords de la Muga, territoire de Saint-Laurent-de-Cerdans, et que ces affleurements sont le prolongement de Sant-Juan-de-las-Abadessas, en Espagne, qui n'est pas très-éloigné.

On a dit aussi qu'on avait retiré de l'anthracite des montagnes qui avoisinent Thuir. Nous pouvons affirmer que des recherches entreprises sur le territoire de Camélas pour trouver de la houille ont été faites sans succès.

Les seuls combustibles fossiles bien connus qui existent dans le département des Pyrénées-Orientales, sont les dépôts de lignite d'Estavar et de Serdinya; nous en parlerons quand nous traiterons des terrains tertiaires.

TERRAIN SECONDAIRE.

En faisant abstraction de la chaine des Corbières, le terrain secondaire occupe peu d'espace dans les Pyrénées-Orientales; on ne le rencontre que par petites masses isolées. Il est très-vraisemblable que ce terrain a eu jadis une étendue plus considérable, et qu'il a recouvert originairement tout le terrain primitif et de transition, comme il le recouvre dans les autres parties des Pyrénées.

Le terrain secondaire se compose de trois groupes principaux, qui se subdivisent en plusieurs étages ou

assises. Ces groupes, dans l'ordre de leur ancienneté
relative, sont le terrain triasique, jurassique et crétacé.

TRIAS OU GROUPE DU NOUVEAU GRÈS ROUGE.

Au-dessus du terrain houiller, se présente une longue
série de limons rouges, de schistes et de grès, à laquelle
on a donné le nom de *formation du nouveau grès rouge,*
pour la distinguer d'autres schistes et grès, appelés *vieux
grès rouge,* qui souvent montrent un caractère minéralogique identique et gisent immédiatement au-dessous du
terrain houiller, comme on l'a vu ci-dessus. Les auteurs
allemands lui ont donné le nom de *trias,* parce que ce
terrain se divise en trois formations très-distinctes, que
l'on appelle *Keuper, Muschelkalk* et *Bunter-sandstein,* et
que nous désignons sous les noms de *marnes irisées,
calcaire coquillier* et *grès bigarré.*

Le keuper, qui a été désigné aussi sous le nom de *terrain salifère,* renferme du gypse et du sel gemme. Il
n'existe pas dans notre département; car nos plâtrières
sont de l'époque tertiaire, et le sel gemme n'a jamais été
trouvé dans le pays.

Le calcaire coquillier existe à Cases-de-Pena, au Cap-
Béarn, au *Mas de Jau,* à Baixas et autres lieux.

Quant au grès bigarré, on le voit sur quelques points
du pays : au Boulou, à Estagel, au Col Saint-Louis, etc.
En 1836, M. Aymerich fit part à la Société Philomathique
de Perpignan, qu'il avait découvert au *Moula,* terroir
d'Estagel, une roche grèsiforme applicable au pavage des
rues. Dans la même séance, M. Grosset fit observer que,

dans ses propriétés, au Boulou, il y avait un grès susceptible des mêmes applications [1].

TERRAIN JURASSIQUE.

Le terrain qu'on a appelé jurassique, parce qu'il joue
un rôle important dans la constitution géognostique des
montagnes du Jura, n'existe point dans les Pyrénées-
Orientales. Autrefois on rangeait le massif des Corbières
dans le terrain jurassique; aujourd'hui il est compris dans
la formation néocomienne qui forme l'étage inférieur du
terrain crétacé. C'est à M. Dufrénoy que l'on doit cette
importante rectification [2].

TERRAIN CRÉTACÉ.

Le terrain crétacé, qui se présente dans différentes
contrées avec des caractères minéralogiques très-variés,
doit sa dénomination au calcaire blanc, tendre et traçant,
connu sous le nom de *craie,* qui en occupe la partie
supérieure.

On le divise généralement en trois étages, qui peuvent
être considérés comme trois formations distinctes. L'étage
inférieur se compose de la formation *véaldienne* et *néocomienne;* l'étage moyen, de la formation *glauconieuse,*
et l'étage supérieur, de la formation *crayeuse.*

(1) Voir le IIIe Bulletin de la Société Philomathique de Perpignan,
Ire partie, page 21. 1857.

(2) *Mémoires pour servir à une description géologique de la France,* tome
II, p 55.

LES CORBIÈRES.

Les Corbières sont comprises dans la formation néocomienne. Nous n'entreprendrons pas de faire, ici, l'étude géologique de ce groupe intéressant de montagnes ; M. d'Archiac, dans un travail qu'on ne saurait trop admirer, a traité ce sujet avec tout le talent qui distingue ce savant géologue ; son livre, qui a pour titre : *Les Corbières,* fait partie des *Mémoires de la Société Géologique de France,* et un exemplaire offert par l'auteur à la Bibliothèque de la ville de Perpignan, sera fructueusement consulté par le lecteur avide de s'instruire.

Les montagnes des Corbières fournissent de l'excellente pierre à bâtir, des chaux de qualités diverses et des marbres de toutes les couleurs. Dans le chapitre qui traitera de la minéralogie des Pyrénées-Orientales, nous donnerons la nomenclature de toutes les carrières exploitées, et nous signalerons, en outre, plusieurs gisements inconnus qui nous ont été indiqués par M. Philipot, marbrier très-habile, qui, pendant vingt ans, s'est livré à des recherches très-actives dans toutes nos montagnes.

TERRAINS TERTIAIRES.

Le terrain tertiaire n'existe que par lambeaux dans les montagnes des Pyrénées-Orientales. Le sol de la plupart des vallées est un terrain de transport, composé d'éboulis et de matières terreuses qu'entraînent les eaux sauvages qui descendent des montagnes voisines. Il n'y a donc autour des massifs montagneux que des dépôts quaternaires d'une médiocre étendue, peu épais en général, toujours composés d'éléments en rapport avec ceux qui constituent les montagnes voisines.

LIGNITES D'ESTAVAR.

La petite plaine de la Cerdagne semble faire exception. Le dépôt lacustre de lignites dans les couches argileuses d'Estavar, donne à ce terrain un caractère particulier qui le range parmi les terrains tertiaires. Nous empruntons à M. Bouis[1] les détails qu'on va lire sur ce dépôt charbonneux.

« A côté d'Estavar, et à peu de profondeur au-dessous
« de la surface du sol, commencent à paraître des couches
« de lignite, alternant avec des assises d'argile, contenant
« une grande quantité de petites coquilles. Ces couches
« charbonneuses sont puissantes et se continuent au loin.
« M. Bernadach, concessionnaire de ce dépôt, m'a assuré
« que l'épaisseur totale de ce dépôt de lignite, à Estavar,
« avait 60 pieds; quant à son étendue, elle comprend
« probablement tout le bassin de la Cerdagne-Française et
« Espagnole, à en juger par les points où il a été reconnu.
« Ce lignite peut être classé parmi les lignites piciformes;
« souvent ils présentent l'aspect ligneux du bois; la potasse
« caustique le dissout partiellement, en se colorant en brun,
« caractère qui distingue ce charbon fossile des houilles...
« Il fut exploité, il y a une vingtaine d'années, pour fournir
« du combustible à l'économie domestique, et pour servir
« à la calcination de la pierre à chaux; on y trouva alors

(1) IIe Bulletin de la Société Philomathique de Perpignan. p. 54. 1836.

« plusieurs ossements de mammifères. Cette exploitation,
« sans doute mal dirigée, ayant été onéreuse pour le conces-
« sionnaire, les cavités d'extraction furent comblées. Ce
« résultat doit paraître extraordinaire, lorsqu'on voit les
« habitants de la Cerdagne-Espagnole se servir usuellement,
« pour le chauffage, du lignite de *Sanabastre,* à deux lieues
« et demie de Puycerda, qui est probablement la conti-
« nuation de celui d'Estavar, et que l'on sait que celui-ci
« est plus estimé que le premier. Ce lignite de Sanabastre
« se vend communément, rendu à Puycerda et même à
« Llivia, éloigné seulement d'un quart-d'heure d'Estavar,
« à raison de 5 ou 6 francs la charrette, contenant 15
« quintaux. — Il y a environ quatre ans, l'exploitation
« fut reprise pour extraire du charbon, qu'on essaya aux
« usines de Ria. On crut reconnaître que la chaleur pro-
« duite par sa combustion n'était pas assez intense pour
« pouvoir servir aux fortes fusions, et, par conséquent, à
« la réduction des minerais de fer. Ces résultats n'ayant
« pas paru satisfaisants, on combla de nouveau les points
« d'excavation. »

M. Farines a écrit aussi sur les lignites d'Estavar.

« Les lignites, dit-il [1], qu'on observe dans les terrains
« de transport de plusieurs localités du département des
« Pyrénées-Orientales, paraissent avoir été tous formés à des
« époques différentes : ceux d'Estavar (en Cerdagne) sont
« les plus abondants. Ils ont été exploités pendant long-
« temps pour alimenter un four à chaux; aujourd'hui on
« les consomme pour les besoins domestiques. Cette

---

(1) Voir *Le Publicateur du Département des Pyrénées-Orientales,* journal
du 9 février 1835.

« couche de combustible est très-puissante; elle est
« formée de masses, plus ou moins considérables, qui
« représentent des branches et des troncs d'arbres, d'une
« dimension souvent gigantesque. L'inclinaison de cette
« couche a lieu du N.-O. au S.-E., et la pente des ter-
« rains qui lui sont subordonnés se termine à la rivière
« le Sègre.

« La position désordonnée dans laquelle se trouvent
« les végétaux qui ont donné lieu à la formation de ce
« banc de lignites, indique que c'est par l'effet d'une
« commotion souterraine que la forêt a dû être détruite,
« les arbres enfouis ou du moins bouleversés, et que le
« terrain sur lequel se trouvait la forêt s'étant abaissé,
« les eaux pluviales se sont rassemblées dans cet endroit,
« et ont formé un lac : il est même probable que ce lac
« n'était pas limité au seul terrain à lignites; qu'il occu-
« pait tout le bassin de la Cerdagne, et que sa dispa-
« rition a eu lieu par une saignée, qui est représentée
« aujourd'dui par le Sègre. En examinant la couche allu-
« viale qui recouvre le terrain lacustre, on voit qu'elle
« participe de la nature des roches qui constituent le
« terrain au S.-E. de la Cerdagne, ce qui indique que
« ce lac était alimenté principalement par les eaux qui
« descendaient du côté de *Nouri*, par la vallée d'Eyne;
« par suite, il s'est formé une succession de dépôts de
« limon sableux, imprégné de coquilles d'eau douce,
« comprimées et écrasées, plusieurs déterminables en
« place. Les principales espèces que j'ai reconnues sont
« les *Limneus stagnalis, palustris, auricularia, Paludina*
« *impura, Valvata piscinalis, Planorbis carinatus*, et des
« bivalves du genre cyclade. Ces dépôts lacustres recou-

« vrent les lignites et sont colorés en brun, plus ou
« moins foncé, suivant leur éloignement du combustible.
« Cette coloration leur a été communiquée par la péné-
« tration d'un suc, fourni par un commencement de
« bituminisation de substances végétales.

« Les lignites d'Estavar n'ont été que peu ou point
« comprimés ; ils conservent, en général, la forme pri-
« mitive du bois et la position des arbres après la catas-
« trophe ; ils n'ont subi qu'une faible altération, puisqu'on
« distingue très-bien les fibres végétales ; ils brûlent rapi-
« dement, dégagent beaucoup de calorique, et laissent
« peu de résidu. »

LIGNITES DE SERDINYA.

Entre Mont-Louis et La Cabanasse, on observe un
filon très-mince de lignites dans une coupe formée par les
eaux d'un ruisseau ; on en trouve également dans plusieurs
autres localités, telles que dans les environs de Prades,
Maury, etc. ; mais, l'exiguité sous laquelle se montre
cette substance ne permet pas de l'étudier. Il n'en est
pas de même des lignites de Serdinya, qui, découverts
en 1833, mirent les industriels du canton en mouvement,
parce qu'on crut alors que c'était de la houille.

« Le terrain dans lequel se trouve le lignite de Serdinya,
« dit M. Farines [1], se compose de couches assez intéres-
« santes ; et, quoique d'alluvion, il ne me semble pas
« devoir être classé parmi la formation alluviale moderne,
« mais bien appartenir à cette période désignée sous le

[1] Actes de la Société Linnéenne de Bordeaux, p. 68, octobre 1835.

« nom de *tertiaire*. La croûte ou surface se compose
« d'une couche alluviale de 12 à 15 mètres d'épaisseur,
« qui repose sur une seconde couche de 5 mètres de
« puissance de limon sablonneux à gros grain quartzeux,
« au-dessous de laquelle on observe une veine de 2 à 5
« centimètres d'épaisseur, composée de gravier coloré en
« rouge vif; celle-ci est superposée à une autre couche
« de marne argileuse et sableuse qui varie de 50 centi-
« mètres à 2 mètres, qui, à son tour, repose sur une
« deuxième couche de sable marneux ou gravier rouge
« vif. Cette zone est superposée à une couche de 1 à 2
« mètres de puissance de marne argileuse verdâtre, pas-
« sant au bleu, au-dessous de laquelle se trouve une
« couche de lignite de 3 à 5 centimètres d'épaisseur,
« fortement comprimé, de couleur brun fauve, ferrugineux,
« un peu feuilleté, friable, présentant, dans diverses par-
« ties, la construction ligneuse; elle paraît tenir à l'espèce
« *terreux* (ERDKOHLE) de *Werner*. Au-dessous de ce lignite
« se trouve une couche de peu de puissance, d'un limon
« noir, avec fragments granitiques et schisteux, qui est
« suivie d'un lit de galets *pugillaires* et *péponnaires,* liés
« par du gravier limoneux grisâtre, et qui varie depuis
« 60 centimètres jusqu'à 2 mètres d'épaisseur : il est
« superposé à une deuxième couche de lignite de 5 à 8
« centimètres de puissance, beaucoup plus compacte que
« le premier, à cassure luisante, piciforme, ayant beau-
« coup d'analogie avec le PECHKOHLE de *Voigt*. Inférieu-
« rement à ces couches, et autant que j'ai pu en juger
« par quelques points visibles, par analogie, par l'incli-
« naison des lits et celle de la roche qui sert de support
« à cette formation, il doit exister des couches de limon

« noir alternant avec des lignites, ayant les unes et les
« autres à peu près la même puissance que les supé-
« rieures, et en très-petit nombre; quoique observée
« avec beaucoup d'attention, je n'ai trouvé aucune trace
« de corps organisés dans cette substance.

« Ce lignite brûle avec flamme, répand une odeur fétide,
« laisse, après la combustion, une grande quantité de résidu
« terreux, et fournit peu de calorique.

« La formation alluviale qui recèle les lignites de Ser-
« dinya, est remarquable par la diversité des couleurs de
« ses couches; elle repose immédiatement sur le terrain
« de la période *Phylladienne*; ces formations ont subi les
« bouleversements volcaniques qu'on observe diversement
« dans la plupart des montagnes. On voit, dans la couche
« supérieure, des cailloux roulés d'une dimension extraor-
« dinaire; il y en a un, entre autres, sur la crête d'un
« éboulement, qui a retenu, par son poids, le limon
« caillouteux inférieur dans la dimension de sa plus large
« surface, de manière qu'il couronne une énorme colonne
« de terre. Ce bloc granitique a 6 mètres de circonférence;
« il paraît avoir été roulé longtemps par les eaux, car sa
« surface est très-unie et ses angles extrêmement amortis.
« Cette couche diluviale est à une grande élévation, relati-
« vement aux vallées voisines, d'où l'on peut induire cette
« conclusion raisonnable, que ce terrain a été exhaussé ou
« les vallées abaissées. Or, comme les couches de la forma-
« tion d'atterrissement ont une inclinaison très-prononcée
« de l'O. à l'E., précisément en sens inverse de l'inclinaison
« de la roche de transition qui lui sert de support, qui, elle-
« même est très-inclinée, il nous paraît suffisamment prouvé
« que ces terrains ont été soulevés, et qu'il a fallu des

« forces comparables à celles que produisent les secousses
« centrales, pour donner lieu à ces admirables anomalies.»

A ces documents, nous ajouterons nos propres observations : le gisement de ce combustible est situé à une
demi-lieue de Serdinya, sur la rive droite de la petite rivière
dite *Bailmarsane*. Avant d'arriver à l'ouverture d'une
petite galerie qui a été ébauchée il y a environ trente ans,
on aperçoit, çà et là, autour d'un grand monticule sablonneux, une couche noire, qui décèle, dans l'intérieur, la
présence de ce combustible, et qui doit être la continuation de celle plus épaisse que l'on voit au pied de la galerie.
Cette couche est, elle-même, divisée en deux parties: la
supérieure, d'un noir brillant, est solide; l'inférieure,
moins colorée, est plus friable. La première a 11 à 12
centimètres d'épaisseur, la seconde est bien plus épaisse;
mais toutes deux occupent au pied de la galerie une longueur d'environ 9 mètres. A 20 mètres plus loin, cette
couche reparaît au même niveau, autour du monticule,
pour disparaître et reparaître de nouveau quelques mètres
plus loin.

GYPSES ET OPHITES.

Les gisements de gypse très-nombreux dans le dépar-
ment de l'Aude et à l'extrémité occidentale de la chaine
des Pyrénées, sont assez rares dans le département des
Pyrénées-Orientales [1]. Les seules carrières ouvertes en
Roussillon s'exploitent à Céret, Reynès et Palalda, vallée

(1) Voir le mémoire de M. Bouis, inséré au IIe Bulletin de la Société
Philomathique de Perpignan, p. 82. 1836.

du Tech, et à Maury et Lesquerde, près Saint-Paul,
vallée de l'Agly.

Il est assez difficile d'assigner un âge géologique à ces
gypses, parce que leur rapport géognostique avec les
terrains environnants est peu saisissable. Cependant, la
présence de fragments anguleux de calcaire au milieu du
gypse, prouve, d'une manière incontestable, que le gypse
est postérieur à ce calcaire, soit qu'on regarde ces fragments comme des galets ou des masses détachées des
roches auxquelles elles appartenaient, par la cause qui a
donné naissance au gypse.

OPHITE.

Quoi qu'il en soit, les gypses, dans les Pyrénées, se
trouvent constamment placés dans les terrains de craie,
et sont presque toujours accompagnés de porphyres am-
phiboliques. M. Palassou a fait connaître le premier cette
association remarquable, et il a donné le nom d'*Ophite*
à ces porphyres.

Nous empruntons à M. Dufrénoy[1] les documents suivants sur l'ophite; le rôle important qu'il a joué dans les
révolutions qu'ont subi les Pyrénées et le Roussillon en
particulier, nous engagent à nous étendre un peu sur
l'histoire de cette roche.

L'ophite, sorte de porphyre vert, se trouve principalement dans les régions inférieures des vallées et au pied
de la chaîne où il forme des monticules isolés et arrondis.

---

(1) *Mémoires pour servir à une description géologique de la France*, t. II,
p. 155.

Il est composé d'amphibole et de feldspath distincts, et quelquefois homogènes ; il ressemble alors au pyroxène en masse ou à l'herzolite. Dans quelques rares localités, cette roche est amygdaloïde.

L'ophite est très-sujet à se décomposer. Il se divise en nodules plus ou moins gros par l'influence de l'atmosphère.

Les nombreuses masses d'ophites que l'on observe dans toute la partie occidentale des Pyrénées, fait présumer que les porphyres se trouvent partout à une petite profondeur, et qu'ils forment le fond du sol. C'est au soulèvement des ophites que paraît se rapporter la plus grande partie des dislocations de cette partie de la chaine. La montagne granitique des trois couronnes, placée au S.-E. de Bayonne et à peu de distance de Saint-Jean-de-Luz, paraît elle-même avoir été soulevée par l'action de ces porphyres.

L'ophite paraît avoir fait éprouver une altération aux roches qui sont en contact avec lui, ou du moins ces roches présentent dans son voisinage des caractères constants qui n'existent pas dans le reste de la même formation. Ainsi, le calcaire généralement compacte et squilleux, est cristallin et en partie dolomitique lorsqu'on s'approche des masses d'ophite. Au contact de cette roche, ce calcaire est carié ; il est alors composé de deux parties différentes : l'une, dure et cristalline, empâte des parties tendres, terreuses et souvent friables. Ce calcaire caverneux accompagne toujours les masses gypseuses, de sorte que, quand bien même on ne verrait pas la relation entre le gypse et l'ophite, cette roche cariée suffirait pour l'établir.

Les marnes qui alternent avec les couches de calcaire, sont ordinairement d'un gris foncé ; à la proximité des gypses et de l'ophite, elles sont d'un rouge de vin et maculées de différentes nuances. Ces marnes colorées annoncent presque toujours la présence du gypse.

La proximité de l'ophite, qui est toujours annoncée par des variations brusques dans la direction et l'inclinaison des couches, l'est presque toujours aussi par la présence de brèches plus ou moins abondantes, dont la nature est en rapport avec le terrain que l'ophite traverse : elles sont le plus ordinairement composées de fragments de calcaire et de schiste qui l'accompagnent ; souvent ces brèches existent sans que l'ophite soit venu au jour, mais les bouleversements qui accompagnent ces porphyres prouvent que l'ophite doit être à une petite distance de la surface.

FORMATION DES GYPSES.

L'ophite est presque constamment accompagné de gypse. Ces deux roches n'alternent pas ensemble ; mais elles jouent le même rôle par rapport aux autres terrains, c'est-à-dire qu'elles en dérangent les couches ; de plus, dans quelques localités, l'ophite et le gypse se pénètrent, de sorte que l'on voit des blocs d'ophite disséminés au milieu du gypse, et traversés dans tous les sens par de petits filets gypseux. Les ophites et les gypses étant mélangés de beaucoup de pyrites, il n'y aurait rien de trop hasardé à supposer qu'au moment où les ophites se sont introduits dans les terrains calcaires, les pyrites aient pu se décomposer et réagir sur le calcaire. Ce serait peut-être aussi à cette double décomposition que serait dû le fer oligiste disséminé dans l'ophite, dans le gypse, et qui forme fréquemment de

petits nids dans les calcaires situés dans le voisinage de
l'ophite.

A Fitou, où MM. d'Archiac, Boué et Tournal ont
signalé la présence d'une roche ignée, le gypse de cette
localité serait le résultat des calcaires altérés par ce porphyre.

« Le gypse, dit M. d'Archiac[1], ne serait, ici, que le
« résultat des calcaires altérés par des vapeurs sulfu-
« reuses, accompagnées d'émanations d'acide carbonique
« et de vapeurs chaudes contenant de la silice. Ces der-
« nières ayant agi sur les calcaires, les ont silicifiés, ou
« bien ont laissé cristalliser le quartz. Les marnes ne
« seraient que le résidu des portions calcaires altérées
« par ces divers agents. »

SEL GEMME ET SOURCES SALÉES.

Le sel gemme se trouve fréquemment avec le gypse
et l'ophite; sa présence est révélée par les nombreuses
sources salées qui sourdent indifféremment de l'une et de
l'autre de ces deux roches; quelquefois il arrive lui-même
au jour. Dans tous les cas, il est évidemment le produit
des mêmes causes. La mine de sel de Cardonne est une
dépendance certaine de ce système.

AGE DE L'OPHITE.

L'ophite est venu au jour à une époque qui est comprise entre les terrains tertiaires les plus modernes et les

(1) *Les Corbières*, p. 394.

terrains d'alluvion du commencement de l'époque actuelle ;
il s'est élevé en masse pâteuse par des excavations larges,
comme la plupart des roches cristallines plus anciennes
que les basaltes.

BOULEVERSEMENTS DES PYRÉNÉES PAR L'OPHITE.

Son action s'est fait sentir suivant les lignes qui courent
E. 18° N. à O. 18° S. Une grande partie de la Catalogne,
de la Navarre et de la Biscaye, des Pyrénées-Orientales et
des Basses-Pyrénées, doit sa forme actuelle à ce soulèvement. Il se rapproche, par sa direction, du système
principal des Alpes, et paraît en être une dépendance.
Malgré l'intensité considérable de cette action, l'ophite
ne forme ordinairement que des monticules de peu
d'étendue.

Ainsi, dit M. Dufrénoy, les Pyrénées auraient subi deux
révolutions : l'une, générale, due au soulèvement du granite, aurait relevé tous les terrains d'une manière régulière ; l'autre, partielle et agissant sur des points isolés,
aurait donné naissance aux ophites, aux gypses et au
groupe du Canigou, dont le relief actuel est le résultat
de l'apparition des ophites, qui a eu lieu longtemps après
le dépôt des terrains tertiaires.

TERRAIN TERTIAIRE SUPÉRIEUR.

Le terrain tertiaire supérieur compose la vaste et magnifique plaine du Roussillon. Les nombreux sondages qui
ont été pratiqués pour rechercher des sources jaillissantes
à Théza, Villeneuve-de-la-Raho, Bages, Terrats, Canohès,

Tolujes, Perpignan, Bonpas, Saint-Estève, Rivesaltes, Pia et Saint-Laurent-la-Salanque, ont fait reconnaître les couches traversées jusqu'à la profondeur de 180 mètres.

Les 74 forages qui ont réussi, à partir de 1829[1] jusqu'en 1857, sont compris dans une zone de trois à quatre lieues de long, sur une à deux de large, et placée à égale distance des montagnes et de la mer. Toutes les tentatives faites en dehors de cette zone, ont été jusqu'à présent infructueuses. Elle se divise elle-même en trois petits bassins : celui de Bages, celui de Perpignan et celui de Rivesaltes.

Dans la ville de Perpignan, placée à peu près à moitié de la distance qui sépare Rivesaltes de Bages, les sondages sont descendus, au *Pont-d'en-Vestit*, à 143 mètres ; à la *Loge*, à 170 ; à *Saint-Dominique*, à 175 ; et à la *Poissonnerie*, à 162.

Dans la commune de Bages, les eaux jaillissantes se rencontrent à la profondeur de 26 à 50 mètres. Un pre-

---

(1) Le premier forage artésien fut tenté, en 1829, par M. Fraisse, aîné ; il fut pratiqué à sa métairie, sur les bords de la *Basse*, territoire de Tolujes. En vingt-huit jours de travail, il atteignit la profondeur de 44 mètres, et obtint une source jaillissante qui donnait 24 litres d'eau par minute, soit 54.560 litres par jour. (Rapport sur les puits artésiens qui existent dans les Pyrénées-Orientales, par M. le docteur Companyo, fils, IX⁰ Bulletin de la Société Agricole, Scientifique et Littéraire des Pyrénées-Orientales, p. 497. 1854.)

Voir les mémoires de M. Farines, Bulletin de la Société Philomathique de Perpignan, p. 24, 26, 53, 40 ; Iʳᵉ année, 1855.

Marcel de Serres, *ibid.*, p. 55 ; IIᵉ année, 1856.

Eugène Durand, Tableau géologique représentant la coupe des terrains traversés dans le forage de Tolujes, *ibid.*, p. 124 ; IIᵉ année, 1856.

Eugène Durand, Observations sur les 3ᵉ, 4ᵉ et 5ᵉ fontaines jaillissantes obtenues à Tolujes, *ibid.*, p. 123 ; IIIᵉ année, 1857.

mier forage, exécuté un peu au nord du village, a atteint une source jaillissante à 26 mètres au-dessous d'une marne sablonneuse; à 46 mètres on a rencontré une argile noire et compacte, et à 47 mètres on a obtenu un jet d'eau limpide, qui s'est élevé avec force, entraînant des fragments de pierre et de gravier. Aujourd'hui, l'on compte plus de 60 puits artésiens sur le territoire de cette commune. Le plus remarquable est celui foré sur une propriété de M. Barrère; il projette ses eaux abondantes avec une violence tumultueuse qui étonne.

Le premier sondage exécuté à Rivesaltes, dans l'axe de la vallée de l'Agly, et poussé jusqu'à 75 mètres, a traversé des argiles plus ou moins compactes et des marnes calcaires. A 67^m,40, on a rencontré une argile noire bitumineuse reposant sur une marne calcaire noire, avec des huîtres bien conservées. Au-delà, un sable très-argileux renfermait la nappe jaillissante. Un autre sondage a rencontré la nappe jaillissante à 52^m,60, et la couche la plus basse était une marne argilo-calcaire imperméable, retenant les eaux à partir du banc de sable superposé. La sonde avait atteint successivement, à partir du dépôt quaternaire de la plaine, une série de vingt assises subdivisées en un certain nombre de lits d'argiles rouges, plus ou moins compactes, marneuses ou sableuses, de marnes argilo-calcaires blanchâtres, sableuses ou mélangées de gravier, de calcaires peu nombreux et de sable micacé argileux. A 40 mètres, la cuiller a ramené des débris de *cardium* et de *pecten*. Des cailloux de quartz ont été rencontrés à plusieurs niveaux. Plus tard, le puits Singla a rejeté momentanément une grande quantité de sable micacé, avec des fragments d'huîtres, de chames,

de peignes, de pétoncles, de buccins, de *rissoa*, de
natices, de *turbo*, de *murex*, etc. C'est de la couche de
sable marin coquillier que l'eau jaillit, et cette circonstance permet de penser que c'est aussi le niveau de la
couche coquillière qui se prolonge sous la plaine, avec
une inclinaison d'environ cinq-centièmes.

En résumé, la profondeur des puits varie entre 30
et 180 mètres. Les moins profonds sont ceux du territoire de Bages, et le plus profond celui du *Mas-Sauvy*
(180 mètres), le niveau du sol superficiel étant sensiblement le même. La quantité d'eau fournie par un de ces
puits, peut varier de 25 à 1.200 litres par minute; la
moyenne est d'environ 120, et le produit moyen des
71 forages de 8.500 litres par minute. Les observations
thermométriques faites sur la température de ces eaux,
donneraient en moyenne 1 degré d'accroissement par 30
mètres de profondeur; mais elles n'ont pas été exécutées
dans des conditions propres à donner un résultat très-
exact pour chaque point. Les couches traversées sont
partout sensiblement les mêmes. Ce sont des marnes
argileuses, avec des lits subordonnés de sable, de gravier, de calcaire quelquefois siliceux, et des coquilles
marines disséminées çà et là. L'inclinaison générale est
de l'O. à l'E., et la nappe aquifère se trouve dans un
sable assez pur, plus ou moins épais, recouvert d'une
argile verte, et dans lequel l'eau est d'autant plus abondante qu'il est plus meuble et plus grossier.

Les puits d'un même bassin s'influencent mutuellement,
et l'établissement d'un nouveau puits diminue toujours la
quantité d'eau fournie par les autres; il peut même en faire
tarir quelques-uns. Néanmoins, le produit total des eaux

augmente avec le nombre des trous de sonde. Quant à la
force d'ascension, elle dépasse rarement 4 à 5 mètres;
souvent elle n'atteint pas 1 mètre au-dessus de la surface
du sol, et le produit diminue rapidement à mesure qu'on
élève l'orifice de sortie.

DÉPÔTS COQUILLIERS.

Les dépôts tertiaires marins du Roussillon, n'apparaissent à la surface du sol que sur quelques points des vallées
de la Tet et du Tech; partout ailleurs, ils sont masqués
par la grande nappe de dépôts quaternaires.

« M. Marcel de Serres a indiqué, sur la rive gauche de
« l'Agly, en face du village d'Espira, une coupe de 7 à 8
« mètres de hauteur, au bas de laquelle viennent affleurer
« des marnes argileuses bleues, fossilifères, sans doute du
« même âge que celles des vallées du Tech et de la Tet,
« situées un peu plus au sud, et appartenant à la forma-
« tion tertiaire supérieure ou subapennine. Elles sont ici
« surmontées de sable marneux, blanc et jaune, avec du
« lignite, et de 3 mètres d'épaisseur, de marnes argileuses
« jaunâtres et de nouveaux sables marins jaunâtres de 2
« mètres, le tout recouvert par le dépôt quaternaire de
« la plaine, dont l'épaisseur, en cet endroit, est d'environ
« 1 mètre. Les coquilles des marnes bleues sont mieux
« conservées que dans les couches correspondantes du
« Boulou, de Millas, de Banyuls et de Néfiach, et beaucoup
« d'entre elles ont même conservé une partie de leurs
« couleurs. Un dépôt analogue, indiqué près d'Estagel,
« par M. Noguès[1], nous est complétement inconnu. Les

[1] Notice géologique sur le département de l'Aude. 1855.

« couches tertiaires ne paraissent pas affleurer sur d'autres
« points du bassin inférieur de l'Agly ni sur les pentes des
« roches secondaires qui l'entourent ; les dépôts quater-
« naires les débordent sans doute partout[1]. »

Nous ferons remarquer que ce n'est pas à M. Marcel
de Serres que l'on doit la découverte du banc coquillier
d'Espira-de-l'Agly, mais à M. Farines, ancien pharmacien,
à Perpignan.

TERRAIN QUATERNAIRE.

M. Rollan du Roquan, dans sa notice géologique du
département de l'Aude, a fait remarquer que les bancs
puissants de cailloux roulés qui recouvrent les hautes
collines tertiaires des environs de Carcassonne, pourraient appartenir à une période plus ancienne que les
dépôts modernes que l'Aude dépose de nos jours.

« L'âge de cette roche, dit-il, doit être certainement
antérieure à l'ère historique ; car on la retrouve sur des
points trop élevés, pour qu'on puisse penser que les
inondations, quelque fortes qu'on les suppose, aient
jamais pu les atteindre pendant la période actuelle[2]. »

« Dans certaines localités du bassin moyen de l'Aude,
« dit aussi M. d'Archiac, on voit ces dépôts à plus de
« 100 mètres au-dessus du niveau qu'atteignent les plus
« hautes eaux de nos jours. On n'y a pas encore rencontré
« de débris organiques, et leur composition pourrait par-
« fois les faire confondre avec certaines couches tertiaires

(1) Vicomte d'Archiac, ouvrage cité.
(2) *Annuaire du département de l'Aude pour 1844*, p. 202.

« si l'on ne remarquait pas que ces dernières sont toujours
« plus ou moins dérangées de leur position originaire,
« tandis que les sédiments quaternaires, parfaitement hori-
« zontaux, les recouvrent transgressivement[1]. »

La plaine qui, à partir de la commune de Salses, s'étend
jusqu'au Vernet de Perpignan, est un exemple de ce terrain quaternaire. Cette plaine horizontale, d'une élévation
moyenne de 16 mètres au-dessus du niveau de la mer,
exclusivement consacrée à la culture de la vigne, est
composée à sa surface d'une terre rougeâtre ou alluvion
ancienne, peu épaisse, recouvrant uniformément un dépôt
de cailloux roulés. Celui-ci se relève un peu le long des
pentes inférieures des collines calcaires. Ainsi, à la métairie Parès, il constitue un poudingue à ciment de sable
rouge-ocreux. Aux environs de Castell-Viell, il atteint
45 mètres d'altitude. Il est composé de fragments plus
ou moins gros de calcaires gris, compactes, sous-jacents.
A Salses, le niveau de la plaine n'est qu'à 10 mètres au-
dessus du niveau de la mer; près de Rivesaltes, sur la rive
droite de l'Agly, à 13; au moulin d'Espira, à 28; au
Vernet de Perpignan, à 31.

TERRAIN MODERNE.

Le terrain moderne est un composé de dépôts divers,
produits par des causes qui agissent encore, et dû à l'action des agents atmosphériques, des cours d'eau, de la
mer, etc.

Les matières de ces dépôts sont des cailloux roulés,

---

(1) Les Corbières, p. 242.

des sables et des limons plus ou moins mélangés, des
calcaires plus ou moins marneux, qui se forment dans
les lacs et dans les mers, la tourbe et le fer limoneux
des marais; enfin les tufs calcaires, les tufs siliceux que
les sources amènent partout de l'intérieur de la terre à
l'extérieur.

Les côtes de la Méditerranée et les bords des nombreux
étangs saumâtres qui les découpent entre Salses et Argelès, ne nous offrent que des plages sableuses, très-basses,
sans dépôts récents émargés, coquilliers ou non, que l'on
puisse rapporter à l'époque actuelle ou même à la précédente, et constituer ce que, sur d'autres points du péri-
mètre de cette mer, on a décrit sous le nom de grès, de
calcaire et de tuf quaternaire.

« Ainsi, dit M. d'Archiac, les oscillations du sol qui
« ont élevé ces dernières sur les côtes de l'Afrique, de
« l'Italie et sur le pourtour des grandes îles voisines, ne
« se seraient pas manifestées ou n'auraient point laissé
« de traces tout le long de ce rivage occidental.

« Les plages, très-basses depuis la Camargue ou le delta
« du Rhône jusqu'à l'embouchure du Tech, au sud de
« Perpignan, n'offrent point de lignes de dunes compa-
« rables à celles des côtes de l'Océan. Les petits amas
« de sable qu'on observe entre Cette et Agde ne méri-
« tent pas ce nom; car leur élévation ne dépasse pas 5
« ou 6 mètres, comme M. Marcel de Serres l'a aussi
« constaté récemment. Le faible balancement de la masse
« des eaux de la Méditerranée, les roches calcaires géné-
« ralement dures, plus ou moins inaltérables, rarement
« marneuses, presque jamais arénacées, qui se trouvent
« dans son voisinage immédiat, et peut-être aussi la direc-

« tion des vents dominants, ne sont pas des circonstances
« favorables au développement de ces accumulations détri-
« tiques contemporaines; de sorte que ces côtes sem-
« blent offrir aussi, depuis l'état actuel des choses, une
« stabilité relative à peine troublée par les sédiments
« qu'apportent dans leurs crues l'Hérault, l'Orbe, l'Aude,
« l'Agly, la Tet et le Tech. Ces dépôts successifs, quoique
« très-faibles, ont cependant modifié un peu certaines
« parties de la côte et des étangs dont nous venons de
« parler, mais sur une échelle infiniment moindre que
« les atterrissements produits plus au nord par les eaux
« du Rhône.

     « Cette uniformité et cette *platitude* du littoral qui se
« manifestent à l'œil le moins expérimenté, par ces grandes
« et nombreuses lagunes qui le séparent de la mer pro-
« prement dite, se continuent encore sous les eaux à une
« distance considérable; car la ligne de sonde de cent
« brasses se trouve partout à dix lieues en mer, depuis
« l'embouchure du Rhône jusqu'au parallèle de Perpi-
« gnan, ce qui dénote une pente excessivement faible et
« uniforme dans toute cette étendue[1]. »

     Les rivières de l'Agly, de la Tet et du Tech entraînent
dans leur cours rapide une masse considérable de sable et
de limon qui, avant d'atteindre la mer, se dépose sur les
parties basses inondées, souvent fort étendues, de la plaine
du Roussillon, qu'elles traversent. Ce détritus limoneux,
très-fin, améliore alors les terres arables; mais, lorsque
des cailloux assez gros et assez nombreux viennent s'y
mêler, le sol est aride et peu productif.

---

[1] *Les Corbières*, p 239.

APPENDICE.

—

M. Noguès nous communique à l'instant, sous le titre de *Notice sur les Pyrénées de l'arrondissement de Céret,* un travail inédit qu'il nous permet de publier à la suite de ce chapitre. Nous profitons de cette permission avec reconnaissance, parce que le mémoire de notre savant compatriote vient combler la lacune qui existait dans l'histoire géologique des Albères, des montagnes de Céret, Costuges et La Manère.

NOTICE SUR LES PYRÉNÉES DE L'ARRONDISSEMENT DE CÉRET,

PAR A. F. NOGUÈS,

De la Société Géologique de France, membre correspondant de la Société Linnéenne de Bordeaux, de la Société Impériale d'Agriculture, de la Société des Sciences de Lyon, etc., etc.

« Les Albères forment une petite chaîne qui s'étend de la mer au Col du Perthus. À son extrémité orientale, elle se termine par des escarpements et des falaises qui se baignent dans la Méditerranée. De ce côté, la chaîne se digite et présente une infinité de petits ports et de caps; elle s'étend horizontalement depuis les premières rampes montagneuses que l'on gravit en sortant d'Argelès-sur-Mer jusqu'au petit golfe de Roses, en Espagne.

« La région occidentale des Albères n'offre pas, du sud au nord, un développement aussi considérable que la partie qui se

termine à la mer. Mais, à partir de la Junquère à Figuères, elles
vont en s'atténuant jusqu'à la plaine. Cependant, c'est sur le
versant espagnol que se montrent les escarpements les plus
abruptes et les plus rapides. En suivant la route de la Junquère
à Figuères, on les voit se profiler, d'une manière pittoresque,
comme une série de murs de circonvallation bizarrement déman-
telés, ou comme une suite d'immenses châteaux forts ruinés par
le temps. A l'ouest du Col du Perthus se développent les massifs
montagneux de Riunoguès, de Maurellas, de Céret et d'Arles,
qui dépendent de la petite chaîne des Albères, et qui vont, en se
ramifiant, se rattacher au Canigou. La région montagneuse de la
haute vallée du Tech affecte, d'une manière grossière pourtant,
une forme circulaire, dont le Tech suit un des diamètres, à partir
de La Preste jusqu'à Palalda. Au sud de cette petite et pittoresque région pyrénéenne, se trouvent les montagnes granitiques
de Costujes, de La Manère, de Campredon, avec leurs grès
rougeâtres houillers et crétacés. Au nord, celles de Cortsavy,
de Montbolo, qui forment dans le pays les rampes limites du
Canigou.

ALBÈRES.

« La petite chaîne des Albères est dirigée sensiblement E.-O.;
elle est formée d'un axe granitique, dont le soulèvement a relevé
les couches paléozoïques qui s'appuient, avec des inclinaisons
diverses, sur ses deux versants.—Sur le versant septentrional,
la chaîne est fracturée par de nombreux petits vallons qui donnent naissance à des cours d'eau qui se jettent dans le Tech.
Ces petites vallées transversales, à leur origine, sont fortement
encaissées et sensiblement perpendiculaires à la direction des
Albères, c'est-à-dire qu'elles sont dirigées du sud au nord. La
série secondaire manque complétement dans les Albères; on n'y
a point observé jusqu'ici aucun membre des terrains triasiques,
jurassiques ou crétacés.

« Les terrains tertiaires les plus récents s'appuient sur les premières rampes de la chaîne dans la vallée du Tech : à Nidolères, Banyuls-dels-Aspres, le Boulou, Vilellongue-dels-Monts, etc.

« Mais, tous les étages tertiaires situés à un niveau inférieur à ces dépôts subapennins, manquent aussi complétement dans nos vallées du Roussillon. Les terrains de transition ou paléozoïques les plus anciens et les roches azoïques forment les dépôts stratifiés qui se montrent sur les flancs des Albères ; ce sont des gneiss, des micaschistes, des schistes ou phyllades et calcaires cristallins.

« On y trouve associés à ces roches ou au granite : de la tourmaline cristallisée, des cristaux de feldspath, des grenats, du quartz compacte, etc.

« Dans la petite vallée de LA ROQUE-D'ALBÈRE, on peut étudier d'une manière assez nette les couches et les roches qui constituent la portion centrale des Albères.

« En remontant la rivière de *La Roque,* en sortant du village, la première roche que l'on trouve en place, est le schiste de transition, qui se montre au sud, dans toutes les dépressions du sol et dans tous les endroits assez profondément ravinés, pour mettre cette roche à découvert, par la dénudation des dépôts alluviens. Ces schistes verdâtres ou bleuâtres, forment les couches supérieures des dépôts de transition des Albères ; ils plongent de 60° vers le N. 40° E., comme du reste toutes les collines qui environnent le village de La Roque.

« En remontant encore le cours de la rivière, on marche des couches supérieures vers les couches inférieures. Au gouffre du *Tinell* (terme du pays), les schistes de transition (probablement *siluriens),* s'inclinent un peu moins que tout à l'heure ; l'angle qu'ils forment avec l'horizon ne dépasse pas 45° N. E. ; ils présentent un développement horizontal d'au moins 2 kilomètres ; ils sont recouverts par de puissants dépôts détritiques, formés de cailloux de quartz et de granite. Nous n'avons trouvé dans ces schistes, aucune trace d'être organisé.

« A la hauteur de la fontaine minérale ferrugineuse, dite *Font de l'Aram*, après le *Moulin de Gras*, les gneiss commencent à se montrer ; ils sortent de sous les schistes ; ils présentent une stratification très sensible et s'inclinent vers le N. 60° E. Ces gneiss sont porphyroïdes ; ils contiennent de gros cristaux lamelleux de feldspath vitreux.

« En remontant encore la rivière, on trouve des micaschistes imprégnés de fer et présentant, sur certains points de leur surface, des veinules de quartz : ces deux roches passent l'une dans l'autre ; à leur contact elles se confondent, et perdent les caractères physiques qui les distinguent.

« En suivant le ruisseau qui alimente les moulins de La Roque jusqu'à la prise d'eau, on atteint un escarpement très-rapide situé sur la rive gauche de la rivière ; il porte, dans le pays, le non d'*Escarranques*. Sur la rive droite, aussi très-escarpée, se dressent les hauteurs de la *Sparreguère*. A partir de là, la gorge se resserre tellement qu'on ne peut plus remonter le cours du ravin. Ces escarpements sont formés d'une roche granitique stratifiée, fortement relevée, parfois à couches verticales ou même renversées. Au-dessus de ces couches, on trouve sur le chemin étroit qui suit le flanc de la montagne, un gneiss décomposé passant à la pegmatite.

« Ensuite, en montant vers la *Sparreguère*, après le gneiss se montre le micaschiste. Mais, bientôt, on rencontre un granite porphyroïde qui s'est fait jour à travers les micaschistes et les gneiss, et a dérangé la régularité normale de leurs couches.

« Ce granite présente de grands plans de rupture et de clivage, comme une espèce de stratification confuse.

« La montagne de la *Sparreguère* et le sommet correspondant de l'*Escarranques*, sont formés par des micaschistes très-bien stratifiés, inclinant au S. O., sous un angle d'environ 65°. Au-dessous, les micaschistes deviennent noirâtres et fortement micacés ; parfois, ils sont décomposés en un sable ferrugineux, passant à des gneiss à la partie inférieure. Les gneiss et les micaschistes se succèdent plusieurs fois.

« En s'avançant vers l'axe de la montagne, on atteint la crête de la chaîne constituée par le granite à petits cristaux.

« Toutes les petites vallées de fracture de la chaîne des Albères, sont perpendiculaires à la direction de cette chaîne ; toutes présentent une composition identique, puisque les mêmes couches passent de l'une à l'autre en s'infléchissant. On peut s'en assurer en examinant les roches des petites vallées de Saint-Martin, de Montesquieu, de Vilellongue, de Sorède, d'Argelès, de Collioure. Lorsqu'on descend des hauteurs de la *Sparreguère* dans le vallon de Sorède, on aperçoit, à la base de la montagne, une file d'aiguilles de quartz compacte, qui forment une arête ou ride épineuse presque verticale ou un peu inclinée vers le N. E., d'au moins 80°.

« En remontant la rivière de Sorède, on retrouve les mêmes roches que nous avons signalées aux environs de La Roque. Cependant, au four à chaux de Sorède, près du pont des forges, on trouve une couche peu épaisse d'un calcaire cristallin métamorphisé ; elle paraît plonger vers l'est. Cette couche calcaire, que nous n'avons pas trouvée en place à La Roque, où elle est cachée sans doute par des dépôts de détritus, s'est déposée dans quelque dépression ou quelque poche des roches qui lui sont inférieures, schistes ou micaschistes et gneiss. C'est probablement la couche calcaire qui se montre à Prats-de-Molló, Céret, etc., et qui forme une bande presque continue dans toute la partie septentrionale de la chaîne des Albères.

« En suivant la route, tracée parallèlement à la mer, depuis Argelès jusqu'au Cap Béarn, on coupe les strates des Albères parallèlement à leur direction. On peut ainsi se faire une idée complète de l'étendue horizontale qu'occupent certaines couches anciennes. Mais, en suivant la route on ne rencontre guère que des phyllades et autres roches schisteuses, plus ou moins tourmentées. Ces phyllades sont, en certains points, contournées et plissées.

« Les mêmes roches se retrouvent sur le versant méridional de la chaîne. En allant de Roses à Quadaquès (Espagne), j'ai vu les schistes qui se montrent dans les Albères du Roussillon.

MONTAGNES DE CÉRET, D'ARLES, DE LA MANÈRE, ETC.

« A Céret, le Tech est déjà fortement encaissé; ses rives sont escarpées, et formées par des roches schisteuses bleuâtres, fortement relevées. Ces schistes sont durs et compacts; ils renferment du quartz, et passent, en certains endroits, à une roche dure argilo-siliceuse analogue aux grauwackes.

« Les schistes argileux se montrent aussi au sud de la petite ville de Céret, au pied de la montagne qui borne l'horizon du côté du midi. On les rencontre à la hauteur des Capucins. Ils se montrent avec leurs teintes bleuâtres ou ferrugineuses, en couches relevées, parfois plissées ou contournées, inclinant vers l'ouest un peu au sud. Sur ces schistes se montre une puissante couche d'un calcaire cristallin, plongeant de 45° vers le S. O. Ce calcaire, gris ou bleuâtre, parfois blanc, est exploité pour la fabrication de la chaux grasse. La partie qui se trouve en contact avec le gypse passe au calcaire magnésien.

« Au sud des Capucins, se trouve la première plâtrière (de Cantenis); le gypse qu'on y exploite est gris, avec des teintes bariolées où le rouge domine. Au voisinage du gypse, on voit affleurer des calcaires magnésiens, inclinés comme les couches de gypse vers le S. O.

Les calcaires se retrouvent encore en s'élevant vers la montagne; ils se relèvent fortement ou prennent même la position verticale au voisinage d'une roche d'éruption verdâtre. Cette roche granitique présente des plans grossiers de stratification inclinés vers le S. O.; elle est recouverte par des schistes et des micaschistes.

« Vers les parties supérieures de la montagne de Céret, les roches granitiques sont décomposées à leur surface; leur feldspath se décompose; elles passent à des roches talqueuses avec quartz.

« Enfin, au sommet se montrent des granites, des micaschistes, pénétrés de veines de quartz blanc.

« Les gypses de la montagne de Céret (plâtrières de Cantenis, de Llobet, de Bousquet) s'enfoncent vers le sud-ouest; ils paraissent s'être formés sous l'influence de causes ignées, dans les poches calcaires où on les trouve aujourd'hui.

« Aux environs de Céret, à Amélie-les-Bains, à Costujes, le terrain crétacé supérieur se trouve bien caractérisé par la présence du *Cyclolites elliptica* (Lamarck). La roche crétacée de cette partie des Pyrénées est constituée par des calcaires compactes, noirâtres, avec empreintes d'ostracées et des grès jaunâtres, rougeâtres ou grisâtres, légèrement micacés. C'est dans ces grès ou dans une couche calcaire intercalée, que se trouvent le *Cyclolites elliptica*, des hippurites, etc. [1]. M. d'Archiac a donné la coupe complète de la colline crétacée d'Amélie-les-Bains [2].

« Le granite au milieu duquel se trouvent les étangs de Carlite, est identique à celui qui forme le massif du Canigou [3]; il est formé de quartz et de feldspath blancs et de mica noir; par suite de la décomposition du feldspath, il se désagrége facilement; il est divisé par des plans de rupture, ce qui lui donne l'aspect d'une masse stratifiée.

« Mais le granite qui forme le massif montagneux qui s'étend de La Manère à Vilaroge, est composé de gros cristaux de feldspath blanc et rose, de quartz blanc translucide et de mica noir. Il passe à la protogine et à la serpentine.

« Les montagnes qui s'élèvent au sud de la route d'Arles à Amélie-les-Bains, sont formées de granite supportant des schistes de transition.

(1) Noguès : Sur un grès rouge des Pyrénées et des Corbières.
(2) M. d'Archiac : *Les Corbières*, p. 441 et pl. IV, fig. 25.
(5) Noblemaire : Études sur la richesse minérale de la *Seo-d'Urgel*.

« Dans la vallée du Sègre, à *Sant-Juan-de-las-Abadessas*, se montrent des affleurements de houille. Le terrain houiller qui pénètre dans les Pyrénées françaises, repose sur le terrain de transition (calcaire et schistes) ou sur le granite.

« Sur la houille repose une puissante couche d'un grès rouge, qui est houiller ou triasique; il s'étend depuis la *Seo-d'Urgel* jusqu'aux environs de La Manère. Il diffère, par ses caractères lithologiques, stratigraphiques et paléontologiques, des grès rougeâtres ou jaunâtres, incontestablement crétacés de Costujes et d'Amélie-les-Bains.

« Au-dessus des grès jaunâtres crétacés, se trouvent les marnes jaunes-verdâtres-gypseuses, dans lesquelles sont ouvertes les carrières de gypse de Palalda et de Montalba, ce qui range ces gypses dans le terrain crétacé.

« En résumé, dans la vallée supérieure du Sègre, on trouve les terrains sédimentaires anciens, comprenant le terrain silurien ou dévonien et le terrain houiller, peut-être le trias, le tout recouvert par les dépôts tertiaires.

« Dans la vallée du Tech, les grès rouges triasiques ou houillers font aussi une pointe; ils reposent sur les calcaires ou les schistes de transition. Les dépôts sédimentaires les plus récents sont représentés par des calcaires, des grès et des marnes, de la craie, et par les strates pliocènes que nous avons déjà indiquées. »

CHAPITRE II.

MINÉRALOGIE.

L'étude des corps inorganisés qui existent naturellement dans la terre ou à sa surface, est l'objet de la *Minéralogie*.

Nous n'avons pas la prétention de faire la description tout entière du règne minéral des Pyrénées-Orientales. C'est un travail qui dépasserait nos forces, et que ne comportent point les limites étroites de notre cadre; nous nous bornerons seulement à dire quelques mots sur les gîtes métallifères du pays, et nous parlerons plus particulièrement des mines de fer du Canigou et des carrières de marbre, à cause de l'importance scientifique et commerciale qui se rattache à ces deux questions. Nous donnerons ensuite, sous forme de catalogue, la liste des minéraux que nous avons recueillis, et que l'on pourra voir parmi les collections du cabinet d'histoire naturelle de la ville de Perpignan.

Le département des Pyrénées-Orientales n'aurait rien à envier aux plus favorisés de la France, si les richesses minérales signalées dans le pays, depuis le douzième siècle, étaient mises en valeur. Nous allons emprunter au livre déjà cité de Carrère, et au mémoire publié par M. Morer sur les *anciennes exploitations des mines du Roussillon*, les détails curieux qui vont suivre sur les gîtes métallifères de cette province. Ces indications, oubliées avec le temps, sont nécessaires à rappeler.

GÎTES MÉTALLIFÈRES SIGNALÉS PAR CARRÈRE.

« Nous passons à l'objet le plus intéressant du règne
« minéral, dit M. Carrère[1], aux mines, qui sont très-
« multipliées sur les montagnes du Roussillon. Si nous
« devions donner des détails sur chacune de ces mines,
« nous excéderions les limites que nous devons nous
« prescrire; nous nous bornerons à de simples indica-
« tions; nous n'indiquerons même que les principales et
« les plus connues.

« MINES DE FER. — On en trouve sur la plupart des
« montagnes du Conflent, du Capcir, de la Cerdagne, de
« Carol et du Vallespir : le détail en deviendrait fort long.
« Elles sont presque toutes très-profondes, et même
« souvent superficielles : les plus riches sont celles du
« haut de la montagne de Puy-Morens, dans la vallée
« de Carol, qui fournissent à plusieurs forges de la Cata-
« logne, de l'Andorre et du Comté de Foix ; celles d'Escaro
« et d'Aytua, en Conflent, qui fournissent aux forges de
« Nyer, de Thuès, de Balsère et de Mosset, et à celle
« de Gincla, en Languedoc; celle de Fillols, en Conflent:
« elle est de fer spathique. Il y en a plusieurs sur le
« Canigou, parmi lesquelles quelques-unes contiennent
« plusieurs sortes de manganèse; quelques autres sont
« des mines de fer spathique d'un jaune-fauve : on les
« mêle, dans les forges d'Arles, avec de l'hématite noire,
« qu'on tire de la même montagne.

« MINES DE PLOMB. — On en trouve : 1° un filon au

(1) *Voyage pittoresque de la France, Province du Roussillon*, p. 36. 1787.

« terroir de Fillols, en Conflent; 2º à celui de Sahorre,
« aussi en Conflent; 3º à celui de Formiguères, en Capcir;
« 4º un filon, entre le territoire de Prats-de-Molló et
« ceux de La Manère et de Serrallongue, en Vallespir;
« 5º un filon, près d'Arles, en Vallespir, qui donne, au
« petit essai, 50 pour 100 : il est à petites facettes, et sa
« gangue est quartzeuse; 6º un filon au terroir d'Escaro,
« en Conflent : il est fort riche; 7º un filon à *Pedre-*
« *forte*, dans la vallée de Carol; 8º au *minier de Saint-*
« *Antoine de Padoue*, près d'Arles, en Vallespir : celui-ci
« sert à faire le vernis à potier; 9º des rognons d'alquifou
« à Escaro, en Conflent; 10º mine à couche de plomb,
« au même terroir, lieu dit la *Clavaguère*, entre deux
« monticules; 11º mine à rognons, au terroir de *Galbes*,
« en Capcir; 12º mine à rognons, au terroir de Vernet,
« en Conflent : on la trouve en fouillant la mine de fer;
« 13º mine à rognons, au territoire de Taurinya, en Con-
« flent : on la découvre dans les campagnes et les vignes,
« surtout après les pluies d'orage; 14º mine à rognons, au
« territoire de Sirach, en Conflent : ils sont moins riches
« que les précédents, et sont dans une terre argileuse
« blanche.

« BISMUTH. — On en trouve une mine près d'Arles, en
« Vallespir; elle donne, au petit essai, 30 pour 100.

« MINES DE CUIVRE. — 1º au *Coll de la Régine* ou *Sainte-*
« *Marie*, dans le territoire de Prats-de-Molló, en Vallespir,
« filon de deux pieds et demi de large; 2º au *Coll de la*
« *Cadère*, dans le même territoire, filon de deux pieds
« de large; 3º au terroir de Costujes, en Vallespir,
« plusieurs filons de deux et trois pieds de large; 4º
« sur la montagne de Batèra, une mine de cuivre jaune,

« qu'on trouve avec du vert de montagne dans une
« gangue calcaire; 5° plusieurs mines de cuivre jaune,
« près de La Preste, en Vallespir; 6° une mine pareille,
« près de Montbolo, aussi en Vallespir, mais parsemée
« de petits cristaux de malachite et de vert de montagne,
« dans une gangue quartzeuse; 7° dans le terroir de
« Llech, en Conflent; 8° à la *Vall de Prats*, entre les
« terroirs d'Escaro et de Fontpedrosa, en Conflent, un
« filon de cinq pieds de large; 9° à Carença, au lieu
« nommé le *Racou*, à deux lieues du précédent; 10° au
« fond de la montagne de Carença, au pied des *Estanyols*,
« en Conflent; 11° dans le bas de la même montagne,
« vingt-cinq filons, dont le plus petit est d'un pied et
« demi de large; 12° depuis Formiguères, en Capcir,
« jusqu'à Réal, sept filons des plus gros; 13° dans le
« terroir de *Pedreforte*, vallée de Carol, quatre filons;
« 14° une mine de cuivre gris au terroir d'Estoher, en
« Conflent; 15° un banc de gravier, où l'on trouve beau-
« coup de cuivre en filets ramifiés, dans le terroir de
« Suréda, au pied de la montagne de l'Albéra. Cette mine
« est composée de feuilles de cuivre rouge très-ductile,
« répandues parmi le gravier ou plaquées contre les pierres,
« où elles paraissent ramifiées à la manière des dendrites.
« On conserve, à Perpignan, des pyrites qu'on en a retirées
« en ouvrant la mine; elles sont plates et dures; la plu-
« part se sont fleuries à l'air, et se sont chargées d'un
« très-beau vitriol. L'exploitation de cette mine a été
« suspendue en 1735, par ordre du Gouvernement.

« MINES DE CUIVRE ET ARGENT. — 1° dans le terroir
« de Prats-de-Molló, en Vallespir, au lieu dit *les Billots*
« ou *Sainte-Marie*, au *minier de Saint-Louis* et à *Saint-*

« *Salvador*; 2° à la *Vall*, en Vallespir; 3° au *Coll de la*
« *Gallina*, terroir de Vallestavia, en Conflent, filon de
« quatre pieds; 4° au *Puig-dels-Moros*, dans le même
« terroir; 5° à la *Coma*, en Conflent; 6° au *Pla de*
« *Gantas*, paroisse d'Escaro, en Conflent; 7° au bas de
« la montagne de *Carença*, en Conflent, à gauche des
« *Estanyols*.

« Mines d'argent. — 1° au terroir de *Sant-Colgat*, en
« Conflent, filon de demi travers de doigt, dans une roche
« bleuâtre; 2° à *Pedreforte*, dans la vallée de Carol, filon
« un peu plus considérable que le précédent.

« Minières et pyrites cubiques. — Au terroir de *Palol*,
« à une lieue de Céret, en Vallespir.

« Alun — Veine courante sur terre, très-abondante en
« alun, depuis une toise de largeur jusqu'à quatre, dans
« une longueur de quatre lieues. Elle commence à Ville-
« rach, en Conflent. On avait commencé à l'exploiter:
« mais on l'a abandonnée, à cause de la grande quantité
« de matière onctueuse qu'elle contient, qui en rend la
« cristallisation très-difficile[1].

« On connaît encore aux environs de Mont-Louis, des
« mines de plomb, de cuivre, d'alun, de jais, de charbon
« de pierre. Il y en a de pareilles sur le Canigou. On en
« indique même plusieurs sur cette montagne qu'on pré-
« tend tenir de l'or et de l'argent; mais on n'en a jamais
« fait l'essai, et on est par conséquent dans l'incertitude
« sur leur vraie nature.

« On trouve, enfin, des schistes sulfureux ou charbon

---

[1] La concession en avait été accordée, en 1746, au sieur Clara,
médecin de Prades, et compagnie.

« de terre près de *Callastres* et de *Llo,* dans la Cerdagne,
« et de l'amiante ou lin incombustible sur le Canigou,
« au-dessus du monastère de Saint-Martin. »

A ces documents anciens, nous ajouterons ceux,
beaucoup plus anciens, découverts par M. Morer[1] dans
les vieilles archives du département; ils remontent au
douzième siècle, et prouvent que, dans notre pays, on
a cherché, à plusieurs reprises, non-seulement le fer,
mais encore l'or, l'argent, le cuivre, le plomb, l'étain.
On en trouve la preuve dans une foule de concessions
de mines, qui ont été obtenues sous les Rois d'Aragon
ou leurs successeurs.

MINES D'ARGENT.

La première concession dont il est fait mention, remonte
à l'an 1146. Il s'agit d'une mine d'argent trouvée à la *Coma
de Boxeda*, et que se disputent l'Abbé de Sainte-Marie
d'Arles et le Vicomte de Castelnau. En 1196, une concession est faite au monastère d'Arles d'une autre mine,
qui était située au lieu appelé *Pugalduc*. En 1425, il est
encore fait mention d'une autre mine d'argent, nouvellement découverte au territoire de Montbolo. Les localités
les plus spécialement désignées dans plusieurs actes et
concessions de cette époque, se trouvent dans les montagnes du Canigou, dans les territoires d'Arles, de Cortsavy,
de Palalda, de La Bastide, de Costujes, de Montbolo, de
Prats-de-Molló, d'Ille, de Corbère, etc.

---

(1) *Ancienne exploitation des mines du Roussillon*, par M. Morer, archiviste du département; IXe volume de la Société Agricole, Scientifique et
Littéraire des Pyrénées-Orientales, p. 290. 1854.

SABLES AURIFÈRES.

« On ne se bornait pas à vouloir trouver l'or dans le
« sein des montagnes, dit M. Morer [1]; nos rivières étaient
« aussi réputées aurifères. Il existe, dans les archives, plu-
« sieurs titres qui servent à le confirmer.

« En 1603, le Procureur-Royal du Roussillon accorde
« à un individu de Fourques, qui prend le titre d'*oren-*
« *guer* (ou *orpailleur*), le droit de chercher de l'or, qui
« se trouve dans les sables des rivières ou torrents du
« Roussillon.

« En 1613, une pareille concession est faite par le
« Procureur-Royal à un individu de Mirepoix, à l'effet de
« rechercher les paillettes d'or ou d'argent qui se trouvent
« dans les sables de la rivière de la Tet. Cette concession
« n'est accordée que pour l'espace de deux mois.

« En 1622, nous avons encore vu une autre concession
« pour ramasser l'or qui se trouve dans les sables des
« rivières de la Tet et du Tech. Cette concession était
« faite pour l'espace de quatre mois. Du reste, on ne
« donne pas, dans ces titres, l'indication du point où se
« faisaient ces recherches; elles s'étendaient sur tout le
« parcours des rivières. Le titre de 1622 fait connaître
« la part qui revenait au Roi : c'était le cinquième, quitte
« de tous frais. »

. . . .

« Le Duc d'Orléans, Régent du Royaume pendant la
« minorité de Louis XV, avait ordonné à tous les Inten-

---

[1] *Ibidem*, p. 501 et suivantes.

« dants des Provinces, de lui rendre compte des *mines*
« *et minières* qui pourraient se trouver dans leurs dépar-
« tements, et d'en envoyer des échantillons à Paris. Le
« Gouvernement savait, comme le dit, quelques années
« après, le jeune Roi dans un édit de 1722, que

« Les mines et minières seront un des plus riches objets que
« nous puissions avoir dans notre Royaume, si nous pouvons
« parvenir à les mettre en valeur ; ce qui procurerait l'abondance
« à nos sujets, en leur donnant en même temps de l'occupation,
« et rendrait le commerce de notre État plus florissant, en y
« multipliant les matières précieuses qui en font tout le mobile. »

« Ce sont là les termes du préambule de l'édit.
« Dès l'année 1717, par suite des ordres qui avaient
« été donnés, l'Intendant du Roussillon se livra à des
« recherches, et envoya à Paris divers échantillons, qui
« avaient été découverts. Le nommé Vilaroja, qui *parais-*
« *sait expert en cette partie,* fut un des hommes princi-
« palement chargés de suivre ces travaux. Nous n'avons
« point les documents officiels ; mais il résulte de diverses
« notes, que Vilaroja avait principalement désigné les
« mines ci-après. Je copie textuellement ces indications ;

MINE DE CUIVRE ET ÉTAIN, CUIVRE ET OR.

« *Al clot d'Estavell,* au-dessus de la mine *del Couchars,* au bord
« d'une fontaine nommée *la Font de la Jasse,* se trouve une mar-
« quessite *(marcassite ou sulfure métallique)* tenant du cuivre et
« étain. — On trouve à *las Porteilles* du Canigou, une mine qui
« tient aussi du cuivre et à laquelle *on croit de l'or.* —Plus, il a
« été indiqué audit Vilaroja les mines ci-après où il doit se
« transporter :

ÉTAIN ET PLOMB, CUIVRE ET OR, MINE D'OR, MINES DE CUIVRE.

« *Al Coll de la Gallina*, il y a une matière que *l'on croit* étain
« et plomb.—*Al Coll de la Régine*, à une lieue de Prats-de-Molló,
« une mine de cuivre où l'on croit aussi de l'or. — Près de la
« *Fargue Nova*, à une lieue de Prats-de-Molló, il y a un endroit
« où l'on assure y avoir de l'or.—A la *Persigoule*, près la rivière
« du même nom, une mine que l'on dit être d'argent. — Au ter-
« roir d'Estoher, proche les *Courtalets*, il y a la même matière,
« à fleur de terre, que celle qui se trouve ci-dessus au *Coll de
« la Gallina.*—Au terroir de Costujes, à l'endroit nommé *lo Mas
« d'en Colomer*, il y a une mine où l'on a travaillé, du temps de
« M. d'Albaret, de matière de cuivre.—Au terroir de Serralongue,
« à la partie nommée *Forneils*, il y a aussi une mine de cuivre. »

« Pendant toute cette période de temps, les esprits
« étaient de nouveau tournés vers des spéculations. On
« parlait beaucoup des mines du Roussillon, de leur im-
« portance, de leur richesse. Il parait qu'un abbé, nommé
« *Raguel*, vint de Paris dans cette province pour les
« exploiter lui-même. Dans un document non signé, qui
« se trouve aux archives, mais qui dans une note à la
« marge porte son nom et la date de 1725, cet abbé,
« après avoir dit quelques mots des anciennes exploita-
« tions, fait connaître, d'une manière bien sommaire, il
« est vrai, ses nouvelles découvertes.

« Il signale surtout la mine d'*en Bernadells*, qu'il a
« visitée, et qui se trouve peu éloignée du *Coll d'Ares :*

« C'est, dit-il, le plus magnifique souterrain qu'il y ait peut-
« être au monde, et la plus ancienne des mines connues; il est

« creusé, à coups de ciseaux, dans deux ou trois montagnes,
« et divisé en un million de routes, sans aucune symétrie; les
« ouvriers ont simplement suivi les tranches des veines métalliques.
« On n'y entre point par la vraie entrée, que j'ai trouvée bouchée
« par un grand nombre de décombres, après avoir marché dans
« ce labyrinthe obscur pendant trois ou quatre heures. »

« Cet explorateur n'eut pas le temps de bien examiner;
« mais il croit que c'est une mine d'argent, et il conseille
« de continuer les travaux au point où les ont laissés les
« anciens.

MINES D'OR ET D'ARGENT.

« Il fait aussi mention d'une mine d'argent qui se
« trouve dans un roc qu'embrasse le ruisseau de *Monells*,
« qui descend de l'*Estanyol* à Montferrer. Ce roc est
« vis-à-vis la maison appelée de *Fargas*. — Il cite encore
« une mine d'argent dans la *Serra de Bassaguda,* à quatre
« heures du chemin de Saint-Laurent-de-Cerdans, dont
« j'ai vu, dit-il, plus de 40 quintaux de matière tirée. —
« Il parle d'une autre mine d'argent sur le Canigou, du
« côté de Vallestavia, où l'on entre comme dans un puits.
« — Il cite aussi une mine d'or à la *Jasse des Anyels.* —
« Il pense qu'au village de Nyer et aux environs il y a
« des mines d'argent, et il ajoute : Il faut visiter dans
« cette contrée le *Pla de Gantas,* qui est entre Nyer et
« Escaro; vous y verrez des merveilles minérales de toute
« sorte. — Il cite encore une mine de mercure au *Puig*
« *d'en Trillas,* sur le chemin de Céret à Reynès.

« ...Ces indications, ajoutées à ce que l'on connaissait
« déjà, et appréciées à une longue distance, enflammèrent

« les imaginations, et contribuèrent sans doute, pour beau-
« coup, à la formation d'une compagnie royale, dont le but
« était l'exploitation des mines des Pyrénées, et notamment
« du Roussillon. Cette société fut, en effet, organisée en
« 1731. Le siége principal de l'établissement était à La
« Preste. On fit de très-grandes dépenses : une fonderie
« fut établie sur les lieux mêmes. Plusieurs mines furent
« ouvertes sur le territoire de La Preste et de Prats-de-
« Molló. On exploitait principalement une mine de cuivre
« appelée de Saint-Louis, une mine d'argent appelée de
« Sainte-Barbe, et une autre de plomb qui se trouvait
« près du village de La Manère. On avait cru, dans le
« commencement, à de grands succès; l'entreprise était
« jugée très-avantageuse, et pour la province elle-même
« et pour les entrepreneurs; mais on ne dut pas tarder à
« revenir de ces premières idées. Nous avons lu une lettre
« où le Duc de Noailles, écrivant à l'Intendant, lui disait :

« Cette entreprise a eu, jusqu'à présent, le même sort que la
« plupart de celles de cette espèce, c'est-à-dire, que tout s'en
« est allé en fumée. »

« Les travaux furent continués pendant quelques années;
« mais des procès suivirent, et ils furent, en 1737, tota-
« lement interrompus. — Depuis lors ils n'ont jamais été
« repris.
« Dans cet exposé de nos anciennes mines du Rous-
« sillon, ajoute M. Morer, j'ai désiré, en fixant votre
« attention sur cet objet si important, fournir quelques
« indications oubliées avec le temps, et qu'il est néces-
« saire de rappeler; car il ne faut pas aujourd'hui perdre
« de vue qu'à une époque prochaine, où la vapeur va

« transformer notre pays, de nouvelles entreprises con-
« cernant l'exploitation de nos mines, pourront se former.
« Il est à espérer que, mieux dirigées qu'en 1731, on saura
« se garantir de ces folles spéculations qui font périr, dès
« le principe, une œuvre utile, en absorbant la plus grande
« partie du capital dans les premiers frais d'établissement,
« et dans une organisation trop luxueuse. »

MINES DE FER DU CANIGOU.

Les seules mines qu'on exploite en Roussillon, sont
les mines de fer. Celles du Canigou ayant une importance considérable, nous nous bornerons à parler de
celles-ci, auxquelles, du reste, se rattache un grand
intérêt scientifique, qu'ont mis en relief les savantes études
de M. Dufrénoy [1].

« Les minerais de fer, dit ce savant géologue, sont
« répandus avec une grande profusion dans la partie
« orientale des Pyrénées ; les circonstances qui accom-
« pagnent leur gisement, sont remarquables par leur in-
« dépendance absolue du terrain qui les renferme. Ces
« minerais constituent des amas puissants dans des cal-
« caires de formation très-différente. Une seule condition
« paraît indispensable à leur existence, c'est la proximité
« des roches granitoïdes. Les calcaires associés aux mi-
« nerais de fer, sont toujours à l'état cristallin ; cette
« constance dans les caractères des calcaires, quel que
« soit leur âge, peut également être attribuée à leur
« superposition immédiate sur le granite...

(1) *Mémoires pour servir à une description géologique de la France*, t. II,
p. 415.

. « Le groupe de montagnes désigné sous le nom de
« Canigou, forme une espèce de promontoire à l'extrémité
« orientale des Pyrénées. Placé sur le premier plan, et
« presque isolé du reste de la chaîne, le Canigou domine
« tout le pays, et semble ne pas connaître de rival...

DISPOSITION GÉNÉRALE DES MINES DE FER.

« La roche qui constitue le Canigou, est du granite
« passant au gneiss, quelquefois à du micaschiste, dans
« lequel le mica est remplacé par du talc vert. Les nom-
« breux minerais exploités sur les pentes de cette mon-
« tagne, aux environs d'Olette, de Py, de Fillols, de
« Saint-Étienne-de-Pomers, de Vallestavia et de Batèra,
« se présentent avec des caractères si constants, qu'il
« est impossible de ne pas les regarder comme produits
« simultanément et par la même cause. Ces dépôts sont
« placés au pied des escarpements brusques qui forment
« la crête du Canigou, et les mines constituent par leur
« ensemble une espèce de zone elliptique d'environ 8.000
« toises de diamètre, qui enveloppe cette montagne de
« tous côtés et presqu'à la même hauteur.

« Les minerais se composent de fer spathique, d'hé-
« matite brune et d'une petite quantité de fer oligiste. Ces
« substances sont inégalement réparties dans les mines.
« Quelques-unes fournissent presque uniquement du fer
« spathique, tandis que dans le plus grand nombre, le
« fer oxydé-hydraté est le minerai le plus abondant.

« Dans la plupart des gîtes métallifères, les minerais
« sont intercalés dans du calcaire saccharoïde blanc,
« superposé au granite, ou même enclavé dans cette
« roche. Ce calcaire, qui se trouve accidentellement sur

« la surface du Canigou, n'y forme que des taches légères,
« dont la présence révèle son âge moderne. Les minerais
« se présentent à la fois sous la forme de filons, de veines
« parallèles à la stratification du calcaire, et d'amas qui
« paraissent au premier abord contemporains aux couches
« qui les renferment; souvent même le calcaire est ferru-
« gineux, de telle façon que le minerai se fond en partie
« dans cette roche.

« Les gîtes, quoique presque toujours enclavés dans le
« calcaire, se prolongent cependant dans les roches gra-
« nitoïdes; mais ils n'y pénètrent pas profondément. Il en
« résulte qu'en réalité les minerais de fer ne sont essen-
« tiels ni au granite ni au calcaire, et qu'ils paraissent
« associés indistinctement à ces deux roches : malgré
« l'irrégularité apparente de leur gisement, on reconnaît
« bientôt que ces minerais affectent une position cons-
« tante, et qu'ils sont disposés suivant une bande placée
« à la séparation du granite et du calcaire, laquelle em-
« piète sur l'un et l'autre terrain.

« Je ne pourrai donner que des indications générales
« sur la disposition des gîtes du Canigou. A l'époque où
« je visitai ces mines, on croyait encore à l'existence du
« calcaire primitif, ainsi qu'à la contemporanéité des amas
« de minerais de fer et de la roche qui les renferme. Je
« n'étudiai donc pas alors, avec assez de soin, toutes les
« circonstances du gisement pour les rapporter en détail;
« il résultera néanmoins, d'une manière positive, du peu
« de renseignements que je donnerai, que les minerais de
« fer sont déposés au contact du granite et du calcaire,
« circonstance qui suffit, à elle seule, pour déterminer
« l'âge de ces minerais.

MINES DE BATÈRA.

« Les mines de Batèra, situées sur le revers oriental
« du Canigou, forment deux groupes séparés : les unes
« existent au pied sud de la montagne qui leur donne
« son nom; les autres sont réunies sur sa pente nord.
« Sur le sommet de cette montagne, et sur son revers
« sud, la roche dominante est un granite à mica noir,
« traversé de filons de granite porphyroïde. Le granite
« est recouvert, dans plusieurs points, d'une couverture
« mince de calcaire saccharoïde blanc, alternant avec du
« schiste micacé. Ce schiste est quelquefois intercalé
« dans le granite; il en est de même du calcaire, dont
« on voit des masses assez considérables, entourées, de
« tous côtés, par du granite. La rareté de ces masses de
« calcaire au milieu des roches anciennes, et la dispo-
« sition générale de la première de ces roches dans le
« pays, montrent bientôt que l'intercalation du calcaire
« au milieu du terrain ancien n'est qu'accidentelle, et
« qu'elle doit être attribuée à un empâtement postérieur.

MINE DE LA DROGUÈRE.

« Les mines de *las Canals*, de *la Droguère*, de *Dalt* et
« *da Mount*, exploitées sur le revers sud de la montagne
« de Batèra, sont ouvertes sur des masses de calcaire
« enclavées dans le granite. Dans la mine de *la Droguère*,
« cette roche se montre seule au jour, et le calcaire n'est
« mis à nu que par l'exploitation; le minerai constitue
« dans cette mine deux amas aplatis, compris entre du

« schiste et du calcaire, et enclavés l'un et l'autre, de
« tous côtés, dans le granite ; l'amas inférieur, bien réglé
« sur une assez grande étendue, a été longtemps regardé
« comme formant une couche dans le schiste et le cal-
« caire ; mais il se termine brusquement d'un côté, et de
« l'autre il s'amincit de manière à n'être plus exploitable.

MINE DE ROCAS-NEGRAS.

« La mine de *Rocas-Negras*, appartenant également au
« gîte du revers sud, est la seule mine de fer du groupe
« du Canigou, qui ne présente pas la réunion du terrain
« ancien et du calcaire ; plusieurs circonstances mon-
« trent, cependant, que le minerai y est d'une formation
« très-moderne, et qu'il doit son origine à la cause géné-
« rale qui a produit la plupart des dépôts de minerai de
« fer de cette contrée. Le vide produit par l'exploitation
« de la mine de *Rocas-Negras*, actuellement abandonnée,
« indique que le minerai y formait un vaste amas ramifié
« dans le granite ; il était séparé de cette roche par une
« espèce de salbande schisteuse, imprégnée de fer oxydé,
« disséminé en veinules plus ou moins puissantes ; il
« partait en outre de l'amas métallifère, un grand nombre
« de petits filons de fer oligiste, qui se prolongeaient
« dans le granite. On trouve encore dans cette exploi-
« tation de gros blocs contenant du minerai de fer dissé-
« miné ; mais sa richesse moyenne n'est pas assez grande
« pour qu'il puisse être employé dans les forges catalanes.
« Ces blocs sont formés de fragments de schiste, de
« granite et de quartz hyalin, enveloppés de fer hématite ;
« ce sont évidemment des fragments de la roche encais-

« sante, qui ont été empâtés par du minerai de fer à
« l'époque de sa formation.

« Les mines exploitées sur le revers nord de la mon-
« tagne de Batèra, et dont les principales sont les mines
« de *la Pinouse*, de *Saint-Michel*, du *Mané Nou* et de
« *Villafranca*, présentent quelque différence de gisement
« avec celles que nous venons d'indiquer : les minerais
« qu'on y exploite forment des rognons dans un calcaire
« saccharoïde blanc associé à du schiste micacé, super-
« posé au granite qui constitue la montagne, et se montre
« au jour dans les ravins. Les couches du calcaire saccha-
« roïde et du micaschiste courent du N.-N.-O. au S.-S.-E.
« Cette direction, qui s'éloigne également de la direction
« de la chaine et de celle du groupe du Canigou, est en
« rapport avec la position du sommet de cette montagne
« vers lequel ces couches se relèvent.

MINE DE LA PINOUSE.

« La première mine que nous venons de citer, celle de
« *la Pinouse*, est ouverte sur de grands amas de minerai,
« disposés dans le sens de la stratification. Ces amas sont
« intercalés le plus ordinairement dans le calcaire saccha-
« roïde; mais quelquefois ils le sont dans le schiste micacé.
« La masse métallifère est composée de fer oxydé-hydraté,
« en partie à l'état d'hématite et de fer spathique. Le cal-
« caire en contact avec le minerai est brun et ferrugineux,
« par un mélange intime de fer spathique; la richesse de
« ce calcaire diminue à mesure qu'on s'éloigne des amas
« de minerai. Lorsque ces amas sont au milieu du schiste
« micacé, on voit de petits filons ferrugineux se prolonger
« dans la roche qui les enveloppe.

MINE DE BALAITG.

« La mine de *Balaitg,* située près de Fillols, nous
« fournit un exemple de minerai placé à la séparation
« du granite et du calcaire; elle est exploitée sur un amas
« de fer spathique et de fer oxydé, reposant immédiatement
« sur le granite; des embranchements nombreux divergent
« de la masse métallifère, et pénètrent le granite dans dif-
« férents sens; quant au calcaire, il se ramifie lui-même
« dans l'amas, et présente des parties presque entièrement
« transformées à l'état de fer spathique.

« Dans les exemples que je viens de donner, les minerais
« de fer sont toujours associés à la fois au calcaire et au
« granite. La mine de *Rocas-Negras* forme une exception :
« c'est la seule dans laquelle il n'existe pas de calcaire;
« mais on trouve mélangés au minerai, de nombreux frag-
« ments de granite, lesquels forment souvent le noyau
« des blocs de fer hématite; la présence de ces fragments,
« prouve également que ce gisement est moderne......

« En résumé, les faits que j'ai exposés dans ce mé-
« moire, me conduisent à conclure, que :

« 1º Les minerais de fer de la partie orientale des Pyré-
« nées, consistant en hématite brune et en fer spathique,
« sont indépendants des terrains qui les renferment; ils
« existent à la jonction de ces terrains et des roches
« granitoïdes, ou très-près de cette ligne de contact;

« 2º La formation de ces minerais, postérieure au ter-
« rain de craie et antérieure au terrain tertiaire, paraît
« avoir eu lieu à l'époque où la chaine des Pyrénées s'est
« élevée, et elle serait la conséquence du soulèvement de
« cette chaine, etc... »

_ Nous ajouterons quelques détails sur les exploitations actuelles des mines de Batèra, qui, aujourd'hui, comme à l'époque de M. Dufrénoy, sont divisées naturellement en deux groupes par la crête de la montagne où se trouve le point central, et qu'on nomme *Puig de l'Astèle*. Ce point sépare les trois arrondissements qui composent le département.

PREMIER GROUPE. — Il est situé sur le penchant méridional, et renferme de l'ouest à l'est les mines suivantes :

Le *Mané d'en Companyo* ; non exploité.

Les Indies, appartenant au comte de Vogué, qui y fait construire une belle et coûteuse galerie horizontale d'extraction. Cette concession renferme les mines dites : *lo Rompadis*, *Mané dels Isars* et *Rocas-Negras*.

Vient ensuite la concession *del Pou* (du puits), qui est divisée en *Pou de Dalt* et *Pou de Baix* ; non exploitée.

Le *Mané de Sant-Pere*, à l'église d'Arles.

La concession *d'en Bonada*, appartenant à la famille Garcias.

Le *Mané de Canals*, appartenant à M. Étienne Pujade et à M. Dubois, divisé en *Canals de Dalt* et *Canals de Baix*.

Le *Mané de Dalt*, appartenant à M. Pons ; non exploité.

Le *Mané d'Amont* ou *Mané Vilanova*, son vrai nom, comprenant les galeries de *Bernardo*, de *Bonaparte* et de *Fararot*.

Le *Mané de la Droguère*, appartenant à M. Garcias, et jadis à la femme d'un droguiste, d'où vient son nom.

Le *Mané de Bigarrals* et *Boca-Negra*, appartenant à une société qui ne l'exploite pas depuis longtemps.

DEUXIÈME GROUPE. — Il est situé sur le versant septentrional de la montagne, où l'on trouve, de l'est à l'ouest, les mines dites *del Boulet, Ourtrigues, d'en Bernat* et de l'*Astèle,* appartenant à M. Vilar, de Céret.

Le *Mané de Villafranca,* divisé en deux exploitations, *Villafranca de Dalt* et *Villafranca de Baix,* appartenant à M. Antoine Dubois.

Le *Mané d'en Pey,* appartenant au comte de Vogué; non exploité.

Le *Mané de la Pinouse,* appartenant à M. Pons, avec les exploitations dites : la *Cabraille,* le *Mané Nou de Baix* et le *Mané Nou de Dalt,* enfin la *Llagouste.*

Tels sont les noms vulgaires des mines de Batèra, qui sont des hydroxydes et des carbonates de fer, aussi riches que ceux de Suède.

Le minerai de fer s'exploite, dans les Pyrénées-Orientales, par la méthode catalane. Ce procédé, d'une simplicité toute primitive, a l'avantage de donner, du premier jet, un fer doux et malléable. Depuis très-peu de temps, on a construit des hauts-fourneaux à Ria, vallée de la Tet, où le minerai est traité par le charbon de bois; ils produisent de la fonte de première qualité.

Après le fer, aucune autre mine n'est exploitée en Roussillon ; cependant, comme on a pu le voir ci-dessus, les gîtes métallifères ne manquent point dans le pays. Il est à regretter que l'industrie, par un déplorable abandon, laisse enfouies dans le sol des richesses immenses, qui feraient la prospérité du département, tandis qu'elle aventure ses capitaux dans des entreprises plus chanceuses, et surtout moins profitables.

CHAUX CARBONATÉE OU PIERRE CALCAIRE.

Les sels à base de chaux, dit M. Brogniart, qui se présentent, la plupart, avec l'apparence pierreuse, ont dans la nature une grande importance. La chaux carbonatée compose peut-être à elle seule la huitième partie de la croûte extérieure du globe.

Le calcaire est doué de bonnes propriétés physiques. Les usages auxquels on l'applique sont si nombreux, si variés, que cette substance nous est pour ainsi dire indispensable; non-seulement elle fournit à l'architecture des matériaux de tous genres, mais elle sert, à l'état de chaux, dans un grand nombre d'industries. Comme pierre monumentale, le calcaire donne, pour la décoration, tous ces marbres aux couleurs variées, quelquefois d'une blancheur éclatante, et qui se prêtent si bien à la délicatesse de la sculpture. Moins pur, sous le nom de *calcaire grossier*, il fournit à la construction d'abondantes pierres d'appareil. Les pierres lithographiques ne sont que du calcaire compacte à grains d'une finesse extrême. Enfin, la craie, la marne, reçoivent dans les arts ou en agriculture, des applications diverses.

La chaux carbonatée se présente sous différents aspects, tantôt cristallisée, tantôt compacte, friable ou terreuse.

CHAUX.

Quand la pierre calcaire contient assez de carbonate de chaux pour se transformer en chaux vive après une calcination suffisamment prolongée, on lui donne le nom de pierre à chaux [1].

_____

[1] Voir un excellent mémoire de M. Bouis sur la composition des pierres

MARBRES.

On donne le nom de marbre à tout carbonate calcaire, dont le grain serré et le tissu compacte, le rendent susceptible d'être façonné sous le ciseau de l'artiste, et de recevoir un brillant poli sous la main du marbrier.

Les marbres se divisent en marbres primitifs, marbres de transition et marbres secondaires.

MARBRES PRIMITIFS.

Parmi les marbres primitifs se place le calcaire saccharoïde blanc ou marbre statuaire; il est composé de petits grains cristallins, et présente quelquefois, dans sa cassure, des lamelles éclatantes et distinctes; il est uniquement formé de carbonate de chaux. Lorsqu'il est lamellaire, ce calcaire prend un beau poli; tel est le marbre blanc antique de Paros, dont il reste encore plusieurs anciens chefs-d'œuvre de sculpture, comme la Vénus de Médicis, la Diane Chasseresse, etc. Lorsque ce calcaire est à grains très-fins, brillants et homogènes, il imite assez bien le sucre raffiné, tant par sa blancheur que par sa texture. Le marbre de Carrare ou de Luni, sur la côte de Gênes, peut être considéré comme le type de cette dernière variété. On cite beaucoup de figures antiques de ce marbre : tels sont l'Antinoüs du Capitole, un buste colossal de Jupiter, etc. M. Dolomieu assure que l'Apollon du Belvédère est de marbre de Luni; mais les marbriers de Rome pensent qu'il est d'un marbre grec antique, différent de ceux qui sont connus.

à chaux du département des Pyrénées-Orientales: III⁰ Bulletin de la Société Philomathique de Perpignan, I⁰ partie, 1857.

Ces calcaires cristallins et souvent translucides, forment des masses et des couches puissantes dans divers terrains, surtout dans les terrains anciens. On les appelle primitifs, parce qu'on n'y rencontre aucune trace de corps organisés.

Les calcaires saccharoïdes sont parfois légèrement colorés par des mélanges peu abondants ; ils donnent alors plusieurs variétés de marbres d'ornement : tels sont le *bleu turquin*, coloré en gris-bleuâtre, par une faible proportion de bitume ; le marbre *jaune antique,* mélangé d'une petite quantité d'hydrate de fer.

MARBRES DE TRANSITION.

Les marbres de transition diffèrent des marbres primitifs par leur texture et par les corps organisés qu'ils contiennent. Ils sont généralement colorés, soit d'une manière uniforme, soit par veines ou taches de différentes couleurs. Ce marbre est généralement gris, jaune, rouge, vert, noir. Tous les marbres de nos hautes vallées sont des marbres de transition.

MARBRES SECONDAIRES.

Les marbres secondaires se distinguent des précédents, non-seulement par la texture, mais encore par la nature des matériaux qui les composent. Ainsi, dans les marbres de transition, les couleurs sont disposées par veines ou par taches nuancées, tandis que, dans les marbres secondaires, elles sont par plaques, dont les contours sont limités et anguleux, et on voit que ce sont des fragments de marbre réunis par un ciment calcaire. Lorsque les fragments de marbre sont anguleux, on les nomme *Brèches;* lorsqu'ils sont arrondis comme des cailloux roulés, on les appelle *Poudingues.*

Parmi les marbres secondaires, un grand nombre renferme des coquilles fossiles et des madrépores, qui font corps avec eux ; mais il en est d'autres qui paraissent être uniquement composés de coquilles brisées : ils portent le nom de *Lumachelle.*

L'estime que l'on fait d'un marbre, est fondée sur la vivacité de ses couleurs, sur la beauté du poli qu'il est susceptible de prendre, sur son homogénéité, et principalement sur la propriété de se conserver à l'air sans altération. Les marbres qui contiennent de l'argile, se délitent facilement à l'air. Ceux qui renferment du sulfure de fer, se salissent ou se couvrent de rouille.

Les pays qui donnent les marbres les plus estimés, sont : l'Espagne, l'Italie et les Pyrénées.

Le marbre *Sarancolin,* d'un rouge de sang, flambé de gris et de jaune, avec des parties transparentes, a été employé dans la décoration du château de Versailles et d'autres édifices bâtis par Louis XIV : il provenait des carrières des Pyrénées. Ces carrières sont situées à *Camou* et *Beyrède,* au fond de la vallée de *Campan,* dans le quartier de montagnes nommé *Espiadel.*

Nos montagnes, ainsi que nous l'avons exposé dans le cours de cet ouvrage, recèlent un grand nombre de gisements de marbre. Ceux du Canigou et de ses contreforts, comme ceux compris dans les Corbières, sont connus depuis longtemps ; mais, il existe beaucoup d'autres gîtes ignorés jusqu'ici, qui, s'ils étaient exploités, fourniraient à la décoration et à la sculpture des marbres d'une grande beauté[1].

M. Héricart de Thury, qui s'est beaucoup occupé de l'étude des marbres de France, les classe dans l'ordre suivant :

1º Marbres unicolores ;

2º Marbres jaspés, bariolés ou veinés ;

3º Marbres à corps organisés ;

4º Marbres cipolins ou rubanés ;

5º Marbres brèche, composés de fragments de marbre anguleux de diverses couleurs, et ampâtés dans un ciment qui les réunit.

6º Marbres poudingues ou cailloutés, composés de fragments de marbre arrondis comme des cailloux roulés, et agglutinés par un ciment calcaire.

Cette classification des marbres n'est pas scientifique ; nous l'adopterons cependant, parce qu'on pourra mieux apprécier les marbres du pays, au point de vue de l'art et de l'industrie.

MARBRES UNICOLORES.

BLANC STATUAIRE, à Estagel. —Un beau buste de François Arago a été sculpté dans un bloc de ce marbre, par David d'Angers. Ce buste orne la salle de la mairie d'Estagel.

BLANC STATUAIRE, au *Mas Carol*, appartenant à M. Delcros, montagne de Céret. —Ce marbre, d'un grain semblable au plus beau Carrare, n'est pas exploité.

---

(1) Nous devons à M. Fraisse, aîné, et à M. Philipot, tout ce que nous savons sur les marbres du département. Ces marbres, d'espèces très-variées, rivalisent avec ceux de la Grèce, de l'Italie et de la Belgique. Il est malheureux que les capitaux ne soient pas venus en aide à cette industrie qui, bien gérée, serait susceptible de donner un grand bénéfice.

Blanc statuaire, à Py, vallée de Sahorre. — Ce marbre est lamellaire et semblable aux marbres grecs; n'est pas exploité.

Blanc statuaire, aux Bains de La Preste. — En grande masse, semblable au Carrare; n'est pas exploité.

Blanc statuaire, tout près d'Arles, sur le terroir d'une métairie appartenant à l'Hospice de Saint-Laurent-de-Cerdans. — M. Philipot, qui a découvert cette carrière, autrefois exploitée, pense qu'elle a fourni le marbre blanc des cloîtres d'Arles et d'Elne. Pour exploiter de nouveau ce gisement, il faudrait, dit-il, déboucher une grotte, fermée avec des terres et des pierres roulantes qui en obstruent l'entrée. Même grain que le Carrare.

Blanc fissile, à Saint-Sauveur, entre Prats-de-Molló et La Preste. — Ce marbre, signalé par M. Anglada, se sépare naturellement en grandes planches de trois à quatre centimètres d'épaisseur, ne demandant que le polissage sur une seule face; n'est pas exploité.

Blanc granite, à Saint-Martin du Canigou. — Ce marbre, ainsi appelé par M. Philipot, parce qu'il contient de petits cristaux de feldspath bleuâtre, est lamellaire. Cet habile marbrier pense qu'il produirait un effet merveilleux à la lumière, par le scintillement des petits cristaux de feldspath qui entrent dans sa composition. N'est pas exploité.

Jaune de Sienne, montagnes de Salses. — Ce marbre, aussi fin que celui de Sienne, a été découvert par M. Philipot; il n'est pas exploité.

Noir uni, à Baixas, près l'*Ermitage de Sainte-Catherine.* — Ce marbre, découvert par M. Fraisse, n'est pas exploité.

MARBRES JASPÉS, BARIOLÉS, VEINÉS.

Marbre incarnat, montagnes de Thuir et Castelnau. — Ce marbre, découvert par M. Philipot, est semblable aux marbres de Villefranche et de Caunes (Aude); n'est pas exploité.

MARBRE INCARNAT, à Villefranche. — Ce marbre, à fond rouge, flambé de larges taches blanches et bleues, est le plus anciennement exploité. On a vainement essayé d'obtenir des blocs d'une grande dimension ; l'insuccès tient à la nature du marbre, ordinairement très-fendillé, et ne possédant pas des lits ou assises assez distincts. Cette carrière, qui est composée d'une grande variété de marbres, est livrée, aujourd'hui, à la merci des tailleurs de pierre qui utilisent les blocs pour les besoins de la ville de Prades, de Villefranche et de quelques localités environnantes.

BLANC ORIENTAL, à Baixas, au lieu dit *les Asprères*. — Ce marbre, à fond blanc mêlé de jaune-rougeâtre, a été découvert par M. Fraisse ; n'est pas exploité.

BLEU VEINÉ, à Baixas, aux *Asprères*. — Ce marbre, découvert par M. Fraisse, imite le bleu turquin ; n'est pas exploité.

BLANC AMARILLO, à Baixas. — C'est un marbre blanc, veiné de rouge. La carrière, découverte et exploitée par M. Fraisse, a été abandonnée faute de capitaux suffisants. Les quatre belles colonnes, de 3 mètres, d'une seule pièce, qui ornent l'autel du Saint-Sacrement, à Céret, sont de ce marbre ; celles qui décorent les chapelles du Saint-Sacrement et de la Vierge, dans l'église Saint-Matthieu, à Perpignan, sortent de la même carrière.

MARBRE JAUNE, à Tautavel, *métairie Alzine*. — Ce marbre, découvert par M. Fraisse, imite le jaune de Sienne ; n'est pas exploité.

MARBRE BARIOLÉ OSTRACITE, à Tautavel, *métairie Alzine*. — Ce marbre, découvert par M. Fraisse, est de couleur nankin foncé ; n'est pas exploité.

BLEU ORIENTAL, *Pla de la Ville,* à Baixas. — Découvert par M. Fraisse, ce marbre imite le Sainte-Anne ; n'est pas exploité.

PORTOR, *Pla de la Ville,* à Baixas. — Ce marbre, bleu-foncé, est veiné de jaune d'or. Découvert par M. Fraisse ; n'est pas exploité.

MARBRE TRICOLORE, *Pla de la Ville*, à Baixas.—Ce marbre, à fond
bleu, est veiné de blanc, de jaune et de vert. Découvert par
M. Fraisse; n'est pas exploité.

VERT ANTIQUE, au hameau du Tech.—Ce marbre, de couleur
vert-émeraude, est traversé de bandes plus foncées et très-
variées de ton. C'est une serpentine très-dure, à grain fin et
serré, susceptible de recevoir un poli brillant. Cette carrière,
dont on avait commencé l'exploitation, a été abandonnée, par
des raisons qui nous sont inconnues. Nous pensons que la difficulté des transports a été la principale cause de cet abandon.

VERT CLAIR. Même gisement. Le fond est de couleur vert-poireau
et nuancé par des bandes plus foncées. Mêmes caractères que
le précédent.

MARBRES A CORPS ORGANISÉS.

MARBRE GRIOTTE, Vallée de Conat.—Découvert par un berger,
dans une propriété appartenant à M. Lacroix, ce marbre, à fond
rouge, imite la Griotte de Caunes (Aude); n'est pas exploité.

GRIOTTE ŒIL DE PERDRIX.—Même gisement que le précédent;
n'est pas exploité.

GRIOTTES DE VILLEFRANCHE, à Villefranche.—Les Griottes de
Villefranche sont d'une grande variété de ton. Il y en a dont
le fond est gris-bleuâtre, parsemé de nodules d'un rouge vif;
ces nodules ne sont pas plus gros que des cerises.

GRIOTTE ACAJOU, à Baixas.—Ce marbre, découvert par M. Fraisse,
devrait être rangé parmi les unicolores; car il est d'une teinte
acajou-clair, uniforme, parsemé de rares petits points noir-vif;
il est susceptible de recevoir un poli brillant; n'est pas exploité.

NOIR COQUILLIER, à Baixas.—Ce marbre, découvert par M. Fraisse,
est d'un fond noir intense, sur lequel se détache, régulièrement
espacé, le test de murex d'un blanc mat. Au *Mas de Jau*, près
d'Estagel et au promontoire du Cap Biar ou Béarn, M. Philipot
a découvert aussi des marbres noirs coquilliers. Aucune de ces
carrières n'est exploitée.

MARBRES BRÈCHE.

BRÈCHE TRICOLORE, à Baixas. — Cette carrière, découverte par M. Fraisse, n'est pas exploitée.

BRÈCHE PORTOR, aux *Asprères*, à Baixas. — Elle est composée de fragments de marbre blanc et bleu-foncé, agglutinés dans un fond bleu-clair, et nuancée de veines jaune-d'or, qui encadrent les fragments. Cette brèche est du plus bel effet; découverte par M. Fraisse, elle n'est pas exploitée.

BRÈCHE ORIENTALE, vulgairement *Brèche de Baixas*, aux *Asprères*, à Baixas. — La belle porte à deux voies, que le Génie militaire a fait construire, en 1859, à Perpignan, a été édifiée, sur sa face ouest, avec le marbre de cette carrière. Au premier aspect, les blocs paraissent blanchâtres, parce qu'ils n'ont été ni grésés ni polis; mais, les métopes de cette porte ayant subi ces deux opérations, laissent voir toute la richesse de ton de cette brèche, et l'on remarque qu'elle est composée de fragments angulaires de diverses couleurs, empâtés dans un fond rose, où le noir, le blanc et le jaune dominent. M. Philipot, à qui appartient cette carrière, en a retiré des blocs considérables, dont il a fait les belles colonnes qui décorent l'autel Saint-Joseph, à Ille, et la chapelle de la Vierge, à Banyuls-dels-Aspres.

BRÈCHE TOURTERELLE, à Tautavel. — Sur un fond gris-tourterelle, veiné de blanc et de rose, est un sablé de tous petits fragments de marbre noir intense. Cette Brèche est charmante; découverte par M. Fraisse, elle n'est pas exploitée.

BRÈCHE GRIS-VELOUTÉ, à Estagel. — Sur un fond gris-clair, velouté, veiné de stries blanches, sont empâtés des fragments de marbre blanc et bleu-foncé. Cette Brèche, aussi belle que la précédente, a été découverte par M. Fraisse; elle n'est pas exploitée.

Brèche Montoriol, à Tautavel, au lieu dit *Montoriol*. — Cette brèche, d'une grande richesse de ton, est composée de fragments de marbre blanc, bleu, jaune, empâtés dans un fond jaune-clair. Elle fut découverte par M. Fraisse, qui, pour l'exposition de 1839, en fit sculpter deux beaux vases de forme antique, dont il fit hommage au roi Louis-Philippe.

Le 10 novembre 1839, M. Héricart de Thury écrivait à M. Fraisse, au sujet de la *Brèche Montoriol :* « ...La Brèche surtout doit réussir pour les monuments publics. Nous la connaissions par quelques petits échantillons, recueillis dans les ruines des temples romains et d'anciennes abbayes. J'en ai vu un tronçon de colonne, chez un marbrier, il y a quelques années; il me dit que c'était un marbre des Pyrénées, mais sans pouvoir dire la localité. Il en a fait un beau vase, qui est aujourd'hui à Londres. Je l'ai bien regretté. » Cette carrière n'est pas exploitée.

Brèche Héricart, à Tautavel. — Elle est jaune et blanc. Découverte par M. Fraisse; n'est pas exploitée.

Brèche Arago, à Estagel. — Très-riche de ton, elle est composée de petits fragments angulaires de marbre blanc, bleu, noir, jaune, empâtés dans un fond rouge vif d'un effet splendide. Découverte par M. Fraisse; n'est pas exploitée.

Brèche abricot, à Tautavel. — Sur un fond jaune-abricot, traversé de filets jaunes-rougeâtres, sont empâtés des fragments de marbre blanc, et quelques petits fragments de marbre bleuâtre. C'est une des plus jolies Brèches de nos montagnes. Découverte par M. Fraisse; n'est pas exploitée.

Brèche moresque, à Tautavel, au lieu dit *Cementeri dels Moros* (cimetière des Mores). Des fragments angulaires de marbre blanc-grisâtre, encadrés d'un petit filet noir-vif, sont empâtés dans un fond nankin. Cette belle Brèche, découverte par M. Fraisse, n'est pas exploitée.

PETIT ANTIQUE, à Tautavel. — Sur un fond gris-foncé, empâté de
taches blanches, noires et jaunes, se dessine un réseau inex-
tricable de lignes blanches et jaune-vif, qui donnent à cette
Brèche un aspect brillant et sévère. Les parties blanches sont
formées de débris de coquilles, dont il est difficile de déterminer l'espèce, mais présentant des formes positives d'êtres
organisés, avec des taches allongées et informes; les parties
jaunes sont formées d'un schiste argileux. M. Philipot, qui
exploite cette carrière, fabrique avec cette Brèche des cham-
branles de cheminée très-estimés.

MARBRE POUDINGUE.

POUDINGUE-FRAISSE, à Baixas. — Des nodules d'un gris-bleuâtre,
sont empâtés dans un fond jaune-vif, veiné de blanc. Il n'est
pas exploité. Découvert par M. Fraisse, nous lui avons donné
son nom, comme un souvenir d'amitié, et comme un hommage
à l'homme qui a fait revivre l'industrie marbrière dans le
Roussillon.

ALBATRE.

ALBATRE ORIENTAL, à La Manère. — Au moment de terminer cet
article, M. Philipot nous apporte un échantillon d'*Albâtre
oriental,* qu'il a découvert près La Manère. Cet Albâtre, à
texture fibreuse, se compose de couches ondoyantes, jaunes
et rouges, formant des zones distinctes; sa dureté et sa com-
pacité sont assez grandes, pour le rendre susceptible d'un poli
brillant. Nous n'avons pas de documents suffisants pour dire
quelle est l'abondance de cette matière précieuse; mais il est
à désirer qu'elle soit exploitée.

CATALOGUE DES MINÉRAUX RECUEILLIS

DANS LE DÉPARTEMENT.

Les minéraux que nous avons ramassés dans nos courses à travers le département des Pyrénées-Orientales, se bornent à un très-petit nombre d'échantillons. Mais, il serait facile d'en augmenter la quantité, si l'on visitait nos vallées au seul point de vue de la minéralogie. Quant à nous, préoccupé des autres branches de l'histoire naturelle, nous n'avons pu donner qu'une médiocre attention à cette partie, très-importante pourtant, des études naturelles. Dans notre liste, les échantillons sont rangés par groupes; leur petit nombre nous a empêché de les classer méthodiquement. Toutefois, nous donnons une description sommaire des principales roches, et nous indiquons leur gisement.

GRANITE. — Roche massive, composée de trois éléments cristallins, feldspath ou orthose, quartz ou mica, réunis ordinairement en masses, grossièrement granuleuse, et agrégés avec plus ou moins de force. Gisement : montagnes du Canigou, du Capcir, de Prats-de-Molló, d'Arles, des Albères, etc.

GRANITE *à gros grains.* — Gisement : vallon de La Preste, etc.

ÉURITE ou PETROSILEX. — Roche de feldspath compacte, plus ou moins mélangée de substances étrangères, également à l'état compacte. Elle est toujours stratiforme et appartient aux terrains primitifs. Gisement : *Mas Ribes,* près La Preste.

Feldspath bleu du Canigou.—A Vernet-les-Bains, dit Anglada, le géologue et le minéralogiste auront longuement à colliger. Le calcaire primitif, sous des formes variées, des stéatites, des roches serpentineuses ou magnésiennes très-diversifiées, le beau *feldspath bleu*, abondent dans le voisinage *(ouvrage cité)*. Le feldspath se trouve en cristaux qui sont disséminés dans diverses espèces de roches. Elle est partie constituante essentielle des granites et des gneiss.

Hyalomicte granitoïde ou *Greisen vert.*—C'est une sorte de granite peu répandu dans la nature où le feldspath est très-rare; cette roche a cela d'important, qu'elle accompagne fréquemment les minerais d'étain et peut leur servir d'indice. Gisement : au torrent de *Peyrefeu,* au pied de *Costa-Bona.*

Hyalomicte schistoïde ou *micaschiste.*—Roche grenue, schistoïde, composée de mica et de quartz; elle contient, quelquefois, un grand nombre de minéraux disséminés; elle est toujours stratifiée. Même gisement que la précédente.

Gneiss.—Roche à structure légèrement schistoïde, essentiellement composée de feldspath, de mica en paillettes distinctes, et contenant un peu de quartz, comme élément nécessaire. Le Gneiss présente ordinairement une stratification très-tourmentée, c'est-à-dire qu'il offre un très-grand nombre de ruptures, de plis et de contournements; il constitue la partie inférieure du terrain primitif. Gisement : au pied de *Costa-Bona,* aux Albères, etc.

Protogine ou *Granite talcqueux.*—Roche granitoïde compacte, essentiellement composée de talc et de feldspath, auquel se joint souvent un peu de quartz comme élément accessoire. Elle appartient à l'étage des talcschistes. Gisement : à la *Comalada.*

Leptynite *schisteuse rouge.* — Roche composée de feldspath et de mica, affectant la forme schisteuse. Même gisement que la roche précédente.

Leptynite granitoïde ou *Weisstein compacte rouge.* — Roche composée de feldspath grenu très-atténué, quelquefois pur, mais souvent uni à divers minéraux disséminés. Elle forme des assises dans les grands étages des Gneiss. Gisement : aux environs de La Preste.

Syénite. — Roche granitoïde, composée essentiellement de feldspath fréquemment rougeâtre, d'amphibole et presque toujours d'un peu de quartz. Cette roche, peu susceptible de désagrégation, est en quelque sorte indestructible.

« La Syénite sert en général aux mêmes usages que le granite ; et, comme elle contient peu ou point de mica, il en résulte qu'elle prend un plus beau poli ; aussi est-elle particulièrement réservée aux monuments, surtout pour les objets de luxe, d'ornement. La Syénite offre son type le plus parfait en Égypte, dans la partie supérieure du Nil. On la désigne vulgairement sous le nom de granite rouge. C'est avec cette belle substance qu'ont été construits, par les anciens, un grand nombre de monuments qui remontent à la plus haute antiquité, tels que des statues, des sphinx, des colonnes, qui ornent la plupart des musées d'Europe. Le piédestal, en forme de rocher, de la statue de Pierre-le-Grand, à Saint-Pétersbourg, est aussi en Syénite. Cette masse imposante, du poids de 800.000 kilogrammes, a été extraite d'un point éloigné de 36 kilomètres de la moderne capitale des Czars. Le transport de ce bloc erratique présenta de si grandes difficultés, que les boulets de fonte s'étant écrasés sous un si grand poids, on eut recours à des boulets de bronze. C'est également une belle Syénite, provenant de la Corse, qui revêt le soubassement de la colonne napoléonienne de la place Vendôme, monument impérissable, comme la mémoire du grand homme qui l'érigea. Enfin, l'obélisque de Louqsor, monolithe égyptien, qui repose sur un bloc de beau granite de Bretagne, est en Syénite rose des carrières de la ville de Syène, en Égypte, d'où vient le nom de cette belle variété de roches granitoïdes [1]. »

Le gisement de la Syénite, dans le département des Pyrénées-Orientales, est au torrent de la *Baragane*, près de La Preste.

[1] D'Orbigny. *Géologie appliquée aux arts, aux mines, etc.*, p. 200.

PEGMATITE *avec cristaux de quartz*. — La Pegmatite est un granite sans mica; c'est dans son sein qu'existent les cristaux les plus volumineux que l'on connaisse. Les grandes lames de mica de Sibérie, dont les paysans russes se servent quelquefois pour vitrer les fenêtres de leurs cabanes, se trouvent en contact de la pegmatite. Cette roche s'altère facilement, à raison de la grande quantité de feldspath lamellaire qui entre dans sa composition, et qui se désagrége ou se décompose par l'action prolongée des agents atmosphériques. C'est à cette circonstance qu'est dù le *kaolin*, ou argile blanche, qui sert à la fabrication de la porcelaine. Gisement : à *Tretzevents*.

PEGMATITE GRAPHIQUE. — Cette roche est ainsi nommée parce que les cristaux de quartz enclavés dans l'orthose donnent, dans certaines directions, l'apparence des caractères hébraïques. Même gisement que la précédente.

VARIOLITE. — Fragment roulé, offrant dans sa pâte diallogique et feldspathique des globules verdâtres de feldspath, rayonnés du centre à la circonférence. Cette roche a été nommée Variolite, parce que les matières disséminées, souvent blanchâtres, font saillie à la surface des morceaux roulés, et rappellent les pustules de la petite vérole. Gisement : environs de La Preste.

DIALLAGE. — Minéral brillant, verdâtre ou brunâtre, ayant quelque rapport d'aspect avec l'amphibole et le pyroxène. Ce silicate se trouve cristallisé dans un assez grand nombre de roches pyrogènes. Gisement : dans le torrent du pont de *les Guilles,* aux environs de Prats-de-Molló.

PYROXÈNE. — Minéral composé de silice, de chaux, de magnésie, et quelquefois de protoxide de fer; de couleur ordinairement verte ou noire, et se présentant, le plus souvent, sous forme de cristaux dans un assez grand nombre de roches pyrogènes. Gisement : à *Costa-Bona;* dans cette localité, les grenats et les pyroxènes forment de véritables amas allongés au milieu du système schisteux.

AMPHIBOLITE GLOBULIFORME. — On donne le nom d'Amphibolite à des roches essentiellement composées d'amphibole à l'état cristallin, et présentant, comme éléments accessoires, du feldspath, du quartz, et quelques autres minéraux, plus ou moins distincts. Gisement : Côte de Serrallongue, près la forge de *Galdare.*

PORPHYRE QUARTZIFÈRE. — Les Porphyres sont généralement composés d'une pâte compacte, à base de feldspath, dans laquelle se trouvent disséminés des cristaux de feldspath, de quartz, et quelquefois d'amphibole et de pyroxène, qui ont fréquemment une couleur différente du fond, sur lequel ils tranchent d'une manière plus ou moins nette. Les cristaux, le plus souvent blanchâtres, sont enchâssés dans une pâte dont la teinte varie du brun-rouge et du bleu-violâtre au rosâtre, rougeâtre et verdâtre. Gisement : au ravin de *Agafe Llops,* territoire de La Manère.

SERPENTINE NOBLE. — La Serpentine est un mélange intime, compacte, généralement verdâtre, de diallage, d'un peu de feldspath et de quelques parties talcqueuses; elle est tendre, mais tenace, à cassure plus ou moins esquilleuse, et d'un éclat gras, dont la poussière, et souvent la masse même, est généralement douce au toucher. La Serpentine est plus ou moins dure, suivant qu'elle contient plus ou moins de feldspath; sa couleur varie du vert au noir et au brun plus ou moins foncé; toutes les teintes se trouvent souvent réunies sur le même échantillon, ce qui donne à la masse quelque ressemblance avec une peau de serpent, d'où est venu le nom de Serpentine. On nomme, en général, *Serpentines nobles* les variétés dont les couleurs sont les plus vives et les plus tranchées, et qui ont un certain degré de translucidité. Gisement : au *Quinta de la Coma,* derrière les Bains de La Preste.

STÉATITE.—La Stéatite, qu'on nomme aussi *Craie de Briançon*, est une substance extrêmement grasse et onctueuse au toucher, se laissant rayer avec l'ongle et couper avec le couteau comme du savon, dont elle a souvent le poli gras et la translucidité. La Stéatite présente presque toutes les couleurs : le blanc, le vert, le rouge, le jaunâtre et les nuances intermédiaires. Tantôt, ces couleurs sont répandues d'une manière uniforme ; tantôt, elles sont disposées en veines ou taches, et même en dendrites. La couleur jaune-sale et pâle ou rougeâtre, est la plus commune. Gisement : au *Callau de Mosset*.

AMIANTE.—Les noms d'Amiante et d'Asbeste ont été donnés à une substance minérale blanche, grise ou verdâtre, à texture filamenteuse, incombustible, offrant des fibres douces et flexibles comme de la soie, dont elles ont quelquefois l'apparence. Ce sont des silicates magnésiens. On trouve, le plus souvent, ces matières dans les fissures des roches serpentineuses et dioritiques. Gisement : montagnes de *La Majoral*, près d'Arles-sur-Tech.

MICA PAILLETÉ, *Lépidolithe*.—On a donné, depuis longtemps, le nom de Mica *(micare*, briller) à des matières susceptibles de se diviser en feuilles élastiques, aussi minces qu'on peut le désirer, et dont les surfaces sont toujours très-brillantes. Les Micas à base de lithine, sont désignés sous le nom de *Lépidolithe*, parce que les petites masses qu'ils présentent sont, en général, composées de lamelles très-brillantes, nacrées, blanches, roses, violâtres, verdâtres, qu'on a comparées aux écailles que portent les ailes des papillons. La couleur ordinaire de la Lépidolithe est le lilas, qui varie du lilas rouge-sale-foncé au lilas tendre, tirant sur le blanc. Le Mica pailleté donne la poudre d'or des écrivains pour sécher l'écriture. Gisement : au torrent de la *Comalada*.

MICA TALCQUEUX, *Lépidolithe fleur de pêcher.* — Gisement : entre Costujes et Vilaroja.

Schiste compacte, *Grauwacke des Allemands*.—Roche composée, en grande partie, de feldspath compacte et à petits grains, auquel se réunissent, en petites proportions, du quartz grenu, du mica et quelques matières phylladiennes ou talcqueuses; elle forme des assises considérables dans des terrains de transition. Gisement : Serdinya et autres lieux.

Schiste graphiteux ou *Ampélite graphique*, vulgairement *pierre d'Italie* ou *crayon des charpentiers*. — Roche anthraciteuse, ordinairement schisteuse, noirâtre et tachant les doigts; elle est assez tendre pour se laisser facilement couper au couteau. On en fait des crayons, dont se servent les maçons, les charpentiers et les menuisiers. Les anciens, selon M. Brongniart, donnaient le nom d'*Ampélite* et celui de *Pharmacite* à une pierre noire bitumineuse, susceptible de s'effleurir à l'air, et qu'on mettait au pied des vignes pour tuer les insectes. De-là, son nom d'*Ampélite* ou *pierre à vigne*. Gisement : on trouve cette roche dans les environs d'*Aïtoy*, vallée de Sahorre.

Grenats cristallisés. — Les Grenats, dont les minéralogistes forment plusieurs espèces, sont des minéraux qui se cristallisent dans le système cubique et généralement en dodécaèdres rhomboïdaux ou en trapézoèdres; ils sont tous fusibles au chalumeau et susceptibles de rayer le quartz; ils sont composés, dans des proportions variables, de silice, d'alumine et d'oxyde de fer, auxquels se joignent parfois de la chaux, du manganèse, etc. Le plus communément, les Grenats présentent des couleurs rougeâtres; mais il y en a aussi qui sont jaunâtres, verdâtres, bruns ou noirs; ils sont très-répandus dans la nature; on les trouve disséminés dans la plupart des anciennes roches de cristallisations, surtout dans les gneiss, les micaschistes, les pegmatites, les roches talcqueuses et les calcaires qui avoisinent le terrain primitif. Les Grenats aux belles teintes rouge-coquelicot sont recherchés par les joailliers. Gisement : montagne de *Costa-Bona*.

GRENATS TRAPÉZOÏDAUX, *à 24 facettes trapézoïdales.*—Dans une roche composée de feldspath blanc, de quartz blanc et mica blanc-argentin. Gisement : montagne de Caladroy.

QUARTZ COMPACTE.—Roche compacte, à grains très-fins : c'est une des substances les plus abondantes du règne minéral; elle entre dans la composition de presque toutes les roches ignées, et elle se trouve dans la plupart des roches sédimentaires formées de leurs débris. Tantôt opaque, tantôt transparent ou limpide, le quartz est naturellement blanc ou incolore; mais il présente quelquefois les couleurs les plus vives et les plus variées, par suite de mélange avec divers oxydes métalliques. Le Quartz est exclusivement composé de silice; il raye le verre et fait feu sous le briquet; ces deux caractères le distinguent de plusieurs autres substances minérales, avec lesquelles on pourrait aisément le confondre. Gisement : La Preste et autres lieux.

QUARTZ HYALIN ou *Cristal de roche.*—Il ressemble parfaitement au *Cristal artificiel;* mais il a l'avantage d'être beaucoup plus léger et beaucoup plus dur. La forme la plus ordinaire du Quartz hyalin est celle d'un prisme à six pans, terminé de chaque côté par une pyramide à six faces. On le trouve dans les fentes et les cavités irrégulières des terrains de cristallisation : c'est ce qu'on nomme des *fours* ou *poches à cristaux;* c'est surtout dans les cavités irrégulières des pegmatites et de certains filons qu'on rencontre avec abondance les plus beaux échantillons. Gisement : montagne du Canigou et haute vallée du Tech.

QUARTZ HYALIN BI-PYRAMIDAL.—Ce sont de petits cristaux blancs, gris, noirs ou rouges, qu'on trouve dans les plâtrières et plus particulièrement à Reynès; ces cristaux sont vulgairement nommés *pierre de Saint-Vincent.*

QUARTZ GRENU CRISTALLISÉ.—Gisement : à la *Coma* du Tech.

QUARTZ BULLEUX. — On trouve dans le Quartz des bulles d'air, des gouttes de bitume, de l'anthracite, des gouttes d'eau, etc. Notre échantillon renferme des bulles d'air. Gisement : à la *Coma* du Tech.

QUARTZ RUBIGINEUX JAUNE. — Le Quartz rubigineux a pour caractère d'être pénétré d'une si grande quantité d'oxyde de fer jaune ou rouge, qu'il en devient opaque ; quand le Quartz rubigineux jaune est cristallisé, on le nomme fausse topaze, topaze de Bohême. Notre échantillon est d'un jaune d'ocre opaque. Gisement : environs de La Manère.

SINOPLE ou *Quartz rubigineux rouge*. — Il est d'un rouge vif de sang. le Quartz sinople est tantôt cristallisé, et tantôt en masse : dans le premier cas, il porte vulgairement le nom d'*Hyacinthe de Compostelle*. Notre échantillon est opaque. Gisement : torrent de la *Barragane*, derrière La Preste.

QUARTZ SINOPLE MICACÉ. — C'est une variété du précédent. Gisement : au pied de *Peyrefeu*, à *Costa-Bona,*

QUARTZ VERT. — Il est d'un vert sombre d'olive. Gisement : La Preste.

QUARTZ CHLORITEUX VEINÉ. — Celui-ci est d'un vert plus clair que le précédent. Gisement : Saint-Sauveur, près La Preste.

QUARTZ CALCÉDOINE. — C'est ainsi qu'on nomme les *Agates* qui ont une couleur blanche, laiteuse ou bleuâtre, offrant, le plus souvent, des ondulations ou de petits nuages pommelés. Gisement : environs de La Preste.

GRÈS ROUGE. — Cette variété doit sa couleur rouge au fer qui entre dans le ciment qui agglutine le sable quartzeux, dont il est composé ; il avoisine les terrains houillers ; et, dans certains cas, sa présence est un indice certain de l'existence de la houille. Gisement : à Amélie-les-Bains, et au *Coll Roitg,* territoire de La Manère.

GRÈS BLANC.—Les Grès sont ordinairement des roches à base de Quartz, provenant de sables agglutinés par un ciment siliceux ou calcaire, et quelquefois calcaréo-siliceux. Ils résultent évidemment de la désagrégation et de la trituration des roches quartzeuses et siliceuses, qui sont très-abondantes. Il est des Grès à grains très-fins, d'autres à grains plus ou moins grossiers, contenant parfois des matières feldspathiques altérées et des oxydes de fer, qui leur donnent des teintes diverses. En général, leur couleur est blanche, grise, jaune, rouge ou bigarrée. Gisement : à Estagel et au Boulou.

CALCAIRE COMPACTE.—Le calcaire est essentiellement composé de chaux et d'acide carbonique; il est très-répandu dans la nature; il est même la roche la plus abondante à la surface du globe; il est rarement dans un état de pureté, et se montre, au contraire, fréquemment mélangé de matières diverses, telles que : argile, silice, magnésie, etc. Le calcaire se présente sous plusieurs aspects, tantôt cristallisé, tantôt compacte, friable ou terreux, offrant quelquefois les couleurs les plus vives et les plus variées. Gisement : sur toute la surface du département, et nous signalerons plus particulièrement les montagnes des Corbières. La carrière de *las Fonts,* à Calce, est du calcaire compacte grossier.

CALCAIRE COMPACTE ARGILEUX.— Stalactite provenant d'*en Casa d'Amont,* hameau du Tech.

CALCAIRE COMPACTE ARGILEUX.— Concrétions déposées sur les parois d'une grotte renfermant une Brèche osseuse, près de Costujes.

CALCAIRE COMPACTE MAGNÉSIEN.— Échantillon de marbre gris veiné, pris à la *Tour de Mir,* territoire de Prats-de-Molló.

CALCAIRE SACCHAROÏDE BLANC, *stratiforme, un peu talequeux.*— A Saint-Sauveur, vallon de La Preste.

CALCAIRE SACCHAROÏDE VERT, *un peu serpentineux.*—Gisement : hameau du Tech.

CALCAIRE SPATHIQUE BLANC ou *Spath d'Islande*. — Nom qu'on donne à de beaux cristaux de carbonate de chaux, de forme rhomboèdrique, quelquefois d'un volume considérable et d'une transparence parfaite. Ils sont doués de la double réfraction, et présentent, par conséquent, les images doubles. Notre échantillon a été recueilli sur le territoire de La Preste; nous en avons trouvé sur les montagnes d'Opol.

CALCAIRE SPATHIQUE. — Échantillon de stalactite provenant de Saint-Sauveur, territoire de La Preste. Un autre échantillon provient d'une stalactite de la *Roca Gallinèra*.

CALCAIRE STALAGMITIQUE. — Belle stalactite provenant des carrières de Tuf, à Costujes.

CALCAIRE LACUSTRE COQUILLIER (concrétion de). — Échantillon recueilli à la *Roca Gallinèra*.

CALCAIRE BRUNISSANT, *coloré de rouge*. — Ce minéral est composé de chaux carbonatée, dans laquelle le fer seul, mais plus ordinairement le fer et le manganèse à l'état d'oxyde, sont dissous comme principes accessoires. Cette sous-espèce de chaux carbonatée, a la texture lamelleuse et l'aspect souvent d'un blanc argentin ou perlé. Ses couleurs principales sont le gris, le jaunâtre, le rose-foncé et le blanc-nacré; ses caractères les plus remarquables sont de jaunir ou même de *brunir* par l'action de l'acide nitrique, par celle du feu ou même quelquefois par le seul contact de l'air. L'épithète de *brunissant* lui a été donnée par les minéralogistes allemands. Le bel échantillon du cabinet de la ville, a été trouvé au hameau du Tech.

CALCAIRE JAUNATRE TUFEAUTÉ. — Cet échantillon appartient au terrain crétacé du *Coll Rotj*, territoire de La Manère.

CALCAIRE A CYCLOLITE, — Échantillon recueilli au *Coll de Malrem*, territoire de La Manère.

CHAUX CARBONATÉE LENTICULAIRE. — Bel échantillon formé de grandes lames lenticulaires. Trouvé aux mines de Canaveilles.

CHAUX CARBONATÉE, *cristallisée en tête de clou*. — Les formes cristallines du calcaire sont extrêmement nombreuses; elles s'élèvent à plusieurs centaines. Celles qu'on rencontre le plus souvent sont: le *Rhomboèdre aigu*, de 78°51' *(inverse* de Haüy); le *Rhomboèdre obtus*, de 134°57' *(équiaxe* de H.); le *Scalénoèdre*, de 104°38' et 114°24' *(métostatique* de H.). Plusieurs de ces variétés montrent une grande tendance à produire des groupements réguliers par transposition, hémitropie, etc., etc. Le calcaire cristallisé se rencontre principalement dans les gîtes métallifères; les fissures de diverses roches, et les petites cavités qu'elles offrent çà et là, en sont fréquemment tapissées. Les stalactites garnissent l'intérieur des cavernes ou grottes des pays calcaires. Notre échantillon est un *Rhomboèdre obtus*, dont le prisme est tellement raccourci, que les pans sont réduits à des triangles, et qu'on nomme vulgairement *Spath calcaire en tête de clou;* il a été trouvé à *Costa-Bona* et à La Preste.

CHAUX CARBONATÉE ÉQUIAXE *sur fer hématite*. — C'est un prisme à six pans pentagones, terminé de chaque côté par trois faces pentagones, qui appartiennent au *rhomboèdre obtus* nommé *équiaxe*. Échantillon trouvé dans les mines de Fillols.

CHAUX CARBONATÉE LAMINAIRE. — Cette variété a une texture lamelleuse; ses lames sont grandes, continues, peu entrelacées; elle est souvent transparente. Notre échantillon provient d'une grosse stalactite de la grotte Sainte-Marie-des-Billots, territoire de La Preste.

CHAUX CARBONATÉE SACCHAROÏDE. — C'est à cette variété que se rapportent le marbre statuaire des anciens, dit de Paros, et le marbre statuaire des modernes, dit de Carrare. Ce dernier a le grain semblable à celui du sucre; elle forme le grand étage des marbres primitifs et de transition. Gisement: sur plusieurs points du département.

CHAUX SULFATÉE, *avec cristaux de quartz.* — Carrière de Palalda.

CHAUX CARBONATÉE LAMELLAIRE. — Cette variété présente dans sa cassure des facettes brillantes, dirigées dans tous les sens ; nous l'avons trouvée au roc *de les Encantadas*, terroir de Mosset.

CHAUX SULFATÉE ARGILEUSE. — Carrière de Céret.

CHAUX SULFATÉE TRAPÉZOÏDALE. — A Taurinya.

ARAGONITE CORALLOÏDE *(flos ferri).* — L'Aragonite est une variété de chaux carbonatée, qui se distingue par des caractères particuliers. Elle présente ordinairement une forme prismatique rectangulaire non susceptible de clivage. L'Aragonite coralloïde est en petits cylindres très-blancs, comme soyeux à leur surface, contournés et dirigés, dans toutes sortes de sens, à la manière des rameaux de corail ; elle était connue des anciens sous le nom de *flos ferri,* parce qu'ils la prenaient pour une sorte de végétation, et qu'elle se trouve habituellement dans les gîtes de minerai de fer. Les échantillons que possède le cabinet sont de toute beauté, et proviennent des mines du Canigou.

ARAGONITE CORALLOÏDE *sur Chaux carbonatée laminaire.* — Mines de Canaveilles.

ARAGONITE ACICULAIRE. — Cette variété est formée d'une multitude de petites aiguilles cristallines, groupées les unes sur les autres, en se disposant obliquement autour d'un axe commun. Dans le minerai de fer du Canigou.

GYPSE. — C'est un sulfate de chaux hydraté, c'est-à-dire renfermant une certaine quantité d'eau. On peut facilement le rayer avec l'ongle. La texture en est cristalline ou lamelleuse, fibreuse, grenue, saccharoïde, compacte, etc.; sa couleur est le plus souvent blanche ou blanchâtre, mais quelquefois salie par des oxydes de fer qui lui communiquent des teintes jaunâtres ou rouges. Soumis à une chaleur modérée, le Gypse perd son eau de composition et devient friable. En cet état, et réduit en poudre, il constitue le *Plâtre :* la différence qui existe entre le

Gypse et le Plâtre, consiste en ce que le premier contient de l'eau (20 p. % environ), tandis que le second n'en contient pas. Gisement : Palalda, Reynès, Céret, Maury, Saint-Paul, etc.

GYPSE ROSÉ. — Gisement : carrière de Céret.

GYPSE ROUGE. — Gisement : carrière de Reynès.

BARYTE SULFATÉE, *Spath pesant des anciens minéralogistes.* — La pesanteur de ce sel pierreux, est le caractère qui se présente le premier pour le faire reconnaître ; sa densité est de 4,3, et varie, selon les échantillons, jusqu'à 4,47 ; sa couleur est blanche ou légèrement jaunâtre, vitreuse, ordinairement transparente. La Baryte sulfatée est plus dure que la Chaux carbonatée ; elle est composée sur 100 parties de 66 de baryte et de 34 d'acide sulfurique. Après le calcaire, c'est l'espèce la plus féconde en variétés de formes cristallines ; les plus ordinaires sont les octaèdres rectangulaires, et des prismes droits à base rhombe ou rectangle, plus ou moins modifiés, et souvent très-courts, ce qui donne aux cristaux une apparence de forme aplatie, qu'on nomme *tabulaire.* Ces cristaux, quand ils sont minces, se groupent souvent de manière à imiter grossièrement des crêtes de coq. On rencontre aussi la Baryte en masses globuleuses, rayonnées du centre à la circonférence, et constituant ce qu'on appelle la *pierre de Bologne,* parce qu'on la trouve au mont Paterno, près de cette ville. — Gisement : montagne des Bains-d'Arles et Vernet-les-Bains.

FER OLIGISTE MANGANÉSIFÈRE. — Mine d'*Aïtoy,* vallée de Sahorre.

FER OXYDÉ CUPRIFÈRE. — Mines de Canaveilles.

FER CARBONATÉ SPATHIQUE ALTÉRÉ. — Mines du Canigou.

FER SPATHIQUE GRENU et FER OXYDÉ BRUN AVEC CRISTAUX DE FER SULFURÉ. — Mine de *Dall,* à Batèra.

FER SPATHIQUE. — Mines de *la Droguère* et de *las Canals,* à Batèra.

FER OXYDULÉ. — Gisement... ?

HÉMATITE. — Mine de Fillols.

HÉMATITE BRUNE. — Mine de Saint-Pierre, à Batèra.

HÉMATITE ROUGE. — Mine d'*Aïtoy,* vallée de Sahorre.

HÉMATITE FIBREUSE. — Mine de *les Indies,* à Batèra.

HÉMATITE FIBREUSE STALACTIFORME *avec Manganèse.* — Mine de
la *Pinouse.*

HÉMATITE *avec dentrites.* — Mine de *les Indies,* à Batèra.

HÉMATITE *avec Manganèse.* — Mine de *les Indies,* à Batèra.

PYRITE DE FER. — Vallon de La Preste et aux environs de Rasiguères, près Saint-Paul-de-Fenouillet.

CUIVRE SILICATÉ. — Mines de Canaveilles.

CUIVRE HYDRO-SILICEUX. — Mines de Canaveilles.

CUIVRE OXYDULÉ *avec cuivre hydro-siliceux.* — Mines de Canaveilles.

CUIVRE CARBONATÉ *avec cuivre hydro-siliceux.* — Mines de Canaveilles.

CUIVRE CARBONATÉ HYDRO-SILICEUX *avec fer oxydé cuprifère.* —
Roc del Bouc, revers de l'*Estanyol,* vallée de Prats-de-Balaguer.

CUIVRE CARBONATÉ et CUIVRE SULFURÉ. — Mine de Fosse, près
Saint-Paul-de-Fenouillet.

CUIVRE CARBONATÉ DANS LE QUARTZ CARIÉ. — Filon de Saint-
Louis-de-Pénalts, vallon de La Preste.

CUIVRE CARBONATÉ BLEU *(azurite).* — Montagne de *Costa-Bona.*

CUIVRE CARBONATÉ BLEU, SULFURÉ, ARGENTIFÈRE, *à gangue
quartzeuse.* — Montagne de *Costa-Bona.*

CUIVRE ARGENTIFÈRE. — Filon de *les Piques,* près La Manère.

CUIVRE SULFURÉ ARGENTIFÈRE. — Mines de Canaveilles.

CUIVRE PYRITEUX *avec carbonate et hydro-silicate de cuivre.* —
Mines de Canaveilles.

CUIVRE PYRITEUX. — Mines de Canaveilles.

Cuivre pyriteux et Cuivre hépatique. —Mines de Canaveilles.

Cuivre pyriteux maculaté soyeux. —Environs de Valmanya.

Cuivre pyriteux *en amas ou en rognons.*—Vallon de La Preste.

Cuivre en filons.—Vallon de La Preste, montagne de Madres et à Osséja.

Cuivre panaché. —A Escouloubre.

Cuivre hépatique *avec quartz-pseudomorphique.* — Mine de Sainte-Marie-des-Billots, vallon de La Preste.

Cuivre oxydé noir *dans le quartz carié.*—Filon de Serrallongue.

Cuivre pyriteux. —Filon de Serrallongue.

Cuivre hépatique. —Filon de Serrallongue.

Plomb sulfuré argentifère. — Sur la montagne des Bains-d'Arles, à Taurinya et à Fillols.

Plomb sulfuré laminaire. —Environs de Costujes.

Plomb sulfuré. — Entre Arles et Cortsavy.

Galène *en gros rognons tuberculeux.*—Ravin de *Labonadell,* territoire de Saint-Laurent-de-Cerdans.

Galène. — A Escouloubre.

Galène.—Filon du *Pla de les Taulas,* territoire de La Manère.

Arsenic natif *avec sulfo-arséniure de fer.* — Vallon de Prats-de-Molló.

Sulfo-arséniure de fer et Pyrite de fer. — Près Prats-de-Mollo.

Mispickel (sulfo-arséniure de fer) *avec acide-arsénieux et fer hydraté.* —Montagne de *Layade,* près La Preste.

Arsenic sulfuré.—Environs de Notre-Dame-de-*Nurya,* frontière d'Espagne.

Blende brune lamellaire *(sulfure de zinc).*—Échantillon retiré d'un filon de zinc situé au *Puig-Cabrera,* près Prats-de-Molló.

LIGNITE. — C'est un combustible minéral, d'origine végétale ; il s'allume et brûle facilement, avec flamme, fumée noire et odeur bitumineuse, en donnant un charbon qui continue à brûler comme la braise de boulanger. Le lignite est, le plus souvent, noirâtre ; son aspect, résineux, luisant ou terne ; sa texture, compacte, terreuse, schisteuse ou fibreuse, mais sa poussière est presque toujours brune, tandis que celle de la houille est noire. Ce combustible diffère aussi de la houille, en ce qu'étant de formation plus moderne, les traces de son organisation végétale sont moins effacées. Gisement : à Serdinya et à Estavar.

AÉROLITHE. *Pierre tombée du ciel.* — On comprend généralement sous le nom d'*Aérolithe*, des masses minérales plus ou moins grandes, qui, des régions élevées de l'atmosphère, se précipitent à la surface de la terre, avec un ensemble assez constant de phénomènes lumineux et de détonation. Leurs formes sont irrégulières, et ne présentent aucun caractère particulier, sauf l'usure de leurs arêtes et de leurs angles. A l'extérieur, les aérolithes sont généralement couverts d'une écorce noire, quelquefois terne, d'autrefois luisante comme un vernis ; l'intérieur est toujours terne, d'un gris plus ou moins foncé, rarement uni, souvent veiné ou tacheté de différentes manières. Leur texture est ordinairement grenue ; parfois, les grains sont très-adhérents et comme fondus l'un dans l'autre ; d'autrefois, ils sont très-distincts et se séparent facilement. On reconnaît, dans ces pierres, le mélange de substances différentes, et l'on y aperçoit très-souvent des parcelles de fer. On a cru, aussi, y voir de petits cristaux de pyroxène et de labradorite. La composition chimique des aérolithes est très-variable : leur élément le plus constant et le plus abondant est la silice, qui forme ordinairement plus du tiers de leur poids. On peut ensuite citer le fer, qui constitue quelquefois près d'un autre tiers, et qui se présente, tantôt à l'état métallique, tantôt à l'état d'oxyde.

On y trouve aussi de l'alumine, de la magnésie, de la chaux, de l'oxyde de manganèse, du nickel, souvent à l'état d'oxyde, quelquefois à l'état métallique, du chrome ou de l'oxyde de chrome, du soufre, de la soude, de la potasse, du cuivre, du carbone; mais ces principes n'y sont pas constants, et les derniers, notamment, ne s'y montrent que très-rarement et en petite quantité[1].

Bien que l'aérolithe ne soit pas un produit appartenant à la terre, puisqu'il est certain aujourd'hui que c'est une pierre tombée du ciel, nous avons pensé, toutefois, qu'il fallait comprendre au nombre des minéraux recueillis dans le département des Pyrénées-Orientales, celui que possède le cabinet de la ville de Perpignan, ne fût-ce que pour constater la présence de ce corps singulier dans le pays, tombé, en juin 1839, sur la montagne de Notre-Dame-du-Coral, territoire de Prats-de-Molló. La forme de cet aérolithe, est un sphéroïde aplati, pesant 12 kilogrammes 80 grammes; sa circonférence mesure 0m,71 dans le sens du renflement, et 0m,62 dans le sens de l'aplatissement; sa surface est mamelonnée, luisante; sa couleur est noirâtre; l'analyse chimique n'en ayant pas été faite, nous ignorons sa composition. Cette pierre nous fut donnée par M. Triquéra, alors instituteur communal à Prats-de-Molló, qui fut témoin de sa chute.

(1) Voir le *Dictionnaire universel d'Histoire naturelle*, t. 1, p. 150. 1841.

CHAPITRE III.

PALÉONTOLOGIE.

La paléontologie est la science qui s'occupe d'étudier les animaux et les végétaux qui ont existé autrefois à la surface du globe, et dont on trouve des débris et des vestiges fossiles en fouillant le sein de la terre.

Les géologues entendent par le mot fossile, non-seulement les corps qu'on désigne spécialement sous le nom de pétrification, mais encore tout débris de corps qui fut organisé, tout vestige de ces mêmes corps qu'on rencontre dans les dépôts de matières minérales dont le sol est constitué.

Trois degrés caractérisent les dépôts de fossiles qu'on trouve dans l'intérieur de la terre : ceux de la partie supérieure des terrains tertiaires sont les plus récents. Les bancs du bassin du Roussillon, en renferment de nombreuses espèces, et se composent ordinairement de parties d'animaux ou de végétaux, conservés en nature ou peu altérés.

Le second degré est celui qui nous donne les mêmes parties dans un état parfait de pétrification. Ici, les molécules des corps organisés, ont été détruites et remplacées par des matières minérales qui ont conservé la forme des corps primitifs, au point de pouvoir les reconnaître au

premier aspect. Nos marbres, nos brèches nous en fournissent des exemples.

Le troisième état est celui où la nature n'a conservé
que la forme des moules plus ou moins grossiers, et
ceux-ci se subdivisent en moules complets, moules de
surfaces extérieures, et moules de cavités intérieures.
Témoin, les pétrifications que nous trouvons sur les
montagnes d'Opol, de Costujes, de Saint-Antoine-de-
Galamus.

L'état actuel du globe n'est que la suite des grands
changements opérés jadis à la surface. Notre contrée a
dû subir la loi commune; elle a eu aussi ses révolutions :
les faits les plus positifs sont là pour l'attester. Les
rochers les plus escarpés offrent encore des traces nombreuses de l'existence primordiale d'une foule de races,
de genres, d'espèces, qui ont péri dans des cataclysmes
antiques. Les entrailles de la terre fournissent une quantité d'objets qui viennent confirmer les faits avancés par les
géologues. Nos brèches, nos marbres, recèlent beaucoup
de corps organisés, qui sont plus ou moins avancés dans
leur état de pétrification ; nos grès rouges nous donnent
les dépôts de l'époque de leur formation; les couches
carbonifères présentent les empreintes des familles végétales contemporaines de cette période ; mais rien n'est
comparable aux matières appartenant aux terrains tertiaires supérieurs, et qu'on doit attribuer aux dernières
révolutions du globe. Les bancs épais du Boulou, de
Trullas et de Néfiach, en sont les témoins irrécusables.
Il paraît certain, qu'à la profondeur du gisement où
reposent les coquilles que l'on remarque dans ces bancs,
une grande partie du Roussillon en est couverte : certains

forages, exécutés sur divers points, nous en donnent des preuves.

Les eaux du Tech rongeant les rives du lit qu'il s'est creusé à la hauteur de Saint-Martin, près du Boulou, mettent tous les jours à découvert une immense quantité de corps organisés. On en trouve un certain nombre qui n'ont pas leurs analogues vivants, tandis qu'une grande partie est encore représentée par les mêmes espèces qui vivent dans nos mers; il est à regretter seulement que ces coquilles s'altèrent aussitôt qu'elles sont exposées à l'air, et par ce motif leur conservation est très-difficile[1].

Le Réart, qui traverse le territoire de Trullas, n'a pas fouillé la terre à une aussi grande profondeur que le Tech : aussi, le banc qu'il a laissé à découvert, dans les environs du village, ne nous a pas offert un grand nombre de coquilles. Probablement, si l'on sondait l'intérieur, il fournirait les mêmes espèces que les deux autres; on y trouve quantité d'huitres semblables à celles que l'on pêche sur nos côtes, *Ostrea hyppopus*, Lin. et *Ostrea cochlear*, Oliv. Cette dernière se trouve encore sur quelques points de la Méditerranée, mais ne se voit plus sur notre littoral.

Le plus considérable des bancs coquilliers, celui qui présente la plus grande étendue et qui contient la plus grande quantité d'espèces variées, est situé au pied de Força-Real, sur la rive gauche de la Tet. Buffon le connaissait déjà sous le nom de banc de Néfiach; il lui avait été signalé par notre docteur Carrère. Ce banc a une étendue de 8 kilomètres, depuis la ville d'Ille jusqu'à

---

(1) Le moyen de les conserver, consiste à les enduire, de suite, d'une solution épaisse de gomme arabique qui les préserve du contact de l'air.

Millas ; mais, c'est surtout de Néfiach à Millas qu'il offre le plus bel aspect : la rivière longe la montagne de Caladroy et de Força-Real, et laisse voir la coupe de ce banc, qui se dessine au pied de collines hautes de 40 mètres ; elle creuse leur base, et chaque crue met à découvert de nouvelles coquilles. Les escarpements des ravins qui viennent aboutir à la rivière, sont très-riches en coquilles fossiles ; elles y sont mieux conservées que sur le banc principal. La base de toutes ces collines est formée d'un limon rougeâtre aussi dur que le tuf, et ne contient pas de coquilles ; il a une épaisseur d'environ deux mètres. Au-dessus de ce limon, paraissent des sables marins jaunâtres, coupés par des lits de cailloux roulés ; ils se succèdent assez régulièrement dans des couches marnosableuses de couleurs différentes. Dans certains endroits, on y voit des bancs pierreux, graveleux, mêlés à des coquilles qui ont pris une certaine consistance calcaire. Au-dessus de ces calcaires, paraissent des couches puissantes de marnes argilo-sableuses, endurcies en certains endroits, et remplies de coquilles marines : les unes bien conservées, les autres détériorées. Ces couches ont une puissance de sept à huit mètres. Une couche supérieure est moins sableuse, les marnes sont plus argileuses, la couleur bleue y est plus prononcée ; elle a environ quatre mètres d'épaisseur, et les coquilles y sont plus rares. Tout ce système se suit le long des falaises de ces montagnes, et on peut le suivre de l'œil dans toutes les enfractuosités des ravins qui coupent ces collines. Nous y avons trouvé le *Pecten laticostatus,* entier, dans des proportions énormes : il mesure 0^m,28 de longueur sur 0^m,30 de largeur.

En fouillant le lit de la rivière pour asseoir les piles du pont suspendu de Millas, on découvrit, à une grande profondeur, beaucoup de coquilles fossiles, et particulièrement un jambonneau colossal, *Pinna flabellum*, Lamk, parfaitement conservé. Ce bivalve mesure 0m,40 de longueur et 0m,25 de largeur.

En 1827, M. Farines découvrit, à Espira-de-l'Agly, un banc coquillier, dont le terrain, dit-il, diffère de celui de Banyuls par une couche d'argile figuline de Brongniart, qui repose immédiatement sur la couche de galets. Et il ajoute :

« J'y ai trouvé aussi des fragments d'une *Ostrea*, qui « ne se trouve pas au banc de Banyuls, et à quelques « pas de là une vertèbre d'*Icthyosaurus*, roulée par les « eaux; au reste, les coquilles sont également dans un « sable coloré, et on y trouve à peu près les mêmes « espèces.

« Ce banc est situé sur la rive gauche de l'Agly, en « face du village d'Espira; les pluies abondantes de cette « année, ont formé des courants qui ont creusé un ravin « d'environ cinq mètres de profondeur, et ont mis à « découvert la couche de coquilles sur une largeur de « trois mètres.

« Quoiqu'il soit probable que ce banc n'est qu'une « continuité de celui de Banyuls, et par conséquent de « la même date, les coquilles y sont, cependant, d'une « belle conservation. Je pense que cela dépend de ce « que, la couche d'argile supérieure n'ayant pas donné « un passage libre aux eaux, les coquilles ont été moins « exposées à l'humidité, et que le test se conserve d'au- « tant mieux qu'il est moins en contact avec ce liquide.

« Cette même cause m'explique l'absence de sphéroïdes
« calcaires au banc d'Espira, tandis qu'ils sont très-
« fréquents à celui de Banyuls [1]. »

Un dépôt analogue fut découvert dans le courant du
mois de septembre 1860, en creusant un puits dans
l'enclos du couvent des Dames Trappistines, situé hors des
murs de ce même village d'Espira. Informé, malheureusement trop tard, il nous a été impossible de recueillir
aucun échantillon de cette découverte : les déblais du
puits avaient été enlevés et dispersés par les ouvriers.
M. Farines, plus heureux que nous, puisqu'il habite
aujourd'hui cette commune, a constaté que ce banc
coquillier est composé de *Pectens*.

Les découvertes fossiles faites dans le département des
Pyrénées-Orientales, ne se bornent point aux seuls bancs
coquilliers dont nous venons de parler : des débris de
grands animaux antédiluviens ont été trouvés à Trullas,
à Força-Real, à Castell-Rossello, à Puig-Joan, etc. Des
cavernes à ossements ont été signalées dans les vallées
de Fulhà, du Tech supérieur et de l'Agly, où l'on a
remarqué des débris humains.

C'est ainsi que, en 1835, M. l'abbé Chapsal, curé
de Trullas, envoyait à la Société Philomathique de
Perpignan, une dent fossile trouvée, en 1831, par les
terrassiers occupés au percement de la route départementale qui conduit de Trullas à Bages. Cette dent
était engagée dans une marne argileuse, à 2^m,50 de
profondeur, et entourée de débris d'ossements qui ne
furent pas recueillis.

[1] *Journal de Pharmacie*, t. XIV, 1re livraison, 1828.

Suivant un rapport fait à la Société par M. Farines[1], cette dent mesurait 0^m,06 de diamètre dans le sens longitudinal, 0^m,05 dans le sens transversal, et 0^m,09 de l'extrémité inférieure de la racine au sommet de la couronne. Selon le rapporteur, c'était une sixième molaire supérieure gauche, et appartenait au genre Rhinocéros, probablement, dit-il, à l'espèce *Megarhinus*.

Sur ce même territoire de Trullas, M. Pomayrol, fils, officier de santé, recueillit quelques fragments d'os fossiles, l'extrémité inférieure d'un fémur, d'une dimension peu ordinaire, quelques autres portions d'os indéterminables et une côte de 0^m,68 de long, dont le genre de l'animal, auquel elle a appartenu, ne peut être désigné. Il est fâcheux qu'en faisant les terrassements de la grand'route, près du lit de la rivière du Réart, on n'ait pas mis en réserve une quantité d'ossements qu'on y découvrit. Suivant le rapport de M. Pomayrol, ils devaient appartenir à quelque grand mammifère antédiluvien.

Nous visitâmes, en 1846, après des pluies torrentielles, les ravins et les escarpements, au midi, de la montagne de Força-Real. Le hasard nous conduisit sur une route vicinale qu'on venait d'ouvrir ; et, comme le pays est très-accidenté, on devait opérer sur ce terrain des déblais et des remblais considérables. Parmi les déblais, on découvrit des ossements fossiles que des ouvriers ignorants détruisirent. Cependant, nous eûmes le bonheur de recueillir un débris assez volumineux. Cet os était entouré d'une gangue qui avait acquis une telle dureté, qu'il nous fut impossible de la détacher sans briser

_____

[1] Ier Bulletin de la Société Philomathique de Perpignan, p. 68, 1855.

quelques morceaux d'os. Ayant examiné attentivement la forme de cet os, sa dimension et sa texture, nous acquîmes la conviction qu'il appartenait à un Hippopotame, et qu'il faisait partie de l'extrémité antérieure de l'avant-bras de l'animal. Nous reconnûmes le radius du côté droit, auquel manquait une partie de la tête, et surtout l'apophyse qui l'articulait avec le cubitus. (*Voir la Planche, fig. 1.*)

Dans cette même localité, nous avons découvert une dent de Mastodonte.

Des os non moins extraordinaires furent trouvés à deux kilomètres de Perpignan, dans les briqueteries de MM. Blandinières, père et fils, situées au sud-est du monticule appelé *Puig-Joan*. Des ouvriers, occupés à enlever de la terre, mélange d'argile et de sable vert, qui sert à la composition de la brique, découvrirent, à la profondeur de trois mètres de la terre végétale, des ossements qu'ils brisèrent d'abord sans y faire attention; mais, surpris de leur forme, ils cherchèrent à les retirer avec précaution. Appelé alors par M. Blandinières, nous pûmes, en rassemblant ces débris, constituer un os d'une grosseur gigantesque.

En portant toute notre attention sur sa forme, ses dimensions et sur tout son ensemble, nous eûmes la conviction intime qu'il appartenait à un grand mammifère antédiluvien. Sa tête, fracassée, manquait en partie, et nous eûmes beaucoup de peine à rassembler et mettre en place les parties brisées. L'articulation radiale était aussi endommagée; malgré cela, il nous fut facile, en comparant ces fragments avec les figures que Cuvier a reproduites dans son ouvrage sur les ossements fossiles, d'arriver à reconnaître parfaitement que cet os appartenait au genre Mastodonte, et que c'était l'humérus du côté droit. *(Voir la Planche, fig. 2.)*

Un autre os fort long, qu'on prenait pour la queue de l'animal, était couché sur le même terrain. La portion la plus mince, rencontrée la première par la bêche, était brisée en plusieurs morceaux; nous fîmes faire une tranchée pour le dégager et l'extraire. L'argile qui l'entourait s'était durcie au point qu'il fallut employer le marteau et le ciseau; et malgré beaucoup d'attention, la secousse seule le fit casser en plusieurs endroits.

L'examen le plus attentif sur la texture de ce corps, ses formes et dimensions, nous donnèrent la certitude que c'était la défense d'un animal qui appartient aussi au genre Mastodonte.

Sa forme est elliptique, dès sa sortie des os incisifs; mais elle s'arrondit à mesure qu'elle s'en éloigne, de sorte qu'à 0^m,40 de la naissance, elle est déjà ronde. L'ellipse a un diamètre de 0^m,10 dans sa partie la plus étroite; dans la plus large, de 0^m,15; la circonférence est de 0^m,41. Cette défense est tout-à-fait ronde à un mètre du point de la naissance; elle mesure 0^m,12 dans tous les sens. La partie inférieure est aussi ronde, et mesure 0^m,09 de diamètre. Il lui manquerait, d'après nos probabilités, au moins 0^m,60 de longueur.

Cette défense est formée de couches concentriques d'un blanc bleuâtre; le milieu est noirâtre. A mesure qu'on s'éloigne de la portion elliptique, les couches paraissent plus serrées, et la partie noire du centre disparaît; son ivoire est presque pétrifié; il est blanc, parsemé de points bleus, avec des zones circulaires qui ont une couleur bleuâtre, et il part aussi des lignes du centre à la circonférence qui sont de

la même couleur. Les lignes observées à l'extrémité inférieure, ainsi que les points, sont un peu plus prononcés;
le reste de la couleur est la même. (V. la *Planche*, fig. 5.)

Avec les débris d'os que nous ramassâmes, nous
trouvâmes une portion de dent mamelonnée et un peu
usée; sa forme, jointe à la forme elliptique du commencement de la défense, sa grosseur et son inflexion, ne
laissent plus de doute que cet os appartient au genre
Mastodonte. Il est difficile d'établir l'espèce, n'ayant point
les autres os de l'animal.

En 1855, des travaux ouverts à mi-côte de la grande
falaise de Castell-Rossello, pour le percement d'une route
de grande communication entre Perpignan et Canet, firent
découvrir plusieurs débris d'ossements, auxquels on n'apporta d'abord aucune attention. M. Crova, fils, ayant eu
connaissance de cette découverte, obtint l'autorisation
de faire exécuter sur les lieux les fouilles qu'il jugerait
nécessaires pour étudier ce terrain. La ville de Perpignan
s'associa à cette entreprise, et le conseil-municipal vota
200 francs pour faire face aux premières dépenses.

M. Crova a consigné le résultat de ses recherches dans
un petit mémoire inédit, dont nous allons extraire les
passages suivants :

« Le terrain, dont le percement de la nouvelle route a
« mis en évidence la structure, dit M. Crova, est composé
« d'alternances d'argile et de sable, s'élevant, sur certains
« points, à une grande épaisseur. L'argile offre une strati-
« fication concordante, légèrement inclinée du côté de la
« mer, et, sur certains points, irrégulièrement mêlée à la
« couche de sable qui lui est superposée. Ce terrain, qui
« se continue d'une manière assez régulière vers Cabes-

« tany, jusqu'aux environs d'Elne et d'Argelès, où il
« commence à trouver les couches de transition relevées
« du côté de Collioure et de Port-Vendres, fait partie du
« bassin tertiaire de Perpignan, se continuant à une assez
« grande distance de la ville, et se rattachant aux dépôts
« tertiaires marins de Banyuls-dels-Aspres, du Boulou,
« de Villelongue-dels-Monts, Trullas, Anyls, Néfiach,
« Millas, Thuir, Espira à Estagel, dont il n'est peut-être
« pas contemporain.

« Les ravinements creusés par les eaux à une époque
« très-reculée, y ont formé la dépression dans laquelle
« sont plantés les jardins de Saint-Jacques, et y ont for-
« tement accusé un talus s'étendant de Perpignan au
« voisinage de la mer, en passant par Château-Roussillon
« et Canet.

« C'est le long de ce talus qu'a été tracée la nouvelle
« route. De distance en distance, l'action des eaux a
« creusé des ravins transversaux, qu'il a fallu combler sur
« certains points, pour établir la continuité de la route, et
« qui accusent, d'une manière très-nette, la stratification
« à peu près horizontale et concordante des couches d'ar-
« gile et de sable.

« Ce terrain paraît s'étendre vers le nord jusqu'aux
« dépôts secondaires qui commencent à paraître au-delà
« de Vingrau, pour se continuer dans le département de
« l'Aude. Au-dessus des couches d'argile et de sable, se
« trouve un terrain tout-à-fait récent, consistant en terre
« arable, argile, sable et cailloux roulés, irrégulièrement
« disposés. On y trouve une assez grande quantité de
« dents de bœufs, de moutons et de cheval, se rappor-
« tant tout-à-fait aux espèces actuelles, et associées à des

« fragments de poterie, et des débris de l'industrie
« humaine. Nous ne nous en occuperons donc pas.

« Les débris organisés contenus dans les argiles et les
« sables fossilifères, consistent principalement en osse-
« ments de mammifères, parmi lesquels les Pachydermes
« sont surtout abondants. Nous avons déjà trouvé des
« fragments d'ossements et des dents de Rhinocéros et
« d'Hipparion, déterminés par M. Gervais, parfaitement
« caractérisés et de dimensions considérables.

« Nous avons également trouvé de petits fragments
« de bois de *dicotylédonées*, parfaitement pétrifiés. Il est
« bien à regretter qu'un tronc d'arbre pétrifié, et plusieurs
« têtes d'assez grandes dimensions, qu'on avait trouvées,
« au dire des travailleurs, sur le même point, au commen-
« cement des travaux de la route, aient été, par suite du
« peu de cas qu'on en faisait, complétement perdus pour
« la science.

« Quelques-uns des ossements que nous avons recueil-
« lis, sont complétement pétrifiés par de la silice, qui les
« incruste et leur donne une grande solidité; d'autres,
« réduits à leurs sels calcaires, se brisent avec la plus
« grande facilité, surtout quand on les retire de l'argile
« et qu'ils sont encore humides; bien souvent on ne peut
« les retirer qu'en petits fragments : en séchant, ils pren-
« nent plus de solidité; ils se trouvent irrégulièrement
« distribués dans les diverses couches de terrain, et, en
« général, considérablement disséminés par l'action des
« eaux. Cette action a dû être violente, à en juger par
« l'état des fractures de la plupart des os. Tous les os
« longs se trouvent partagés en fragments, quelquefois
« assez éloignés l'un de l'autre : et l'on ne voit jamais,

« à côté l'un de l'autre, deux os faisant partie du même
« squelette......

« M. Gervais a déterminé les fragments, et les a rap-
« portés au genre Hipparion et à une nouvelle espèce qu'il
« nomme *Hipparion crassum* [1]. »

Dans une recherche que nous fîmes sur ce même
terrain avec M. le professeur Jourdan, nous y trouvâmes
le squelette d'une tortue.

M. Itier, dans un mémoire inséré dans le troisième
bulletin de la Société Philomathique de Perpignan, signale
dans le calcaire dolomitique de Villefranche, divers genres
de fossiles renfermés dans ces couches. Quoique l'altération de ces fossiles rende difficile leur détermination,
on peut, cependant, reconnaître parmi eux des Orthocé-
rates, des Entroques, des Ammonites, des Bélemnites,
des Nautiles et quelques *Bivalves* observés dans les derniers étages de la formation secondaire. L'espèce *Ortho-
ceras simplex,* paraît être le corps organisé le plus répandu
aujourd'hui, sans doute parce que c'est celui qui a le mieux
résisté aux causes de destruction ; il remonte aux époques
les plus anciennes, aux premiers étages des terrains de
transition.

M. Itier a également découvert dans la grotte de Fulhà,
les éléments qui constituent les cavernes à ossements.

« Les dépôts, dit-il, qui couvrent le sol de la caverne,
« sont de deux natures très-différentes, qui se rapportent
« évidemment à deux origines, comme à deux époques
« distinctes. Le plus ancien est formé de gravier siliceux,

[1] Extrait des archives de la Société Agricole, Scientifique et Littéraire
de Perpignan.

« comprenant des galets, des roches granitoïdes, que j'ai
« trouvés en place sur les flancs de la vallée de Py.
« Leurs formes sont généralement arrondies et leurs
« surfaces polies; leur grosseur atteint souvent celle de
« la tête d'un bœuf.

« Le dépôt supérieur, est un limon terreux contenant
« des fragments anguleux de la roche calcaire; il recou-
« vre, sur un point seulement, c'est-à-dire dans le vesti-
« bule de la caverne, le premier dépôt, dont il diffère,
« comme on le voit essentiellement.

« L'anatomie comparée des ossements rencontrés dans
« ces deux dépôts, a fait connaître qu'ils appartiennent
« tous à des espèces vivantes, sinon dans le pays, du
« moins à peu de distance. Ainsi, l'ancienneté de ces
« dépôts est moindre que nous ne l'avions d'abord sup-
« posé; toutefois, leur étude nous a paru de nature à
« jeter quelque jour sur les profondes modifications qu'a
« subi la surface du pays depuis les temps qu'on est
« convenu d'appeler historiques.

« Le dépôt inférieur de gravier siliceux renferme, sous
« l'épaisse couche stalagmitique qui le recouvre, des osse-
« ments ayant appartenu tous à l'ordre des ruminants et
« aux genres *Ovis, Bos, Cervus, Capra* et *Rupicapra*.

« Les ossements contenus dans le dépôt limoneux supé-
« rieur, se rapportent : 1º à l'ordre des ruminants et aux
« genres *Bos, Ovis, Capra, Rupicapra, Cervus;* 2º à
« l'ordre des solipèdes et aux genres *Equus, Asinus;*
« 3º à l'ordre des carnassiers et aux genres *Canis, Felis;*
« 4º à l'ordre des pachydermes et au genre *Sus;* enfin,
« à l'homme.

« Les ossements humains ont été trouvés au fond du

« vestibule, à quinze pieds au-dessous du sol ; ils étaient
« pêle-mêle avec des os de cerfs et des fragments de
« poterie grossière......

« La présence d'ossements d'hommes et d'animaux,
« compagnons de l'homme, tels que le chien et le che-
« val, ainsi que des morceaux de poterie grossière, pre-
« miers vestiges de l'industrie humaine, et des fragments
« de charbon végétal, nous indiquent, à une époque plus
« rapprochée des temps actuels, une seconde inondation
« considérable, qui a transporté et rassemblé ces objets
« au fond de la gorge de Fulhà, dont le sol était alors
« de 12 ou 15 mètres plus haut qu'actuellement, etc. [1] »

Parmi une infinité d'ossements de divers mammifères,
qui se trouvent amoncelés dans une caverne [2] du bassin de
Saint-Paul-de-Fenouillet, agglomérés avec une argile compacte excessivement dure, où se trouvent quelques fragments de marbre bleuâtre, nous découvrîmes une portion
d'os sphérique, qui nous fit présumer qu'il pouvait appartenir à un crâne. Il fut très-difficile de le dégager ; nous
y parvînmes pourtant, mais non sans le dégrader un peu,
car il tenait fortement à la terre qui l'entourait : c'était une
tête humaine.

Cette tête, une fois dégagée, nous parut avoir été comprimée ; toutes les cavités étaient remplies de cette même
terre argileuse compacte, mêlée de divers ossements. Le
tiers du frontal du côté droit, ayant été brisé, manquait ;
le pariétal et tout l'occipital avaient été aussi brisés en
cherchant à extraire la tête ; l'os de la pommette, ainsi que

---

(1) IIIᵉ Bull. de la Société Philomathique de Perpignan, p. 77. 1837.
(2) Elle est située sur la continuation de la chaîne de Saint-Antoine,
vers Caudiès, à une petite distance de la brisure que traverse l'Agly.

la moitié de l'os maxillaire supérieur du même côté, avaient été aussi mutilés. Le côté gauche est assez bien conservé, et il reste à la mâchoire supérieure une dent incisive très-saine. La mâchoire inférieure avait disparu; car la partie qu'elle devait occuper, est remplie de divers os brisés, mêlés à la gangue qui tapisse tout l'intérieur de la caverne. Nous avons recueilli, à quelque distance, une portion de mâchoire inférieure du côté droit avec les trois dernières molaires parfaitement conservées : la terre qui s'y trouve attachée, est aussi parsemée de débris d'os de mammifères, et paraît encore plus dure que celle qui remplit la tête [1]. *(Voir la Planche, fig. 4 et 5.)*

Les restes humains les plus anciens que l'on ait rencontrés jusqu'à présent, se trouvent dans les brèches osseuses du littoral et des îles de la Méditerranée. L'homme est le contemporain des races actuelles d'animaux; et tout porte à croire que, depuis son apparition,

[1] Nous saisirons cette occasion pour rapporter un fait assez curieux :

Dans le même bassin de Saint-Paul et près du pont de La Fou, les deux montagnes se resserrent, et laissent peu d'espace au passage de l'eau de l'Agly. La montagne de la rive gauche est assez élevée; elle est calcaire, et on en extrait des blocs pour la construction. Un ouvrier découvrit dans l'intérieur de la montagne, une grande caverne; la curiosité l'entraîna, et, après avoir allumé une lampe, il y pénétra. Après un assez long trajet dans un corridor étroit, il entra dans une grande salle; mais, quelle fut sa surprise, de voir dans ce lieu une vingtaine de squelettes humains en très-bon état. Chacun d'eux avait à côté un petit pot de terre plus ou moins bien conservé. Dans un de ces pots furent trouvés une portion de couronne ducale en métal et un étui en argent, qui renfermait un morceau de parchemin roulé, sur lequel était très-bien peinte une pensée. Beaucoup de curieux allèrent visiter cette caverne, qui fut remplie d'eau de l'Agly, lors de la trombe du mois d'août 1842. M. le Maire de Saint-Paul fit murer le trou qu'on avait fait, afin d'empêcher la dégradation des squelettes que cette grotte renfermait.

il n'est survenu d'autre grand cataclysme que l'inondation diluvienne qui a formé les dépôts modernes. Il est présumable que ces débris gisaient dans la caverne depuis cette époque.

M. Farines, dans des notes qu'il a eu l'obligeance de nous communiquer, dit qu'il a été découvert dans le vallon de *Giversa,* près de Perpignan, un tibia de mastodonte; à Caudiès, près le col Saint-Louis, la tête d'un tapir; à Tautavel, dans une grotte à ossements, des dents et des cornes de cerf, des dents de chevaux, des dents de bœufs; à Caudiès, la tête d'un sanglier.

M. Triquéra, ancien instituteur communal à Prats-de-Molló, nous a envoyé plusieurs échantillons fossiles, qu'il a découverts dans les cavernes de la vallée du Tech supérieur. Parmi ces échantillons, nous avons reconnu :

1º La colonne vertébrale d'un animal indéterminable, fossilisé par substitution de la roche calcaire; elle provient de la grotte du *Roc del Cazal,* vis-à-vis Notre-Dame-du-Coral;

2º Un fémur fossilisé par substitution du calcaire siliceux, appartenant à un quadrupède indéterminable: même localité;

3º Deux fragments de moulures de crânes; ils paraissent appartenir au genre *Canis:* même localité;

4º Un fragment de fémur ou de tibia, paraissant appartenir au genre *Lepus:* même localité;

5º Plusieurs échantillons de fossiles dans leur composition primitive, contenant divers ossements d'animaux, incrustés dans la gangue, et dont il est impossible de préciser l'espèce : leur taille pourtant ferait supposer qu'ils appartiennent au genre *Lepus.* Ces échantillons proviennent d'une caverne située aux environs de la *Roca del*

Corp et de la *Cabanya,* à 2 kilomètres du gisement précédent, dans la direction du nord;

6° Autre échantillon où sont engagées diverses dents de carnassier, et une tête d'un petit animal rongeur. Cette tête est placée de telle manière qu'il est impossible de déterminer l'espèce à laquelle elle appartient : même localité que le numéro précédent;

7° Autre échantillon renfermant divers ossements, entre autres un tibia très-bien conservé, qui paraît appartenir au genre *Lepus :* même localité;

8° Échantillon contenant des dents et des fragments d'ossements divers, les dents attachées à la mâchoire paraissent appartenir à un ruminant : même localité;

9° Échantillon contenant une mâchoire avec plusieurs dents molaires; elle appartient au genre *Viverra.* Si on en juge par la taille, elle pourrait appartenir à la *Viverra genetta :* même localité.

Dans cette grotte de la *Roca del Corp,* il y a des ossements de plus forte taille. Ils pourraient appartenir au genre *Sus,* et peut-être au *Sus scropha?* d'autres au genre *Ovis,* et une mâchoire avec plusieurs incisives, au genre *Canis.*

M. Triquéra nous a également envoyé un bloc de bois fossile par substitution d'un calcaire siliceux, trouvé sur le versant occidental de Gironella, au midi de Costa-Bona.

A cet envoi, étaient joints plusieurs mollusques fossiles, provenant de la *Roca Gallinera,* parmi lesquels nous avons reconnu les espèces suivantes parfaitement caractérisées : *Bulimus radiatus,—Helix nemoralis,—H. variabilis,— H. aspersa,—H. pyrenaïca,—H. carthusianella,* parfaitement conservé, *—H. cornea* ou *squammatina* de Marcel de Serres;*—H. fruticum.*

Le territoire de Costujes est signalé, depuis longtemps, pour les fossiles qu'il renferme. Ce sont, dans les mollusques Céphalopodes de la classe des Orthocères, le genre Hippurite représenté par deux espèces, *Hippurites rugosa* et *H. curva,* Lamk ; dans les Polipiers à réseau, le genre Cellépore, représenté par une seule espèce, *Cellepora megastoma,* Desma.; dans les Polipiers lamellifères, le genre Cyclolite, représenté par une espèce, *Cyclolites elliptica,* Blain. : elle y est très-abondante, et on la trouve de toute dimension ; dans les Radiaires échinides, le genre Échinus, par une espèce, *Echinus radiatus,* Hœning.

Après ces témoignages nombreux des cataclysmes qui ont bouleversé le sol de notre province, nous n'abandonnerons pas notre sujet, sans parler des fossiles que d'autres naturalistes ont signalé dans le pays. Ainsi, M. d'Archiac, dans son livre, *Les Corbières,* dit qu'au-delà du pont de La Fou, vers le milieu de la gorge, on remarque dans les calcaires compactes gris-bleuâtres ou blanchâtres, de nombreuses coupes de coquilles bivalves et surtout de Rudistes et de Caprotines ; et que, d'après les renseignements dus à Paillette, il avait recueilli, dans les marnes noirâtres autour de Saint-Paul, des fossiles, qu'Alcide d'Orbigny a déterminés dans le deuxième volume de son *Prodrome de Paléontologie stratigraphique,* et parmi lesquels ce dernier a reconnu : *Ammonites milletianus,* d'Orb.; —*Turritella vibrayeana,* idem ; —*Cardita tenuicosta,* Misch.; — *Nucula pectinata,* Sow.; — *Ostrea milletiana,* d'Orb,;—*Orbitolina lenticula,* idem, qui jusqu'à présent n'ont été signalés que dans le Gault ; que, si de Caudiès on se dirige au sud-ouest, en longeant d'abord la rivière (la Boulsane), on remarque dans les murs en pierre sèche qui bordent le chemin, des *Exogyra sinuata,* et des calcaires remplis d'*Orbitolina*, etc.;

Enfin, qu'au pied du massif rocheux, formé par des calcaires à caprotines, qui supporte le château d'Opol, sont des fossiles assez nombreux, quoique peu variés, parmi lesquels sont principalement : *Exogyra Boussingaulti,* d'Orb.; — *Ostrea carinata*, Lam.? (fragment plus voisin de cette espèce que de l'*O. macroptera, Sow.*);— *Exogyra sinuata*, Sow.; — *Corbis corrugata*, d'Orb.;— *Cyprina inornata*, d'Orb.? moules voisins, l'un de la *C oblonga*, d'Orb., et l'autre de la *Panopœa neocomiensis,* idem;—*Diplopodia Malbosii*, Des.;—*Orbitolina conoïdea;* —quelques Spongiaires et des Serpules.

Nous avons recueilli nous-même dans les diverses localités que nous venons d'énumérer, les fossiles ci-après désignés, et constatés par M. le professeur Noguès :

1. *Corbis corrugata* ou *Corbis cordiformis* (d'Orbig.), ou *Cardium gallo-provinciale* (Matheron); Opol.

On trouve sur le même terrain, plusieurs variétés de cette espèce, qui se distinguent par la diversité de leur taille, qu'on doit nécessairement attribuer à leur âge, et qui appartiennent à la même espèce.

2. *Cardium Goldfussi* (Matheron), Opol.

Cet échantillon est un peu fruste, et laisse quelque doute; cependant, en l'examinant avec attention, on doit le rapporter à cette espèce.

3. *Lima costaldina sur ostrea subsquammata* (d'Orbig.); Opol.

Cette espèce n'est pas très-commune dans cette localité,

4. *Janira otava* (d'Orb.), ou *Pecten otavus* (Rœm.); Opol.

Commune dans le néocomien. Elle atteint une très-grande taille; ici, on trouve la grandeur du type, et, progressivement, on arrive à des échantillons monstrueux. *Var. Maxima.*

5. *Hynnites Leymerii* (Desh.), ou *Pecten Leymerii* (d'Or.).

Commune dans les environs d'Opol; on la trouve aussi de différentes grandeurs.

6. *Ostrea Macroptera* (Sowerbi); Opol.

On trouve dans le territoire et aux environs du village, des masses considérables de moules de ces coquilles, qui caractérisent parfaitement le terrain; nous possédons des échantillons de diverses grandeurs, et un, entre tous, qui est très-beau.

7. *Exogyra sinuata* (Sower.), ou *Ostrea Couloni* (d'Orb.).

Commune dans les environs d'Opol. On y trouve des échantillons qui ont atteint de très-fortes dimensions, et d'autres dans des proportions beaucoup plus petites.

8. *Ostrea subsquammata?* (d'Orb.); Opol.

L'échantillon laisse à désirer par sa conformation; aussi mettons-nous un point de doute. Cependant, tout paraît devoir faire pencher en faveur de l'opinion qu'il appartient à cette espèce.

9. *Trigonia scabra* (Lamark); Opol.

Échantillon un peu fruste; mais assez bien caractérisé pour le rapporter à cette espèce, qui se trouve dans les environs du village.

10. *Turbo Tournali* (d'Archiac); Opol.

Nouvelle espèce, se rapprochant du *Pleurotomaria Defrancii* de Matheron. Nous avons recueilli cet échantillon à la métairie de *Génégals,* de M. Parès. On le trouve de diverses grandeurs.

11. *Fusus neocomiensis* (d'Orb,); Opol.

Nous trouvons aussi des sujets de cette coquille, en diverses dimensions, à *Génégals* et aux environs d'Opol.

12. *Pterocera Pelagi* (Dorb.); Opol.

Superbe échantillon, recueilli dans un champ, aux environs du village.

13. *Pleurotomaria Michelini* (d'Archiac); Opol.

Échantillon un peu fruste, qui laisse apercevoir des caractères suffisants pour le rapporter à cette espèce.

14. *Pleurotomaria perspectiva* (d'Orb.); Opol.

Pris dans les environs du village; il est de grandeur moyenne. Nous en possédons un exemplaire d'une grande dimension, qui vient de Rennes-les-Bains.

15. *Natica bulimoïdes* (d'Orbig.), ou *Natica Allandiensis* (Matheron); Opol.

Divers moules de grandeurs différentes se trouvent dans les environs du village. Constituent-ils diverses espèces, ou dépendent-ils de leur âge?

16. *Ammonites N. S.;* Opol.

Elle sera décrite par M. d'Archiac, dans un nouveau travail qu'il se propose de publier prochainement.

17. *Ammonites*; Opol.

Fragment mal conservé, et qui paraît pouvoir se rapporter à l'*Ammonites Leyeli*.

18. *Ammonites;* Opol.

Empreinte mal conservée, et par conséquent indéterminable; trouvée dans ce même terrain.

19. *Diplopodia Malbosii* (Sowerb.); Opol.

Très-rare dans ce terrain; échantillon bien conservé à Costujes.

20. *Venus.*

Ayant des rapports avec la *Venus Alladiensis* de Matheron; elle est seulement plus petite. Dans les terrains de craie des environs de Costujes.

21. *Lima.*

Empreinte d'une valve se rapprochant un peu de la *Lima gallo-provinciale* de Matheron, des terrains de craie des environs de Costujes.

22. *Ammonites.*

Indéterminable, tant l'échantillon est fruste. Dans les terrains de craie des environs de Costujes.

TABLEAU DES COQUILLES FOSSILES

RECUEILLIES SUR LES BANCS DES TERRAINS TERTIAIRES MARINS
DES VALLÉES DU TECH ET DE LA TET.

Bivalves.

GENRE SOLEN (*Solen*).

1. Sol. gaine, *Sol. vagina*, Lin.
2. Sol. silique, *Sol. siliqua*, Lin.
3. Sol. sabre, *Sol. ensis*, Lin.

Le *Solen gaine* varie beaucoup par sa taille; il est très-difficile d'en avoir de bien conservé. Le *Sol. silique,* quoique beaucoup plus petit, a son test plus solide; il habite les mêmes localités. Le *Sol. sabre,* qu'on croirait devoir être mieux conservé par rapport à son test assez solide, est, au contraire, très-fragile, et n'a pas mieux résisté que les autres espèces aux agents destructeurs. On les trouve dans les sables argileux verts des deux bancs de Millas et de Banyuls.

4. Sol. rétréci, *Sol. coarctatus*, Gmel.

Nous avons constamment trouvé cette espèce dans le banc de Millas; on la reconnaît aussitôt à la disposition des dents cardinales, qui sont placées, une sur une valve et deux sur l'autre. On rencontre dans ces deux bancs, plusieurs moules de solens de diverses dimensions, qui probablement appartiennent à des espèces différentes.

GENRE SOLÉCURTE (*Solecurtus*), BLAIN.

M. de Blainville a séparé les solens en deux groupes, et il a formé le genre *Solécurte;* en effet, leur forme est si distincte qu'on est étonné qu'on les ait laissé aussi longtemps confondus dans le même genre.

1. Sol. rose, *Sol. strigillatus,* Lin.
2. Sol. candide, *Sol. candidus*, Reini.

Ce dernier fait partie des deux bancs; son test est si mince, qu'il est bien difficile de le conserver intact. Le *Sol. rose,* au contraire, se trouve au banc de Banyuls. Quelques sujets conservent même la couleur rosée de leur test et sont parfaitement intacts. On trouve des individus qui varient beaucoup par leur taille, la sinuosité de leurs valves, la finesse et le grand nombre de leurs stries. Ils pourraient bien ne pas appartenir à la même espèce.

GENRE PANOPÉE (*Panopœa*).

1. Pan. de Faujas, *Pan. Faujasi*, Men.

On trouve cette panopée au banc de Millas; elle est de petite taille, et conserve facilement son test, qui est assez fort.

2. Pan. d'Arago, *Pan. Arago*, Valen.

Cette espèce, qu'on trouve seulement au banc de Banyuls-dels-Aspres, ne paraît pas être la même que la *Pan. de Faujas*. Si on pouvait considérer son intérieur, on trouverait peut-être quelque différence dans la disposition des dents ; mais, cette coquille se réduit en poussière aussitôt qu'on la détache de sa gangue ; son test est si mince, que, malgré les plus grandes précautions, on parvient très-difficilement à la conserver en la couvrant de gomme. Cette coquille, d'une dimension triple que la *Pan. Faujas*, mesure, en longueur, 0^m,40 ; en circonférence, prise au milieu de la charnière, 0,28 ; les côtes sont disposées sur le test d'une manière ovalaire. M. Valenciennes, professeur au Muséum d'Histoire Naturelle de Paris, l'a décrite dans les *Illustrations Conchyliologiques de France*, sur des échantillons que le docteur Paul Massot lui avait envoyés, et qu'il avait extraits du banc de Banyuls. L'habile professeur de Paris a eu l'heureuse idée de la dédier à notre illustre compatriote.

GENRE MYE (*Mya*).

1. Mye tronquée, *Mya truncata*, Lin..
2. Mye des sables, *Mya arenaria*, Lin.

Ces deux espèces se trouvent dans les terres argileuses des deux bancs : leur test très-fragile laisse peu d'espoir de les avoir entières. Cependant, lorsque, après de fortes pluies, survient quelque éboulement, on les trouve alors en assez bon état de conservation. La gomme répandue sur la superficie de la coquille l'empêche de s'altérer.

GENRE LUTRAIRE (*Lutraria*).

1. Lut. elliptique, *Lut. elliptica*, Lamarck.
2. Lut. solénoïde, *Lut. solenoïdes*, Lamk.

La *Lut. elliptique* est du banc de Millas ; on la trouve dans les sables argileux verts des vignes du premier plateau. Nous n'avons pas trouvé la *Lut. solénoïde;* elle est du cabinet de M. Farines, et du banc de Banyuls.

3. Lut. de Massot, *Lut. Massoti,* Michau.

M. Michau a habité pendant longtemps le département, et a visité souvent nos bancs tertiaires. Il a ramassé en grande quantité les coquilles qu'ils renferment; il a trouvé, parmi elles, une lutraire qu'il n'a pu rapporter à aucune espèce connue. Nous applaudissons à l'heureuse idée qu'il a eue de la dédier à notre savant et modeste ami, M. le docteur Paul Massot. C'est au banc de Banyuls que M. Michau a trouvé cette nouvelle espèce.

GENRE MACTRE (*Mactra*).

1. Mac. lisor, *Mac. stultorum,* Lin.
2. Mac. deltoïde, *Mac. deltoïdes,* Lamk.

Ces deux espèces de mactres se trouvent sur les deux bancs. La *Mac. lisor* est très-fragile; on peut à peine la conserver, tant sa coquille est mince et altérée, tandis que la *deltoïde,* qui a un test plus solide, se conserve plus facilement.

GENRE CRASSATELLE (*Crassatella*).

1. Cras. renflée, *Cras tumida,* Lamk.
2. Cras. trigonée, *Cras. trigonata,* Lamk.
3. Cras. large, *Cras. latissima,* Lamk.

Les deux premières coquilles ont été trouvées au banc de Banyuls, dans les sables argileux des environs de Saint-Martin, en remontant vers le Boulou, tandis que nous avons recueilli la troisième dans les sables argileux des vignes du premier plateau, à Millas.

GENRE CORBULE (*Corbula*).

1. Cor. noyau, *Cor. nucleus,* Lamk.

2. Cor. ridée, *Cor. rugosa*, Lamk.

On trouve ces corbules particulièrement au banc de Millas, dans les terrains déjà un peu compactes des bords des ravins, en montant de Millas à Caladroy; elles sont mêlées aux masses de *peignes* qui constituent ces terrains.

GENRE PANDORE (*Pandora*).

Le genre pandore n'est représenté jusqu'ici dans nos bancs tertiaires, que par une valve qui a été trouvée récemment par M. Paul Massot sur le banc de Banyuls dels-Aspres. Elle se rapproche, par sa forme, de la *Pandora obtusa* de Lamk.

A chaque inondation ou après les grandes pluies et les gelées qui les suivent en hiver, ces terrains se délitent et mettent à jour de nouvelles espèces. Ces dépôts renferment une masse considérable d'espèces, et nous sommes encore bien loin de les avoir toutes découvertes. Les naturalistes qui voudront étudier ces bancs, ne le feront pas sans de nouveaux succès.

GENRE SAXICAVE (*Saxicava*).

1. Sax. rhomboïde, *Sax. rhomboïdes*, Desh.

La seule du genre qu'on trouve dans les sables argileux au bassin de Banyuls, dans les environs du moulin de Nidolères.

GENRE PÉTRICOLE (*Petricola*).

1. Pet. lamelleuse, *Pet. lamellosa*, Lamk.
2. Pet. ochroleuque, *Pet. ochroleuca*, Lamk.
3. Pet. striée, *Pet. striata*, Lamk.

Le banc de Millas nous fournit ces pétricoles. C'est dans les escarpements des vignes, rive gauche de la Tet, à mi-chemin entre Millas et Néfiach. On les conserve très-difficilement. La troisième espèce a mieux résisté à l'influence des agents destructeurs.

Genre Psammobie (*Psammobia*).

1. Psam. boréale, *Psam. feroensis*, Lamk.
2. Psam. gentille, *Psam. pulchella*, Lamk.

Nous avons la *Psam. boréale* au banc de Millas, vers la même localité que les pétricoles. La *Psam. gentille*, qui est du cabinet de M. Farines, n'a pas été trouvée par nous.

Genre Telline (*Tellina*).

1. Tel. zonelle, *Tel. strigosa*, Gmel.
2. Tel. aplatie, *Tel. planata*, Lin.
3. Tel. contournée, *Tel. lacunosa*, Chemn.
4. Tel. onix, *Tel. nitida*, Poli.

Ces quatre espèces sont communes dans les deux bancs : on les trouve parmi les sables ; mais, dès qu'on les découvre, si on n'a le soin de les bien enduire d'une couche de gomme, elles se fendillent, leur test tombe, et il ne reste que le moule.

5. Tel. épineuse, *Tel. muricata*. Brocc.

Cette espèce appartient au banc de Millas, dans les escarpements des ravins, vers Força-Real, sur les terrains qui prennent déjà une forte consistance ; elle est très-rare.

6. Tel. palescente, *Tel. depressa*, Gmel.

Nous la trouvons dans les marnes argileuses bleues des deux bassins ; elle est tout à fait semblable à l'espèce vivante qu'on trouve quelquefois sur nos côtes.

7. Tel. solidule, *Tel. solidula*, Solan.

Nous trouvons cette espèce, mais très-rarement, au banc de Banyuls. Sa solidité, les couleurs qu'elle conserve, ainsi que les zones faciales, sont des caractères qui la rapportent à l'espèce vivante. Collection du capitaine Michel.

8. Tel. obronde, *Tel. subrotunda*, Desh.

9. Tel. à fines stries, *Tel. tenui stria*, Desh.

Nous trouvons ces deux intéressantes tellines dans les sables marneux des deux bancs. Elles sont très-délicates; on les conserve très-difficilement; leur test se détache aussitôt, si on ne prend la précaution de les enduire de gomme.

10. Tel. carnaire, *Tel. carnaria*, Lin.

Les caractères qui se remarquent sur l'espèce vivante, sont parfaitement conservés sur la coquillle fossile que nous trouvons au banc de Bauyuls.

11. Tel. scalaroïde, *Tel. scalaroïdes*, Lamk. .
12. Tel. rostrale, *Tel. rostralis*, Lamk.
13. Tel. zonaire, *Tel. zonaria*, Lamk.

Ces trois espèces se trouvent dans les marnes des deux bancs de Millas et de Banyuls; elles se conservent difficilement, si on ne les enduit de gomme.

14. Tel. serrée, *Tel. stricta*, Brocc.
15. Tel. pelucide, *Tel. pelucida*, Brocc.
16. Tel. elliptique, *Tel. elliptica*, Lamk.

Nous les trouvons dans les sables argileux des deux bancs, dans les parties les plus meubles; mais leur test, si délicat, se ressent de l'action des agents destructeurs; et aussitôt qu'elles sont retirées des sables et exposées à l'air, leur coquille se fendille et se détache, si on ne prend la précaution de les couvrir d'une couche de gomme.

GENRE CORBEILLE (*Corbis*).

1. Cor. ventrue, *Cor. ventricosa*, Marcel de Serres.

Nous trouvons cette coquille dans les sables argileux assez compactes des deux bancs; son test, assez solide, fait qu'elle se conserve bien.

Genre Lucine (*Lucina*).

1. Luc. ratissoir, *Luc. radula*, Lamk.
2. Luc. concentrique, *Luc. concentrica*, Lamk.
3. Luc. lactée, *Luc. lactea*, Lamk.
4. Luc. rénulée, *Luc. renulata*, Lamk.
5. Luc. ambiguë, *Luc. ambigua*, Desf.

Nous trouvons les espèces de ce genre dans les sables argileux des deux bancs; leur test, très-délicat, exige les plus grandes précautions pour les conserver.

Genre Donace (*Donax*).

1. Don. triangulaire, *Don. triangularis*, Bast.
2. Don. luisante, *Don. nitida*, Lamk.
3. Don. émoussée, *Don. retusa*, Lamk.

Nous trouvons le genre *Donace* dans les mêmes terrains que les *Lucines;* leur test est, en général, plus fort que celui de ces dernières; il n'est donc pas étonnant que nous les trouvions d'une meilleure conservation.

Genre Cyprine (*Cyprina*).

1. Cyp. géante, *Cyp. gigas*, Lamk.

Grande et belle coquille que nous trouvons dans les deux bancs; mais bien plus commune à Banyuls. Quoiqu'elle paraisse, par l'épaisseur de son test, très-forte, elle casse très-facilement quand on veut la nettoyer, si on ne prend la précaution de la couvrir de gomme.

2. Cyp. du Piémont, *Cyp. Pedemontana*, Lamk.
3. Cyp. ridée, *Cyp. corrugata*, Lamk.

Nous trouvons ces deux espèces, éparses dans les sables argileux des deux bancs; elles sont ordinairement bien conservées.

4. Cyp. islandicoïde, *Cyp. islandicoïdes*, Lamk.

Cette espèce varie beaucoup dans sa taille; elle se rapproche beaucoup de la *Cyp. d'Islande*. Elle pourrait bien être l'analogue ancien de cette coquille.

GENRE CYTHÉRÉE (*Cytherea*).

1. Cyt. fauve, *Cyt. chione*, Lamk.
2. Cyt. lustrée, *Cyt. lincta*, Lamk.
3. Cyt. érycinoïde, *Cyt. erycinoïdes*, Lamk.
4. Cyt. multilamelle, *Cyt. multilamella*, Lamk.
5. Cyt. demi-sillonnée, *Cyt. semi-sulcata*, Lamk.
6. Cyt. lisse, *Cyt. lœvigata*, Lamk.

Nous trouvons les cythérées généralement dans les deux bancs, répandues sur toute leur surface, parmi les sables verts; leur test, quoique peu épais, a résisté à l'action des agents destructeurs; on en trouve de très-bien conservées.

GENRE VÉNUS (*Venus*).

1. Vén. à verrue, *Ven. verrucosa*, Lin.
2. Vén. lévantine, *Ven. plicata*, Gmel.
3, Vén. croisée, *Ven. decussata*, Lin.

Répandues sur la surface des deux bancs, ces trois coquilles ont un test très-délicat; c'est à cause de cela qu'il faut prendre de minutieuses précautions pour les conserver.

4. Vén. cassinoïde, *Ven. cassinoïdes*, Lamk.
5. Vén. solide, *Ven. solida*, Desh.
6. Vén. petite râpe, *Ven. scobinellata*, Lamk.
7. Vén. natée, *Ven. texta*, Lamk.
8. Vén. vieille, *Ven. vetula*, Bast.

Nous trouvons dans les sables verts des deux bancs, ces cinq coquilles, mais excessivement fragiles, et si, dès qu'on les découvre, l'on ne prend la précaution de les couvrir d'une couche de gomme, on les voit aussitôt se fendiller, et il ne reste plus que le moule. On trouve dans les mêmes terrains beaucoup d'autres coquilles de ce genre; mais la difficulté de les conserver en réduit de beaucoup le nombre.

GENRE VÉNÉRICARDE (*Venericardia*).

1. Vén. à côtes plates, *Ven. plani costa*, Lamk.

Nous trouvons cette espèce dans les deux bancs; mais seulement parmi les couches tuffotées qui ont déjà pris un tel degré de dureté qu'il est très-difficile d'en retirer un individu entier.

2. Vén. treillissé, *Ven. decussata*, Lamk.
3. Vén. élégante, *Ven. elegans*, Lamk.

Ces deux espèces sont plus communes dans les sables argileux verts des deux bancs; elles sont mieux conservées.

GENRE BUCARDE (*Cardium*).

1. Buc. à papilles, *Car. echinatum*, Lin.
2. Buc. sillonné, *Car. sulcatum*, Lamk.
3. Buc. denté, *Car. serratum*, Lamk.
4. Buc. sourdon, *Car. edule*, Lin.

Ces quatre espèces, que nous trouvons encore vivantes sur nos côtes, sont peu communes dans nos bancs tertiaires; mais nous les trouvons assez bien conservées pour pouvoir les rapporter aux espèces vivantes.

5. Buc. de Bordeaux, *Car. Burdigalium*, Lamk.
6. Buc. poruleux, *Car. porulosum*, Lamk.
7. Buc. sulcatin, *Car. sulcatinum*, Lamk.
8. Buc. diluvien, *Car. diluvianum*, Lamk.
9. Buc. aviculaire, *Car. lithocardium*, Lamk.

10. Buc. à côtes nombreuses, *Car. multicostatum*, Broc.

11. Buc. lime, *Car. lima*, Lamk.

12. Buc. granuleuse, *Car. granulosum*, Lamk.

Les deux bancs nous fournissent ces espèces; elles sont plus ou moins bien conservées, selon la localité où on les a recueillies. Nous les trouvons parsemées dans toute la surface des terrains qui composent les escarpements des deux bancs.

GENRE CARDITE (*Cardita*).

1. Car. intermédiaire, *Car. intermedia*, Lamk.

Cette espèce, désignée par Brocchi sous le nom de *Chama intermedia*, nous l'avons constamment trouvée au banc de Millas.

2. Car. rudiste, *Car. rudista*, Lamk.

3. Car. trapézoïde. *Car. trapezia*, Brug.

Nous trouvons ces deux espèces au banc de Banyuls, dans les sables argileux verts, au-delà de Saint-Martin, en remontant vers le Boulou.

4. Car. hippope, *Car. hippopea*, Bast.

Cette espèce n'est pas très-commune; nous la trouvons sur les contreforts du bas de la montagne de Força-Real, parmi une masse de pectens entassés, qui déjà ont pris une certaine consistance au milieu des calcaires de cette localité.

GENRE ISOCARDE (*Isocardia*).

1. Iso. ariétine, *Iso. arietina*.

Décrite par Brocchi sous le nom de *Chama arietina*, nous la trouvons dans les deux bancs, sur les terrains qui ont déjà pris une certaine consistance.

2. Iso. géante, *Iso. gigas*, Farines.

Ce naturaliste a donné le nom de *Gigas* à une espèce qu'il a trouvée dans les marnes des deux bancs; il n'a pu la rapporter à aucune autre espèce connue, par rapport à sa taille et à ses formes.

GENRE ARCHE (*Arca*).

1. Ar. de Noé, *Ar. Noë*, Lin.
2. Ar. barbue, *Ar. barbata*, Lin.
3. Ar. lactée, *Ar. lactea*, Lin.
4. Ar. du déluge, *Ar. diluvii*, Lamk.

Nous trouvons ces quatre espèces dans les terrains des deux bancs, assez bien conservées pour pouvoir les reconnaître parfaitement en les comparant avec leurs analogues vivant sur nos côtes. La seconde conserve encore les poils qui couvrent les bords de la coquille.

5. Ar. à deux angles, *Ar. biangula,* Lamk.
6. Ar. mytiloïde, *Ar. mytiloïdes*, Brocc.
7. Ar. grillée, *Ar. clathrata*, Desf.
8. Ar. pectinée, *Ar. pectinata*, Brocc.

Nous trouvons indistinctement ces quatre espèces dans les terrains meubles des deux bancs. La *Pectinata* se reconnaît aussitôt par sa forte obliquité et par ses nombreuses côtes aplaties et peu convexes.

9. Ar. cordiforme, *Ar. cordiformis*, Bast.

C'est sur le banc de Banyuls que nous avons trouvé cette jolie espèce, facile à reconnaître; elle est très-ventrue, et son bord crénelé très-profondément.

GENRE PÉTONCLE (*Pectunculus*).

1. Pét. flamulé, *Pect. pilosus*, Lin.; *Arca pilosa,* Brocc.

Nous la trouvons très-communément sur les tertres des ravins qui aboutissent aux deux bancs de Banyuls et de Millas. Cette espèce, quoique ayant un test très-épais, ne s'altère pas moins facilement, et beaucoup de sujets se fendillent lorsqu'ils sont retirés de leur gangue, si on ne les couvre d'une couche de gomme.

2. Pét. élargi, *Pect. pulvinatus,* Lamk.

Les dimensions énormes que prend cette espèce la font bientôt distinguer; son test, fort et dur, contribue à sa conservation; elle est commune dans les terrains marneux des deux bancs.

3. Pét. cœur, *Pect. cor,* Lamk.

Moins développée que les deux autres espèces, celle-ci est beaucoup plus commune dans les deux bancs. Lamarck croit qu'elle est l'analogue du *Pét. flamulé,* qui vit encore dans nos mers.

Nous trouvons une infinité de coquilles de ce genre, répandues sur le terrain des deux bancs. Elles sont de dimensions très-variées : appartiennent-elles à divers âges, ou forment-elles différentes espèces non décrites? Elles n'ont pas été suffisamment étudiées, pour pouvoir résoudre la question.

GENRE NUCULE (*Nucula*).

1. Nuc. nacrée, *Nuc. margaritacea,* Lamk.
2. Nuc. échancrée, *Nucula emarginata,* Lamk.; *Arca pella,* Brocc.
3. Nuc. luisante, *Nuc. nitida; Arca nitida,* Brocc.
4. Nuc. de Nicobar, *Nuc. Nicobarica,* Lamk.
5. Nuc. petite, *Nuc. minuta,* Marcel de Serres; *Arca minuta N.,* Brocc.

Ce genre de coquilles ne prend pas généralement de grandes dimensions. Nous les trouvons disséminées dans les sables verts des deux bancs; celles que nous retirons du banc de Banyuls, sont mieux conservées.

Genre Came (*Chama*).

1. Ca. gryphoïde. *Cha. gryphoïdes*, Lin.

Plus commune au banc de Banyuls qu'à Millas; on en trouve de parfaitement conservées. Nous distinguons les couleurs qui couvrent leur test; elles se rapprochent beaucoup de l'espèce qui vit dans nos mers.

2. Ca. hérissonnée, *Cha. echinulata*, Lamk.
3. Ca. lamelleuse, *Cha. lamellosa*, Lamk.
4. Ca. sillonnée, *Cha. sulcata*, Desh.

Nous trouvons ces trois espèces dans les marnes des deux bancs; leur test se conserve assez bien, et si ou les nettoye avec attention, on parvient même à conserver le ligament de la charnière.

Genre Modiole (*Modiola*).

1. Mod. lithophage, *Mod. lithophaga*, Lamk.

On ne peut la confondre, car elle a tous les caractères de celles qu'on trouve vivantes sur les côtes du département. Nous la trouvons parmi les sables des deux bancs.

2. Mod. subcarinée, *Mod. subcarinata*, Lamk.
3. Mod. sillonnée, *Mod. sulcata*, Lamk.

Ces deux dernières espèces se trouvent aussi répandues sur toute la surface des deux bancs; mais elles sont moins bien conservées; leur test fragile a été plus altéré.

Genre Moule (*Mytilus*).

Ce genre offre quelques espèces dans nos terrains tertiaires. Nous en jugeons par l'aspect de leurs moules, que nous trouvons de dimensions diverses; mais leur détérioration est si grande, qu'il nous a été impossible d'en déterminer une seule espèce.

GENRE PINNE (*Pinna*).

1. Pin. éventail, *Pin. flabellum*, Lamk.

Un superbe individu de cette espèce a été trouvé en creusant les fondements du pont suspendu de la Tet, à Millas; on l'a retiré parfaitement intact; il mesure 0^m,48 de long et 0^m,25 de large. M. Malègue, conducteur des travaux, eut l'extrême obligeance de le conserver pour le cabinet de la ville.

2. Pin. subquadrivalve, *Pin. subquadrivalvis*, Lamk.

Les caractères de cette espèce sont si tranchés, qu'on ne peut la confondre avec ses congénères.

3. Pin. nacrée, *Pin. margaritacea*, Lamk.

Nous trouvons dans les deux bancs beaucoup de fragments des diverses espèces de ce genre; mais peu qu'on puisse bien conserver, leur test étant si fragile. Nous trouvons la *P. nacrée,* à divers âges; on ne peut la confondre avec les autres espèces: pas une seule d'entière.

GENRE AVICULE (*Avicula*)).

1. Av. de Tarente, *Av. Tarentina*, Lamk.

Nous ne pouvons rapporter notre avicule fossile qu'à cette espèce, dont elle a tous les caractères; elle est très-fragile et d'une très-difficile conservation.

2. Av. phalénacée, *Av. phalœnacea,* Lamk.

Le caractère essentiel de cette avicule est l'absence de sa queue. Ce caractère, ainsi que ses dimensions, nous obligent de la rapporter à cette espèce; elle est d'une finesse extrême et se conserve très-difficilement.

Nous trouvons, en fouillant les terrains des deux bancs, beaucoup de fragments de diverses dimensions d'avicules, qui par leurs formes nous font présumer qu'ils appartiennent à d'autres espèces du même genre, mais qu'il nous est impossible de déterminer.

Genre Lime (*Lima*).

1. Lim. enflée, *Lim. inflata*, Lamk.

La taille et la disposition des côtes, ainsi que le bâillement des valves à la partie postérieure, ne laissent aucun doute sur ce fossile, que nous trouvons au banc de Millas.

2. Lim. mutique, *Lim. mutica*, Lamk.
3. Lim. plissée, *Lim. plicata*, Lamk.

Nous trouvons ces deux espèces dans les terrains marneux des deux bancs; elles sont généralement assez bien conservées.

4. Lim. dilatée, *Lim. dilatata*, Lamk.
5. Lim. oblique, *Lim. obliqua*, Lamk.

Nous avons trouvé ces deux espèces plus particulièrement dans les sables verts du banc de Banyuls, au-dessus de Saint-Martin, vers le Boulou.

6. Lim. vitrée, *Lim. vitrea*, Lamk.

Cette espèce est excessivement fragile, et se conserve en la couvrant d'une forte couche de gomme. Nous la trouvons dans les sables verts des deux bancs.

Genre Peigne (*Pecten*).

1. Peig. côtes rondes, *Pect. maximus*, Lamk.
2. Peig. de Saint-Jacques, *Pect. Jacobeus*, Lamk.

Nous trouvons ces deux espèces en grand nombre dans les anfractuosités des ravins qui aboutissent à la Tet et au Tech, dans les abords des deux bancs de Millas et de Banyuls. Leurs analogues vivent sur nos côtes, et on les porte souvent sur nos marchés; on les mange, mais ils sont coriaces.

3. Peig. glabre, *Pect. glaber*, Chmn.

4. Peig. gris, *Pect. griseus*, Lamk.

Ces deux espèces, qui vivent aussi sur les côtes du département, et qu'on porte sur nos marchés, varient beaucoup par leurs couleurs, qui sont encore conservées malgré leur séjour prolongé dans la terre.

5. Peig. gibessière, *Pect. pesfelis*, Lamk.
6. Peig. tigre, *Pect. tigris*, Lamk.

Nous trouvons ces deux jolies espèces dans les marnes des deux bancs; plusieurs individus conservent leurs couleurs primitives. Le *Peig. gibessière* vit sur nos côtes, et est porté souvent sur notre marché.

7. Peig. bigarré, *Pect. varius*, Pennant.

Nous trouvons très-communément cette espèce dans les deux bancs; elle vit aussi dans la mer qui borde le département; on la prend en abondance, et on la vend sur nos marchés; elle est très-variée de couleurs et de dimension.

8. Peig. cadran, *Pect. solarium*, Lamk.
9. Peig. multirayonné, *Pect. multiradiatus*, Lamk.

Nous avons constamment trouvé ces deux espèces sur les coteaux au pied de la montagne de Força-Real, vers Néfiach. Le *Peig. cadran* porte sur la valve bombée, un superbe individu du *Balanus stellaris*, Lamk, *Lepus stellaris* de Brocchi.

10. Peig. larges côtes, *Pect. laticostatus*, Lamk.; *Pect. latissimus*, Brocc.

Cette belle et grande espèce se trouve au banc de Millas. Nous ne l'avons jamais trouvée au banc de Banyuls; mais, plus fréquemment aux escarpements méridionaux des environs de Néfiach, au pied de Força-Real, que dans les autres parties du même banc. Il est des individus de très-grande dimension : nous en possédons un qui mesure 0m,28 en longueur et 0,m30 en largeur.

11. Peig. de Bordeaux, *Pect. Burdigalensis*, Lamk.
12. Peig. béni, *Pect. benedictus*, Lamk.
13. Peig. à côtes inégales, *Pect. versicostatus*, Lamk.
14. Peig. palmé, *Pect. palmatus*, Lamk.
15. Peig. scabrelle, *Pect. Scabrellus*, Lamk.
16. Peig. flabelliforme, *Pect. flabelliformis*, Brocc.
17. Peig. courbé, *Pect. arcuatus*, Brocc.

Toutes ces espèces, nous les avons trouvées plus particulièrement au banc de Millas; celui de Banyuls renferme peu d'espèces de ce genre.

18. Peig. de Beudant, *Pect. Beudanti*, Bast.

Il se rapproche du *Pect. Jacobeus* par sa forme et sa dimension; mais sa valve supérieure est plus convexe, et bâillant de chaque côté.

19. Peig. semelle, *Pect. solea*, Desh.
20. Peig. orné, *Pect. ornatus*, Desh.
21. Peig. mantelet, *Pect. plica; Ostrea plica*, Brocc.

C'est aussi dans les terres du banc de Millas que nous avons trouvé ces espèces. Elles se trouvent par masses très-considérables dans certains endroits de la montagne de Força-Real; et, certes, il y aurait de quoi former un grand nombre d'espèces différentes, si on pouvait les avoir intactes; mais elles se trouvent mêlées à une marne qui tourne au calcaire, et qui a acquis une si grande consistance, qu'on ne peut les détacher sans les casser. Il paraît que cette couche de *peignes* couvre toute la surface du bassin du Roussillon; partout où on a creusé un puits à une certaine profondeur, on a trouvé la même couche de corps organisés. Dernièrement, au couvent des Trappistines d'Espira-de-l'Agly on a creusé un large puits, et on a trouvé aussi cette couche de *peignes*, qui avait presque deux pieds d'épaisseur.

GENRE SPONDYLE (*Spondylus*).

1. Spon. pied-d'âne, *Spon. gœderopus*, Lin.
2. Spon. râteau, *Spon. rastellum*, Lamk.

Les spondyles ne sont pas nombreux dans nos terrains tertiaires. Jusqu'ici nous n'avons trouvé que les deux espèces désignées. Les caractères observés sur la coquille de notre *Spon. pied-d'âne*, comme l'épaisseur de ses valves et les épines nombreuses, effilées et cylindriques qui les couvrent, nous le font rapporter à cette espèce. Nous trouvons ces deux espèces au banc de Millas.

Ostracées.

GENRE GRYPHÉE (*Gryphœa*).

1. Gryp. arquée, *Gryp. arcuata*, Desh.
2. Gryp. unilatérale, *Gryp. secunda*, Lamk.
3. Gryp. plissée, *Gryp. plicata*, Lamk.

Nous avons trouvé ces espèces sur les terrains des deux bancs; mais elles sont plus nombreuses au banc de Millas, dans les ravins qui sillonnent le pied de la montagne de Força-Real, en face de Néfiach.

GENRE HUÎTRE (*Ostrea*).

1. Huit. comestible, *Ost. edulis*, Lin.
2. Huit. pied de cheval, *Ost. hippopus*, Lamk.

Ces deux espèces sont communes sur les terrains des deux bancs. On ne peut les confondre; leurs caractères sont les mêmes que ceux des espèces vivantes; mais la première ne vit pas sur nos côtes, tandis que la seconde est portée sur nos marchés, et vit sur tout le littoral du département.

3. Huit. en cuiller, *Ost. cochlear*, Poli.

Sur la rive droite de la rivière du Réart, après avoir passé le village de Trullas, sur le bord des champs et sur les tertres, on trouve des masses considérables de cette espèce d'huître. On la rencontre, mais rarement, au banc de Millas; tandis que nous ne l'avons jamais trouvée au banc de Banyuls, qui n'est pas éloigné de Trullas.

4. Huît. flabellule, *Ost, flabellula*, Lamk.
5. Huît. couleuvrée, *Ost. colubrina*, Lamk.
6. Huît. en crête, *Ost. cristata*, Lamk.

Nous avons trouvé plus particulièrement ces trois espèces au banc de Millas, dans les escarpements de la montagne de Força-Real. Dans quelques endroits elles sont entassées pêle-mêle, et on trouve rarement une espèce entière : il est probable que, parmi la masse des valves détachées, et en grande partie mutilées, il s'y trouve beaucoup d'autres espèces; mais la difficulté d'en rassembler deux valves pareilles, rend leur étude très-difficile. L'*Huît. couleuvrée* se reconnaît aussitôt par son allongement; elle est très-étroite et un peu aplatie; elle se rapproche un peu de l'*Huît. carinée*, et pourrait bien n'en être qu'une variété.

GENRE ANOMIE (*Anomia*).

1. An. pelure d'oignon, *An. ephippium*, Lin.

Parfaitement analogue à l'espèce qui vit sur nos côtes, nous la trouvons sur les terrains des deux bancs, souvent attachée sur les valves d'huîtres et sur d'autres corps marins.

2. An. voûtée, *An. fornicata*, Lamk.
3. An. membraneuse, *An. membranacea*, Lamk.
4. An. ténuistriée, *An. tenuistriata*, Desh.

Nous trouvons ces trois espèces dans les terrains des deux bancs, souvent aussi prises sur des corps marins, mais rarement entières. Comme les huîtres, elles varient beaucoup par rapport à leur âge; et si on les trouvait entières et complètes, nous aurions probablement plusieurs espèces à signaler.

Univalves.

Genre Patelle (*Patella*).

1. Pat. commune, *Pat. vulgata,* Lin.

Excessivement variable dans sa forme lorsqu'elle est vivante; très-répandue sur les côtes du département, il en est de même sur les terrains tertiaires des deux bancs de Millas et du Boulou. Nous la trouvons conservant même les couleurs qu'elle avait.

2. Pat. de Tarente, *Pat. Tarentina,* Lamk.

Son facies, en général, ne laisse aucun doute que notre fossile appartient à cette espèce. Nous l'avons trouvée plus particulièrement au banc de Millas.

3. Pat. testudinale, *Pat. testudinalis,* Muller.

Sa forme ovale, allongée, de médiocre grandeur, et les stries nombreuses de la surface extérieure de son test, ne laissent aucun doute sur cette espèce. Nous la trouvons dans les sables argileux verts des vignes des premiers plateaux voisins de la rivière, au banc de Millas.

Genre Fissurelle (*Fissurella*).

1. Fis. négligée, *Fis. neglecta,* Desh.

Nous trouvons cette espèce dans les deux bancs. On l'avait confondue avec la *Fis. græca;* cependant, un caractère qui la distingue parfaitement, c'est que son sommet est tout-à-fait du côté antérieur, et sa perforation est inclinée du même côté.

2. Fis. cancellée, *Fis. græca,* Lamk.

Le trou de cette espèce est en fer à cheval, tronqué à une extrémité; elle est aussi des deux bancs.

3. Fis. labiée, *Fis. labiata,* Desh.

Nous avons trouvé cette fissurelle plus particulièrement au banc de Millas.

Genre Calyptrée (*Calyptrœa*).

1. Cal. chapeau-chinois, *Cal. lœvigata,* Lamk.
2. Cal. déprimée, *Cal. depressa,* Lamk.

Nous trouvons ces deux espèces dans les terrains des deux bancs. La *Cal. déprimée* se distingue de l'autre par la forme surbaissée de sa coquille.

3. Cal. muriquée, *Cal. muricata,* Bast.

Nous avons trouvé celle-ci parmi les sables des torrents des environs de Saint-Martin, du banc de Banyuls.

4. Cal. à côtes, *Cal. costaria,* Grat.

La *Cal. à côtes* a été trouvée parmi les terres argilo-sableuses des buttes couvertes de vignes des environs de Millas, rive gauche de la rivière de la Tet.

Genre Crépidule (*Crepidula*).

Le genre crépidule se conserve difficilement à l'état fossile. Sa coquille est trop fragile pour résister aux agents destructeurs; mais, la singulière habitude de l'animal de s'emparer et de s'introduire dans l'intérieur des coquilles de toutes les espèces qu'il rencontre, met sa mince coquille à l'abri de la destruction. C'est ainsi que nous avons pu recueillir la plupart des espèces que nous possédons, et que nous avons trouvées dans l'intérieur de plusieurs coquilles étrangères à ce genre. En nous occupant de nettoyer des coquilles que nous avions rapportées du banc de Banyuls, nous trouvâmes dans le *Buccinum conglobatum,* parmi le sable qui remplissait son intérieur, un corps lamellaire que nous cassâmes d'abord, et que nous avions pris pour l'opercule de la coquille; quel fut notre étonnement, en cherchant à le retirer complétement, de trouver l'extrémité postérieure d'une crépidule; nous continuâmes nos recherches, et nous parvînmes, avec beaucoup d'attention, à retirer de l'intérieur de quelques autres de ces coquilles, des crépidules onguiformes bien complètes. Cet incident nous fit redoubler d'attention, et nous parvînmes à obtenir plusieurs sujets complets.

1. Crép. onguiforme, *Crep. unguiformis,* Lamk.

Nous l'avons trouvée dans l'intérieur du *Buccinum conglobatum.* Elle est aussi dans les sables argileux des anfractuosités des ravins du banc de Banyuls.

2. Crép. à forme de sandale, *Crep. sandaliformis,* Nobis.

Cette espèce est plus petite que la précédente, plus aplatie, moins striée, la nacre de l'intérieur de la coquille plus belle, d'un blanc bleuâtre très-luisant.

En nettoyant des cérites prises dans la Méditerranée, nous trouvâmes cette même espèce vivant dans l'intérieur d'une cérite. Même conformation que notre fossile, et en tout identique.

3. Crép. plane, *Crép. planata,* Nobis.

Coquille oblongue, ovale, presque pas convexe, très-large à sa base, 0^m,018, et 0^m,024 de longueur, sommet arrondi et pas recourbé, surface extérieure, lisse sur un fond fauve; en-dedans, la coquille est d'un blanc-rosé brillant. La lamelle intérieure est de cette même couleur. Nous avons trouvé cette espèce dans une *marginelle,* au banc de Banyuls.

4. Crép. très-petite, *Crep. minuta,* Nobis.

Coquille ovale, oblongue, légèrement inclinée au sommet. Diamètre latéral, 0^m,007; diamètre longitudinal, 0^m,010. Légèrement rugueuse en-dehors, d'un blanc-sale, en-dedans; la lamelle intérieure est convexe, striée finement, avec une légère échancrure à son bord droit. Du banc de Banyuls.

5. Crép. bossue, *Crep. gibbosa,* Desf.

6. Crép. parisienne, *Crep. parisiensis,* **Desh.**

La forme de cette crépidule nous porte à la ranger dans cette espèce ; elle est petite, et sa lame intérieure est concave. Nous l'avons trouvée dans un buccin, au banc de Banyuls.

Genre Bulle (*Bulla*).

1. Bul. oublie, *Bul. lignaria,* **Lin.**
2. Bul. striée, *Bul. striata,* **Brug.**

Nous trouvons ces deux espèces parmi les sables argileux des deux bancs. La *Bul. striée* est moins grande et mieux conservée.

3. Bul. cylindracée, *Bul. cylindracea,* **Penn.**

Petite, allongée, étroite, couverte de stries transverses, l'ouverture très-étroite. Nous l'avons trouvée dans les vignes, au banc de Millas.

4. Bul. couronnée, *Bul. coronata,* **Lamk.**

Coquille grêle, rétrécie à ses extrémités, à sommet couronné d'un rebord chargé de stries. Même localité que la précédente.

5. Bul. demi-striée, *Bul. semi-striata,* **Desh.**
6. Bul. treillissée, *Bul. clathrata,* **Bast.**

Nous trouvons ces deux espèces parmi les sables argileux des deux bancs. La *Bul. treillissée* est plus allongée, plus large à la base qu'au sommet.

Genre Auricule (*Auricula*).

1. Aur. ovale, *Aur. ovata,* **Lamk.**
3. Aur. aiguillette, *Aur. acicula,* **Lamk.**

Ces deux coquilles sont fort distinctes : la première est remarquable par le bourrelet qui borde intérieurement le bord droit de son ouverture ; la seconde, par sa forme ovale, allongée et grêle. Nous les avons trouvées dans les sables argileux des deux bancs de Millas et de Banyuls.

GENRE RINGICULE (*Ringicula*).

1. Rin. grimacente, *Rin. ringens*, Desh.
2. Rin. buccinée, *Rin. buccinca*, Desh.

Nous trouvons ces deux espèces dans les terrains argilo-sableux des deux bancs. La coquille de la première est fort singulière, petite; les deux bords de son ouverture sont épais, et surtout le bord droit, qui a un bourrelet saillant à l'extérieur.

GENRE RISSOA (*Rissoa*).

1. Ris. petite, *Ris. pusilla*, Desh.
2. Ris. polie, *Ris. polita*, Desh.
3. Ris. chevillette, *Ris. clavula*, Desh.

Ces petites coquilles, bien difficiles à classer et à distinguer entre elles à l'état fossile surtout, se trouvent parsemées dans les sables argileux des deux bancs. La plupart, d'un test très-fragile, ne peuvent pas être retirées de ces sables sans qu'elles ne se réduisent en poussière aussitôt qu'elles sont au contact de l'air. Si la matière qui les enveloppe, ne contenait quelque agent qui tend à les détruire, on pourrait probablement en recueillir un grand nombre; mais c'est à peine si on parvient à conserver quelques sujets.

GENRE NATICE (*Natica*).

1. Nat. flammulée, *Nat. canrena*, Lamk.
2. Nat. mille-points. *Nat. mille-punctata*, Lamk.

Nous avons trouvé ces deux espèces dans les sables argileux des deux bancs. La première, facile à reconnaître par sa callosité, en forme de massue, s'enfonçant latéralement dans l'ombilic; et la seconde, qui conserve, dans certains sujets, quelques points pourpres sur son test.

3. Nat. bouton, *Nat. olla*, Marcel de Serres; *Nat. glaucina* de Brocchi.

Nous la trouvons assez communément sur les terrains des deux bancs. Elle se fend, aussitôt exposée à l'air; on doit la couvrir de suite de gomme : sa callosité, en forme de bouton, bouche son ombilic.

4. Nat. petite lèvre, *Nat. labellata,* Lamk.

Coquille globuleuse, lisse, à ombilic simple, assez grosse. Nous l'avons trouvée dans les terres argilo-sableuses du banc de Millas.

5. Nat. glancinoïde, *Nat. glancinoïdes,* Desh.
6. Nat. pointue, *Nat. acuta,* Desh.

Nous trouvons ces deux espèces sur les terrains des deux bancs. Mêmes inconvénients pour les conserver; il faut aussitôt les couvrir de gomme.

Genre Sigaret (*Sigaretus*).

1. Sig. canaliculé, *Sig. canaliculatus,* Sow.

Nous trouvons cette coquille vers la partie moyenne et orientale de la montagne de Força-Real, parmi une masse de *peignes*, qui, mêlés à la terre graveleuse, ont déjà acquis une certaine consistance; on la détache avec difficulté de sa gangue; elle casse avec la plus grande facilité.

2. Sig. poli, *Sig. politus,* Desh.
3. Sig. strié, *Sig. striatus,* Marcel de Serres.

Nous trouvons ces deux espèces assez abondantes dans les sables argileux des deux bancs.

Genre Tornatelle (*Tornatella*).

1. Tor. fasciée, *Tor. fasciata,* Lamk.
2. Tor. sillonnée, *Tor. sulcata,* Lamk.
3. Tor. enflée, *Tor. inflata,* Férus.

Le test de ces coquilles est assez fort pour avoir résisté aux

agents destructeurs; elles sont, en général, assez bien conservées. Nous les avons trouvées dans les deux bancs. La troisième
est bien reconnaissable par le renflement de son dernier tour.

4. Tor. demi-striée, *Tor. semi-striata*, Bast.
5. Tor. tachetée, *Tor. punctulata*, Férus.

Nous avons trouvé ces deux belles espèces au banc de Millas.
La première est reconnaissable à la ponctuation des stries de la
base, ainsi que du bord de la suture; la seconde est plus globuleuse: elle a son ouverture plus allongée, étroite, et son bord
droit très-mince.

Genre Pyramidelle (*Pyramidella*).

1. Pyr. en tarière, *Pyr. terebellata*, Lamk.

Nous avons trouvé cette espèce dans les sables verts des ·envi-
rons de Saint-Martin, presque à l'extrémité supérieure du banc
de Banyuls.

Genre Scalaire (*Scalaria*).

1. Scal. lamelleuse, *Scal. lamellosa*, Lamk.
2. Scal. commune, *Scal. communis*, Lamk.

Ces coquilles excessivement fragiles, le sont bien davantage à
l'état fossile. Nous les trouvons dans les sables argileux des deux
bancs.

3. Scal. dépouillée, *Scal. denudata*, Lamk.
4. Scal. striatule, *Scal. striatula*, Desh.

Les sables verts des deux bancs nous donnent ces deux intéressantes espèces. La *Scal. dépouillée* est fort petite et très-fragile.
La *striatule*, plus forte, se reconnaît à ses tours convexes et nombreux, ornés de sillons transverses et peu saillants.

5. Scal. de Textor, *Scal. Textori*, Marcel de Serres.

M. Marcel de Serres a décrit et dédié à M. le capitaine Textor, cette coquille, que Brocchi avait désignée sous le nom de *Turbo pseudo-scalaris*. Ce savant naturaliste prétend que cette coquille est voisine de la *Scalaria multilamella* de Basterot. M. Textor a été le premier à trouver cette scalaire dans les marnes argileuses de Banyuls-dels-Aspres [1].

Genre Dauphinule (*Delphinula*).

1. Dauph. râpe, *Delph. lima*, Lamk.
3. Dauph. à bourrelet, *Delph. marginata*, Lamk.

Nous avons trouvé ces deux coquilles dans les sables argileux compactes des deux bancs. La première a le test fort; la seconde, plus délicate, se reconnaît aussitôt au bourrelet qui couvre son ombilic.

3. Dauph. sillonnée, *Delph. sulcata*, Lamk.
4. Dauph. lime, *Delph. scobina*, Brong.

Ces deux espèces sont plus particulières au banc de Millas; nous les avons trouvées dans les terres du premier plateau, dans les vignes, surtout quand on les travaille après les pluies d'hiver. La *Dauph. lime* se distingue par la quantité d'écailles qui couvrent les sillons du test.

Les marnes des deux bancs recèlent beaucoup de moules de dauphinules qui ont été détruites par le temps. Probablement, si elles étaient dans un bon état de conservation, nous aurions plusieurs autres espèces à signaler.

Genre Cadran (*Solarium*).

1. Cad. sillonné, *Sol. sulcatum*, Lamk.
2. Cad. carocollé. *Sol. carocollatum*, Lamk.
3. Cad. de Bonelli, *Sol. pseudo-perspectivum*, Brocc.

[1] *Géognosie des terrains tertiaires*, par Marcel de Serres.

Ces trois espèces, bien distinctes l'une de l'autre, et qu'on reconnaît aussitôt à leur forme, se trouvent dans les terres argilo-sableuses des deux bancs. Quelques individus sont d'une conservation parfaite, et leurs couleurs ont été peu altérées par leur séjour dans la terre.

Genre Roulette (*Rotella*).

1. Roul. naine, *Rot. nana*, Grat.
2. Roul. linéolée, *Rot. lineolata*, Lamk.

Nous avons trouvé les roulettes plus particulièrement au banc de Banyuls, dans les sables verts d'un tertre assez élevé, contenant beaucoup de coquilles, après Saint-Martin, en remontant vers le Boulou.

Genre Troque (*Trochus*).

1. Troq. granulé, *Troc. granulatus*, Born.
2. Troq. agglutinant, *Troc. agglutinans*, Lamk.

Nous trouvons ces deux espèces dans les terres argilo-sableuses des deux bancs. Le *Troq. agglutinant* ne peut être confondu avec aucun autre. Dans l'état de vie, on l'appelle la *macone* ou la *fripière*, par la singulière propriété qu'a cette coquille d'agglutiner les objets parmi lesquels elle vit : tantôt, ce sont des coquilles ; tantôt, des pierres, selon que le sol où elle se trouve est chargé de ces objets.

3. Troq. de Bosc, *Troc. Boscianus*, Brong.

Ce troque est allongé, conique, très-pointu, étroit à sa base ; l'ouverture est quadrangulaire et peu oblique. Nous l'avons trouvé dans les vignes du premier plateau du banc de Millas.

4. Troq. de Lamarck, *Troc. Lamarckii*, Desh.

Cette espèce, a été décrite par Lamark sous deux noms différents, *Troq. sulcatus* et *Troq. subcarinatus*. M. Deshaies, pour faire cesser toute confusion, lui a donné le nom du savant qui a rendu tant de services à la science. Nous l'avons trouvé au banc de Banyuls, près de Sain-Martin.

5. Troq. cariné, *Troc. carinatus*, Borson.

Cette coquille a un facies tout différent de ses congénères ; elle ne paraît pas appartenir au genre? Nous l'avons trouvée dans les vignes du premier plateau du banc de Millas.

6. Troq. strié, *Troc, striatus*, Brocc.
7. Troq. de M. Farines, *Troc. Farinesi*, Marcel de Serres.

Les deux sont des deux bancs. Nous les avons trouvés sur les sables argileux. Les coquilles de ce genre ayant un test assez fort, sont pourtant bien altérées par le séjour qu'elles ont fait dans la terre. On trouve beaucoup de moules et des opercules de divers troques, qui signalent des espèces bien différentes ; mais, ils sont tellement détériorés, qu'on ne peut les déterminer, sans cela leur nombre serait bien plus considérable.

GENRE MONODONTE (*Monodonta*).

1. Mon. canalifère, *Mon. canalifera*, Lamk.
2. Mon. marquetée, *Mon. Tessellata*, Desh.

Nous avons trouvé ces deux espèces de monodontes dans les sables argileux, qui ont déjà quelque consistance, dans les escarpements des ravins qui aboutissent aux deux bancs. Ils se trouvent parmi d'autres coquilles de divers genres, qui sont agglomérées. On reconnaît la *marquetée* aux stries transverses des premiers tours.

GENRE TURBO (*Turbo*).

1. Tur. scabre, *Tur. rugosus*, Lin.

Cette espèce est reconnaissable à la rugosité de la carène qui remplit le milieu de ses tours. Nous l'avons trouvée, çà et là, au banc de Millas.

2. Tur. dentelé, *Tur. denticulatus*, Lamk.

Cette coquille ressemble assez à la précédente. On la distingue par ses stries transversales, et par des crêtes ou carènes dentelées, placées sur la partie moyenne de chacun de ses tours, et par leur ombilic étroit et à demi couvert. Nous l'avons trouvée dans les deux bancs.

3. Tur. de Parkinson, *Tur. Parkinsoni*, Bast.

Grande et belle coquille. Facile à reconnaître, lorsqu'on peut l'avoir entière, par les gros sillons qui se remarquent à la surface des tours. Nous l'avons trouvée dans les argiles des deux bancs.

4. Tur. bicariné, *Tur. carinatus*, Borson.

Au premier aspect, cette coquille paraît appartenir au genre *Troque*. Les tours sont aplatis, la suture canaliculée, l'ouverture est ovale, arrondie, une large callosité envahit presque toute la base de la coquille. Nous la trouvons plus particulièrement au banc de Banyuls.

Genre Littorine (Littorina, Fér.)

1. Lit. de Grateloup, *Lit. Gratcloupi*, Desh.

M. Grateloup regardait cette espèce comme l'analogue fossile du *Phasianella angulifera* de Lamark. M. Deshaies ayant reconnu qu'il n'y avait pas une identité parfaite entre ces deux coquilles, l'a dédiée au docteur Grateloup.

2.. Lit. de Prévost, *Lit. Prevostiana*, Desh.

Cette coquille avait été décrite par M. de Basterot sous le nom de *Phasianella Prevostiana*. M. Deshaies la sépara, avec raison, pour la classer parmi les *littorines*. Nous avons trouvé les deux espèces dans les argiles des deux bassins.

Genre Phasianelle (Phasianella).

1. Phas. semi-striée, *Phas. semi-striata*, Desh.

2. Phas. turbinoïde, *Phas. turbinoïdes*, Lamk.

Au premier aspect, ces deux coquilles paraissent identiques, ou du moins, on serait tenté de les prendre pour des variétés de la même espèce. En effet, leur forme et leur taille est la même, mais la *semi-striée* diffère de l'autre par ses tours inférieurs, ornés de stries fines, serrées et transverses, tandis que la *turbinoïde,* quoique fossile, conserve quelques vestiges de la coloration, et que les tours de la *spire* sont convexes et lisses. Nous avons trouvé ces coquilles au banc de Banyuls.

GENRE TURRITELLE (*Turritella*).

1. Tur. imbricataire, *Tur. imbricataria*, Lamk.
2. Tur. térébrale, *Tur. terebralis*, Lamk.
3. Tur. subcarinée, *Tur. subcarinata*, Lamk.

Ces trois espèces, qu'on trouve réunies dans les sables verts argileux, à Saint-Martin, au banc de Banyuls, sont difficiles à avoir entières; il faut les dégager de la terre avec la plus grande attention, car elles cassent très-facilement, surtout les bords de la bouche. Il ne faut pas chercher à les dégager d'une manière complète du sable qui entoure cette partie, si on veut les conserver intactes. On les trouve aussi à Millas, mais moins abondantes.

4. Tur. perforée, *Tur. perforata*, Lamk.
5. Tur. carinifère, *Tur. carinifera*, Desh.

La *Turritelle perforée* est grêle, subulée et très-délicate; c'est par le plus grand des hasards qu'on en trouve un individu complet. C'est après les pluies d'hiver et pendant les travaux des vignes du plateau de Millas, que nous trouvons quelque sujet bien conservé.

La *Tur. carinifère* est d'assez forte taille; sa base est large, ses tours moins étroits, et leur surface est couverte de stries inégales. Nous l'avons trouvée dans les terrains des deux bancs.

6. Tur. marginale, *Tur. marginalis*, Brocc.

7. Tur. vermiculée, *Tur. vermiculata*, Brocc.

8. Tur. à trois plis, *Tur. tri-plicata*, Brocc.

Nous trouvons ces trois espèces dans les terres du tertre de Saint-Martin, près le Boulou; elles y sont en nombre, mais très-difficiles à conserver.

9. Tur. sub-anguleuse, *Tur. subangulata*, Brocc.

10. Tur. turbinale, *Tur. turbinalis*, Brocc.

Nous avons trouvé ces deux espèces dans les terres des deux bancs; elles offrent beaucoup de variétés, qui sont dues à l'âge : il y aurait des études à faire pour en séparer les espèces, mais, pour cela, on devrait pouvoir les prendre entières.

11. Tur. torse, *Tur. replicata*, Brocc.

12. Tur. à petits plis, *Tur. plicatula*, Brocc.

13. Tur. lancéolée, *Tur. lanceolata*, Brocc.

Ces trois espèces sont petites et bien caractérisées; on ne peut les confondre avec les autres; elles sont fragiles, et il est difficile de les extraire de leur gangue. Un moyen qui nous a réussi à avoir des sujets complets, c'est d'arracher de grands morceaux de marne : on les expose au soleil, en les humectant avec de l'eau de temps en temps; alors elles se détachent facilement, et en les couvrant de gomme on les conserve. Nous les avons trouvées dans les deux bancs; mais elles sont beaucoup plus nombreuses dans les terres de Saint-Martin, près le Boulou.

14. Tur. en spirale, *Tur. spirata*, Brocc.

Facile à reconnaître, elle est petite, allongée; ses tours sont assez larges, lisses et profondément séparés entre eux par une suture simple: elle est très-délicate et rare. Nous la trouvons dans les sables verts des deux bancs.

GENRE CÉRITE (*Cerithium.*)

1. Cér. gournier, *Cer. vulgatum*, Brug.

2. Cér. lime, *Cer. lima*, Brug.

3. Cér. de la Méditerranée, *Cer. Mediterraneum*, Desh.

Les terres argilo-sableuses des deux bancs, nous donnent ces trois espèces. Le test de la *Cér. goumier* est très-fragile et casse facilement. La *Cér. lime* se reconnaît facilement aux varices qui couvrent son test; ses stries sont granuleuses, petites et pointues, et lui donnent l'aspect d'une lime, et, quoique fossile, il est des individus qui conservent ces caractères. La *Cér. de la Méditerranée* varie beaucoup par la forme et par la taille; mais on la reconnaît aussitôt, car, à l'état fossile, elle a conservé une partie de ses couleurs naturelles.

4. Cér. anguleuse, *Cer. angulosum*, Lamk.

5. Cér. dentelée, *Cer. denticulatum*, Lamk.

Nous avons trouvé ces deux espèces dans les terres des deux bancs. C'est toujours avec précaution qu'on doit chercher à les retirer de la gangue, car elles cassent facilement.

6. Cér. tiare, *Cer. tiara*, Lamk.

Cette espèce offre diverses variétés; elle n'est pas très-grande. Nous l'avons trouvée sur le plateau des vignes de Millas.

7. Cér. aspérelle, *Cer. asperellum*, Lamk.

Une des plus petites espèces et par conséquent très-fragile, que nous avons trouvée, mais rarement, dans les terres, près Saint-Martin; banc de Banyuls.

8. Cér. costulée, *Cer. costulatum*, Lamk.

9. Cér. grêle, *Cer. gracile*, Lamk.

Nous avons trouvé ces deux espèces dans les terres des vignes du premier plateau, à Millas. La *Cér. costulée* est reconnaissable aux rugosités de son test. Nous trouvons, parmi les terres des deux bancs, beaucoup de moules de cérites plus ou moins grandes, qui nous fourniraient diverses espèces, si nous pouvions les déterminer; mais leur état de détérioration ne le permet point.

GENRE PLEUROTOME (*Pleurotoma*).

1. Pleur. volutelle, *Pleur. vulpecula*, Brocc.
2. Pleur. tuberculifère, *Pleur. tuberculifera*, Sow.

Nous avons trouvé ces deux espèces dans les terres argilo-sableuses des deux bancs.

3. Pleur. de M. Farines, *Pleur. Farinensis*, M^{el} de Serres.

M. Marcel de Serres a dédié cette espèce à M. Farines, en faisant observer qu'elle se rapproche de la *Ple. dentata* de Lamark. Elle s'en éloigne par sa forme plus allongée, et par le peu de renflement de son dernier tour; les stries transverses sont très-élevées et comme granuleuses, tandis qu'elles sont peu marquées dans la *Ple. dentata*.

4. Pleur. aspérulé, *Pleur. asperulata*, Lamk.
5. Pleur. courte queue, *Pleur. turbida*, Lamk.
6. Pleur. crénulé, *Pleur. crenulata*, Lamk.
7. Pleur. à petites côtes, *Pleur. costellata*, Lamk.

Nous avons trouvé ces quatre espèces, disséminées sur les terres argilo-sableuses des deux bancs, notamment sur les plateaux qui bordent les rivières et qui sont plantés de vignes, et c'est en les travaillant qu'on en trouve des sujets assez bien conservés.

8. Pleur. claviculaire, *Pleur. clavicularis*, Lamk.
9. Pleur. marginé, *Pleur. marginata*, Lamk.
10. Pleur. ondé, *Pleur. undata*, Lamk.
11. Pleur. silloné, *Pleur. sulcata*, Lamk.

Nous avons trouvé ces quatre espèces sur les terrains marno-sableux des ravins qui aboutissent à la Tet et au Tech, entre Nidolères et Banyuls, et près de Néfiach, dans les mêmes terres. Le *marginata* offre plusieurs variétés, dues à la taille de la coquille.

12. Pleur. ventru, *Pleur. ventricosa*, Lamk.
13. Pleur. rameux, *Pleur. ramosa*, Bast.

Les deux bancs recèlent ces deux intéressantes espèces; elles sont très-rares. Nous les trouvons éparses et rarement bien conservées.

14. Pleur. tourelle, *Pleur. turella*, Lamk.
15. Pleur. striarelle, *Pleur. striarella*, Lamk.

Ces deux petites espèces sont ordinairement répandues sur les terres des deux bancs; à Millas, parmi les vignes, et à Banyuls, dans les éboulis des tertres, près Saint-Martin.

GENRE TURBINELLE (*Turbinella*).

1. Tur. étroite, *Tur. infundibulum*, Lamk.
2. Tur. costulée, *Tur. craticulata*, Lamk.
3. Tur. trisériale, *Tur. triserialis*, Lamk.

Nous avons trouvé ces trois espèces dans les marnes argilo-sableuses des deux bancs. La *Tur. triserialis* est plus ventrue que les deux autres.

GENRE CANCELLAIRE (*Cancellaria*).

1. Can. rosette, *Can. cancellata*, Lamk.; *Voluta cancellata*, Brocc.

Ventrue, mince, difficile à extraire de sa gangue, bien treillissée par ses plis longitudinaux et ses stries transverses, on la conserve en l'enduisant d'une couche de gomme. Nous l'avons trouvée au banc de Millas.

2. Can. treillissée, *Can. clathrata*, Lamk.
3. Can. tourelle, *Can. turricula*, Lamk.

Nous trouvons ces deux espèces parsemées sur les terres des deux bancs. La première est ventrue, perforée, les côtes sont striées longitudinalement; tandis que la seconde est ventrue, les côtes striées très-finement en travers, et les tubercules sont rugueux.

4. Can. variqueuse, *Can. varicosa*, Brocc.

5. Can. angulaire, *Can. uni-angulata*, Desh.

Ces deux espèces, isolées et parsemées aussi dans les marnes des deux bancs, sont fort intéressantes. La première est allongée, les tours de spire sont arrondis et séparés par une suture simple; tandis que la seconde ressemble, au premier abord, à une cérite; elle a une forme très-élégante, élancée, et ses tours de spire fortement séparés.

Genre Fasciolaire (*Fascicolaria*).

1. Fas. granuleuse, *Fas. granulosa*, Brod.

2. Fas. cordelée, *Fas. funiculosa*, Desh.

3. Fas. distante, *Fas. distans*, Lamk.

Nous trouvons ces trois espèces, parsemées partout où les sables verts se font remarquer dans le parcours des deux bancs. La première ressemble, au premier abord, à une tulipe; les premiers tours de la spire sont divisés par des tubercules. La *Fas. distante* se rapprocherait de la *Fas. tulipe;* mais elle se distingue de cette espèce par ses sutures non marginées, par ses lignes transverses, toujours distantes, et par sa queue plus courte.

Genre Fuseau (*Fusus*).

1. Fus. rubané, *Fus. syracusanus*, Lamk.

On le reconnaît à ses tours de spire très-étagés; ses stries sont transverses, et sa lèvre interne finement striée. Nous l'avons trouvé dans les ravins à grands escarpements du banc de Millas, au dessus de Néfiach.

2. Fus. clavellé, *Fus. clavellatus*, Lamk.

3. Fus. subulé, *Fus. subulatus*, Lamk.

Nous avons trouvé ces deux espèces dans les sables verts des deux bancs. La première, remarquable par sa longue queue, ses côtes obtuses et noduleuses; la seconde, par sa petite taille, fort élégante et turriculée.

4. Fus. marginé, *Fus. marginatus*, **Lamk.**

5. Fus. massue, *Fus. clavatus*, **Brocc.**

La première, remarquable par ses côtes obtuses et médiocrement élevées; la columèle est chargée d'un seul pli. La seconde est étroite, ses tours très-convexes, sa spire allongée et pointue. Nous les avons trouvées dans les marnes des deux bancs; leur coquille est fort bien conservée.

6. Fus. mitre, *Fus. mitræformis*, **Brocc.**

Nous l'avons trouvé au banc de Banyuls, parmi les sables argileux, parfaitement conservé; sa coquille n'a pas été altérée, car elle conserve sa couleur cannelle et une teinte légèrement rosée.

Genre Pyrule (*Pyrula*).

1. Pyr. figue, *Pyr. ficus*, **Lamk.**

Nous avons trouvé cette espèce dans les sables verts des deux bancs; mais, si fragile, si délicate, qu'on a toutes les peines possibles à la conserver; son test se fendille aussitôt qu'elle est dégagée de sa gangue, et les éclats ne tardent pas à tomber, si on ne la couvre de suite d'une couche de gomme.

2. Pyr. à gouttière, *Pyr. spirata*, **Lamk.**

3. Pyr. lisse, *Pyr. lævigata*, **Lamk.**

La première de ces deux coquilles tiendrait, par sa forme, à la *Pyr. figue;* mais elle en diffère essentiellement par sa queue. La seconde a son ventre plus élevé, moins arrondi, et n'offre point les stries croisées des figues. Nous avons trouvé ces coquilles éparses dans les deux bancs.

4. Pyr. à grille, *Pyr. clathrata*, **Lamk.**

5. Pyr. élégante, *Pyr. elegans*, **Lamk.**

6. Pyr. massue, *Pyr. clava*, **Bast.**

Nous avons trouvé ces trois espèces parsemées dans les deux bancs; cette dernière est ovale, oblongue; son dernier tour est grand, couvert de stries longitudinales et transverses qui se croisent. Le test des coquilles de ce genre est très-délicat et détérioré par le séjour qu'il a fait dans la terre; aussi trouvons-nous beaucoup de ces coquilles où il ne reste plus que le moule, et alors il est impossible de les classer.

GENRE RANELLE (*Ranella*).

1. Ran. épineuse, *Ran. spinosa*, Lamk.
2. Ran. granuleuse, *Ran. granulata*, Lamk.

On distingue facilement la *Ran. épineuse* à ses longues épines, placées latéralement, tandis que la *granuleuse* est couverte par une immensité de granulations; elles sont presque de la même taille. Nous les avons trouvées dans les deux bancs, aux grands escarpements des ravins qui aboutissent à la rivière.

3. Ran. grenouillette, *Ran. ranima*, Lamk.

Nous trouvons plus particulièrement cette petite et jolie espèce dans les sables verts du banc de Banyuls.

4. Ran. marginée, *Ran. marginata*, Brocc.

Espèce assez grosse, qu'on distingue facilement par son ouverture ovale, régulière, avec une bande large, qui l'entoure. Nous la trouvons dans les marnes argileuses des deux bancs; nous trouvons aussi, répandues dans les deux bancs, plusieurs ranelles, petites et grosses, détériorées, au point qu'on ne peut leur assigner une place dans la classification.

GENRE ROCHER (*Murex*).

1. Roc. cornu, *Mur. cornutus*, Lin.

C'est au banc de Banyuls que nous trouvons de grands fragments de cette espèce. Nous n'avons pu le trouver entier; cependant, en rassemblant les fragments, nous avons pu nous convaincre que c'étaient les restes de cette espèce.

2. Roc. droite épine, *Mur. Brandaris*, Lin.

Commun dans les deux bancs, où nous en trouvons de parfaitement conservés.

3. Roc. courte épine, *Mur. brevi spina*, Lamk.

Les deux rangées de tubercules entre les varices, et la couleur rousse et la bouche que conservent plusieurs individus, nous ont fait reconnaître facilement cette coquille, qui se trouve sur les deux bancs.

4. Roc. fine épine, *Mur. tenui spina*, Lamk.
5. Roc. triptère, *Mur. tripterus*, Born.
6. Roc. gibbeus, *Mur. gibbosus*, Lamk.

Nous trouvons ces trois espèces répandues, çà et là, sur toute la longueur des deux bancs, parmi une grande quantité d'autres coquilles très-agglomérées.

7. Roc. fascié, *Mur. trunculus*, Lin.
8. Roc. érinacé, *Mur. erinaceus*, Lin.
9. Roc. de Blainville, *Mur. cristatus*, Brocc.

Nous trouvons ces trois espèces répandues aussi dans les deux bancs. Nous en avons trouvé dans les grandes anfractuosités des ravins, près de Néfiach ; elles y sont mieux conservées.

10. Roc. triptéroïde, *Mur. tripteroïdes*, Lamk.
11. Roc. calcitrapoïde, *Mur. calcitrapoïdes*, Lamk.

Ces deux espèces, rapportées par nous des deux bancs, sont répandues sur toute leur surface ; mais surtout dans les grandes anfractuosités des ravins qui aboutissent à la rivière.

12. Roc. striatule, *Mur. striatulus*, Lamk.
13. Roc. tête de couleuvre, *Mur. colubrinus*, Lamk.

C'est surtout au banc de Millas que nous trouvons ces deux espèces ; elles sont petites et très-distinctes l'une de l'autre : la première par le bord droit de son ouverture denté en-dedans; la seconde, par son aspect fusiforme, et par la rangée de tubercules qui couvrent le milieu de chaque tour.

14. Roc. réticuleux, *Mur. reticulosus*, Lamk.
15. Roc. oblong, *Mur. oblongus*, Brocc.

Nous avons trouvé ces deux espèces au banc de Banyuls. La première a son test réticulé à côtes longitudinales, avec des stries transverses.

GENRE TRITON (*Triton*).

1. Trit. froncé, *Trit. corrugatum*, Lamk.
2. Trit. bouche sanguine, *Trit. pilcare*, Lamk.

Nous avons trouvé ces deux espèces dans les escarpements des ravins qui aboutissent à la Tet, en face de Néfiach. On doit prendre de grandes précautions pour les dégager de la gangue; elles cassent facilement.

3. Trit. nodifère, *Trit. nodiferum*, Lamk.

Cette espèce, qui vit sur les côtes du département, se trouve dans les deux bancs, notamment à celui de Millas; elle n'a pas été altérée par son séjour dans la terre. M. Paul Massot en possède un individu de toute beauté.

4. Trit. dos noueux, *Trit. tuberosum*, Lamk.

Nous avons trouvé cette espèce, sur les deux bancs; elle y est rare.

5. Trit. gaufré, *Trit. clathratum*, Lamk.
6. Trit. nodulaire, *Trit. nodularium*, Lamk.
7. Trit. lisse, *Trit. lœvigatum*, Marcel de Serres.

Trouvées dans les deux bancs, particulièrement dans les anfractuosités des ravins qui aboutissent à la rivière, à la suite des pluies et des gelées de l'hiver. Après les éboulements des terrains, on trouve ces coquilles dans un état parfait de conservation.

Genre Rostellaire (*Rostellaria*).

1. Rost. pied de pélican, *Rost. pes pelicani*, Lamk.

Partout, dans les deux bancs, nous avons trouvé cette coquille, qui casse très-facilement.

Genre Ansérine (*Chenopus*, Philip).

1. Ans. pied de grue, *Chen. pes carbonis*, Brog.

Beaucoup plus commune que la précédente dans nos terrains tertiaires. M. Michaud l'a décrite dans le Bulletin de la Société Linéenne de Bordeaux, et il l'a séparée des rostellaires, après avoir observé un grand nombre d'individus qui ont prouvé qu'elle avait des caractères constants.

Genre Strombe (*Strombus*).

1. Str. tridenté, *Str. tridentatus*, Lamk.
2. Str. plissé, *Str. plicatus*, Lamk.

Nous trouvons ces deux espèces, mais, fort rarement, dans les deux bancs. Quoique le test de ces coquilles soit épais, elles se détériorent dès qu'elles sont dégagées de leur gangue ; la gomme, étendue sur leur surface, empêche qu'elles ne se fendillent.

3. Str. treillissé, *Str. decussatus*, Bast.
4. Str. orné, *Str. ornatus*, Desh.
5. Str. de Bonelli, *Str. Bonelli*, Brog.
6. Str. muriqué, *Str. pugilis*, Lin.

Nous avons trouvé ces espèces éparses dans les terrains des deux bancs, surtout sur les talus des ravins qui débouchent à la rivière. Elles ne sont pas toujours d'une belle conservation.

Genre Cassidaire (*Cassidaria*).

1. Cass. carinée, *Cass. carinata*, Desh.

Cette cassidaire se trouve assez communément dans les deux localités; mais elle est dans un état tel, qu'on ne peut guère la conserver, quelque attention qu'on porte à l'extraire de sa gangue.

Genre Casque (*Cassis*).

1. Cas. treillissé, *Cas. decussata*, Lamk.

La varice opposée à son bord droit, le fait aussitôt distinguer. Nous l'avons trouvé dans les argiles de Saint-Martin, banc de Banyuls.

2. Cas. Bonnet, *Cas. testiculus*, Lamk.

Sa forme le fait distinguer des autres espèces du genre. Nous l'avons trouvé dans les deux bancs; son test a moins souffert, et il est mieux conservé.

3. Cas. granuleux, *Cas. granulosa*, Lamk.
4. Cas. saburon, *Cas. saburon*, Lamk.

Nous trouvons aussi ces deux espèces dans les deux bancs, et parsemées sur divers points. Elles sont très-fragiles.

5. Cas. de Rondelet, *Cas. Rondeleti*, Bast.

Rare au banc de Millas, où nous l'avons trouvé. Son test a moins souffert que les autres espèces.

Genre Ricinule (*Ricinula*).

1. Ric. digitée, *Ric. digitata*, Blain.

Remarquable par sa petite taille et par les deux grandes digitations que son bord droit présente. Nous l'avons trouvée dans les argiles des environs de Saint-Martin, au banc de Banyuls.

GENRE POURPRE (*Purpura*).

1. Pour. à teinture, *Pur. lapillus*, Lamk.
2. Pour. imbriqué, *Pur. imbricata*, Lamk.

Nous avons trouvé ces deux espèces dans les deux bancs. Toutes deux offrent plusieurs variétés, qu'on doit attribuer à leur âge.

3. Pour. rétuse, *Pur. retusa*, Lamk.
4. Pour. anguleuse, *Pur. angulata*, Duj.

Les deux bancs fournissent ces deux espèces, qui sont bien distinctes : l'*anguleuse*, par son ouverture étroite, ovale, et par les dentelures de son bord droit.

GENRE LICORNE (*Monoceros*).

1. Lic. monacanthe, *Mon. monacanthos*, Brocc.

Nous avons trouvé cette coquille dans les vignes du premier plateau du banc de Millas.

GENRE BUCCIN (*Buccinum*).

1. Buc. ceinturé, *Buc. mutabile*, Lin.
2. Buc. polygoné, *Buc. polygonatum*, Lamk.

Nous avons trouvé ces deux espèces dans les sables argileux des deux bancs.

3. Buc. stromboïde, *Buc. stromboïdes*, Herm.
4. Buc. arrondi, *Buc. conglobatum*, Brocc.

Ces deux espèces sont communes dans les terres argileuses des deux bancs; elles sont ordinairement d'une belle conservation; leur test solide les a mises à l'abri de la détérioration.

5. Buc. oblique, *Buc. obliquatum*, Brocc.
6. Buc. interrompu, *Buc. interruptum*, Brocc.
7. Buc. quadrillé *Buc. clathratum*, Born.

Nous les avons aussi trouvées dans les sables argileux des deux bancs. La première de ces espèces a quelque analogie avec le *Buc. ceinturé.*

8. Buc. prismatique, *Buc. prismaticum*, Brocc.
9. Buc. dentelé, *Buc. serratum*, Brocc.
10. Buc. flexueux, *Buc. flexuosum*, Brocc.
11. Buc. costulé, *Buc. costulatum*, Brocc.

Ces quatre espèces, bien distinctes par leurs caractères, se trouvent parsemées parmi d'autres coquilles agglomérées le long des deux bancs; leur test est délicat et d'une conservation difficile.

12. Buc. mosaïque, *Buc. musivum*, Brocc.

Nous trouvons ce joli buccin dans les sables verts des environs de Saint-Martin, au banc de Banyuls.

13. Buc. de Vénus, *Buc. Veneris*, Bast.
14. Buc. à collier, *Buc. baccatum*, Bast.
15. Buc. demi-strié, *Buc. semi-striatum*, Brocc.

Les deux bancs nous fournissent ces trois espèces, qui sont d'une conservation difficile. Le *demi-strié,* jolie espèce, est beaucoup plus rare que les autres.

GENRE VIS (*Terebra*).

1. Vis polie, *Ter. dimidiata*, Lamk.
2. Vis tigrée, *Ter. subulata*, Lamk.

Nous avons trouvé, dans les deux bancs, ces deux espèces de vis. A Banyuls, on les trouve vers Saint-Martin, dans les sables verts. Difficiles à avoir entières; quelques exemplaires conservent les traces de leurs couleurs primitives. A Millas, c'est dans les terres des vignes du premier plateau.

4. Vis tressée, *Ter. duplicata*, Lamk.

5. Vis striatule, *Ter. striatula*, Lamk.

Ces deux espèces se trouvent dans le même terrain, à Saint-Martin, au banc de Banyuls. Très-détériorées.

6. Vis plicatule, *Ter. plicatula*, Lamk.

Nous avons trouvé cette espèce au banc de Millas. Elle est petite, assez bien conservée, mais peu abondante.

7. Vis allongée, *Ter. elongata*, Farines.

M. Farines a donné le nom d'*elongata* à cette espèce; elle est réellement effilée, et il n'a pu la rapporter à aucune espèce décrite. Elle a été trouvée dans les terres des deux bancs; elle a quelque rapport avec l'*aciculina* de Lamk.

GENRE MITRE (*Mitra*).

1. Mit. marginée, *Mit. marginata*, Lamk.
2. Mit. plicatelle, *Mit. plicatella*, Lamk.
3. Mit. scobriculée, *Mit. scobriculata*, Brocc.
4. Mit. striatule, *Mit. striatula*, Brocc.

Nous avons trouvé ces quatre espèces de mitres dans les terres argilo-sableuses des deux bancs. Les deux premières sont petites et bien conservées; les deux autres ont de grands rapports entre elles, et on les confondrait facilement, si la *striatule* ne se faisait remarquer par sa petite taille, par sa forme allongée, fusiforme, très-étroite, et par les quatre plis de sa columelle, qui sont peu obliques.

5. Mit. plicatule, *Mit. plicatula*, Brocc.

Nous trouvons cette intéressante espèce au banc de Banyuls. On la reconnaît aussitôt aux côtes longitudinales, régulièrement disposées à la surface des tours.

6. Mit. sub-plissée, *Mit. sub-plicata*, Desh.

Dans les vignes du premier plateau, au banc de Millas, nous avons trouvé cette belle espèce, qui est bien conservée lorsqu'on peut l'avoir aussitôt qu'elle est sortie de la gangue; mais les individus qui ont supporté l'ardeur du soleil, se réduisent en poussière dès qu'on les touche.

GENRE VOLUTE (*Voluta*).

1. Vol. côtes douces, *Vol. costaria*, Lamk.
2. Vol. petite harpe, *Vol. harpula*, Lamk.

Ces deux volutes, qu'on conserve difficilement, nous les avons trouvées dans les sables argileux verts des deux bancs.

3. Vol. ficuline, *Vol. ficulina*, Lamk.
4. Vol. rare épine, *Vol. rari spina*, Lamk.

Nous avons trouvé ces deux espèces dans les terres du bassin de Banyuls, et particulièrement dans les environs du moulin de Nidolères. On reconnaît la *rari spina* à sa forme ovoïde et aux épines distantes qui couvrent son dernier tour.

5. Vol. bourrelet, *Vol. variculosa*, Lamk.
6. Vol. ventrue, *Vol. ventricosa*, Defrance.

Ces deux petites volutes, dont la première est remarquable par le bourrelet extérieur de son bord droit, et la seconde par les côtes très-saillantes de la partie supérieure, se trouvent dans les vignes du plateau du bassin de Millas.

GENRE MARGINELLE (*Marginella*).

1. Marg. clandestine, *Marg. clandestina*, Brocc.
2. Marg. cypréole, *Marg. lœvis*, Desh.

Nous trouvons ces deux espèces de marginelles disséminées dans les terres argileuses vertes des deux bancs. On a de la peine à les conserver: leur test est très-fragile.

GENRE OVULE (*Ovula*).

1. Ovul. Birostre, *Ovul. Birostris*, Lamk.

Nous avons trouvé cette petite coquille dans les sables argileux des environs de Saint-Martin, au banc de Banyuls; elle est très-délicate, et se conserve difficilement.

GENRE PORCELAINE (*Cypræa*).

1. Porc. léporine, *Cyp. leporina*, Lamk.
2. Porc. pirule, *Cyp. pirula*, Lamk.

Ces deux espèces sont de Banyuls; nous les avons trouvées dans les sables argileux verts, dans les anfractuosités des ravins qui viennent aboutir au Tech, rive droite.

3. Porc. flavicule, *Cyp. flavicula*, Lamk.
4. Porc. pou de mer, *Cyp. pediculus*, Lin.

Nous trouvons ces deux intéressantes espèces dans les marnes argileuses des deux bancs.

5. Porc. de Brocchi, *Cyp. Brocchi*, Desh.

On avait confondu cette espèce avec une vivant dans l'Océan indien, et que Linné avait nommée *Cyp. annulus;* Brocchi la désigne ainsi dans son savant traité des coquilles fossiles sub-apennines. M. Deshaies, après s'être assuré de la différence qui existe entre ces deux coquilles, l'a dédiée à M. Brocchi, qui l'avait figurée le premier.

6. Porc. coccinelle, *Cyp. coccinella*, Lamk.

Nous l'avons trouvée communément dans les sables argileux des deux bancs. On voit encore des individus qui ont conservé une partie des taches de leur test.

7. Porc. allongée, *Cyp. elongata*, Brocc.

Nous avons trouvé cette espèce au banc de Millas, bien conservée et avec tous les caractères qui la distinguent.

Genre Ancillaire (*Ancillaria*).

1. Anc. glandiforme, *Anc. glandiformis*, Lamk.

Cette espèce est oblongue, ventrue, un peu calleuse en dessous, presque glandiforme. Nous l'avons trouvée dans les vignes du premier plateau du banc de Millas. Quand on pioche sur un franc-bord de ces vignes, on se la procure dans un état parfait de conservation.

2. Anc. olivule, *Anc. olivula*, Lamk.
3. Anc. obsolète, *Anc. obsoleta*, Brocc.

Nous trouvons la première de ces deux espèces, plus ou moins bien conservée, parmi d'autres coquilles répandues sur les deux bancs. La seconde, qui a de très-grands rapports avec la *glandiformis*, et avec laquelle on la confondrait si on n'apportait toute l'attention possible à son examen, se trouve aussi sur les deux bancs.

Genre Olive (*Oliva*).

1. Oli. plicaire, *Oli. plicaria*, Lamk.
2. Oli. chevillette, *Oli. clava*, Lamk.
3. Oli. nitidule, *Oli. nitidula*, Desh.

Le genre olive est fort restreint en espèces sur nos terrains tertiaires; jusqu'ici, ces trois sujets sont les seuls du genre que nous ayons trouvé dans les deux bancs. La *clava* est la plus petite des trois.

Genre Cône (*Conus*).

1. Cône turriculé, *Con. turritus*, Lamk.
2. Cône pesant, *Con. ponderosus*, Brocc.

Nous avons trouvé ces deux cônes, bien différents l'un de l'autre par leur taille, sur les terres des deux bancs, et répandus

sur toute leur surface. Le second, épais et très-lourd, est généralement bien conservé.

3. Cône Noé, *Con. Noë*, Brocc.

Cette espèce se fait remarquer par une spire allongée; l'ouverture est étroite, le bord droit mince se détache de l'avant-dernier
tour par une échancrure étroite et profonde. Nous l'avons trouvée
au banc de Millas.

4. Cône méditerranéen, *Con. mediterraneus*, Brug.
5. Cône pélagien, *Con. pelagicus*, Brocc.

Il serait bien possible que ces deux espèces ne fussent que
deux variétés : elles ont une ressemblance parfaite, et à l'état
fossile on trouve encore, chez quelques individus, une partie de
leur coloration; seulement, le pélagien est un peu plus trapu.
Nous les avons trouvées dans les deux bancs.

6. Cône pyrule, *Con. pyrula*, Brocc.
7. Cône vierge, *Con. virginalis*, Brocc.

Nous les avons rapportés des deux bancs et trouvés dans les
sables verts. Dans le *Cône pyrule,* l'échancrure supérieure du
bord droit est étroite et assez profonde.

Polypiers à réseau.

GENRE RÉTÉPORE (*Retepora*).

1. Ret. dentelle de mer, *Ret. celulosa*, Lam.

Dans les marnes des deux bancs: quelquefois sur des huîtres
et d'autres corps; très-souvent isolées, parmi les sables, sur
toute l'étendue des deux localités.

GENRE ALVÉOLITE (*Alveolites*).

1. Alv. madréporacée, *Alv. madreporacea*, Blain.

Nous avons trouvé cette espèce dans les sables marneux des
environs de Néfiach, au bas des grands escarpements.

Polypiers lamellifères.

GENRE TURBINOLIE (*Turbinolia*).

1. Tur. aplatie, *Tur. complanata*, Blain.
2. Tur. en coin, *Tur. cuneata*, Blain.

Nous trouvons ces deux espèces vers les escarpements des ravins, en montant à Caladroy, au midi de la montage de Força-Real.

GENRE CYATHOPHYLLE (*Cyathophyllum*).

1. Cyath. plissé, *Cyath. plicatum*, Gas.

Nous l'avons trouvé au banc de Millas. M. Paul Massot en possède un bel échantillon, trouvé au banc de Banyuls. M. Farines aussi, avec une espèce inédite.

Radiaires échinides.

GENRE SCUTELLE (*Scutella*).

1. Scut. fibulaire, *Scut. fibularis*, Deslon.
2. Scut. striatule, *Scut. striatula*, Marcel de Serres.

Nous trouvons la première espèce dans les marnes du banc de Banyuls, et la seconde dans les sables verts, au bas des grands escarpements des ravines des abords de Néfiach.

GENRE CLYPÉASTRE (*Clypeaster*).

1. Clyp. élevé, *Clyp. altus*, Gmel.
2. Clyp. scutellé, *Clyp. scutellatus*, Marcel de Serres.

Ces deux espèces se trouvent dans les tertres des vignes du premier plateau, au banc de Millas.

GENRE GALÉRITE (*Galerites*).

1. Gal. demi-globe, *Gal. semi-globus*, Deslon.
2. Gal. excentrique, *Gal. excentricus*, Deslon.

Ces deux galérites ont été trouvées dans les sables marneux des environs du moulin de Nidolères, et aussi au-dessus de Saint-Martin, vers le Boulou, au banc de Banyuls.

Genre Spatangue (*Spatangus*).

1. Spat. cœur de mer, *Spat. purpureus*, Deslon.
2. Spat. écrasé, *Spat. retusus*, Deslon.

Nous trouvons ces deux espèces dans divers endroits des deux bancs. C'est en fouillant les sables marneux qu'on les découvre; mais, le plus souvent, ce ne sont que les moules intérieurs, recouverts de la pellicule blanche, comme nacrée, du test.

Genre Oursin (*Echinus*).

1. Our. comestible, *Ech. esculentus*, Lin.

Cet oursin est assez commun dans les deux bancs, parmi les sables verts, et quoique sa coque soit assez fragile, nous en trouvons, cependant, de très-bien conservés.

Genre Cidarite (*Cidarites*).

1. Cid. porc-épic, *Cid. hystrix*, Deslon.
2. Cid. à bâtons rudes, *Cid. baculosa*, Deslon.

Nous trouvons ces deux espèces dans les marnes des deux bancs, souvent sans les baguettes; le test se brise aussitôt qu'il est dégagé. Ces cidarites sont d'une conservation très-difficile; quelquefois nous les trouvons avec les baguettes, mais celles-ci ne tiennent pas à la coquille. Dans la *baculosa,* le collet de ses grandes baguettes n'est point sillonné, et il conserve encore quelques taches pourpres à sa base, ce qui la fait aussitôt distinguer de l'autre espèce.

3me Ordre.—Anélides sédentaires.

Genre Dentale (*Dentalium*).

1. Dent. éléphantine, *Dent. elephantinum*, Menard.
2. Dent. sillonnée, *Dent. sulcatum*, Lamk.

3. Dent. sexangulaire, *Dent. sexangulare*, Lamk.

4. Dent. striée, *Dent. striatum*, Menard.

5. Dent. à petites côtes, *Dent. dentale*, Lin.

6. Dent. lisse, *Dent. entale*, Lin.

Toutes les espèces désignées se trouvent répandues sur les terrains des deux bancs; il est difficile de les avoir entières, leurs tubes cassant très-facilement. Lorsqu'un éboulement a lieu à la suite des pluies, on trouve des individus parfaitement conservés.

GENRE SERPULE (*Serpula*).

1. Ser. étendue, *Ser. protensa*, Lamk.

2. Ser. quadrangulaire, *Ser. quadrangularis*, Lamk.

3. Ser. hérissée, *Ser. echinata*, Lamk.

La plupart des espèces de ce genre, qu'il est difficile de déterminer à l'état fossile, se trouvent fixées sur des écailles d'huîtres, sur des valves de coquilles isolées, et sur bien d'autres corps marins : quelquefois on en trouve d'isolées; probablement elles ont été détachées des corps où elles tenaient. Elles sont répandues sur toute la superficie des deux bancs.

Cirrhipèdes sessiles.

GENRE BALANE (*Balanus*).

1. Bal. anguleuse, *Bal. angulosus*, Brug.

2. Bal. tulipe, *Bal. tintinnambulum*, Lin.

3. Bal. patellaire, *Bal. patellaris*, Lamk.

4. Bal. crépue, *Bal. crispatus*, Brug.

5. Bal. chétive, *Bal. miser*, Lamk.

Les balanes sont aussi des animaux qui se fixent sur tous les corps où elles peuvent s'accrocher, les coquilles, les huîtres, les bois; les carènes des bâtiments en sont couvertes, et souvent elles y produisent des dégâts considérables. Nous les avons aussi trouvées répandues sur tous les points des deux bancs.

DÉPÔT ACCIDENTEL.

Lorsqu'on creusa le nouveau bassin du port militaire de Port-Vendres, on découvrit, à une certaine profondeur, une masse considérable de corps organisés, répandus sans ordre dans des terres qui paraissaient avoir été charriées et déposées en ce lieu. Un grand nombre de ces coquilles étaient brisées; elles avaient perdu presque toutes leurs couleurs; d'autres étaient dans leur état parfait de conservation. Les terres qui les contenaient se composaient de marnes plus ou moins sableuses, d'une couleur noire, et de sable plus ou moins pulvérulent. Ce dépôt avait peu d'étendue, et les terrains qui le composaient n'offraient pas cet ordre dans les alternances qu'on observe dans les dépôts coquilliers des autres bancs du département. — Sur un point on observait des marnes boueuses; à quelques mètres plus loin, elles étaient remplacées par des marnes sableuses, du sable mêlé à du gravier, dont les fragments étaient plus ou moins gros.

La disposition de ce dépôt, sa composition, la place qu'il occupait, et les coquilles marines dont il était composé, tout nous porte à croire qu'il avait été formé lorsqu'on creusa le premier bassin de ce port, qui ne remonte pas bien loin avant 1780, et que ces terres n'étaient autre chose que les déblais retirés des bords de la mer en creusant le premier bassin.

Ce qui nous confirme dans cette opinion, c'est que toutes les coquilles qui ont été trouvées dans ce dépôt, sont identiques avec les espèces communes qui vivent et qu'on trouve tous les jours sur la côte de Port-Vendres. Toutes ces circonstances prouvent qu'on ne peut pas

regarder ce dépôt coquillier comme appartenant à une
époque géologique, mais à des temps historiques qui ne
remontent pas bien loin de nous. Au reste, la liste des
coquilles que nous y avons recueillies prouvera, jusqu'à
l'évidence, la vérité de ce que nous avançons.

LISTE DES COQUILLES MARINES RECUEILLIES EN CREUSANT
LE BASSIN DU PORT MILITAIRE DE PORT-VENDRES

Bivalves.

Genre Tared (*Taredo*).

1. Tar. commun, *Tar. navalis*, Lin.

Genre Solen (*Solen*).

1. Sol. gousse, *Sol. legumen*, Lin.

Genre Solécurte (*Solecurtus*, Blain.)

1. Sol. rose, *Sol. strigillatus*, Lin.
2. Sol. rétréci, *Sol. coarctatus*, Gmel.

Genre Lutraire (*Lutraria*).

1. Lut. comprimée, *Lut compressa*, Lamk.
2. Lut. elliptique, *Lut. elliptica*, Lamk.

Genre Mactre (*Mactra*)

1. Mac. fauve, *Mac. helvacea*, Chm.
2. Mac. lisor, *Mac. stultorum*, Lin.

Genre Pétricole (*Petricola*).

1. Pet. lamelleuse, *Pet. lamellosa*, Lamk.
2. Pet. ochroleuque, *Pet. ochroleuca*, Lamk.

Genre Telline (*Tellina*).

1. Tel. aplatie, *Tel. planata*, Lin.
2. Tel. palescente, *Tel. depressa*, Gmel.
3. Tel. donacine, *Tel. donacina*, Lin.

Genre Lucine (*Lucina*).

1. Luc. lactée, *Luc. lactea*, Lamk.

Genre Cythérée (*Cytherea*).

1. Cyt. fauve, *Cyt. chione*, Lamk.
2. Cyt. lustrée, *Cyt. lincta*, Lamk.

Genre Vénus (*Venus*).

1. Vén. croisée, *Ven. decussata*, Lin.
2. Vén. à fines stries, *Ven. pullastra*, Monta.
3. Vén. à verrues, *Ven. verrucosa*, Lin.

Genre Bucarde (*Cardium*).

1. Buc. tuberculé, *Car. tuberculatum*, Lin.
2. Buc. pectiné, *Car. pectinatum*, Lamk.
3. Buc. sourdon, *Car. edule*, Lin.
4. Buc. sillonné, *Car. sulcatum*, Lamk.

Genre Arche (*Arca*).

1. Ar. tétragone, *Ar. tetragona*, Poli.

Genre Pétoncle (*Pectunculus*).

1. Pét. flamulé, *Pect. pilosus*, Lin.
2. Pét. violatré, *Pect. violacescens*, Lamk.

Genre Pinne (*Pinna*).

1. Pin. hérissée, *Pin. nobilis*, Lin.

GENRE NUCULE (*Nucula*).

1. Nuc. sillonnée, *Nuc. pella*, Lamk.
2. Nuc. échancrée, *Nuc. emarginata*, Lamk.

GENRE MOULE (*Mytilus*).

1. Moul. de Provence, *Myt. Gallo-provincialis*, Lamk.
2. Moul. comestible, *Myt. edulis*, Lin.

GENRE PEIGNE (*Pecten*).

1. Peig. de Saint-Jacques, *Pect. Jacobeus*, Lamk.
2. Peig. glabre, *Pect. glaber*, Chmn.

GENRE HUÎTRE (*Ostrea*).

1. Huit. comestible, *Ost. edulis*, Lin.
2. Huit. pied de cheval, *Ost. hippopus*, Lamk.

Mollusques univalves.

GENRE PATELLE (*Patella*).

1. Pat. commune, *Pat. vulgata*, Desh.
2. Pat. pectinée, *Pat. pectinata*, Lin.

GENRE RISSOA (*Rissoa*).

1. Ris. crénelée, *Ris. crenulata*, Mich.
2. Ris. oblongue, *Ris. oblonga*, Desm.
3. Ris. ventrue, *Ris. ventricosa*, Desm.
4. Ris. lactée, *Ris. lactea*, Mich.

GENRE NATICE (*Natica*).

1. Nat. marbrée, *Nat. maculata*, Desh.
2. Nat. de Valenciennes, *Nat. Valenciennesis*, Payk.

GENRE SCALAIRE (*Scalaria*).

1. Scal. commune, *Scal. communis,* Lamk.

GENRE TROQUE (*Trochus*).

1. Troq. brunâtre. *Troc. corallinus,* Gmel.
2. Troq. strié, *Troc. striatus,* Lin.
3. Troq. marginé, *Troc. ziziphus,* Lin.

GENRE MONODONTE (*Monodonta*).

1. Mon. marquetée, *Mon. tessellata,* Desh.

GENRE TURBO (*Turbo*).

1. Tur. scabre, *Tur. rugosus,* Lamk.

GENRE CÉRITE (*Cerithium.*)

1. Cér. goumier, *Cer. vulgatum,* Brug.
2. Cér. de la Méditerranée, *Cer. Mediterraneum,* Desh.

GENRE ROCHER (*Murex*).

1. Roc. droite épine, *Mur. Brandaris,* Lin.
2. Roc. fascié, *Mur. trunculus,* Lin.

GENRE ROSTELLAIRE (*Rostellaria*).

1. Rost. pied de pélican, *Rost. pes pelicani,* Lamk.

GENRE BUCCIN (*Buccinum*).

1. Buc. réticulé, *Buc. reticulatum,* Lin.
2. Buc. truité, *Buc. maculosum,* Lamk.
3. Buc. ceinturé, *Buc. mutabile,* Lin.
4. Buc. varié, *Buc. lœvigatum,* Lin.

GENRE COLOMBELLE (*Columbella*).

1. Col. étoilée, *Col. rustica*, Lamk.

GENRE VOLVAIRE (*Volvaria*).

1. Vol. graine de mil, *Vol. miliacea*, Lamk.

GENRE CÔNE (*Conus*).

1. Cône méditerranéen, *Con. mediterraneus*, Brug.

Radiaires échinodermes.

GENRE OURSIN (*Echinus*).

1. Our. comestible, *Ech. esculentus*, Lin.

Anélides sédentaires.

GENRE DENTALE (*Dentalium*).

1. Dent. lisse, *Dent. entale*, Lin.

Serpulées.

GENRE SPIRORBE (*Spirorbis*).

1. Spir. nautiloïde, *Spir. nautiloïdes*, Lin.

GENRE SERPULE (*Serpula*).

1. Serp. boyau de mer, *Serp. contortuplicata*, Lin.
2. Serp. filograne, *Serp. filograna*, Lin.

GENRE DITRUPE (*Ditrupa*).

1. Dit. subulé, *Dit. subulata*, Berk.

FIN DU PREMIER VOLUME.

EXPLICATION DE LA PLANCHE.

Fig. 1. — Radius droit d'un hippopotame fossile trouvé au banc coquillier de Néfiach, sur la rive gauche de la Tet.

a, *b*, longueur de l'os, mesurant 0ᵐ,65.

c, *d*, tête de l'os, sa circonférence 0ᵐ,65.

e, *f*, ligne qui désigne la section de l'os au tiers inférieur.

g, *h*, articulation métacarpienne ou inférieure ayant une circonférence de 0ᵐ,54.

Fig. 2. — Humérus droit d'un mastodonte fossile trouvé aux briqueteries de M. Blandinières, près Perpignan.

a, *b*, longueur de l'os, 1ᵐ,00.

c, *d*, partie supérieure de l'os où manque une portion de la tête ; sa circonférence est de 0ᵐ,75.

e, *f*, partie moyenne de l'os, qui a été cassé, où manquent quelques petits fragments ; sa circonférence est de 0ᵐ,50.

g, *h*, ligne qui désigne que l'os a été brisé en cet endroit.

i, *j*, partie inférieure de l'os, ou articulation *radio cubitale*.

Fig. 3. — Défense d'un mastodonte fossile, trouvée aux briqueteries de M. Blandinières, près Perpignan.

a, *b*, longueur totale, mesurant 2ᵐ,68.

1, 2, 3, 4, 5, 6, 7, 8, 9, 10, lignes qui désignent les diverses cassures.

Fig. 4. — Tête humaine, trouvée dans une caverne à ossements du bassin de Saint-Paul-de-Fenouillet, mêlée à divers ossements d'animaux. Cette caverne est située sur la continuation de la chaîne de Saint-Antoine vers Caudiès, à une petite distance de la brèche que traverse l'Agly.

Fig. 5. — Mâchoire inférieure humaine, côté droit, avec les trois dernières molaires, trouvée dans la même caverne.

ERRATUM.

Page 34, ligne 23, lisez : *Aromia ambrosiaca*, Stev.

TABLE

DES MATIÈRES CONTENUES DANS CE VOLUME.

———

CHAP. II.

CHAP. V.

CHAP. VI.

CHAP. II.

FIN DE LA TABLE DES MATIÈRES.

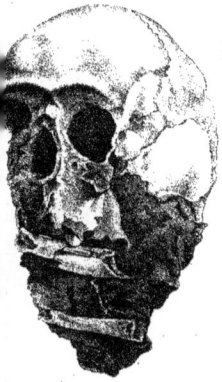

Fig. 4.

Fig. 5.

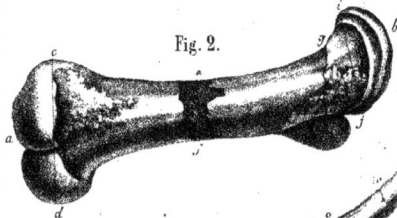

Fig. 2.

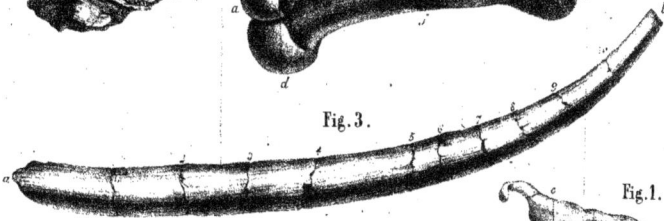

Fig. 3.

Fig. 1.

www.ingramcontent.com/pod-product-compliance
Lightning Source LLC
Chambersburg PA
CBHW031622210326
41599CB00021B/3258